工业和信息化部"十四五"规划教材

软件安全理论与实践

张仁斌　谢　昭　吴克伟　主编

电子工业出版社·
Publishing House of Electronics Industry
北京·BEIJING

内 容 简 介

本书以软件生命周期为脉络，以软件安全风险评估、风险控制技术及软件安全评估指标、软件安全能力成熟度指标为引领，将安全理念、安全模型、安全方法与常见的软件过程模型相融合，系统介绍在软件开发的每个环节保障软件安全的原理和方法，包括安全需求分析、安全设计、安全编码、安全测试及软件部署运维中安全配置与软件加固等各环节的流程与常用方法，用于全面指导软件安全开发，树立软件开发人员的安全意识，以减少或消除软件的安全问题，提高软件的抗攻击能力和安全可信度，助力软件在各领域、各行业的推广应用。

本书适用于高等院校的计算机科学与技术、软件工程、网络空间安全、信息安全专业的本科生，也适用于与软件开发相关的其他各类学生或软件开发从业者。

图书在版编目（CIP）数据

软件安全理论与实践/张仁斌，谢昭，吴克伟主编. —北京：电子工业出版社，2024.3

ISBN 978-7-121-47608-2

Ⅰ．①软… Ⅱ．①张… ②谢… ③吴… Ⅲ．①软件开发－安全技术－高等学校－教材 Ⅳ．①TP311.522

中国国家版本馆 CIP 数据核字（2024）第 064587 号

责任编辑：路　越

印　　刷：三河市龙林印务有限公司

装　　订：三河市龙林印务有限公司

出版发行：电子工业出版社

　　　　　北京市海淀区万寿路 173 信箱　邮编：100036

开　　本：787×1092　1/16　印张：22.25　字数：570 千字

版　　次：2024 年 3 月第 1 版

印　　次：2024 年 3 月第 1 次印刷

定　　价：79.00 元

凡所购买电子工业出版社图书有缺损问题，请向购买书店调换。若书店售缺，请与本社发行部联系，联系及邮购电话：（010）88254888，88258888。

质量投诉请发邮件至 zlts@phei.com.cn，盗版侵权举报请发邮件至 dbqq@phei.com.cn。

本书咨询联系方式：luy@phei.com.cn。

前　　言

计算机软件无处不在，如果没有软件，路由器、防火墙、手机以及工业控制系统，尤其是智能工厂、智能设备等，均无法运行。各种加密算法、通信协议，最终也以软件的形式发挥作用。有软件就有软件安全问题；绝大多数网络安全问题、信息安全问题、数据安全问题，都与软件漏洞相关。软件是硬件的灵魂；各种安全问题的主要根源是软件安全缺陷。要从根源上杜绝安全隐患，须强化软件安全开发。

有学者强调软件的安全编码和安全测试，从而将软件安全的内容局限于避免缓冲区溢出、SQL 注入等安全隐患的安全编码方法及对软件的漏洞挖掘分析、渗透测试。软件工程的相关研究成果表明，软件的质量是由软件的全生命周期决定的，且越早发现并解决问题，付出的代价越小，软件安全也类似。

本书将理论与实践相结合，以软件生命周期为脉络，以软件安全风险评估、风险控制技术及软件安全评估指标、软件安全能力成熟度指标为引领，兼顾软件企业及软件开发人员已习惯或熟练应用软件过程模型的现实，将安全理念、安全模型、安全方法与常见的软件过程模型相融合，系统介绍在软件开发的每个环节保障软件安全的原理和方法。内容涉及软件需求与安全需求、软件设计与安全设计、软件编码与安全编码、软件测试与安全测试、软件部署与安全部署、软件运维与安全配置及软件加固；另外，结合软件生命周期的不同阶段，给出相应的实践任务和思考题，以便增强软件开发人员的安全意识和安全能力，掌握安全需求分析、安全设计的基本理论和方法，掌握安全编码、安全测试、安全部署的基本方法和技能，从而在软件开发过程的每个环节消除软件的安全隐患，而不是仅在软件产品形成后采用漏洞挖掘、渗透测试等手段发现安全问题，避免只强调软件漏洞原理、漏洞分析或软件运行安全、内存安全，而忽略漏洞源于软件需求分析、软件架构设计及编码、部署等软件开发各环节。在实际的软件开发实践中，软件安全措施可以根据具体情况有所侧重，本书力求措施完整、内容充实、方法切实可行。

本书分为 8 章，每章均配有相应的实践任务和思考题，以便读者学习相关知识点的同时，利用实践任务加深对知识点的理解、强化对知识点的实践应用，并利用思考题促进对知识点的思考、总结或拓展阅读。

第 1 章"软件与软件安全"概述软件与软件安全的定义、软件缺陷与漏洞、软件漏洞分类以及软件安全与网络安全、数据安全等其他安全的关系，并分析软件安全现状，指出安全事件的根源是软件开发的每个环节产生的安全缺陷，进而给出缓解软件安全问题的基本途径与方法。

第 2 章"软件的工程化安全方法"从软件工程经典的软件过程模型过渡到微软 SDL 模型、安全接触点过程模型，分析软件安全特性与软件质量的关系及如何确定、改善软件安全特性，给出实施软件安全过程的建议，并结合具体实例描述软件安全开发常见问题。

第 3 章"软件安全风险管理"从软件项目、软件开发过程、软件开发组织三个层面阐述软件安全风险管理，即在介绍传统风险管理的基本过程与方法的基础上，详细阐述结合软件开发过程的软件安全风险评估、软件安全风险控制，并概述用于评估和提升软件开发组织安全开发能力的几种典型的软件安全能力成熟度模型。

第 4 章"软件需求与安全需求"将软件安全需求作为传统软件需求的重要组成部分，避免割裂传统软件需求和安全需求，进而将安全需求的引出、安全需求分析建模、验证等融入软件需求工程，重点介绍需求分析、安全需求分析常用方法之用例、误用例、滥用例，以及后续章节威胁建模涉及的结构化需求分析方法——数据流图。

第 5 章"安全设计"以传统软件设计为基础，结合软件安全设计原则、安全策略与安全模型，给出软件安全设计的基本方法，重点阐述基于威胁建模的软件安全设计方法，并讨论基于复用的软件安全设计、基于容错技术的功能安全设计以及软件体系结构与安全设计分析。

第 6 章"安全编码与代码审核"在概述传统软件编码、编码规范和代码检查的基础上，重点介绍几类具有代表性的安全编码规范，并概述安全编码过程管理、源代码静态安全分析及代码安全审核。

第 7 章"软件测试与安全分析"在概述传统软件测试过程和软件测试模型的基础上，分析安全测试及其与传统测试的区别，给出软件安全测试分类及软件安全测试基本流程，重点阐述二进制程序安全分析方法及模糊测试、渗透测试等典型的软件安全分析与测试技术，并讨论软件安全合规性审核。

第 8 章"软件部署运维与软件保护"从软件使用安全的角度描述对软件安全及合法性的保护的方法，结合目前流行的应用程序容器化部署，概述软件部署与安全配置，并讨论软件系统运维与应急响应，重点阐述软件保护与软件加固典型方法。

本教材由张仁斌、谢昭、吴克伟三位副教授执笔，由张仁斌统筹。谢昭编写 1.1～1.3节、2.1～2.3 节、3.1 节、7.1 节、8.1 节；吴克伟编写 4.1～4.3 节、5.1 节、6.1 节；张仁斌编写其余章节。在本书的编写过程中参阅了大量文献，在此一并表示感谢。由于编者水平有限，书中难免还存在一些缺点和错误，殷切希望广大读者批评指正。

编者

2023 年 12 月

目　　录

第1章 软件与软件安全

本章要点:
- 安全问题的主要根源及软件安全意识;
- 软件安全与网络安全、数据安全的关系;
- 缓解软件安全问题的途径与方法。

　　有软件就有软件安全问题;软件的重要性也折射出软件安全的重要性。绝大多数安全问题都与软件漏洞相关。软件安全现状不容乐观。

1.1 软件安全范畴

1.1.1 软件与软件安全的定义

　　计算机软件常称为软件(Software)或软件系统、软件产品。国家标准 GB/T 11457—2006《信息技术 软件工程术语》给出的软件的定义是:"与计算机系统的操作有关的计算机程序、规程和可能相关的文档",其中,计算机程序(Computer Program)的定义是:"计算机指令和数据定义的组合,它允许计算机硬件执行计算或控制功能"。由软件和计算机程序(简称"程序")的定义可知,软件是计算机程序和使程序正确运行所需要的相关数据和文档的集合,其中:程序是用汇编语言、Java、C/C++或 Python 等程序设计语言描述或编写、编译生成的完成特定功能、满足一定性能要求的指令序列;数据是程序运行的基础和操作对象,包括数据库数据、配置参数(含组态软件的组态配置)、日志数据;文档是与软件开发、维护、使用相关的阐述性图文资料,如需求分析文档、软件设计文档、软件使用说明书等。软件的组成如图 1.1 所示。

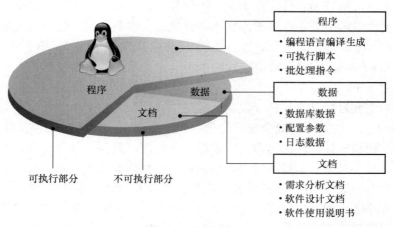

图 1.1　软件的组成

　　软件一般分为系统软件（System Software）和应用软件（Application Software）两大类。系统软件是"设计以帮助计算机系统和相关的程序操作和维护的软件"，包括管理、监控和维护计算机软硬件资源的操作系统、数据库管理系统和编译软件等，其中编译软件、程序加载器（Loader）等辅助其他软件开发或维护的软件，也称为支持软件（Support Software）。应用软件是设计用于满足用户的特定需要而非解决计算机本身问题的应用型软件，包括办公软件、电子商务软件、字处理软件、图形图像处理软件、导航软件等，其中，智能手机等移动终端设备中的应用软件常称为"App"。

　　编写、编译程序代码是软件开发活动的一个重要组成部分；数据的存储方式（如云存储/分布式存储、单机集中存储、基于数据库或数据文件存储）和存储格式（如数据结构或数据文件内容的组织方式）直接影响程序的流程、运行模式及所采用的技术；编写文档的目的是规范软件的开发、管理、使用与维护。许多软件的数据是以文件形式进行存储的，数据文件与软件文档的主要区别在于，程序的运行是否依赖于文档内容或是否对文档有更新操作。程序中有加载在线帮助文档的接口，但程序不会修改或编辑在线帮助文档，也不会利用在线帮助文档中的任何内容控制程序的运行，因此，在线帮助文档是软件的文档而不是软件的数据文件。程序的运行依赖于配置文件，程序常生成或更新日志文件以记录程序运行期间的相关事件，因此，配置文件和日志文件是软件的数据文件。

　　软件由程序、数据和文档三部分组成，软件安全则是这三者的综合安全，尤其是程序和数据的综合安全，需防范程序被恶意执行，需防范数据被篡改，防范隐私数据或涉密数据泄露，即防范软件被攻击。

　　软件安全（Software Security）指采用工程化软件开发思想使软件在受到恶意攻击时仍然能够继续正确运行及确保软件在授权范围内合法使用，即研究产生软件安全问题的原因及规避软件安全风险的方法，在软件设计、编码、测试与部署运维等软件开发生命周期各阶段，采用系统、规范、科学的工程方法指导构建安全的软件。软件安全不仅强调软件的健壮性、可靠性，更强调遭受恶意攻击时软件的自我安全保障，是一种主动安全防御。侧重于软件安全的安全目的或所采用的工程化安全方法时，软件安全也称为软件确保或软件安全工程。若无特殊说明，本书中"安全软件"特指"安全的软件"，即不存在安全漏洞或能够抵抗大多数攻击、容忍大多数无法抵抗的攻击，并能够在遭受攻击时以最小的损失快速恢复、按照软件开发者预期的方式执行的软件，而不是杀毒软件、软件防火墙等具有安全用途的软件。安全软件能够抵抗大多数的攻击并且容忍它不能抵抗的大多数攻击；如果抵抗和容忍都是不可能的，并且软件被破坏了，那么它也能够将自己从攻击源中隔离出来，并优雅降级（Graceful Degradation），同时将攻击造成的损害、损失尽可能地控制到最小，尽快恢复到可接受的操作能力水平。

　　软件安全的主要目标是在软件开发生命周期中实现所需的安全特性（如何确定所需安全特性，详见第 2 章），消除或减少安全隐患，构建更健壮、更少缺陷或无缺陷的高质量软件，确保软件过程和软件产品满足需求、遵循相关标准，确保软件遭受攻击时仍能体现所实现的安全特性，且不对软件运行环境中其他软件或信息构成安全威胁，即开发生成的软件是安全的软件。软件安全采用工程化思想、流程，通过在软件开发生命周期各阶段采取必要的、与软件需求相适应的安全措施，避免绝大多数的安全漏洞，生成高质量的安全软件，从而确保软件按照预期的方式执行其功能，因此，软件安全是软件质量与安全的保障。但必须意识到，所采取的措施只能有效减少安全漏洞或降低漏洞的影响，并不能完全杜绝安全漏洞，而且安全是适度安全、可接受的安全，正因为如此，处理漏洞的相关举措常称为漏洞缓解（Mitigation）或消减措施。

1.1.2　软件缺陷与漏洞

在开发软件的过程中，常因软件复杂度高、需求变更频繁、交流沟通不到位、疏忽大意或能力经验欠缺、进度控制不力以及管理失误等因素引入一些不希望或不可接受的人为错误，即软件错误（Error），其结果是导致软件缺陷的产生。软件缺陷（Defect）常称为 Bug（隐错），是存在于软件中的不希望或不可接受的偏差，其结果是软件运行于某一特定条件时出现软件故障，即软件缺陷被激活。软件故障（Fault）是指软件在运行过程中出现的一种不希望或不可接受的内部状态，此时若无适当的容错（Fault Tolerance）措施加以及时处理，便会产生软件失效。软件失效（Failure）是指软件不能按规定的性能要求执行它所要求的功能，是软件运行时产生的一种不希望或不可接受的外部行为结果，例如，程序异常或崩溃、数据异常。软件错误是一个面向软件开发的概念，而软件失效则是一个面向软件用户的概念。软件失效的机理如图 1.2 所示，体现了软件错误、软件缺陷、软件故障和软件失效之间的关系。一个软件错误必定产生一个或多个软件缺陷，当一个软件缺陷被激活时，便产生一个软件故障。同一个软件缺陷在不同条件下被激活，可能产生不同的软件故障，软件故障如果没有容错措施及时加以处理，便不可避免地导致软件失效。同一个软件故障在不同条件下可能产生不同的软件失效。

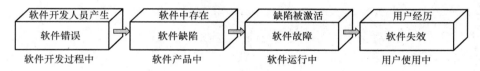

图 1.2　软件失效的机理

由于软件规模和复杂性的不断增加，在需求分析阶段不清晰的需求规格描述、在系统设计阶段不完善的设计方案、在编码阶段不规范的实现过程和在测试阶段不正确的判断决策等多个阶段中存在不可控的因素，因此，软件系统中不可避免地存在缺陷。软件缺陷分类如图 1.3 所示，也可以采用 IBM 公司提出的正交缺陷分类法。正交缺陷分类法结合了根本原因分析和统计建模两种软件缺陷分析技术的优点，适用于缺陷的定位、排除、原因分析及预防活动，也可用于改进软件开发过程，可以查阅相关文献了解其细节。软件缺陷分类是对软件缺陷进行有效管理的基础，根据缺陷的严重程度确定解决缺陷的优先级。

软件漏洞也称为软件脆弱性（Vulnerability）或软件弱点（Weakness），是软件安全漏洞的简称，指软件中存在的可以被攻击者利用的软件缺陷。在不至于导致歧义的情况下，软件漏洞也可简称为漏洞。

国家标准 GB/T 20984—2007《信息安全技术　信息安全风险评估规范》将脆弱性定义为"可能被威胁所利用的资产或若干资产的薄弱环节"。国家标准 GB/T 25069—2010《信息安全技术　术语》将脆弱性定义为"资产中能被威胁所利用的弱点"。国家标准 GB/T 18336.1—2015《信息技术　安全技术　信息技术安全评估准则　第 1 部分：简介和一般模型》（等同国际标准 ISO/IEC 15408-1:2009）将脆弱性定义为"可以在某些环境中用于违反安全功能要求（Security Functional Requirement）的评估对象（Target of Evaluation）弱点"。各种标准针对不同场景从不同角度描述的漏洞概念，都体现了漏洞是软件自身的弱点，具有可利用性，它本身的存在不一定会造成破坏，但是可以被攻击者利用，从而造成安全威胁和损失。

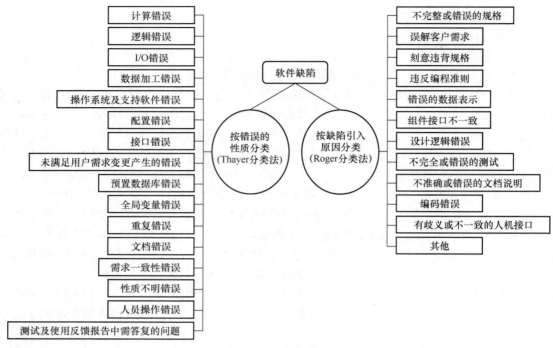

图 1.3　软件缺陷分类

　　每个漏洞至少由一个软件缺陷引起，但是一个软件缺陷也可能不产生任何漏洞，而且不同的软件缺陷可能导致相同的漏洞。例如，"缺乏访问控制"、"数据未加密存储"和"数据非加密传输"这三种缺陷都可以导致信息泄露。漏洞特指安全方面的问题（Issue），大部分是有可能被恶意利用而发动攻击的缺陷；而缺陷则不限于安全方面的问题。例如，软件中存在的死循环、临界资源死锁等导致软件不能正常运行，这是与安全无关的软件缺陷。安全缺陷等同于安全漏洞。

　　软件漏洞的生命周期包括产生、发现、公开、消亡等过程，随着漏洞补丁（Patch）的发布及使用（打补丁），漏洞的存在度将逐渐降低，直至为零，即漏洞消亡。漏洞的存在度是指由漏洞的存在性和风险大小等因素决定的漏洞影响力的度量。漏洞在其生命周期各时间阶段的名称如图 1.4 所示。根据是否被发现，漏洞分别称为未知漏洞和已知漏洞；根据是否被公开，漏洞分别称为未公开漏洞和已公开漏洞；根据是否已发布补丁和漏洞存在度高低，漏洞分别称为 0 day 漏洞、1 day 漏洞和历史漏洞。其中 0 day 漏洞指已经被发现，但未被公开或官方尚未发布补丁的漏洞；1 day 漏洞指已经公开并发布相关补丁，但部分用户尚未及时打补丁的漏洞，此类漏洞依然具有较高的存在度；历史漏洞指距离漏洞补丁发布时间较久、具有较低存在度的漏洞。漏洞的存在度、可利用性、利用价值均与该漏洞的补丁使用普及程度相关，漏洞的可利用性侧重体现利用漏洞的技术难度，而漏洞的利用价值侧重体现利用漏洞实施攻击后造成的损失大小，损失越大，对攻击者而言利用价值越高。

　　系统攻击是利用系统的某个或多个组件/子系统的漏洞发动的攻击，如图 1.5 所示。及时发现并弥补漏洞（打补丁）或完善升级软件系统，有利于及时消除漏洞，阻止或避免攻击事件的发生。

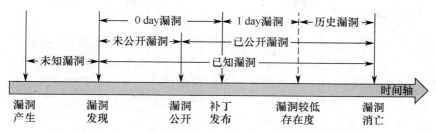

图 1.4 漏洞在其生命周期各时间阶段的名称

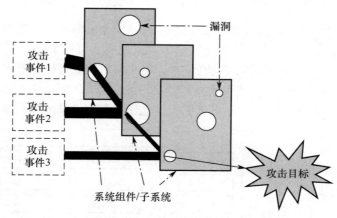

图 1.5 利用漏洞发动攻击示意图

安全是一种状态。软件漏洞使软件处于不安全状态，软件安全状态转移图如图 1.6 所示，其中虚线表示软件运维人员干预下的状态转移。

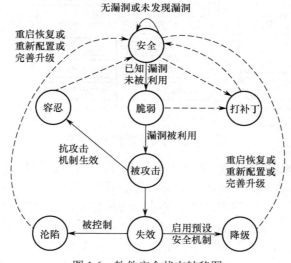

图 1.6 软件安全状态转移图

实施工程化软件安全方法消除或减少软件漏洞，使软件能够容忍它不能抵抗的大多数攻击，当软件因攻击而失效时，也能优雅降级，使软件保持基本的、可接受的操作能力水平，尽量避免软件进入被彻底恶意控制的沦陷状态。

1.1.3 软件漏洞分类

软件漏洞分类的目的和依据不同，分类结果也不同，可以根据漏洞的成因、利用漏洞的技术、漏洞的作用范围等进行漏洞分类。结合漏洞分类，熟悉各种漏洞的成因，有利于在软件开发过程中消除或避免漏洞；熟悉各种漏洞的利用技术，有利于在软件开发过程中提升软件的抗攻击能力。

下面介绍几种有代表性的漏洞分类方法。

（1）国家标准给出的漏洞分类

国家标准 GB/T 30279—2020《信息安全技术 网络安全漏洞分类分级指南》基于网络安全漏洞（主要是软件漏洞）产生或触发的技术原因，采用树状导图的形式对漏洞进行分类，如图 1.7 所示。采用该分类方法对漏洞进行分类时，首先从根节点开始，根据漏洞成因将漏洞归入某个具体的类别，如果该类型节点有子类型节点，且漏洞成因可以归入该子类型，则将漏洞划分为该子类型，如此递归，直到漏洞归入的类型无子类型节点或漏洞不能归入子类型为止。

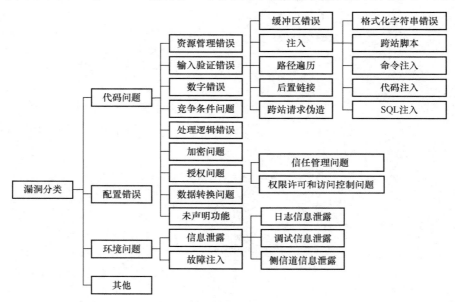

图 1.7　网络安全漏洞分类导图

在图 1.7 中，"代码问题"指网络产品和服务的程序代码开发过程中因设计或实现不当而导致的漏洞，包括对输入的数据缺少正确的验证而产生的输入验证错误、对系统资源（如内存、磁盘空间、文件、CPU 使用率等）的错误管理导致的资源管理错误、竞争条件问题等漏洞。其中，竞争条件（Race Condition）也称为竞争危害（Race Hazard），包括 TOCTTOU（Time of Check to Time of Use）缺陷。TOCTTOU 常见起因是软件先检查某个前置条件，然后基于该前置条件进行某操作，但在检查和操作的时间间隔内该前置条件可能已被改变。例如，写文件之前所检查文件是存在的，但执行写操作时该文件已被其他线程删除，导致写失败。在图 1.7 中，"配置错误"指网络产品和服务或组件在使用过程中因配置文件、配置参数或默认不安全的配置状态而产生的漏洞；"环境问题"指因受影响组件部署运行环境的原因导致的安全问题，包括信息泄露和故障注入。若暂时无法将漏洞归入上述任何类别，或者没有足够充分的信息对其进行分类，漏洞细节未指明，则将该漏洞归入"其他"类别。

（2）通用弱点枚举

通用弱点枚举（Common Weakness Enumeration，CWE）是一个由社区开发的软件和硬件弱点类型列表，由美国国土安全部（DHS）网络安全与基础设施安全局（CISA）赞助、MITRE 公司运营的国土安全系统工程与发展研究所（HSSEDI）管理。CWE 首次发布于 2006 年，前期仅关注软件弱点，2020 年开始增加对硬件弱点的分类。CWE 是识别、缓解和预防软硬件漏洞的基线，有利于不同领域的人员在交流安全问题时采用相同的定义，减少歧义。供应商可以借助 CWE 描述并告知用户其发现的特定潜在弱点并提出建议方案；用户可以利用 CWE 比较多家供应商提供的相似产品的安全程度；开发人员可以学习利用 CWE 中的内容，尽可能地避免引入安全缺陷。CWE 有助于开发人员和安全从业者达到以下目的：

① 用通用语言描述、讨论软件和硬件的弱点；
② 检查现有软件和硬件产品中的弱点；
③ 评估针对这些弱点的工具的覆盖范围；
④ 利用通用的基线标准识别、缓解和预防漏洞；
⑤ 在部署之前防止软件和硬件漏洞。

CWE 对软件和硬件的弱点类型进行分类描述，每个类型的弱点均具有唯一编号（标识符），以数字或"CWE-数字"的形式给出编号，如"699"、"CWE-699"。CWE 中具有唯一编号的任何项，均称为条目（Entry）。除了弱点类型具有唯一编号，用于弱点分类的视图（View）、类目（Category）、复合元素（Compound Element）等分类结构性条目也具有唯一编号。CWE 的条目类型如表 1-1 所示，其中复合元素分为组合体（Composite）和链（Chain）两类，弱点分为支柱弱点（Pillar Weakness）、类弱点（Class Weakness）、基础弱点（Base Weakness）和变体弱点（Variant Weakness）。复合元素是密切关联的两个或多个 CWE 条目，用于描述两个或多个漏洞通过交互或同时出现而呈现的复合型漏洞。

表 1-1　CWE 的条目类型

类 型 名		标 识	说 明
视图		V	以列表或树状层次图的形式给出的基于特定视角分类的 CWE 条目子集，例如，"软件开发弱点视图"（CWE-699）
类目		C	用于帮助用户找到具有共同属性弱点的结构性条目，即具有共同属性的弱点集合，例如，"业务逻辑错误"（CWE-840）、"密码问题"（CWE-310）
复合元素	组合体	♣	由两个或多个不同弱点组成的组合式复合元素，其中所有弱点都必须同时存在才能出现的潜在弱点，消除其中任何弱点都可以消除或显著降低风险。例如，"UNIX 符号链接跟随"（CWE-61）只有通过"可预测性"（CWE-340）、"权限不足"（CWE-275）和"竞争条件"（CWE-362）等弱点的组合才可能出现
	链	∞	由两个或多个独立弱点紧密链接构成的链式复合元素，其中一个弱点 X 可以直接创建导致另一个弱点 Y 进入脆弱状态所需的条件，此时称 X 为 Y 的"初始"弱点，而 Y 是 X 的"结果"弱点。例如，链式复合元素 CWE-691 中"整数溢出"（CWE-190）可能导致"缓冲区溢出"（CWE-120），链式复合元素 CWE-690 中"未检查返回值"（CWE-252）可能导致"空指针解除引用"（CWE-476）。一个链式复合元素可能涉及多个弱点，在某些情况下，它们可能具有树状结构

（续表）

类 型 名		标　识	说　明
弱点	支柱	|P|	CWE 中最抽象的弱点类型，是"弱点研究视图"（CWE-1000）的顶级条目，代表一组相关的所有类弱点、基础弱点、变体弱点的抽象主题。例如，"不正确的计算"（CWE-682）是一个支柱弱点，它描述了一个错误，但没有暗示任何具体的错误是在哪里发生的或受影响的资源类型
	类	C	以非常抽象的方式描述的弱点，一般与任何特定的语言或技术都无关，比支柱弱点更具体，但比基础弱点更笼统。该级别的弱点常用行为、属性和资源三者中的 1～2 个维度来描述问题，例如，"未受控制的资源消耗"（CWE-400）描述与任何类型资源相关的消耗行为的未受控制问题，"敏感信息的不安全存储"（CWE-922）描述对常见资源（敏感信息）采取的存储行为的不安全问题
	基础	B	以抽象方式描述的弱点，但具有足够的细节以提供检测和预防的特定方法，比类弱点更具体，但比变体弱点更笼统。该级别的弱点常用行为、属性、技术、语言和资源五者中的 2～3 个维度来描述问题，例如，"使用外部控制的格式字符串"（CWE-134）描述给定外部控制属性的特定资源（格式字符串）的使用行为存在不适当操作的问题，"对受限目录的路径名的不当限制"（CWE-22）描述使用给定受限属性对目录资源采取的对路径名进行控制的行为存在不当限制的问题
	变体	V	与特定产品类型相关的弱点，通常与特定语言或技术相关，比基础弱点更具体。该级别的弱点常用行为、属性、技术、语言和资源五者中的 3～5 个维度来描述问题，例如，"从公共方法返回私有数据结构"（CWE-495）描述一个不适当操作的问题，该问题中的返回行为与特定的资源（数据结构）和给定的私有属性相关联

　　CWE 根据条目类型形成多层次的弱点类型划分体系，不同类型条目的层次包含关系是：视图可以包含任何条目，支柱弱点或类目可以包含类弱点、基础弱点和复合元素，类弱点可以包含基础弱点，基础弱点可以包含变体弱点、组合式复合元素、链式复合元素，如图 1.8 所示，图中图标标识条目的类型（详见表 1-1）。弱点类型的包含关系也体现了弱点类型的抽象级别，弱点类型按抽象级别从高到低排序是：支柱弱点→类弱点→基础弱点→变体弱点。

　　CWE 用各种视图对弱点进行初始分类。每个视图都是从某个特定角度对弱点进行分类描述的一个 CWE 条目子集，主要采用分层树状结构呈现不同弱点之间的层次关系，视图的顶层以类目和支柱弱点类型对弱点进行分组，其下是不同抽象级别的弱点。个别视图以列表的形式呈现。如表 1-2 所示，CWE 给出了 CWE 导航视图、外部映射（External Mappings）视图、有用的视图（Helpful Views）和弃用的视图（Obsolete Views）四种视图，每种视图都面向特定对象，以便相关领域人员查阅、利用 CWE，其中 CWE 导航视图包括"软件开发视图（CWE VIEW：Software Development）"（CWE-699）、"硬件设计视图（CWE VIEW：Hardware Design）"（CWE-1194）和"弱点研究视图（CWE VIEW：Research Concepts）"（CWE-1000）。外部映

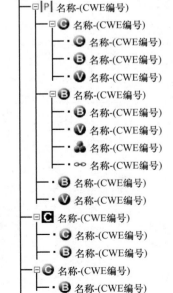

图 1.8　CWE 弱点分类层次树示意图

射视图用于表示 CWE 到外部分组（如 Top-*N* 列表）的映射以及与某些外部因素相关的 CWE 条目子集，呈现 CWE 与业界规范的映射关系及二者的重合情况与各自的侧重点。各种有用的视图用于洞察特定领域或用例相关的条目，而各种弃用的视图则是一些已过时或已被更新的视图。

表 1-2　CWE 的各种视图

类　型	视　图　名	编　号	说　明
CWE 导航视图	软件开发视图	699	根据软件开发过程常使用的概念或常遇到的问题对弱点进行分类，该视图可供开发人员、教育工作者和评估服务供应商使用
	硬件设计视图	1194	根据硬件设计中常使用的概念或常遇到的问题对弱点进行分类，该视图可供设计师、制造商、教育工作者和评估服务供应商使用
	弱点研究视图	1000	旨在促进对弱点的研究，主要根据抽象行为而不是根据弱点如何被检测、弱点在代码中出现的位置或弱点在开发生命周期中何时被引入对弱点进行分类
外部映射视图	CWE Top 25	×××	当前年度 CWE 最危险的 25 个软件弱点，视图编号随年度变化
	最重要的硬件弱点列表	×××	当前年度 CWE 最重要的硬件弱点列表，视图编号随年度变化
	OWASP Top 10	×××	与当前年度 OWASP 最危险的 10 个弱点相关联的 CWE 条目，视图编号随年度变化
	七种致命错误	700	使用类似于"七种致命错误（Seven Pernicious Kingdoms）"使用的层次结构分类呈现 CWE 相关条目
	软件故障模式聚类	888	与软件故障模式（SFP）聚类相关联的 CWE 条目
	SEI CERT Oracle Java 编码标准	1133	按卡内基梅隆大学软件工程研究所计算机应急响应组（SEI CERT）给出的 Oracle Java 安全编码指南部分准则分类呈现 CWE 相关条目
	SEI CERT C 语言编码标准	1154	按 SEI CERT 给出的 C 语言安全编码指南部分准则分类呈现 CWE 相关条目
	SEI CERT Perl 语言编码标准	1178	按 SEI CERT 给出的 Perl 语言安全编码指南部分准则分类呈现 CWE 相关条目
	CISQ 质量度量（2020）	1305	按信息与软件质量联盟（CISQ）于 2020 年发布的质量特性度量主要指标分类呈现 CWE 相关条目
	CISQ 数据保护措施	1340	按 CISQ 面向数据保护的源代码措施分类呈现 CWE 相关条目
	架构概念	1008	根据通用架构安全策略对弱点进行分类，帮助架构师识别在设计软件时可能出现的潜在失误
有用的视图	设计过程中引入的弱点	701	以列表的形式呈现设计过程中可能引入的弱点
	实施过程中引入的弱点	702	以列表的形式呈现实施过程中可能引入的弱点
	具有间接安全影响的质量弱点	1040	以列表形式呈现的与质量问题相关的弱点，其只能间接地使引入漏洞变得更容易或使漏洞更难检测或更难减轻
	用 C 语言开发的软件的弱点	658	涵盖了在 C 语言程序开发中发现的并不是所有语言都通用的问题
	用 C++开发的软件的弱点	659	涵盖了在 C++程序开发中发现的并不是所有语言都通用的问题
	用 Java 开发的软件的弱点	660	涵盖了在 Java 程序开发中发现的并不是所有语言都通用的问题

（续表）

类　型	视　图　名	编　号	说　明
有用的视图	用 PHP 开发的软件的弱点	661	涵盖了在 PHP 程序开发中发现的并不是所有语言都通用的问题
	移动应用软件弱点	919	移动应用软件通用弱点列表
	CWE 组合体	678	组合体弱点列表
	CWE 命名链	709	命名链及链式复合元素列表
	CWE 横截面	884	以列表形式呈现的 CWE 精选弱点集
	CWE 简单映射	1003	基于 CWE 条目的已公开部分漏洞的分类，采用的树状结构只有两层，以便减少浏览深度
	带维护说明的 CWE 条目	1081	该列表形式的视图中的 CWE 条目具有维护说明，维护说明用于标识条目在未来的版本中可能会发生重大变更。可供评估工具供应商使用
	CWE 弃用的条目	604	CWE 弃用条目列表
	CWE 综合字典	2000	列表视图涵盖了 CWE 的全部元素，内容按条目编号升序罗列
	没有软件故障模式的弱点	999	没有相关软件故障模式（SFP）的弱点列表，与视图 CWE-888 具有互补性
	弱点基本元素	677	弱点基本元素列表
弃用的视图	CWE Top 25（2020）	1350	2020 年度 CWE 最危险的 25 个软件弱点
	CWE Top 25（2019）	1200	2019 年度 CWE 最危险的 25 个软件弱点
	…	…	…

"软件开发视图"（CWE-699）中部分弱点类型如图 1.9 所示。该视图中的顶级类目是软件开发中易于理解的领域或术语，以便帮助用户识别潜在的相关弱点。同一个弱点可能存在于多个不同的类目中，需注意的是，不是每个弱点都出现在该视图中。视图以一种简单直观的方式呈现弱点，且以基础弱点这个抽象级别的弱点为主，大多数高抽象级的类弱点和低抽象级的变体弱点被忽略了，但可以利用视图列出的弱点，根据已定义的弱点之间的关系，找到这些被忽略的弱点。

图 1.9　CWE-699 中部分弱点类型

CWE 的每个条目均附有详细的解释说明,包括条目概述、扩展描述、本条目与其他条目的关系(例如,本条目从属的条目或本条目包含的成员条目),如果条目类型是弱点类型,则描述内容涉及弱点的成因,还包括该弱点类型的模式介绍、涉及的开发语言与适用平台、常见后果、可利用性、示范例子及可采取的缓解措施等内容。可以在网站 cwe.mitre.org 查询编号对应条目的详细描述,因此,可以把 CWE 视为常见弱点的字典。

(3)国内漏洞库对漏洞的分类

中国信息安全测评中心联合相关机构建设运维的国家信息安全漏洞库(China National Vulnerability Database of Information Security,CNNVD)结合漏洞成因和漏洞利用技术,将信息安全漏洞(等同于软件漏洞)划分为多种类型。CNNVD 漏洞类型的层次关系如图 1.10 所示,该分类模型包含多个抽象级别,高级别漏洞类型包含多个子级别,低级别漏洞类型提供较细粒度的分类。图 1.10 中序号即漏洞在 CWE 中的相应编号。被 CNNVD 收录的漏洞,均采用此分类规范,包括采集的公开漏洞、收录的未公开漏洞,以及通用型漏洞和事件型漏洞。

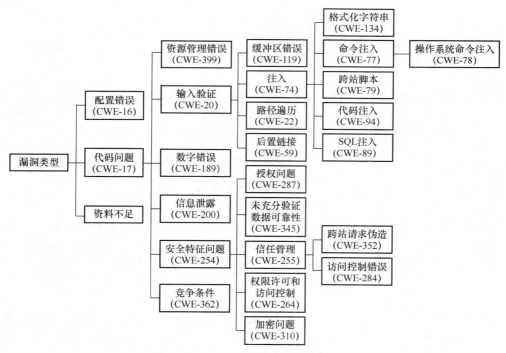

图 1.10 CNNVD 漏洞类型的层次关系

国家计算机网络应急技术处理协调中心联合相关机构建设运维的国家信息安全漏洞共享平台(China National Vulnerability Database,CNVD)根据漏洞影响对象的类型,将漏洞分为 Web 应用、应用程序、操作系统、网络设备(交换机、路由器等网络端设备)、数据库、安全产品(如防火墙、入侵检测系统等)和智能设备(物联网终端设备)漏洞;根据漏洞产生的原因,将漏洞分为配置错误、边界条件错误、输入验证错误、访问验证错误、设计错误、竞争条件、环境错误、意外情况处理错误、未知错误和其他错误。CNVD 给出了面向应用漏洞的漏洞列表(包括操作系统漏洞列表、应用程序漏洞列表、Web 应用漏洞列表、数据库漏洞列表、网络设备漏洞列表、安全产品漏洞列表等)和面向行业漏洞的漏洞列表或漏洞子库（包括电信行业漏洞列表、移动互联网行业漏洞列表、工控漏洞子库和区块链漏洞子库）。

1.1.4　软件安全与其他安全的关系

网络空间安全一级学科包括五个学科方向：网络空间安全基础理论、密码学基础知识、系统安全理论与技术、网络安全理论与技术、应用安全技术知识。网络空间安全基础理论为其他方向提供理论、架构和方法学指导；密码学基础知识为其他方向提供密码体制机制；系统安全理论与技术保证网络空间中单元计算系统安全、可信；网络安全理论与技术保证连接计算机的网络自身安全和传输信息安全；应用安全技术知识保证网络空间中大型应用系统安全。在这五个学科方向形成的层次化基础知识体系中，软件安全与其他知识体系的关系如图 1.11 所示。软件安全以网络空间安全基础理论、密码学基础知识为基础，支撑系统安全，保障网络安全，提升应用系统的软件质量。软件安全从传统的计算机安全和网络安全中分离独立发展。

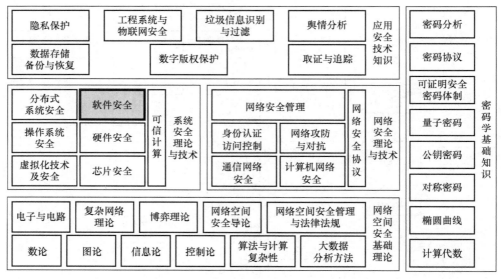

图 1.11　软件安全与其他知识体系的关系

网络空间安全或信息安全的研究范畴包括硬件（尤其是集成电路）安全、软件安全、数据安全、网络安全和信息系统安全等，如图 1.12 所示。其中系统软件和应用软件的安全即软件安全，即使表面上看似与软件无关的加解密算法和通信协议，也与软件安全密切相关，因算法和协议的实现与应用主要采用软件的形式，例如，2014 年爆出的"心脏出血"漏洞（CVE-2014-0160）是一个出现在加密程序库 OpenSSL 中的安全漏洞，大量的应用软件和 Web 服务器使用 OpenSSL 进行安全通信，因此该漏洞的影响范围十分广泛。

软件以系统软件、应用软件的各种形式广泛存在于硬件、数据处理、通信等与计算机相关的各领域。有软件的地方就有软件安全；软件安全与硬件安全、数据安全、网络安

图 1.12　网络空间安全或信息安全的研究范畴

全、信息系统安全等安全领域交叉重叠，是这些安全领域的重要组成部分。

（1）硬件安全

硬件安全包括硬件设计安全和固件（Firmware）安全。硬件设计安全包括集成电路安全、硬中断安全、硬件逻辑安全等。固件是指固化在只读存储器（Read-Only Memory，ROM）、可擦可编程只读存储器（Erasable Programmable ROM，EPROM）或电可擦可编程只读存储器（Electrically Erasable Programmable ROM，EEPROM）等存储器中，停电也不会丢失的程序，例如，洗衣机等嵌入式系统中的控制程序、各种板卡中的 BIOS 等都是固件。固件安全属于软件安全范畴。

软件与硬件的关系体现为软件是硬件的灵魂，硬件功能与作用的发挥，甚至硬件性能的提升，常依托于软件：系统软件管理其资源，应用软件丰富其应用。正因为此，硬件安全与软件安全常如影随形。例如，为了提高 CPU 处理性能，在用于管理和控制 CPU 的固件中引入乱序执行和预测执行的特性，2017 年爆出的 Intel CPU 芯片级安全漏洞"幽灵"（Spectre）、"熔断"（Meltdown）正是由这些特性的设计缺陷引发的。"幽灵"漏洞包含两种变体：绕过边界检查（CVE-2017-5753）和分支目标注入（CVE-2017-5715）；"熔断"漏洞包含一种变体：恶意数据缓存加载（CVE-2017-5754）。攻击者基于"幽灵"漏洞变体 CVE-2017-5753，可以利用 CPU 的分支预测功能，以 CPU 缓存为侧信道（Side Channel），从其他处理器的内存中获取敏感信息或绕过用户和内核之间的特权边界。攻击者基于"熔断"漏洞变体 CVE-2017-5754，可以利用 CPU 的乱序执行功能，基于用户进程即可越过安全边界访问受保护的内核内容。缓解此类漏洞的措施包括更换芯片组、更新相关固件或微码、安装操作系统级别的相关补丁。

利用可编程逻辑器件屏蔽复杂硬件设计过程的硬件软件化（Soft Hardware），进一步模糊了硬件与软件的边界，硬件安全与软件安全彼此交融。

（2）数据安全

数据安全是指利用管理手段和技术措施确保数据处于得到有效保护和合规使用的状态，以及具备保障持续安全状态的能力。数据生存周期安全过程包括数据采集安全、数据传输安全、数据存储安全、数据处理安全、数据交换安全、数据销毁安全六个阶段，如图 1.13 所示。特定的数据所经历的实际生存周期取决于实际具体业务，可为完整的六个阶段或其中的几个阶段。

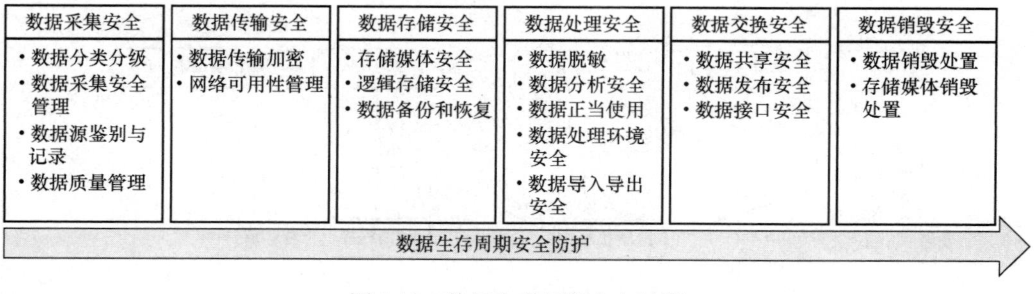

数据采集安全	数据传输安全	数据存储安全	数据处理安全	数据交换安全	数据销毁安全
·数据分类分级 ·数据采集安全管理 ·数据源鉴别与记录 ·数据质量管理	·数据传输加密 ·网络可用性管理	·存储媒体安全 ·逻辑存储安全 ·数据备份和恢复	·数据脱敏 ·数据分析安全 ·数据正当使用 ·数据处理环境安全 ·数据导入导出安全	·数据共享安全 ·数据发布安全 ·数据接口安全	·数据销毁处置 ·存储媒体销毁处置
数据生存周期安全防护 →					

图 1.13　数据生存周期安全过程

数据是软件的构成要素、程序的操作对象，配置文件中的参数型数据直接影响程序的执行或导致程序非法执行；软件是落实数据安全技术措施的载体。数据生存周期每个阶段的安全，都与软件安全密切相关。计算机网络作为数据收集、传输、存储、处理、交换的主要载体，其安全对数据安全起着至关重要甚至决定性的作用。软件安全对网络安全的重要性，也决定了软件安全对数据安全的重要性。

（3）网络安全

网络安全是指计算机网络系统的硬件、软件及其系统中的信息受到保护，不因偶然的或者恶意的原因而遭受破坏、篡改、泄露，使计算机网络系统处于稳定、安全、可靠的运行状态。国际标准化组织（ISO）提出的开放系统互联参考模型（Open System Interconnection Reference Model，OSI/RM）将网络通信分为七层，即物理层、数据链路层、网络层、传输层、会话层、表示层和应用层，但事实上的标准是 TCP/IP 四层参考模型。网络模型不同层面临的安全威胁及相应安全措施如表 1-3 所示。

表 1-3　网络模型不同层面临的安全威胁及相应安全措施

网络模型		安全威胁	安全措施
OSI/RM	TCP/IP		
应用层	应用层	利用操作系统和网络协议中的漏洞进行各种攻击	加强安全服务，如安全协议、检测、加密等
表示层			
会话层			
传输层	传输层	身份假冒、权限滥用、IP 和 TCP 欺骗、路由侦听、重定向等	实施安全控制技术，如身份认证、审计、网络管理等
网络层	网际层		
数据链路层	网络接口层	自然灾害、电磁辐射、数据监听、窃取、删除等	物理安全技术，如容灾、屏蔽、监控等
物理层			

除了电磁干扰、电磁攻击，针对路由器、交换机、防火墙、入侵检测系统等网络设备或其他硬件设备的攻击，常常是针对这些硬件设备中的操作系统或配置管理系统等软件发动的攻击。网络攻击除了利用网络中各种系统软件、应用软件的漏洞，也利用网络协议漏洞。网络协议漏洞是实现网络协议的软件漏洞。国家标准 GB/T 30279—2020《信息安全技术 网络安全漏洞分类分级指南》描述的网络安全漏洞主要是软件漏洞。软件既是网络的实现者，也是网络的组成部分。攻击者利用漏洞实施攻击，是各种网络安全事件的主要根源，而安全漏洞的主要根源是软件中的安全缺陷，如图 1.14 所示。

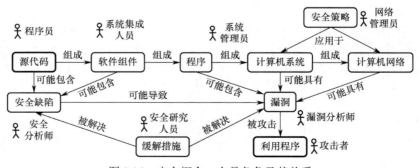

图 1.14　安全概念、人员角色及其关系

（4）信息系统安全

信息系统由一系列相互协作的软硬件构建而成，根据抽象的逻辑层次，信息系统可以分

为物理层、系统层、支撑层、数据层、功能层和用户层六个层次。物理层描述信息系统所有物理设备所处的层面，包括网络通信设施和计算机系统等硬件设备，该层是信息系统的物理基础；系统层描述以操作系统为主的系统软件，是信息系统的软件基础；支撑层描述支持信息系统运行的所有支撑软件，包括数据库管理系统、各种中间件、客户和服务器开发软件、分布对象环境和集成开发工具等；数据层描述信息系统的数据集和数据模型；功能层描述信息系统所能提供的各种功能，是实现信息处理、业务处理、组织管理和辅助决策等的功能集；用户层描述信息系统与用户进行信息交互的系统界面。软件是信息技术（Information Technology，IT）的灵魂，信息系统的构成体现出信息系统一般包含多个不同种类的软件，信息系统业务的多样性由软件类别、功能的多样性支撑，信息系统中硬件的智能化也主要依托软件赋能。

信息系统安全是指保护信息和信息系统不被未经授权地访问、使用、泄露、修改和破坏，为信息和信息系统提供保密性、完整性、可用性、可控性和不可否认性（抗抵赖性）等安全属性。信息系统绝大多数安全漏洞是软件安全漏洞，人们常将范围更广泛的信息系统安全视作软件系统安全。

1.2　软件安全现状

1.2.1　软件安全总体情况

绝大多数软件或多或少存在不同严重程度的安全问题，这使得这些软件容易受到攻击的影响，甚至攻击者可以利用这些软件获得软件所在计算机系统或信息系统的控制权。软件开发过程中产生的安全漏洞、软件利用的第三方框架或组件（插件）存在的安全漏洞，导致一系列软件安全问题。许多很容易修复的安全漏洞仍普遍存在，表明软件开发者的安全意识不强、安全编码培训不到位。开源项目也存在安全问题，相比较而言，商业软件的漏洞修复时间较短；金融和政府部门使用的软件相对更安全。

如图 1.15 所示，软件安全漏洞数量总体呈逐年增多趋势，并且中等危害程度的漏洞居多，其次是高危漏洞。根据漏洞影响对象类型将已知漏洞进行分类，如图 1.16 所示，应用程序漏洞占 56.1%，Web 应用漏洞占 22.3%，操作系统漏洞占 9.9%，路由器等网络设备漏洞占 6.7%。

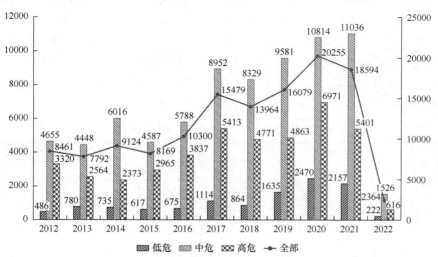

图 1.15　软件漏洞数量年度趋势（来源：CNVD，2022.03.06 查询）

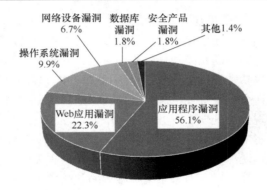

图 1.16　根据漏洞影响对象类型的漏洞分布情况（来源：CNVD，2022.03.06 查询）

CNNVD 于 2022 年 2 月份发布的单月新增漏洞按漏洞类型统计排名前十如表 1-4 所示，其中缓冲区错误类漏洞所占比例最大，约为 12.91%。

表 1-4　CNNVD 按类型统计 2022 年 2 月新增漏洞排名前十

序　号	漏洞类型	漏洞数量（个）	所 占 比 例
1	缓冲区错误	240	12.91%
2	跨站脚本	210	11.30%
3	输入验证错误	123	6.62%
4	代码问题	111	5.97%
5	资源管理错误	84	4.52%
6	SQL 注入	74	3.98%
7	访问控制错误	63	3.39%
8	信息泄露	60	3.23%
9	命令注入	54	2.90%
10	跨站请求伪造	52	2.80%

（数据来源：CNNVD 官网 2022 年 2 月信息安全漏洞通报）

从软件供应者的角度，自由职业者或小型软件公司更关注软件业务功能的尽快实现、软件产品的尽早上线，其软件产品漏洞密度（单位行数或字节数的源代码中存在的漏洞个数，计量单位一般是"个/千行"、"个/兆字节"或"个/KLOC"、"个/MB"）相对较大；大型软件厂商在软件安全方面投入的人力、物力相对较多，且积累了较多的安全实践经验，其软件产品漏洞密度相对较小，但也未能杜绝安全漏洞。厂商系列软件 2022 年 2 月新增漏洞数量排名前十如表 1-5 所示。

表 1-5　厂商系列软件 2022 年 2 月新增漏洞数量排名前十

序　号	厂 商 名 称	漏洞数量（个）	所 占 比 例
1	WordPress 基金会	165	8.88%
2	Google	125	6.72%
3	Intel	75	4.03%
4	Tenda	55	2.96%
5	Microsoft	51	2.74%
6	Git	30	1.61%

（续表）

序　号	厂商名称	漏洞数量（个）	所占比例
7	JetBrains	29	1.56%
8	Siemens	27	1.45%
9	D-Link	26	1.40%
10	Cisco	25	1.34%

（数据来源：CNNVD 官网 2022 年 2 月信息安全漏洞通报）

尽管大型软件厂商的每个软件产品的漏洞密度较小，但由于每个产品的代码量都很大，且用户群体较大的软件的任何漏洞都会导致广泛的影响，安全人员更热衷于挖掘其漏洞，因此，大型软件厂商的软件产品爆出漏洞的频率相对较高。

1.2.2　系统软件安全现状

操作系统、数据库等系统软件，其开发者（厂商）的软件开发实力、规范程度、安全措施的到位程度都相对较高，但因软件越来越复杂、代码量越来越大等诸多因素，这些系统软件的漏洞也层出不穷，甚至存在补丁上打补丁的情形。尽管其漏洞密度远小于应用软件的漏洞密度，但因系统软件的地位与作用的重要性，更应重视其安全。主流操作系统 2022 年 2 月新增漏洞数量排名前十如表 1-6 所示。

表 1-6　主流操作系统 2022 年 2 月新增漏洞数量排名前十

序　号	操作系统名称	漏洞数量（个）	序　号	操作系统名称	漏洞数量（个）
1	Android	25	6	Windows Server 2016	16
2	Windows 11	22	7	Windows Server 2012	13
3	Windows 10	21	8	Windows Server 2012 R2	13
4	Windows Server 2022	21	9	Windows 8.1	13
5	Windows Server 2019	20	10	Windows RT 8.1	13

（数据来源：CNNVD 官网 2022 年 2 月信息安全漏洞通报）

截至 2015 年，Windows 10 操作系统存在 700 个漏洞，漏洞分类统计结果如图 1.17 所示，"权限许可和访问控制"和"信息泄露"是其中两类主要漏洞。

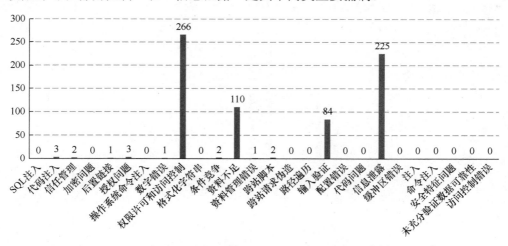

图 1.17　Windows 10 操作系统漏洞统计（来源：CNNVD，2022.03.06 查询）

1.2.3 应用软件安全现状

应用软件是为解决不同领域、不同业务问题的应用需求而开发的应用型软件。应用软件漏洞数量排名前十如表 1-7 所示。尽管漏洞数量排名中没有自由职业者和小型软件公司开发的软件产品，但这并不意味着其软件产品没有漏洞或漏洞很少，不在排名中的主要原因是其软件产品的用户群体较小或仅在特定单位的局域网中使用（用户定制软件），鲜有人挖其漏洞或公开发布其漏洞。

表 1-7　应用软件漏洞数量排名前十（来源：CNNVD，2022.03.06 查询）

序　号	产　品	厂　商	漏洞数量（个）
1	Chrome	google	1171
2	Firefox	mozilla	1069
3	Acrobat	adobe	532
4	Thunderbird	mozilla	530
5	Seamonkey	mozilla	518
6	Acrobat_reader	adobe	506
7	Acrobat_dc	adobe	498
8	Acrobat_reader_dc	adobe	498
9	Internet_explorer	microsoft	406
10	Wireshark	wireshark	399

浏览器是最常用的应用软件之一，其漏洞数量排名前五如表 1-8 所示。

表 1-8　浏览器漏洞数量排名前五（来源：CNNVD，2022.03.06 查询）

序　号	浏　览　器	厂　商	漏洞数量（个）
1	Chrome	google	1171
2	Firefox	mozilla	1069
3	Internet_explorer	microsoft	406
4	Safari	apple	398
5	Firefox_esr	mozilla	261

浏览器 Chrome 漏洞统计如图 1.18 所示，最近几年漏洞总量居高不下，漏洞以"资料不足"、"资源管理错误"和"输入验证错误"漏洞为主。

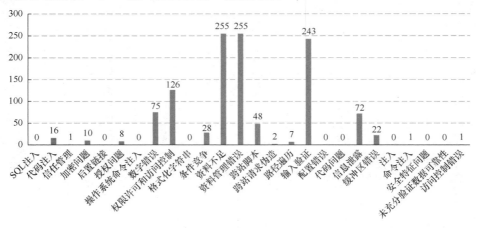

图 1.18　浏览器 Chrome 漏洞统计（来源：CNNVD，2022.03.06 查询）

1.2.4　开源软件安全现状

开源软件具有开放、共享、自由等特性，在软件开发中扮演越来越重要的角色，也是软件供应链的重要组成部分。开源软件中存在大量的安全隐患，开源软件用户和基于开源软件的软件开发者在享受开源软件带来的便利的同时，也承担着巨大的安全风险。开源软件频繁爆出高危漏洞，例如 Apache log4j2 远程代码执行漏洞（CVE-2021-44228）、Apache Struts2 远程代码执行漏洞（CVE-2020-17530）、OpenSSL 拒绝服务漏洞（CVE-2021-3449）。这些开源框架或组件很多都应用于信息系统的底层，并且应用范围非常广泛，因此其漏洞带来的安全危害比较深远。

2015 年初至 2017 年初的近两年间，360 代码卫士团队从 GitHub、SourceForge 等代码托管网站和开源社区选取 2228 个使用比较广泛的开源项目进行检测，涉及的开发语言包括 C、C++、C#、Java 等，检测代码总量超过 2.5 亿行，发现源代码漏洞超过 200 万个，所有检测项目的总体平均漏洞密度为 10.19 个/千行。在检测的 2228 个开源项目中，漏洞数量排名前十的项目如图 1.19 所示，其中 OpenGamma 项目检出漏洞数量最多，近六万个。

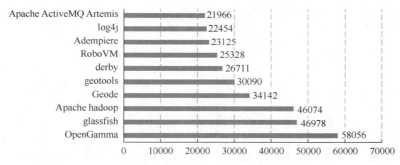

图 1.19　开源项目漏洞数量排名前十

根据不同类型漏洞的危害程度、受关注度等因素，选择如表 1-9 所示的十类重要漏洞（按检出数量排序）进行检测结果分析。在所选取的十类重要漏洞中，检出数量最多的漏洞是系统信息泄露，超过 18 万个。开发人员普遍关注的 Web 最常见漏洞 SQL 注入漏洞、跨站脚本漏洞也分别检出 4069 个和 9614 个，可见这两类漏洞依然是 Web 应用中安全修复的重点。在进行检测的 2228 个开源项目中，有高达 82.99%的项目存在所列十类重要漏洞，说明这十类漏洞普遍存在，应当作为软件安全保障的重点考虑问题。

表 1-9　十类重要漏洞检出结果统计

序　号	漏洞类别	漏洞总数（个）	序　号	漏洞类别	漏洞总数（个）
1	系统信息泄露	180943	6	HTTP 消息头注入	4891
2	密码管理	30746	7	SQL 注入	4069
3	资源注入	16919	8	越界访问	2728
4	跨站请求伪造	16349	9	命令注入	1913
5	跨站脚本	9614	10	内存泄露	681

参考代码托管网站和开源社区的项目 Fork 值、下载量等指标，选取 20 个最流行开源项目的检测结果进行统计分析，图 1.20 是其漏洞数量统计结果，其中 Guava 项目检出的安全

漏洞数量最多，接近一万个。Guava 是 Google 的一个开源项目，包含 Google 许多核心 Java 常用库。

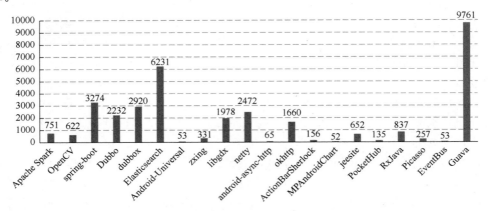

图 1.20　最流行开源项目的漏洞数量（单位：个）

上述 20 个最流行开源项目中，netty 项目检出表 1-9 所列十类重要漏洞的总数最多，达到 384 个，即该项目源代码中存在高风险漏洞的数量较多，如图 1.21 所示。

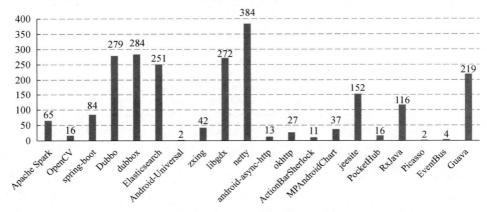

图 1.21　最流行开源项目十类重要漏洞的数量（单位：个）

漏洞密度可以在一定程度上反映软件的安全性。在上述 20 个最流行开源项目中，okhttp 的漏洞密度最大，为 45.24 个/千行；OpenCV 的漏洞密度最小，为 0.91 个/千行，如图 1.22 所示。

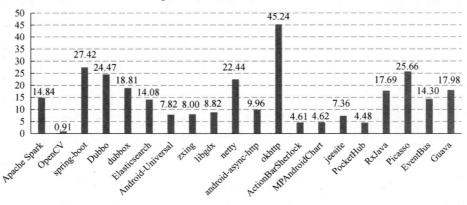

图 1.22　最流行开源项目的漏洞密度（单位：个/千行）

随着软件开发过程中开源软件的使用越来越多，开源软件实际上已经成为软件开发的核心基础设施，开源软件的安全问题应上升到基础设施安全的高度来对待，应得到更多、更广泛的重视，尽可能避免由于开源软件的不当使用而引入严重的安全隐患。

1.3　安全事件的根源

IT 领域每年都发生大量的网络攻击、信息泄露等各种安全事件，这些事件涉及互联网、物联网、移动通信、工业控制系统等与计算机或智能设备相关的每个领域。在安全设备与系统加固方面的大量投入，并未能有效遏制安全形势日趋严峻的态势。传统的安全措施绝大多数采用"堵"的方式，即利用安全系统检测、防范、阻止安全事件的发生与蔓延，并没有从根源上杜绝安全隐患。绝大多数漏洞存在于各种应用程序中。软件是硬件和信息系统的灵魂；安全问题的根源是软件安全缺陷。"三分技术，七分管理"，可以用技术提升管理水平、弥补管理漏洞，并从根源上消除安全隐患。

1.3.1　软件漏洞是安全问题的焦点

计算机病毒传播、黑客攻击主要基于计算机网络，因此，在相当长时间内人们一直认为网络安全是信息系统安全的主要问题。传统的信息系统安全防御策略是用防火墙等网络安全设备保护系统边界，采用的安全防御模式是"分区分域，隔离认证"，即基于物理隔离的分区分域防御或基于层次结构的纵深防御（如图 1.23 所示）。在安全方面的开支，也主要用于购买防火墙、杀毒软件、入侵检测系统与安全管理系统等，希望保护信息系统不被黑客破坏、限制责任和义务、满足法规和标准，避免对企业的品牌或企事业单位的信誉造成不良影响。

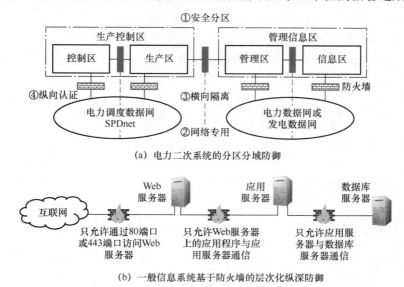

(a) 电力二次系统的分区分域防御

(b) 一般信息系统基于防火墙的层次化纵深防御

图 1.23　典型分区分域安全防御模式示意

但是在网络安全上的巨大投入并没有从根本上解决安全问题。2010 年，伊朗布什尔核电站遭到"震网"蠕虫攻击，大量离心机被毁；2013 年 3 月，韩国三家电视台和六家金融公司遭黑客攻击，计算机网络全面瘫痪；2016 年 12 月，乌克兰国家电力部门遭黑客攻击，导致大规模停电；2017 年，WannaCry、Petya、BadRabbit 等勒索病毒肆虐；2021 年，美国管道公司 Colonial Pipeline 遭受勒索病毒攻击，导致管道运输中断。安全事件频繁爆发的原因，主要包括以下几个方面。

（1）新技术的应用，增加了安全的复杂性、挑战性

5G、大数据、人工智能、工业互联网等新技术的应用，在推动社会从信息化向数字化转型的同时，也在推动多行业、多领域融合交叉发展，其结果是加剧了安全的复杂性。大数据、人工智能技术的应用也对隐私安全保护构成了挑战。网络功能虚拟化（Network Functions Virtualization，NFV）带来组网便利和成本下降的同时，由于其硬件资源层缺少传统物理边界，从而打破了传统网络通过物理隔离来保证安全性的机制，此外，NFV 将网络功能软件化，可能存在软件安全漏洞。

（2）系统自身的缺陷、复杂性、开放性与传统安全技术的不足

信息系统由众多软件和硬件构成，系统软硬件缺陷、网络协议缺陷，都可能被用于攻击。针对网络应用层协议和软件的攻击尤为普遍。工作在网络层和传输层的防火墙无法理解应用层的数据内容、不能识别应用层的攻击行为，而应用层的 Web 应用防火墙也难以完全杜绝被 XSS、SQL 注入等攻击绕过。大量软件出于各种目的，广泛采用跳变端口甚至复用端口的方式进行数据传输，例如，用于 HTTP 网页浏览的 TCP 80 端口，也被用于 P2P 下载，或用于传输即时通信软件的流量，导致难以准确识别各种端口上传输流量的应用软件类型，从而难以针对这些流量进行有效安全防御。对网络中的流量进行精确识别，以便阻断相应流量，是防火墙、IPS 等安全设备面临的一个挑战。加密技术的广泛使用，对安全防御也有一定的削弱，如基于 IDS/IPS 的攻击监控，难以监控基于 SSL/TLS 的保密应用。此外，某些处于内网中的软件，因业务功能的需要，需突破传统的保护层，直接与外网系统交互，如常采用 VPN 方式进行联网的位于外网的数据采集子系统、位于外网的员工或合作伙伴自助业务系统。防火墙等安全设备自身也存在某些设计上的不足，甚至安全漏洞，在"内忧外患"双重影响下，难以成功拦截全部攻击。

系统的开放性也增加了系统的安全威胁。系统的开放性主要体现在三个方面：一是系统开放，即计算机及计算机通信系统是根据行业标准规定的接口建立起来的；二是标准开放，即网络运行的各层协议是开放的，且标准的制定也是开放的；三是业务开放，即用户可以根据需要开发新的业务，或多途径、多场景使用已有业务功能，导致业务安全或系统安全边界管理困难。随着互联互通需求的增加，系统将更开放、更复杂，安全防御的挑战将更大。

（3）黑客攻击方式的演化

黑客攻击方式从早期单纯的社会工程、简单的电子邮箱炸弹逐步演化为直接针对应用软件的攻击或业务逻辑渗透。对特定目标进行长期持续性网络攻击的高级持续威胁（APT）更具针对性、隐蔽性、长期性、有计划性和有组织性。攻击方式也不再是单一手段，而是多种攻击手段的综合应用，包括 0 day 漏洞的利用。例如，2015 年 12 月，乌克兰电力系统遭 Black Energy 等恶意代码"网络协同"攻击，以电力基础设施为目标，以 Black Energy 等相关恶意代码为主要攻击工具，利用僵尸网络（Botnet）进行前期的资料收集和环境预置，以

邮件发送恶意代码载荷为最终攻击的直接突破口，通过远程控制数据采集与监视控制系统（Supervisory Control And Data Acquisition，SCADA）节点下达指令为断电手段，以摧毁或破坏 SCADA 系统实现迟滞恢复和状态致盲，以 DDoS 攻击服务电话作为干扰，最后达成长时间停电并制造整个社会混乱的具有信息战水准的一起网络攻击事件。

2015 年对乌克兰电力系统的"网络协同"攻击的攻击点并不在电力基础设施的纵深位置，同时亦未使用 0 day 漏洞，而是完全通过恶意代码针对计算机的投放和植入达成的，其攻击成本相对"震网""方程式"等攻击显著降低，但同样直接有效。

此外，攻击工具也越来越集成化、智能化，发动攻击的门槛也越来越低。攻击的产业化、勒索软件即服务（Ransomware as a Service，RaaS）的出现，加剧了安全事件的频繁发生。

（4）无处不在的软件及其漏洞

网站、服务器、计算机、路由器、Wi-Fi 接入点、智能手机/移动电话、智能汽车、心脏起搏器、铀浓缩设施等，之所以能够被攻击，主要是因为它们包含软件。任何网络攻击，无论是针对网络系统的攻击，还是针对网络设备的攻击，都会利用网络系统、网络设备中软件（包括以软件形式实现的各种协议）的漏洞。

由前文图 1.16 可知，近 80%的漏洞为各种应用软件的漏洞，安全产品也存在漏洞。操作系统、数据库等系统软件，其复杂程度、代码行数远超应用软件，但其漏洞数量远低于应用软件，其原因除了与系统软件长期迭代、完善有关，还与大型软件开发商采取的相关安全防范措施有关，说明软件漏洞是可控、可消减的。

安全问题从早期的网络安全、主机安全逐步聚焦在软件安全漏洞上，包括安全设备的安全漏洞、通信协议的安全漏洞和各种软件系统的安全漏洞。传统的关注操作系统和网络安全的解决方案，从关注操作系统、防火墙、病毒扫描程序的安全补丁与安全升级，逐渐转变为关注 Web 浏览器、Web 应用、移动设备、嵌入式系统、智能汽车、物联网设备及工业控制系统与关键基础设施等系统的安全。有软件的地方就有安全问题，软件缺陷是各种安全问题的根源。纵观各种信息安全事件，从日常黑客攻击到军事领域的对抗，从"震网"蠕虫到棱镜门事件，网络空间的几乎所有攻防与对抗，都是以软件安全问题为焦点展开的，最初的"突防"手段，除了利用社会工程，还利用软件的各种安全漏洞。绝大多数网络攻击都是利用一个或多个软件漏洞发动的。一个软件漏洞的出现可能导致数十种攻击手段的产生，进而引起成千上万次的攻击行为。

安全问题主要源于软件漏洞，防火墙等外在手段无法彻底解决软件内在的安全漏洞，这个"被保护"的软件，可能"从内部开始腐烂"——软件自身的安全漏洞会被用于攻击其他软件，包括保护它的安全系统。安全设备或杀毒软件本身的安全漏洞可能导致被保护的系统遭受攻击或自身遭受攻击。例如，利用思科 ASA 防火墙的漏洞 CVE-2016-6366 获取思科 ASA 防火墙设备的完整控制权；利用存在于思科 IOS、思科 IOS XE 和思科 IOS XR 软件的 IKEv1 数据包处理代码中的漏洞 CVE-2016-6415，未经身份验证的远程攻击者可以获取目标设备内存中的数据，可能导致敏感信息泄露，从而能够通过远程发送数据包来提取出思科 VPN 密钥。

可以用防火墙等设备为软件营造相对安全的运行环境，但软件不能依赖于环境安全。防火墙、入侵检测系统等安全系统的核心仍是软件。没有谁能保证防火墙和反病毒软件是完全可靠的，它们自身也可能存在安全漏洞。漏洞已经成为危害软件安全的主要因素，危及用户对软件的信任、业务运营，且会危及一系列关键基础设施和应用。

解决计算机安全、网络安全、数据安全等安全问题的关键途径之一是解决软件安全问题，在软件自身中确定和清除安全问题，进而达到计算机安全、网络安全、数据安全的目的。

1.3.2　产生软件漏洞的原因

软件的安全问题是软件自身的缺陷问题，其主要在软件设计、实现、应用与维护的过程中产生，具体表现为软件设计架构、实现和配置上的错误。产生软件漏洞的原因，可以分为外因和内因。

（1）外因

软件使用环境对软件构成威胁，尤其在互联网环境下更具安全挑战。利用各种漏洞进行攻击，已由早期的安全研究、兴趣爱好，演变为经济获利、政治干扰、军事打击的手段之一，刺激了漏洞挖掘与漏洞利用，任何软件缺陷都有可能被恶意利用。

（2）内因

内因包括主观、客观两方面的因素，从软件开发及使用的角度，涉及软件开发安全意识、安全经验与技能、开发管理及软件自身的复杂度等。

① 软件开发安全意识淡薄，缺乏对安全威胁的认识，软件设计时缺乏安全设计，即使意识到安全设计的重要性，也常为了抓住稍纵即逝的商业机会而采用缺乏安全的敏捷的软件开发过程，尽可能地压缩软件开发周期，导致由于软件开发周期短、工作量大、开发经费紧张等原因而忽视安全，重视软件功能而不是其安全性。在激烈的市场竞争中，多数软件供应商更倾向于奖励开发并快速上线新功能的开发人员，软件供应商和开发人员都缺乏重视安全的足够动力，将加剧安全意识淡薄，除非他们为安全导致的损失买单或用户要求提供安全的软件。从长远来看，采用打补丁方式弥补安全漏洞的代价远高于开发之初即做好安全规划的代价。安全意识淡薄，也体现为对相关法律法规、标准条款缺乏了解与遵从。

② 软件开发缺乏安全知识和安全问题解决方案，对需保护的目标知之甚少，尤其是编程人员缺乏安全编程经验、安全测试经验。安全意识淡薄、时间或经费紧张等，使开发人员得不到应有的安全培训，无法从培训、交流中快速获取安全编程经验、安全测试经验。这也往往成为开发人员追逐奖励而推卸安全责任的借口。

③ 软件趋向大型化和复杂化，功能越来越多，软件越来越复杂，软件系统代码量越来越庞大。软件越复杂，缺陷越难避免，质量越难保证，可能存在的安全风险越多。

④ 软件第三方扩展增多，软件模块复用、可扩展性、灵活性要求越来越高。许多软件都支持通过脚本、控件、组件等形式的扩展，在方便加载、扩展新的功能与组件的同时，由于扩展的功能或组件不可控，从而带来未知的安全风险。软件使用的第三方库或源代码也有可能引入安全风险。

⑤ 运行于各种终端/平台的软件系统或其子系统的互联，给予攻击者更多的攻击机会。

⑥ 缺乏相应的技术和工具帮助开发人员开发安全的软件，甚至难以可靠地确定开发人员开发的软件是否安全。

与软件缺陷一样，产生软件漏洞的原因，存在于软件生命周期的每个环节，即需求分析、架构设计、编码实现、测试集成与部署等，都有可能引入漏洞。

（1）缺少必要的安全需求分析

需求分析解决软件"需要做什么"的问题，仅考虑业务功能需求，缺少必要的安全需求分析，必然导致意外安全问题的发生。例如，2011 年 12 月，CSDN 遭黑客拖库攻击，导致用户账号、密码泄露，迫使人人网等网站用户纷纷修改密码。表面上是用户不具有安全意识，在不同网站使用同一套账号、密码，实则是被拖库系统没有进行必要的安全需求分析，"没有想到"可能会被拖库，从而没有事前采取相应防范措施。除了账号、密码泄露，各种隐私信息泄露、非法访问等安全事件，往往都是因为在需求分析阶段"没有想到"会有这些事件的发生而导致的。

系统登录界面没有使用防范恶意软件自动登录的验证码等措施，登录信息未经安全处理而明文传输，或使用未经安全处理的 cookie 信息等，也是在软件开发的需求分析阶段没有考虑到相关安全威胁，进而在后续设计实现阶段忽略相关安全处理而引入安全缺陷，如图 1.24 所示。

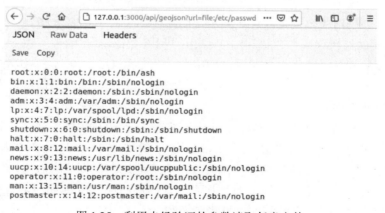

图 1.24　Web 系统登录信息未经安全处理

对输入信息，尤其是关键数据，进行有效性验证或安全验证，是一个基本安全需求，但常被忽略，进而引发安全问题，例如，Metabase 信息泄露漏洞 CVE-2021-41277。Metabase 是美国 Metabase 公司的一个开源数据分析平台，该漏洞源于软件的自定义 GeoJSON 地图功能存在本地文件包含（包括环境变量），在加载 URL 之前没有进行验证，攻击者可以利用该漏洞读取任意文件而获取敏感信息。漏洞利用方法比较简单，用存在该漏洞的网站 URL 替换 "{{BaseURL}}/api/geojson?url=file:/etc/passwd" 中的 "{{BaseURL}}"，得到拼接后的 URL 并访问该 URL，即可获取指定的敏感信息，如图 1.25 所示。

127.0.0.1:3000/api/geojson?url=file:/etc/passwd

JSON　Raw Data　Headers

Save　Copy

```
root:x:0:0:root:/root:/bin/ash
bin:x:1:1:bin:/bin:/sbin/nologin
daemon:x:2:2:daemon:/sbin:/sbin/nologin
adm:x:3:4:adm:/var/adm:/sbin/nologin
lp:x:4:7:lp:/var/spool/lpd:/sbin/nologin
sync:x:5:0:sync:/sbin:/bin/sync
shutdown:x:6:0:shutdown:/sbin:/sbin/shutdown
halt:x:7:0:halt:/sbin:/sbin/halt
mail:x:8:12:mail:/var/mail:/sbin/nologin
news:x:9:13:news:/usr/lib/news:/sbin/nologin
uucp:x:10:14:uucp:/var/spool/uucppublic:/sbin/nologin
operator:x:11:0:operator:/root:/sbin/nologin
man:x:13:15:man:/usr/man:/sbin/nologin
postmaster:x:14:12:postmaster:/var/mail:/sbin/nologin
```

图 1.25　利用未经验证的参数读取任意文件

（2）架构设计存在缺陷

架构设计缺陷常表现为策略、方案层面的缺陷，如认证授权策略缺陷、消息传递或数据交换方式存在不足。例如，Microsoft Bob 是作为 Windows ME 和 Windows 98 的辅助程序而设计的，其中包含一个设置系统密码的工具，当用户输入密码错误三次时，Bob 将弹出信息："我想你忘记了你的密码，请输入一个新的密码"，然后允许用户无须任何身份验证即可设置新的密码。在 Web 前端生成并检验验证码，也是一种低级的设计缺陷。

runC 符号链接挂载与容器逃逸漏洞 CVE-2021-30465 也是设计缺陷引发的。runC 是一个通用的标准化容器（Container）运行环境，实现了容器启停、资源隔离等功能，被广泛应用于 Kubernets 等各种虚拟化环境中。攻击者将容器的目标挂载路径设置为卷（Volume）在宿主机上的根目录的符号链接（symlink），以此获取宿主机上的挂载点。当多个容器共享一个卷时，存在一个 TOCTTOU 缺陷。由于挂载的源路径是攻击者可以控制的目录，攻击者可以将源路径中的子目录符号链接到宿主机根目录上，并利用竞争条件 TOCTTOU 的特定手段在一定条件下让恶意容器中的指定目录挂载到宿主机的根目录，并最终可能导致容器逃逸，对宿主机进行攻击。

软件规划层面的失误将导致安全问题难以避免。例如 Apache APISIX Dashboard 未授权访问漏洞 CVE-2021-45232。在 2.10.1 版之前的 Apache APISIX Dashboard 中，Manager API 在轻量级 Web 框架 gin 的基础上引入 droplet 框架，所有的 API 和鉴权中间件都应基于 droplet 框架开发，但是部分 API 直接使用了框架 gin 的接口，从而绕过身份验证。

登录凭据验证存在逻辑错误，是导致提权/绕过身份验证漏洞的一类设计错误。例如导致 MacOS High Sierra 系统无密码即可登录管理员账户的 Apple MacOS 权限提升/绕过身份验证漏洞 CVE-2017-13872。该漏洞出现在 plist 二进制文件的 od_verify_crypt_password 函数中。攻击者利用未启用的 root 账户登录（登录密码任意，可以为空），因账户未启用，MacOS 尝试一次密码更新，更新过程中 od_verify_crypt_password 返回非 0 值，但该错误代码没有被检查，导致用攻击者指定的密码更新 root 账户的密码，从而让攻击者成功登录。

（3）代码安全缺陷

代码安全缺陷也称为代码设计缺陷或代码缺陷，指用编程语言实现软件功能的过程中产生的软件缺陷。后续章节将给出针对各种代码安全缺陷的安全编码规范及基于代码分析的缺陷检测方法，此处仅用代码缺陷的经典漏洞说明编程环节会引入安全漏洞。

2001 年爆发的红色代码（Code Red）蠕虫，利用 Microsoft 的 IIS Web 服务器的软件漏洞发动攻击。该漏洞是缓冲区溢出漏洞，即字符串变量是 Unicode 字符类型的（每个字符占用两个字节），在计算缓冲区大小时偏移量应为 2，但 IIS 错误地按照偏移量为 1 来计算缓冲区大小，从而导致缓冲区溢出。

Windows Defender 是微软内置在 Windows 10 等操作系统中的默认杀毒软件，在扫描加壳软件时将进行脱壳。Microsoft Defender 高危漏洞 CVE-2021-1647 出现在脱去用 ASProtect 加的壳的过程中，是一个缓冲区溢出漏洞。攻击者可通过向目标受害者发送邮件或恶意链接等方式诱导受害者下载攻击者构造的恶意加壳文件，从而使 Windows Defender 在自动扫描该文件时触发利用该漏洞，最终控制受害者计算机。

（4）调试、测试存在不足

安全测试方法不当或用例不合适，测试辅助工具软件存在局限性，安全测试不到位，测试主要集中于业务功能测试，等等，都有可能导致软件在发布之前未能发现存在的漏洞。

调试过程中"插入"的便于调试的语句，遗留在发行版程序中，将为攻击者提供便利。例如，未清理 JavaScript 中的注释信息及仅用于调试的 console.log()、console.info()、alert 等语句，导致敏感信息泄露或为攻击者实施攻击提供有用信息。发行版程序未清理专门为调试、测试设计的"后门"而引入风险。在 Web 应用程序开发过程中，存在用调试代码或功能模块测试和修改 Web 应用程序参数、配置信息的情况，如果这些调试功能遗留在产品服务器上，有可能被攻击者利用。程序代码中包含的内网 URL、测试账号、密码等残留测试信息，也有可能被恶意利用。

（5）安全部署、安全配置不合理

系统软件和应用软件都存在安全部署、安全配置不合理导致的安全问题，如操作系统没有禁用 guest 账号、没有关闭不必要的服务、没有关闭不必要的端口、没有开启审核策略等。

安装部署软件时，若没修改默认配置，常导致安全问题，例如，Apache APISIX Admin API 默认 Token 漏洞 CVE-2020-13945。如果使用者开启了 Admin API，没有配置相应的 IP 访问策略，且没有修改配置文件 Token，攻击者可以利用 Apache APISIX 的默认 Token 访问并控制 Apache APISIX。再例如，低版本 Apache httpd 默认配置允许目录浏览，当客户端访问一个目录时，如果该目录下没有 index.html 等默认文件，则会列出该目录下所有文件，导致文件信息泄露。

移动应用错误配置或不安全配置是导致移动设备隐私泄露的主要原因之一。Firebase 是一个移动应用开发平台。2020 年，由于 Firebase 存在配置错误，导致近 2.4 万个 Android 应用程序发生数据泄露，泄露信息包括用户名、电子邮件地址、账号和密码、聊天记录、GPS 数据、IP 地址、街道地址等。

1.4　缓解软件安全问题的途径与方法

缓解软件安全问题的基本方法是制定针对安全问题的安全策略，实施落实安全策略的安全机制（例如避免破坏的保护机制、威胁检测机制和发生安全事件之后的恢复机制），并以评估安全机制实施效果的方式实现安全保障。解决软件的安全问题的基本指导思想是：树立牢固的安全意识，采用工程化方法，尽早检测、处理软件安全漏洞，减少或消除软件的安全缺陷，减少软件安全问题导致的损失和影响。此外，在方法技术与工具方面，研究如何设计、构建、验证和维护软件以保证其是安全的，包括改进和实现软件安全的架构或框架、工具、方法。

1.4.1　缓解软件安全问题的基本策略

传统的软件安全思想主要包括：①用防火墙等安全设备定义系统的"边界"，将软件与外界隔离；②过度依赖 SSL、IPSec 等安全通信技术；③软件产品即将发布时才进行安全测试或复审（Review）产品，以补丁的方式修复发现的安全漏洞；④对安全负责的是软件用户的 IT 部门、管理部门或信息系统安全专业认证/评估机构。传统的软件安全思想不利于软件安全问题的解决，应基于如下基本策略缓解软件安全问题。

（1）软件安全是软件的自我安全保障

软件安全开发的本质目标是开发出安全的软件。基于软件工程管理"过程控制、预防为主"的原则，应该在软件开发过程中内建安全，而不是"亡羊补牢"式的先开发、再检验、最后修补。

利用防火墙、杀毒软件等创造相对安全的运行环境，也难以防御授权用户或系统内部用户的滥用、误用。将软件的数据的安全完全委托给数据库管理系统，软件自身对数据不进行任何加密、访问控制，难以保障软件的数据安全，被篡改后的数据可能导致提权攻击或影响软件的可用性。SSL、IPSec 等技术解决的主要是通信信道安全问题，可以有效对抗信道窃听导致的信息泄露，但不能有效解决针对访问控制的信息泄露。存在安全漏洞的软件，对软件所在的操作系统、计算机网络、信息系统均构成安全威胁。

（2）软件安全与软件质量一样，尽早发现并解决问题，代价更低

安全性已成为重要的软件质量特性（详见 2.3 节）。与软件的质量一样，软件的安全也不是附加的，而是内建于软件之中的。与第 2 章将介绍的解决软件危机、软件质量问题类似，在软件发布以后进行修复的代价是在软件设计和编码阶段进行修复所付出代价的几十倍；在软件开发生命周期中，软件系统发布以后进行漏洞修复的代价是最高的，且常常伴随着软件系统使用者的极大损失。早期发现并解决软件安全问题可以减少大量的软件开发时间和人力物力开销。只在测试阶段、维护阶段解决软件安全问题，如进行代码扫描、渗透测试、给软件打补丁，不是解决安全问题的最优方法。

（3）软件安全人人有责，安全意识与安全管理是关键

只有理解了威胁，并意识到威胁的存在，才有可能构建安全的软件。通过安全培训，强化安全意识、提升安全经验与技能，让软件设计、开发人员成为安全问题的第一责任人，而不是将安全责任推卸给软件用户的 IT 部门、管理部门或信息系统安全专业认证/评估机构。软件项目经理、主管人员必须认识到，在安全设计和安全分析上尽早投入时间和人力，并为开发人员提供系统的培训、合适的工具及科学的管理，有助于提高用户对其产品的信任程度；开发人员必须实施安全工程，安全编码、安全测试，保证构建的系统是尽可能安全的，而非"千疮百孔"、布满漏洞的；软件用户 IT 部门管理员必须理解现代系统的分布式本质，实施最低特权原则等安全管理措施；用户必须认识到软件是可以做到安全的，与软件供应商积极合作，正确、安全地使用软件，避免滥用、误用，及时反馈发现的问题，为问题的快速解决提供尽可能详尽、准确的描述。

1.4.2　缓解软件安全问题的工程化方法

几十年来，软件工程对保障软件质量起到了至关重要的作用。软件安全是使软件在受到恶意攻击时依然能够继续正确运行的工程化软件思想。以软件工程为基础，实施软件安全工程，有利于利用软件工程已有的成果和经验，融入安全理念和方法，保障软件质量的同时，提升软件的安全性。为了避免安全漏洞，解决软件安全问题，研究人员已在软件安全过程模

型、安全需求工程、安全设计语言和安全设计指南等方面开展了系列研究与软件安全开发实践，努力树立安全意识，在软件生命周期的需求、设计、编码、测试、运维等每个环节都从攻击者的角度分析软件可能存在的安全问题，并采取相应的措施消减安全隐患，与修复软件错误一样，尽早检测、处理软件安全漏洞，同时保障软件的质量与安全。

软件安全工程的具体措施可以是：在软件项目启动之初，从安全策略与安全管理的角度，明确安全标准与安全规范，对软件项目相关人员进行安全教育与安全培训（安全培训可以贯穿整个软件生命周期）；在需求分析与设计阶段，重视并落实安全需求分析、威胁建模、安全防御设计；在编码与实现环节，优先基于可重用的安全架构、安全库、内存安全语言开发软件；在确认与安全评估环节，做实软件架构安全审查、代码安全审查与安全测试；在软件部署与运维环节，加强软件漏洞管理与系统安全加固。安全必须从设计的开始之时（需求分析）就作为重要部分嵌入系统中，并在后续开发的每个步骤都被包含，直到系统完成。

采取安全措施势必增加人力、物力、财力投入，延长软件的开发周期。不采取安全措施，会存在潜在的经济、声誉等损失；采取过度的安全措施，则存在直接的经济损失。因此，在遵循适度安全、可接受/可控安全的原则下，应合理选择并实施抵御攻击、容忍攻击和从攻击中恢复的安全策略，采用一定的措施和方法，从安全架构和安全特性等方面解决可以预期的安全问题，从预防措施的角度解决或规避预期外的安全问题，加强软件安全风险管理，在软件的每一轮迭代中完善软件的安全性。

解决软件的安全问题也是一个社会工程和系统工程问题。从社会组织的角度，建立共享漏洞库、加强软件风险与漏洞管理，有利于分享安全经验，避免新系统出现老问题。建立相关社区有利于讨论、交流、相互学习软件安全技能、解决软件安全问题的方法与途径。建立并共享安全架构、安全库，在重用中不断完善自身，有利于应用软件开发者将更多的时间、精力用于业务功能的实现，降低软件安全开发成本，当然，再好的安全架构或策略都经受不了编写糟糕、满是漏洞的不安全软件。内存安全语言、内置于编译器中的代码安全审核、基于编译器和操作系统的地址空间布局随机化和数据执行保护（Data Execution Prevention，DEP）等安全措施，有利于消减软件安全缺陷，也有利于增加基于内存破坏的攻击难度。制定并实施相关标准或行业规范，有利于规范和促进相关安全技术的发展与使用，进而全面解决软件安全问题。

1.4.3　软件安全问题的标准化、规范化解决之路

目前，有直接面向软件工程的系列标准，可以指导、规范软件开发过程管理，但还没有直接面向软件安全工程的标准。可以从安全技术标准、系统安全管理标准和信息安全测评标准等标准中借鉴相关技术和指导性准则来解决软件的安全问题，尤其是可以借鉴面向操作系统等系统软件的安全标准、面向防火墙等安全产品的安全标准来解决应用软件的安全问题。标准的提出和完善，也必须经历不断迭代、逐渐成熟的过程。软件安全问题的标准化、规范化解决之路是漫长而曲折的。

信息安全测评标准从安全评测的角度提出的相关要求和准则，即符合性要求和准则，既可以作为软件安全设计与实现的依据与指导性条款，也可以作为软件开发的安全目标，从而既保障软件的安全性，又符合相关标准的要求，有利于增强用户对软件安全性的信心。我国依法实施的国家标准 GB/T 22239-2019《信息安全技术　网络安全等级保护基本要求》、GB/T

25070-2019《信息安全技术 网络安全等级保护安全设计技术要求》等网络安全等级保护相关系列标准，对企事业单位使用的信息系统强制要求安全定级备案，特定级别的须安全测评后投入使用，并在使用、维护中定期进行定级测评。软件作为信息系统的重要组成部分，安全定级、安全测评已成为必要环节。从用户对软件安全性的信心和软件的安全符合性层面而言，软件安全问题的标准化、规范化解决之路必定是坚实的必由之路。信息安全评估标准的发展历程如图 1.26 所示。

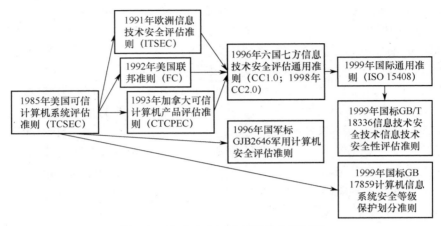

图 1.26 信息安全评估标准的发展历程

1970 年美国国防科学委员会提出的可信计算机系统评估准则（Trusted Computer System Evaluation Criteria，TCSEC），是彩虹系列之一，即桔皮书，1985 年 12 月由美国国防部公布，最初只是军用标准，后来延伸至民用领域。TCSEC 论述的重点是通用操作系统，为了使其评判方法适用于网络，于 1987 年拓展出版了桔皮书的应用指南（黄皮书）、可信网络解释（红皮书）、可信数据库解释（紫皮书），俗称彩虹系列。TCSEC 安全级别从高到低分为 A、B、C、D 四级，级下再分小类，即 A1、B3、B2、B1、C2、C1、D，共四级七类。分级分类主要依据安全政策、可控性、保证能力、文档这四个准则。TCSEC 主要考虑数据保密性，而忽略了数据完整性、系统可用性等，其将安全功能和安全保证混在一起，且安全功能规定过于严格，不便于实际开发和测评。

1991 年，欧洲四国（英、法、德、荷）提出评估满足保密性、完整性、可用性要求的信息技术安全评估准则（Information Technology Security Evaluation Criteria，ITSEC）之后，美国又联合以上各国和加拿大，并会同国际标准化组织（ISO），即"六国七方"共同提出信息技术安全性评估的通用准则（Common Criteria，CC）。1999 年 CC 被采纳为国际标准 ISO/IEC 15408。国家标准 GB/T 18336—2015《信息技术 安全技术 信息技术安全性评估准则》等同采用 ISO/IEC 15408:2009。

为了能够让每个独立的安全评估结果之间具备可比性，GB/T 18336—2015 针对安全评估中的硬件、固件或软件等 IT 产品的安全功能及其保障措施提供了一套通用要求。评估过程可为 IT 产品的安全功能及其保障措施满足这些要求的情况建立一个信任级别。评估结果可以帮助消费者确定该 IT 产品是否满足其安全要求。GB/T 18336—2015 充分突出"保护轮廓"（Protection Profile，PP），将评估过程分为"功能"（Function）和"保障"（Assurance）两部分，是目前最全面的评估准则。GB/T 18336—2015 分为三部分。

（1）GB/T 18336.1：简介和一般模型

本部分是 GB/T 18336 的介绍，定义了 IT 安全性评估的一般概念和原理，并提出了评估的一般模型。本部分也提出了若干结构，这些结构可用于表达 IT 安全目的，用于选择和定义 IT 安全要求，以及用于书写产品和系统的高层规范。

（2）GB/T 18336.2：安全功能组件

本部分规定了一系列功能组件，作为表达产品、系统或子系统等评估对象（Target Of Evaluation，TOE）安全功能要求的标准方法。本部分列出了一系列功能组件、族和类。

（3）GB/T 18336.3：安全保障组件

本部分规定了一系列保障组件，作为表达 TOE 保障要求的标准方法。保障是 TOE 满足安全功能要求的信任基础。本部分列出了一系列保障组件、族和类，也定义了保护轮廓和安全目标（Security Target，ST）的评估准则，并提出了一些评估保障级别，这些级别定义了划分 TOE 保障等级的预定义的 GB/T 18336 尺度，通常称为评估保障级（Evaluation Assurance Level，EAL）。

保护轮廓通常用于描述一类 TOE，如防火墙；安全目标通常用于描述一个特定的 TOE，如某个特定型号的防火墙。TOE 的设计和实现可能不正确，可能包含导致脆弱性的错误。为确定 TOE 的正确性，可以执行测试 TOE、检查 TOE 的各种设计表示、检查 TOE 开发环境的物理安全等活动。安全目标以安全保障要求（Security Assurance Requirement，SAR）的形式提供了这些活动的结构化描述，以确定 TOE 的正确性。这些 SAR 用标准化语言表示，以保证评估结果的正确性和可比性。如果满足了 SAR，那么就可保障 TOE 的正确性，即不存在导致脆弱性的错误。在 TOE 正确性方面的保障程度由 SAR 本身确定，"弱"的 SAR 所能提供的保障少，而许多"强"的 SAR 可提供更大的保障，即 TOE 的安全性更值得信赖。

GB/T 18336 可为具有安全功能的 IT 产品的开发、评估以及采购过程提供指导，其目标读者包括 TOE 的客户、TOE 的开发者、TOE 的评估者和其他人员，例如，系统管理员和系统安全管理员、内部和外部审计员、安全架构师和设计师等。

1.4.4　缓解软件安全问题的技术探索与举措

解决软件安全问题的主要方法是安全增强版软件工程——软件安全工程，越来越多的技术应用在软件全生命周期的每个阶段，提升软件开发效率的同时，将更有效地提升软件的安全性。

（1）安全需求分析与安全设计

在需求分析、概要设计/详细设计阶段使用威胁建模工具等自动化、半自动化软件，可以充分利用集成在威胁建模工具软件中的安全经验，在早期发现并消减安全隐患。威胁建模以数据流图（Data Flow Diagram，DFD）为基础。数据流图是一种结构化系统分析和设计方法，因此，威胁建模既可以用于安全需求分析，也可以用于安全设计。本书将在第 5 章《安全设计》中结合案例，详细陈述威胁建模的过程和方法。安全设计对安全编码、安全测试具有指导作用，因而很重要，但常被忽视。威胁建模工具软件的完善和种类的日益丰富，以及更多智能化技术在威胁建模中的应用，将促进安全设计的普及，更多的安全缺陷将在需求分析或设计阶段即被消减。

（2）安全编码

许多传统的编程语言，如 C、C++，不具有类型安全。所谓类型安全，是指类型系统可以保证程序的行为是意义明确、不出错的。C/C++语言的类型系统不是类型安全的，因为它们并没有对无意义的行为进行约束。例如数组越界，在 C/C++语言中并不对其做任何检查，导致发生了语言规范规定之外的行为，即未定义行为（Undefined Behavior）。而这些未定义行为常是漏洞的根源。已有多种安全架构、安全库函数被广泛使用，内存安全语言（如 Rust）也正日趋完善。这有利于安全编码，进而保障软件安全。

（3）代码安全审核与安全可控编译器

目前既有与编译环境集成的代码安全审核工具、组件，也有独立的、商业或开源的代码安全审核软件，有利于减少人工审核工作量、快速发现并消减软件安全隐患。gcc 等最新版编译器可以利用编译参数控制是否开启数据执行保护 DEP 和栈保护，在启用 DEP 和栈保护的情况下，有利于提升编译生成的软件的内存安全性能，增加缓冲区溢出等基于内存破坏的攻击难度。

（4）安全测试理论与自动化工具

与传统的软件测试类似，安全测试也可以分为白盒测试和黑盒测试，因知识产权等诸多因素，很多测试都是黑盒测试。安全测试理论研究热点之一是模糊测试（Fuzz Testing）。模糊测试是一种自动化的软件测试技术，通常用于识别程序中的潜在漏洞。目前已开源多种模糊测试框架，如 Peach。随着相关理论研究的深入和成熟，基于相关研究成果的自动化、半自动化安全测试工具软件的完善和普及，将有利于在测试环节消减软件安全漏洞。结合攻击技术与工具的渗透测试，多用于系统交付使用前的系统联调环节中的安全测试。

（5）DevSecOps 与频繁交付部署

DevOps（Development & Operations，开发与运维）是一组过程、方法与系统的统称，用于促进开发、技术运营和质量保障部门之间的沟通、协作与整合，融合了传统敏捷开发模式的优点。在许多开发组织中，应用程序发布是一项涉及多个团队、工作量大、风险很高的活动。部署过程中的系统配置错误，既可能导致软件不能正常运行，也可能引入安全隐患。但在具备 DevOps 能力的组织中，应用程序发布的风险很低，因其减少了变更范围，加强了发布协调，强大的部署自动化手段确保部署任务的可重复性，减少部署出错的可能性。实现 DevOps，支持持续集成、连续交付、连续部署，有利于减少频繁交付部署导致的安全隐患。

DevSecOps（Development Security Operations，安全 DevOps）遵循 DevOps 的思想并将安全无缝融入其中，是 DevOps 的扩展和延续。如图 1.27 所示，在 DevOps 的工具链基础上增加安全工具链实践构成的 DevSecOps 实践清单，由一系列关键路径和持续的关键步骤中的措施和机制组成，周而复始地运作。其关注点主要是软件开发过程中的安全漏洞及其引发的各类风险的管控。

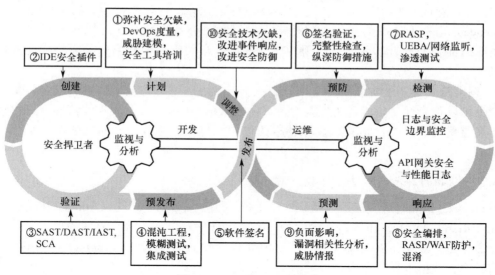

图 1.27　DevSecOps 工具链

①　计划阶段。作为 DevSecOps 的第一个阶段，其包含了 SDL 模型（详见 2.4.1 节）中的培训、需求、设计等几个阶段，主要关注软件开发前的安全活动，包括识别系统开发过程欠缺的技术与安全，并制订弥补计划，明确度量与指标以评估开发团队/组织的安全能力成熟度（参见 3.4 节）。

②　创建阶段。创建阶段主要指编码阶段。编码阶段主要进行安全编码及检查，以便在编码阶段消除安全风险。可以利用 IDE 源码静态分析等安全插件或编译器的安全编译参数选项在程序编译或构建过程中发现和消除一些潜在的安全风险。

③　验证阶段。验证阶段实质是测试阶段，以自动化的应用安全测试（Application Security Testing，AST）和软件成分分析（Software Composition Analysis，SCA）为主，例如静态 AST（Static AST，SAST）、动态 AST（Dynamic AST，DAST）、交互式 AST（Interactive AST，IAST）。SAST、DAST、IAST 的对比分析参见 7.2.2 节。

④　预发布阶段。预发布阶段的部分措施在某些情况下会融合到上一个阶段"验证阶段"中，其与验证阶段不同的是，预发布阶段所涉环境等同于独立部署的非对外公开的正式环境。在 DevSecOps 工具链中预发布阶段主要包含混沌工程、模糊测试、集成测试三类安全活动。

⑤　发布阶段。发布阶段的主要动作是软件签名、软件防篡改。

⑥　预防阶段。在 DevSecOps 早期版本中，该阶段称为"配置（Configure）"阶段。该阶段主要包含签名验证、完整性检查和纵深防御。

⑦　检测阶段。在预防阶段即已从开发阶段切换到运维阶段，而检测阶段则更符合传统安全中相关的安全监控活动。该阶段主要包含运行时应用自我保护（Runtime Application Self-Protection，RASP）、用户和实体行为分析（User and Entity Behavior Analytics，UEBA）或网络流量监控以及渗透测试等安全活动。

⑧　响应阶段。在 DevSecOps 的响应阶段，安全活动主要包含安全编排（Security Orchestration）、基于 RASP 或 Web 应用防火墙（Web Application Firewall，WAF）的防护以及混淆。

⑨ 预测阶段。预测阶段主要涉及漏洞相关性分析与威胁情报。威胁情报（Threat Intelligence）是基于证据的知识，包括场景、机制、标示、含义和可操作的建议。这些知识与资产所面临的已有的或即将出现的威胁或危害相关，可为响应相关威胁或危害提供决策信息。

⑩ 调整阶段。调整阶段主要强调安全技术欠缺、改进应急响应方案和安全防御方案。该阶段也可以称为优化阶段，主要是基于 DevSecOps 实施的整个流程的情况，进行持续的改进和调整优化，是持续运营、反馈调整的过程，包含对相关安全问题的持续跟踪、闭环落实。

（6）可信执行环境与软件运行安全

Windows、Linux 等主流操作系统均已支持地址空间布局随机化（Address Space Layout Randomization，ASLR）和数据执行保护，为应用软件对抗基于内存破坏的攻击，提供了软件运行安全支持。Intel SGX 等可信运行环境（Trusted Execution Environment，TEE）保护运行中的程序和数据不受恶意操作或篡改，即使在应用程序、BIOS 和操作系统都不可信任的情况下，TEE 仍可以发挥其保护作用。网络安全相关技术和安全产品（如 Web 防火墙、VPN）可以为网络应用程序提供运行安全支持。就像人体主要靠自身的免疫力对抗疾病一样，软件也要通过消减自身的安全缺陷、提高抗攻击的能力来提升安全性，但也如同人体需要衣服御寒、需要防护服应对恶劣环境一样，解决软件安全问题也需要安全的运行环境。解决软件的安全问题，以提升软件自身的安全性为主，为软件提供安全的软硬件环境也是必须的，采用软件、硬件一体化防护，将软件系统保护植根于硬件的安全机制，综合解决软件的安全问题。

实 践 任 务

任务 1：相对路径攻击

（1）任务内容

利用 Web 系统中的文件上传或头像上传等上传功能，实施相对路径攻击。查阅资料了解相对路径攻击的攻击原理和攻击方法，并利用目标程序的上传功能实施攻击。

（2）任务目的

熟悉相对路径攻击；了解与路径相关的各种攻击。

（3）参考方法

设计实现一个基于 Web 的文件上传功能，利用相对路径攻击，将任意文件上传到 Web 服务器的任意文件夹。

（4）实践任务思考

思考对抗相对路径攻击的方法并尝试升级程序，以避免相对路径攻击的发生；查阅资料了解与路径相关的各种攻击，并思考相应的防御方法。

任务 2：SQL 注入攻击

（1）任务内容

查阅资料了解 SQL 注入原理与攻击方法，根据自己的实际情况开展不同层次级别的 SQL 注入过程体验，最低层次级别是基于 SQL 注入的绕过身份验证（俗称"万能密码"登录），最高层次级别是获取数据库表中存储的数据或利用 SQL 注入攻击数据库系统所在主机。

（2）任务目的

熟悉 SQL 注入攻击方法；熟悉防范 SQL 注入的方法。

（3）参考方法

搭建简单的 Web 系统，或基于 DVWA、SQLI labs、WebGoat 或其他开源平台搭建靶场；手工方式或利用 SQL 注入工具软件，针对自建 Web 系统或搭建的靶场，实施 SQL 注入。利用 DVWA 搭建的靶场时，先从低难度级别开始进行 SQL 注入攻击实验，并注意查看实验页面源代码，以便理解 SQL 注入漏洞形成机理及不同级别尤其是高难度级别实验页面源代码展示的对抗 SQL 注入的策略。

（4）实践任务思考

思考防范 SQL 注入攻击的技术途径、可采用的技术架构，思考多途径综合防御 SQL 注入的方案。

思 考 题

1. 软件的安全为什么是相对的、可接受的安全？
2. 简述软件缺陷与漏洞的区别及联系。
3. 为什么要尽早发现并尽可能地解决软件安全问题？
4. 查阅资料了解跨站脚本漏洞等常见漏洞的成因或基本原理及其防范方法。
5. 查阅资料了解"心脏出血"漏洞、"幽灵"漏洞、"熔断"漏洞的成因，思考软件安全涉及的领域及软件安全的意义。
6. 查阅资料了解在信息安全领域中拖库、洗库和撞库的概念，查阅与拖库、撞库相关的安全事件或新闻报道，思考如何有效防范拖库、撞库攻击。
7. 查阅资料了解可信执行环境的安全原理，了解基于可信执行环境构建安全的应用程序的基本方法。
8. 开源软件的安全现状不容乐观，如何防范开源软件（包括开源库）对软件产品的安全影响？

第 2 章　软件的工程化安全方法

本章要点：
- 软件工程的定义；
- 软件过程瀑布模型与螺旋模型；
- 软件质量与软件的安全特性；
- 软件安全过程模型。

软件危机催生了软件工程；软件安全问题催生了软件安全工程。软件安全工程是安全加强版软件工程。在成熟的传统软件过程模型中融入安全措施和安全技术，用工程化的方法和技术规范软件开发过程、提升软件开发质量与效率，是解决软件危机和软件安全问题的有效途径。

2.1　软件工程概述

2.1.1　软件的发展过程

20 世纪 60 年代中期以前，尚无软件的概念，程序设计主要围绕硬件进行，程序规模很小，主要用于科学计算；开发者和用户往往是同一人或同一组人，主要是自己为了解决某个（科学）问题而编写程序。程序设计追求节省空间和编程技巧，除程序清单外没有相关文档资料，程序质量取决于个人编程技术。

20 世纪 60 年代中期到 70 年代中期，出现了软件作坊等软件开发组织形式，但还是沿用早期个体化的软件开发方法，开发者和用户有了明确区分，软件开始以软件产品、软件商品的形式出现，从而建立了软件的概念，软件质量取决于开发小组的技术水平。随着计算机应用的日益普及，应用领域不断拓宽，社会对软件的需求量剧增，软件数量急剧增加，系统规模越来越庞大，但软件开发技术没有重大突破，生产效率低下。与此同时，大量程序需修正错误、增加新的功能以满足用户需求，更新升级以适应硬件或操作系统的更新，软件运行维护开销飙升，甚至很多软件是不可维护的。于是，"软件危机"爆发。

为了更有效地开发与维护软件，消除软件危机，研究人员在 20 世纪 60 年代后期开始研究、改变软件开发的技术手段和管理方法，并逐渐形成了一门新兴的工程学科——计算机软件工程学，简称为软件工程，用工程化生产的方式生产软件，借助开发工具、网络、先进的开发技术和方法，使生产效率大幅提高，软件质量不再取决于个别开发者，而是取决于整个生产过程的管理水平。

迄今为止，软件的发展已经逐步从早期的以硬件为中心、以应用为中心，发展为以企业为中心、以知识为中心，软件的角色也逐渐从程序、工具软件演变为服务（软件=程序+文档+数据+服务），提供高性能、复杂的智能信息处理，但人们仍然没有彻底摆脱软件危机的困扰。

2.1.2　软件危机

开发软件所需的高成本同产品的低质量之间有着尖锐的矛盾,这种现象称为软件危机。1968 年 10 月,在德国召开的国际学术会议上正式提出了软件危机问题,并被人们普遍认识。软件危机包括两方面的问题:一方面是如何开发软件,才能满足软件日益增长的需要;另一方面是如何维护数量不断增加的软件产品。在 21 世纪的今天,这两个问题仍是软件厂商必须直面的基本问题。

（1）产生软件危机的原因

产生软件危机的客观原因包括:硬件生产率大幅提高,而软件生产率很低,软件开发生产率提高的速度,远远跟不上计算机应用技术的迅速普及;早期,单个程序的开发技术不能拓展应用到大型的、复杂的软件系统;目前,软件随软件系统规模、复杂度的大幅增加而存在诸多缺陷,尽管已有很多新技术和工具可使用,但软件危机仍未彻底解决。

产生软件危机的主观原因及其表现包括以下几点。

① 不能对软件开发成本和进度进行准确估计,实际成本比估计成本有可能高出一个数量级,实际进度比预期进度拖延几个月甚至几年,实际进度的拖延也是导致实际成本超预算的一个重要原因。例如,IBM 公司 1964 年启动最早的主机操作系统——OS/360 系统的开发,最初预定于 1965 年交付,实际到 1966 年才开始交付,1967 年全部交付,耗资数亿美元,交付使用后的系统中仍存在大量错误,导致系统最后被弃用。超预算、超期交付使用的现象降低了软件开发组织的信誉。而为了赶进度和节约成本所采取的一些权宜之计又往往损害了软件产品的质量,从而不可避免地会引起用户的不满。

② 只重视开发而轻视问题的定义,在对用户的需求只有模糊了解,对所要解决的问题没有充分交流、确切认识的情况下,急于求成,匆忙着手编写程序,使软件产品难以满足用户的需求。开发者经常不得不为他们不熟悉的领域开发应用系统。缺乏用户所属领域的相关知识,对用户组织的工作流程缺乏深入了解,是软件开发出现问题的常见原因之一。

③ 过分重视开发人员的个人技能,缺少有效方法与软件工具的支持,软件产品“因人而异”的个性化问题严重,可维护性差。在开发人员有限、要求开发人员是全栈工程师（能利用多种技能独立完成整套产品开发的人）时,此问题更突出。

④ 缺乏科学管理的方法与技术,在软件开发中不能科学、合理地控制、保证开发进度;缺乏软件质量管理规范,没有适当的文档资料,软件开发和维护困难,缺乏可重用性,软件维护成本占比很高,导致软件产品的质量不可靠、很多程序中的错误难以修正而不得不重新开发。

（2）消除软件危机的途径

提高认识,并从技术和组织管理两个方面努力消除软件危机。因规模和复杂性等因素,软件开发需各类人员协同配合、共同完成;软件开发过程的时间跨度较长,且需长年累月维护、升级。因此,需认识到程序代码规范性的重要性,需认识到各种文档,尤其是软件开发文档对提升软件质量与可维护性的重要性。采用科学的管理技术和方法强化、规范软件开发过程管理,培训开发人员规范开发、测试的技能,记录、整理相关经验教训,借鉴、吸收行业领域内的相关经验,研究、总结、使用行之有效的软件开发技术和方法,提高软件产品的质量与生产效率，降低软件开发和维护的成本。开发软件选用开发工具也至关重要，选用好的或最合适的工具，有利于充分发挥，甚至超常发挥开发人员的能力，加快软件开发速度，提高软件质量。软件工程正是从管理和技术两方面研究如何更好地开发和维护计算机软件的一门学科。研究并使用工程化的软件开发管理方法和技术，有利于消除软件危机。

2.1.3 软件工程

（1）软件工程的定义

"软件工程"一词是 1968 年专门讨论解决"软件危机"的国际会议上正式提出并使用的。IEEE 给出的软件工程的定义是：将系统的、规范的、可度量的工程化方法应用于软件开发、运行和维护的全过程及对上述方法的研究。换言之，软件工程是采用工程的概念、原理、技术和方法指导经济地开发高质量软件并有效地维护它的一门工程学科。软件工程不仅涉及软件开发的技术过程，也涉及诸如软件项目管理以及支持软件开发的工具、方法和理论的研究开发活动。软件工程的目标是实现软件的工程化生产，提高软件的质量与生产效率，化解软件危机。

软件工程是开发软件的系统化方法，也是一种层次化的技术，有三项主要研究内容（软件工程三要素）：过程、方法、工具。软件工程层次图如图 2.1 所示。

① 质量焦点层：**软件工程的根基**。任何工程方法必须以组织对质量的承诺为基础。质量管理的理念刺激不断的过程改进，正是这种改进导致更加成熟的软件工程方法的不断涌现。

② 过程层：**软件工程的基础**。过程是将技术层（方法和工具）结合在一起的凝聚力。过程定义一组关键过程域的框架，规定技术方法的采用、工程产品（模型、文档、数据、报告、表格等）的产生、里程碑的建立、质量的保证及变化的适当管理，构成软件项目管理控制的基础。

③ 方法层：**提供技术解决方案**。解决软件开发在技术上需要"如何做"的问题，涵盖需求分析、设计、编程、测试和维护等一系列任务。

④ 工具层：**服务于过程和方法**。为过程和方法提供自动化或半自动化的支持。

软件工程研究如何以系统的、规范的、可度量的工程化方法开发和维护软件，以及如何把经过实践检验正确的管理技术和当前能够得到的最好的开发技术方法结合起来，以便提升软件质量和开发效率。软件工程包括开发技术和工程管理两方面内容，是技术和管理密切结合而形成的工程学科，如图 2.2 所示。

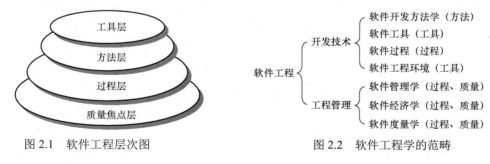

图 2.1　软件工程层次图　　　　　图 2.2　软件工程学的范畴

（2）软件工程的重要性

软件工程的重要性，主要体现在以下两个方面。

① **软件系统的功能越来越强大，系统结构越来越复杂，需要团队合作与工程化管理。** 一方面，应用需求自身的复杂性导致软件的复杂性；另一方面，许多软件的复杂性不是由问题的内在复杂性造成的，而是由必须处理的大量细节造成的。解决复杂问题的常用方法是把问题分解成多个相对简单的子问题，分阶段、分批次逐一解决。软件工程根据合适的软件过程模型或工程化方法与技术，把软件所要解决的复杂问题分解成多个部分，并使其是可理解的、可实施解决的、可管理控制的，虽然并没有降低问题的整体复杂性，但是却能将复杂问题变成可以有效解决的。

面对日益复杂的软件系统，有效合作是开发软件的关键之一，多人协同工作才能在有限的时间内完成复杂软件的开发。为了能有效地合作，必须明确规定每个人的责任、行事规程和工作相互衔接的方法。软件工程规范、协调软件开发过程，可以保障软件开发各项任务的顺利实施。

② **提升软件开发、维护效率，需要科学的管理、优秀的工具与技术。** 快速开发和快速应急响应是软件产品占领市场、减少用户流失的重要手段之一。针对日益增长的软件需求和快速运维要求，软件工程寻求开发与维护软件的更好、更有效的方法和工具。

随着用户业务的发展变化，用户对软件的需求也会相应增加或变化，软件提供的功能应该能有效地协助用户完成他们的工作。需要工程化管理方法与技术来满足用户不断增加或变化的需求，保障软件信誉，提升用户对软件的信赖。软件工程利用过程模型等指导开发人员获取并确定用户的功能需求、可用性需求及其他质量要求（包括安全需求），管理需求变更，在软件开发过程中实现满足需求的软件系统和测试软件系统，并培训用户熟悉新功能、新业务流程，避免用户放弃使用本软件系统。

（3）软件工程的基本原理

自从 1968 年提出并使用"软件工程"这一术语以来，研究软件工程的专家学者们陆续提出了一百多条关于软件工程的准则或信条。著名的软件工程专家鲍姆（Barry W. Boehm）综合这些学者的意见并总结某公司多年开发软件的经验，于 1983 年提出了软件工程的七条基本原理。他认为这七条原理是确保软件产品质量和开发效率的原理的最小集合。它们是互相独立的，是缺一不可的最小集合；同时，它们又是相当完备的。人们虽然不能用数学方法严格证明它们是一个完备的集合，但是可以证明在此之前已经提出的一百多条软件工程准则都可以由这七条原理的任意组合蕴含或派生。

下面简要介绍软件工程的七条基本原理。

① **用分阶段的生命周期计划严格管理。** 统计表明，50%以上的失败项目是由计划不周造成的，把建立完善的计划作为第一条基本原理是吸取前人的教训而提出来的。在软件开发与维护的漫长生命周期中，需要完成许多性质各异的工作。这条基本原理意味着，应该把软件生命周期划分成若干阶段，并相应地制订切实可行的计划，然后严格按照计划对软件的开发与维护工作进行管理。不同层次的管理人员都必须严格按照计划各尽其职地管理软件开发与维护工作，绝不能受用户或上级人员的影响而擅自背离预定计划。

② **坚持进行阶段评审。** 统计结果表明，软件的大部分错误是在编码之前造成的。在鲍姆等人的统计结果中，设计错误约占软件错误的 63%，编码错误约占软件错误的 37%；越晚发现并改正错误，所需付出的代价越高。因此，软件的质量保证工作不能等到编码阶段结束之后再进行，在每个阶段都要进行严格的评审，以便尽早发现错误。

③ **实行严格的产品控制**。在软件开发过程中改变一项需求往往要付出较高的代价，而需求的变更又是不可避免的，不能硬性禁止用户提出改变需求的要求，只能依靠科学的产品控制技术来顺应这种要求。当改变需求时，为了保持软件各个配置成分的一致性，必须实行严格的产品控制，其中主要是实行基准配置管理。基准配置又称为基线配置，它们是经过阶段评审后的软件配置成分（各个阶段产生的文档或程序代码）。基准配置管理也称为变动控制：一切有关修改软件的建议，特别是涉及对基准配置的修改建议，都必须按照严格的规程进行评审，获得批准以后才能实施修改，杜绝任何人随意修改软件，包括尚在开发过程中的软件。

④ **采用现代程序设计技术**。从提出软件工程的概念开始，人们一直把主要精力用于研究各种新的程序设计技术，并进一步研究各种先进的软件开发与维护技术。实践表明，采用先进的技术不仅可以提高软件开发和维护的效率，而且可以提高软件产品的质量。

⑤ **结果应能清楚地审查**。软件产品不同于一般的物理产品，它是看不见摸不着的逻辑产品。软件开发人员的工作进展情况可见性差，难以准确度量，从而使得软件产品的开发过程比一般产品的开发过程更难以评价和管理。为了提高软件开发过程的可见性，更好地进行管理，应根据软件开发项目的总目标及完成期限，规定开发组织的责任和产品标准，从而使得所得到的结果能够清楚地审查。

⑥ **开发小组的人员应该少而精**。这条基本原理的含义是，开发小组的组成人员的素质应该好，而人数则不宜过多。开发小组人员的素质和数量是影响软件产品质量和开发效率的重要因素。高素质人员的开发效率比低素质人员的开发效率可能高几倍至几十倍，而且高素质人员所开发的软件中的错误明显少于低素质人员所开发的软件中的错误。此外，随着开发小组人员数目的增加，交流讨论问题而造成的沟通开销也急剧增加。

⑦ **承认不断改进软件工程实践的必要性**。遵循上述六条基本原理，就能够按照当代软件工程基本原理实现软件的工程化生产，但是，仅有上述六条基本原理并不能保证软件开发与维护的过程能紧跟时代前进的步伐与技术的不断进步。因此，鲍姆提出应把承认不断改进软件工程实践的必要性作为软件工程的第七条基本原理。按照这条原理，不仅要积极主动地采纳新的软件技术，而且要注意不断总结经验，例如，收集进度和资源耗费数据，收集出错类型和问题报告数据等。这些数据不仅可以用来评价新的软件技术的效果，而且可以用来指明必须着重开发的软件工具和应该优先研究的技术。

2.1.4　软件生命周期

软件生命周期也称为软件开发生命周期（Software Development Life Cycle，SDLC），是软件从产生直到报废或停止使用的生命周期，由软件定义、软件开发和软件维护（也称为运行维护）三个时期组成，每个时期又进一步划分成若干阶段，如图 2.3 所示。这是软件生命周期的基本架构，在实际软件项目中，应根据所开发软件的规模、种类、软件厂商的习惯，以及软件开发中所采用的技术方法等，对各阶段进行必要的合并、删减、分解或补充。

软件定义是软件项目的早期阶段，主要由软件系统分析人员和客户合作，对待开发的软件系统进行分析、规划和规格描述，确定软件开发的总目标、可行性，确定软件必须具备的功能及项目应该采用的策略，估计完成该项目需要的资源和成本，并制定进度表。软件定义时期通常进一步划分为问题定义、可行性分析和需求分析三个阶段。

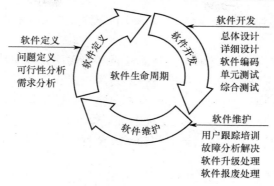

图 2.3　软件生命周期的三个时期及其阶段

软件开发时期具体设计和实现在前一时期定义的软件，通常由下述四个阶段组成：总体设计、详细设计、编码和单元测试、综合测试，其中前两个阶段又称为系统设计，后两个阶段又称为系统实现。

软件维护时期的主要任务是使软件持久地满足用户的需求。具体地说，当软件在使用过程中发现错误时应该加以改正；当环境改变时应该修改软件以适应新的环境；当用户有新需求时应该及时改进软件以满足用户的新需求。通常对维护时期不再进一步划分阶段，但是每一次维护活动本质上都是一次压缩和简化了的软件定义和开发过程，使软件迭代完善，实现软件生命周期螺旋上升，直至软件生命周期终结（软件报废、停止使用）。

下面简要介绍软件生命周期每个阶段的基本任务。

（1）问题定义

问题定义阶段须明确软件项目要解决的问题是什么。通过对客户的访问调查，系统分析员简要写出关于问题性质、意义、工程目标和工程规模的"软件任务调研报告"或问题定义报告；经过讨论和必要的修改之后，这份报告应该得到客户的确认。尽管确切地定义问题是十分必要的，但是在实践中它却可能是最容易被忽视的一个步骤。

（2）可行性分析

对问题定义阶段确立的问题、目标等内容，需要进行可行性分析。可行性分析是针对准备开发的软件项目进行的可行性风险评估。因此，需要对准备开发的软件系统提出较抽象的高层次模型，并根据高层次模型的特征，从技术可行性、经济可行性、操作可行性、市场与风险等方面，以包含初步的项目开发计划的"可行性分析报告"的形式，对项目做出是否值得往下进行的回答，由此决定项目是否继续进行下去。

（3）需求分析

本阶段的任务不是具体地解决问题，而是准确地确定"为了解决这个问题，目标系统必须做什么"，主要是确定目标系统必须具备哪些功能与性能。

客户了解自己所面对的问题，知道必须做什么，但是通常不能完整准确地表达出自己的需求，更不知道怎样利用计算机解决自己需要解决的问题；软件开发人员知道怎样用软件实现人们的需求，但是对特定客户的具体需求并不完全清楚。因此，系统分析员在需求分析阶段必须和客户密切配合，充分交流信息，使客户需求逐步准确化、一致化、完全化，以得出经过客户确认的系统逻辑模型。常用数据流图、数据字典和简要的算法表示系统的逻辑模型。

在需求分析阶段确定的系统逻辑模型是后续设计和实现目标系统的基础，因此必须准确完整地体现客户的需求。本阶段的一项重要任务是用正式文档清楚、准确描述客户对目标系统的每一个基本需求（功能、性能、设计约束与属性）和外部接口，这份文档通常称为软件需求规格说明书（Software Requirement Specification，SRS）。需求分析是从软件定义到软件开发的最关键步骤，其成果不仅是后续工作的基本依据，同时也是日后客户对软件产品进行验收的标准。

（4）总体设计

总体设计也称为概要设计。这个阶段必须回答的关键问题是"概括地说，应该怎样实现目标系统"。

首先，应根据软件需求规格说明书设计实现目标系统的几种可能的方案。通常至少应设计低成本、中等成本和高成本三种方案。软件工程师应该用适当的表达工具描述每种方案，分析每种方案的优缺点，并在充分权衡各种方案利弊的基础上，推荐一个最佳方案。此外，还应制订实现最佳方案的详细计划。如果客户接受所推荐的方案，则须进一步完成本阶段的后续任务。

设计方案确定解决问题的策略及目标系统应包含的程序，但是，如何设计这些程序？软件设计的一条基本原则是"程序应该模块化"，即一个程序应该由若干个规模适中的模块按合理的层次结构组织而成。因此，总体设计的另一项主要任务是设计程序的体系结构，也就是确定程序由哪些模块组成以及模块间的关系。

本阶段的成果包括总体设计规格说明书、数据库或数据结构设计说明书，以及集成测试计划。总体设计规格说明书必须描述所设计软件的总体结构、外部接口、各个主要模块的功能与数据结构以及各主要模块之间的接口，必要时还必须对主要模块的每一个子模块进行描述。

（5）详细设计

总体设计阶段以比较抽象概括的方式提出解决问题的办法，详细设计阶段的任务则是把解决方法具体化，必须回答"应该怎样具体实现这个系统"。

详细设计也称为模块设计。本阶段的任务仍然不是编写程序，而是设计程序的详细规格说明，细化总体设计所生成的各个模块，并详细描述程序模块的内部细节（算法、数据结构等），形成可编程的程序模块，制订单元测试计划，程序设计人员可以根据它们写出实际的程序代码。这种规格说明的作用类似于建筑工程领域中包含施工要求细节、用于建筑施工的工程蓝图。

（6）编码和单元测试

根据目标系统的性质和实际环境，以及详细设计规格说明书中每一个模块的流程，选取一种适当的程序设计语言（必要时用多种语言），写出正确的、容易理解而且容易维护的程序代码，并仔细测试每一个模块，验证程序与详细设计规格说明书的一致性。本阶段的成果是无语法错误的源程序。

（7）综合测试

本阶段的关键任务是通过各种类型的测试使软件达到预定的要求。

最基本的测试是集成测试和验收测试。集成测试是根据总体设计规格说明书，把经过单元测试的模块逐步进行集成和测试。验收测试也称为确认测试，指根据软件需求规格说明书，测试软件系统是否满足客户的需求。为了使客户能够积极参加验收测试，并且在系统投入生产运行以后能够正确有效地使用该系统，通常需要以正式的或非正式的方式对客户进行培训。通过对软件测试结果的分析可以预测软件的可靠性；反之，根据对软件可靠性的要求，也可以决定测试和调试过程什么时候可以结束。

本阶段的成果包括：生成满足总体设计要求、可供用户使用的软件产品（含文档、源程序）和系统测试报告。

（8）软件维护

维护阶段的关键任务是：通过各种必要的维护活动，使系统持久地满足客户的需求。通常有四类维护活动：纠错性维护，即诊断和改正在使用过程中发现的软件错误；适应性维护，即修改软件以适应环境的变化；完善性维护，即根据客户的需求改进或扩充软件功能使其更完善；预防性维护，即修改软件，为将来的维护活动预先做准备。

虽然没有把维护阶段进一步划分成更小的阶段，但是实际上每一项维护活动都应该经过提出维护需求（或报告问题）、分析维护需求、提出维护方案、审批维护方案、确定维护计划、修改软件设计、修改程序、测试程序、审查验收等一系列步骤，因此实质上是经历了一次压缩和简化的软件定义和开发的全过程，即整个软件生命周期进行了一次螺旋上升。若软件无法继续维护，则软件被报废弃用或被新的软件替代。

以上根据应该完成的任务的性质，把软件生命周期划分成八个阶段。在进行实际软件开发时，软件规模、种类、开发环境及开发时使用的技术方法等因素，都影响阶段的具体划分。事实上，承担的软件项目不同，应该完成的任务也有差异，没有一个适用于所有软件项目的任务集合。适用于大型复杂项目的任务集合，对于小型简单项目则往往过于复杂。

2.2 软件过程模型

软件过程（Process）是为了获得高质量软件所需要完成的一系列连贯任务的框架，规定了完成各项任务的工作步骤。没有一个适用于所有软件项目的任务集合，因此，科学、有效的软件过程应该定义一组适合于拟开发的具体软件的任务集合。一个任务集合常包括一组软件工程任务、标志任务完成的里程碑和应该交付的成果。常使用生命周期模型简洁描述软件过程。生命周期模型规定了把生命周期划分成哪些阶段及各个阶段的执行顺序，因此，也称为过程模型。

本节概述的几个经典的过程模型具有一定的相关性，最终目的是理解微软的软件过程模型。微软的软件过程模型是比较成熟的模型，已经逐步发展为软件安全过程模型（详见2.4 节）。微软的软件过程模型的基础是螺旋模型，而螺旋模型综合了瀑布模型和原型模型，采用增量模型重复应用瀑布模型的基本成分和原型模型迭代特征的策略，增加风险分析，用迭代和风险驱动整个软件开发过程。实际上，这些模型并非彼此排斥，而且经常一起使用，尤其是对大型系统的开发，综合瀑布模型和增量模型的优点是有意义的。获取系统的核心需求，设计系统的软件体系结构以支持这些需求，这是不能增量开发的。大型软件系统中的子系统可以使用不同的过程模型：对于那些理解得很好的子系统，可以用基于瀑布模型的过程来描述和开发；对于那些很难提前描述清楚的部分，例如用户界面，则总是使用增量模型（原型模型实质上也是一种增量模型）。

　　进行实际软件开发工作时应根据所承担项目的特点划分阶段，但是本节概述典型的软件过程模型时并未针对某个特定项目，因此只能使用"通用的"阶段划分方法。问题定义和可行性分析的主要任务都是概括了解客户的需求，为了简洁地描述软件过程模型，将它们都归并到需求分析中。同样，为了简洁起见，把总体设计和详细设计合并为"系统设计"。

2.2.1　瀑布模型

　　瀑布模型（Waterfall Model）也称为线性顺序模型，是将软件生命周期各项活动规定为依线性顺序相互衔接的若干阶段的过程模型。软件生命周期的各个阶段如同瀑布流水般逐级下落，形成自上而下、相互衔接的固定次序，如图 2.4 所示。在 20 世纪 80 年代以前，瀑布模型一直是唯一被广泛采用的生命周期模型，现在它仍然是软件工程中广泛应用的过程模型之一。"线性"是人们最容易掌握并能熟练应用的思维方法。当人们碰到一个复杂的"非线性"问题时，总是千方百计地将其分解或转化为一系列简单的线性问题，然后逐一解决。一个软件系统的整体可能是复杂的，而单个子程序总是简单的，可以用线性的方式来实现。正因为此，在很多过程模型中都有瀑布模型的影子。

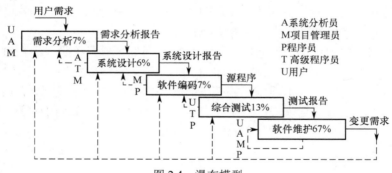

图 2.4　瀑布模型

　　瀑布模型要求软件开发严格按需求分析、系统设计、软件编码、综合测试的阶段顺序进行，每一个阶段都定义明确的验证准则和输出文档作为下一阶段的输入文档。瀑布模型在每一个阶段完成后都及时组织相关的评审和验证，以便尽早发现问题、修正错误，只有在评审通过后才能够进入下一个阶段。

　　瀑布模型是线性推进、整体推进的，阶段划分清楚而无迭代，管理简单，但无法适应增加或变化的需求。传统的瀑布模型过于理想化，事实上，人在工作过程中不可能不犯错误。在设计阶段可能发现规格说明文档中的错误，而设计上的缺陷或错误可能在实现过程中显现出来，在综合测试阶段可能会发现需求分析、设计或编码阶段的许多错误。因此，实际的瀑布模型是带"反馈环"的，如图 2.4 中虚线所示。当在后面阶段发现前面阶段的错误时，需要沿图中虚线返回到前面对应阶段，修正前面阶段中的错误、更新输出文档之后再继续按顺序完成后面阶段的任务。

瀑布模型具有顺序性和依赖性，即后一阶段的工作必须在前一阶段的工作完成后才能开始。瀑布模型的优点包括：为项目提供按阶段划分的检查点，以经过评审确认了的阶段工作成果（文档、代码等）驱动下一阶段的工作，便于管理，便于尽早发现问题、解决问题；当前阶段完成后，只需关注后续阶段。瀑布模型的成功，在很大程度上是由于它基本上是一种文档驱动的模型，这也决定了它存在诸多缺点：各个阶段的划分完全固定，阶段之间产生大量的文档，极大地增加了工作量；用户只有等到整个过程的末期才能见到开发成果，从而增加了开发的风险；早期的错误可能要等到开发后期的测试阶段才能发现，而发现问题越晚代价越高；客户常常难以清楚地给出全部需求，而增加或变更任何需求都必须从瀑布模型的"源头"重新开始系列过程，工作量、代价巨大。因此，瀑布模型适合于客户需求明确、完整、无重大变化的软件项目开发。客户能很清晰完整地描述其需求，或分析设计人员对项目应用领域很熟悉，能确保在开发阶段需求没有或很少变化的低风险项目，如公司财务系统、库存管理系统或某些短期项目，可以采用瀑布模型。

2.2.2　快速原型模型

快速原型模型（Rapid Prototype Model）是采用建立并迭代完善软件系统原型的方式保证用户的真实需求得到满足的过程模型，如图 2.5 所示。在客户不能给出完整、准确的需求说明，或者开发者不能确定算法的有效性、操作系统的适应性或人机交互的形式等许多情况下，可以根据客户的一组基本需求，快速构建一个原型（可运行的软件，或利用 Axure、GUI Design Studio 等原型设计工具软件搭积木式组建的、能模拟运行的软件），然后进行客户试用与评估，并根据反馈信息调整、完善原型，直至使其满足客户的需求，开发人员即可据此撰写规格说明文档。尽管原型展现的只是最终软件产品的功能的一个子集，但根据客户认可的原型撰写的规格说明文档、开发出的软件可以满足客户的真实需求。

原型的用途是获知用户的真正需求，一旦需求确定了，原型将被全部或部分抛弃。因此，原型系统的内部结构并不重要，重要的是必须迅速构建原型，然后根据用户意见迅速修改原型。利用原型生成软件需求规格说明书后，按线性模型构建软件系统。实际上，快速原型模型既可以用于需求分析阶段，也可以用于软件开发的其他阶段，快速原型模型也是某种形式上的增量模型。

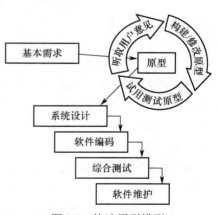

图 2.5　快速原型模型

快速原型模型可以减少由软件需求不明确带来的开发风险，保证用户的真实需求得到满足。原型系统已经通过与用户交互而得到验证，据此产生的规格说明文档正确地描述了客户需求，因此，在开发过程的后续阶段不会因为发现规格说明文档的错误而进行较大的返工。原型系统也有利于开发人员更好地理解将要开发的软件系统，进而减少在设计和编码阶段发生错误的可能性，减少在后续阶段需要改正前面阶段所犯错误的可能性。但快速原型模型为了能使原型尽快运行，没有考虑软件的总体质量和长期的可维护性；为了演示，可能采用不合适的操作系统、编程语言，所选用的开发技术和工具不一定符合主流的发展，这些不理想的选择可能会成为即将开发的软件系统的组成部分；快速建立的原型系统结构经过连续修改，可能会导致产品质量低下；用于演示、试用的原型系统，在一定程度上可能会限制开发人员的创新。

　　快速原型模型适合于项目的需求在项目开始前不明确、需要减少项目需求的不确定性的项目，例如，需确定显示界面的项目，需验证可行性的第一次开发的产品。

2.2.3　增量模型

　　增量模型（Incremental Model）是一种基于瀑布模型的渐进开发、逐步完善软件的过程模型，把软件产品作为一系列的增量构件来设计、编码、集成和测试，如图 2.6 所示。每个增量构件由多个相互作用的模块构成，并且能够完成特定的功能。使用增量模型时，第一个增量构件往往实现软件的基本需求，提供最核心的功能，并提供给用户评估的平台。例如，使用增量模型开发字处理软件时，第一个增量构件提供基本的文件管理、编辑和文档生成功能；第二个增量构件实现拼写和语法检查功能；第三个增量构件完成高级的页面排版功能。把软件产品分解成增量构件时，应使构件的规模适中，规模过大或过小都不合适。最佳分解方法因软件产品特点和开发人员的习惯而异。分解时必须遵守的约束条件是，当把新构件集成到现有软件中时，所形成的产品必须是可测试的。

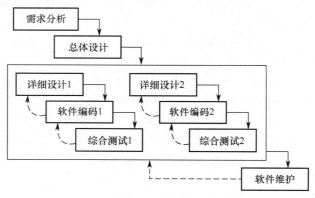

图 2.6　增量模型

　　采用瀑布模型或快速原型模型开发软件时，都是把一个满足所有需求的软件产品一次性提交给用户。增量模型则与之相反，它从一组给定的需求开始，通过构造一系列可执行的软件产品版本来实施开发活动，每一个版本都纳入更多的需求，分批地逐步向用户提交软件产品，能在较短的时间内向用户提交可完成部分工作的产品；逐步增加产品功能，可以使用户有较充裕的时间学习和适应新产品；可以并行开发不同的构件，加快项目的进度；人员分配灵活，刚开始不用投入大量人力资源，如果核心产品很受欢迎，则可增加人力实现下一个增量，用户可以不断地看到所开发的软件，从而降低开发风险；比较容易适应需求的增加。

　　使用增量模型的困难是，在把每个新的增量构件集成到现有软件体系结构中时，必须不破坏原本已经开发的产品。此外，必须把软件的体系结构设计得便于按这种方式进行扩充，向现有产品中加入新构件的过程必须简单、方便，即软件体系结构必须是开放的。从长远观点看，具有开放结构的软件拥有真正的优势，这样的软件的可维护性明显好于封闭结构的软件。因此，尽管采用增量模型比采用瀑布模型和快速原型模型需要更精心的设计，但在设计阶段多付出的努力将在维护阶段获得回报。如果一套设计非常灵活而且足够开放，足以支持增量模型，则这样的设计将允许在不破坏产品的情况下进行维护。事实上，使用增量模型开发软件和扩充软件功能（完善性维护）并没有本质区别，都是向现有产品中加入新构件的过程。增量模型中的多个构件并行开发，具有无法集成的风险。

增量模型适合的项目包括：项目开始时已明确了大部分需求，但需求可能会发生变化；对于市场和用户把握不是很准确，需要逐步了解；对于有庞大和复杂功能的系统进行功能改进，则需要逐步实施。

2.2.4　螺旋模型

螺旋模型（Spiral Model）是一种引入了风险分析的快速原型模型，该模型的每一个周期都包括制订计划、风险分析、实施工程和客户评估四个阶段，由这四个阶段进行迭代。模型的早期迭代发布的可能是一个纸上的模型或原型，在以后的迭代中，逐步产生系统更加完善的版本，如图 2.7 所示。制订计划阶段确定软件目标，选定实施方案，厘清项目开发的约束条件。风险分析阶段分析评估所选方案，考虑如何识别和排除风险。如果不能排除风险，则停止开发工作或大幅度削减项目规模；如果成功排除了所有风险，则进入下一个阶段。实施工程阶段实施软件设计、编码、测试等，这一阶段相当于纯粹的瀑布模型。客户评估阶段对当前工作结果进行评价，提出改进产品的建议，制订下一步计划。

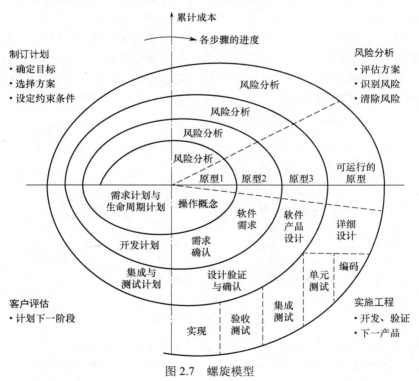

图 2.7　螺旋模型

螺旋模型是风险驱动的。软件风险是任何软件开发项目中都普遍存在的实际问题，项目越大，软件越复杂，则项目的风险也越大。构建原型是一种能使某些类型的风险降至最低的方法，但对于复杂的大型软件，开发一个原型往往达不到要求。螺旋模型每轮迭代都针对明确目标进行严格的风险分析、构建原型，成功排除了所有风险方可进入下一阶段、下一轮迭代，进而降低风险、减小损失。

螺旋模型有许多优点：对可选方案和约束条件的强调有利于已有软件的重用，也有助于把软件质量作为软件开发的一个重要目标；减少过多测试（浪费资金）或测试不足（产品故障多）所带来的风险；更重要的是，在螺旋模型中软件维护只是模型的另一个周期，在维护和开发之间并没有本质区别；能够使客户在每个阶段都参与开发，设计上更加灵活，能始终了解客户新的需求。其缺点是：采用螺旋模型需要具有相当丰富的风险评估经验和专门知识，在风险较大的项目开发中，如果未能及时标识风险，势必造成重大损失；过多的迭代次数会增加开发成本，延迟提交时间。

螺旋模型强调风险分析，但要求客户接受和相信风险分析并做出相关反应是不容易的，因此，该模型往往适用于内部大规模软件开发，只有内部开发的项目，才能在风险过大时便于中止。如果执行风险分析大大影响项目的利润，那么进行风险分析毫无意义，事实上，项目越大，风险也越大，进行风险分析、风险控制的必要性也越大，因此，螺旋模型只适合于大规模软件项目。

2.2.5 微软 MSF 过程模型

微软解决方案框架（Microsoft Solution Framework，MSF）是微软公司根据自身的实际经验为企业设计的一套有关软件开发的工作模型、开发准则、成功经验和应用指南。MSF 中的模型包括：企业架构模型、解决方案设计模型、风险管理模型、团队模型、过程模型和应用模型。其中，MSF 过程模型是一种结合了瀑布模型和螺旋模型优点的基于阶段里程碑目标驱动的过程模型，包括五个主要阶段和五个主要里程碑，里程碑与项目阶段对应，如图 2.8 所示。模型采用递进（螺旋）的版本发布策略，先有核心功能的版本，再向其中添加功能；整合了构建和部署的方法，可以应用于传统的软件开发和电子商务、分布式 Web 等企业解决方案的开发与部署。

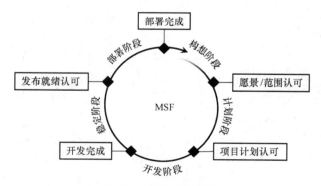

图 2.8 MSF 过程模型

MSF 过程模型用里程碑来计划和监控项目的进程。里程碑分为"主里程碑"和"中间里程碑"，主里程碑是项目阶段的转换点。主里程碑有"愿景/范围认可（Vision/Scope Approved）"、"项目计划认可"、"范围完成（Scope Complete，即开发完成）"、"发布就绪认可"和"部署完成"。中间里程碑是指两个主里程碑之间的小的工作目标指示物或工作成果。

下面简述 MSF 过程模型每个阶段的工作内容。

（1）构想阶段

构想阶段的目标是创建项目目标、限定条件和解决方案的架构，主里程碑是愿景/范围认可，中间里程碑包括核心团队组建、愿景/范围基准。团队本阶段工作重点包括：确定业务问题和机会、确定所需的团队技能、收集初始需求、创建解决问题的方法、确定目标和假设及限定条件、建立配置与变更管理。本阶段需交付的成果包括：愿景/范围文档、项目结构文档、初始风险评估文档。

（2）计划阶段

计划阶段的目标是创建解决方案的体系结构和设计方案、项目计划与进度表，主里程碑是项目计划认可，中间里程碑包括：技术验证完成、功能规格说明书基准、主项目计划基准、主项目进度基准、开发/测试环境建立。团队本阶段工作重点包括：尽可能早地发现尽可能多的问题，知道项目何时收集到足够的信息以向前推进。本阶段需交付的成果包括：功能规格说明书、主项目计划、主项目进度表。

（3）开发阶段

开发阶段的目标是完成功能规格说明书中所描述的功能、组件和其他要素，主里程碑是开发完成，中间里程碑包括：解决方案验证完成以及内部发布 1、内部发布 2 等多个内部发布。团队本阶段主要工作包括：编写代码、开发基础架构、创建培训课程和文档、开发市场和销售渠道。本阶段需交付的成果包括：解决方案代码、可执行文件、培训材料、文档（包括部署过程、运营过程、技术支持、疑难解答等文档）、营销材料、更新的主项目计划、进度表和风险文档。

（4）稳定阶段

稳定阶段的目标是提高解决方案的质量、满足发布到生产环境的质量标准，主里程碑是发布就绪认可，中间里程碑包括：缺陷收敛、零缺陷反弹、用户接受测试完成、发布候选版本、预发布测试完成、试运行完成。团队本阶段工作重点包括：提高解决方案的质量、解决准备发布时遇到的突出问题、实现从构建程序到提高质量的转变、使解决方案稳定运行、准备发布。本阶段需交付的成果包括：试运行评审、可发布版本（包括源代码、可执行文件、脚本、安装文档、最终用户帮助文档、培训材料、运营文档、发布说明等）、测试和缺陷报告、项目文档。

（5）部署阶段

部署阶段的目标是把解决方案实施到生产环境之中，主里程碑是部署完成，中间里程碑包括：核心技术部署、站点部署完成、部署稳定。团队本阶段工作重点包括：促进解决方案从项目团队到运营团队的顺利过渡，确保客户认可项目完成。本阶段需交付的成果包括：运维及支持信息系统、所有版本的文档、可执行程序、配置、脚本和代码、项目结题报告。

2.3　软件质量与软件的安全特性

软件质量是在解决软件危机的过程中提出来的，是各种过程模型的焦点；没有适度的软件安全，则没有可靠的软件质量；信息安全性已成为重要的软件质量特性。软件安全的目标之一是在软件开发过程中实现所需安全特性。软件质量测评主要针对软件质量模型中各种质量特性；信息数据处理软件的安全测评主要针对软件产品质量模型中的信息安全性；器械设备控制软件的安全测评主要针对软件使用质量模型中的抗风险。使用质量模型是依托产品质量模型实现的；信息安全性已成为各领域各种类型软件不可或缺的测评内容。

2.3.1 软件质量

软件质量是软件产品在规定条件下使用时满足明确和隐含要求的能力。软件质量因素也称为软件质量特性，反映质量的本质。讨论一个软件的质量，最终归结为定义软件的质量特性。随着软件工程技术的发展和应用，软件质量特性中的安全性不再局限于意外安全事故导致的人身伤害或环境破坏，已经包含了人为恶意干扰下的信息安全。国家标准GB/T25000.10—2016《系统与软件工程 系统与软件质量要求和评价（SQuaRE）》（修改采用国际标准 ISO/ IEC 25010:2011）定义的软件及包含软件的计算机系统的质量模型包含八种质量特性：功能性、性能效率、兼容性、易用性、可靠性、信息安全性、维护性、可移植性，如图 2.9 所示。该质量模型为规定软件质量要求和评价软件质量提供了依据。

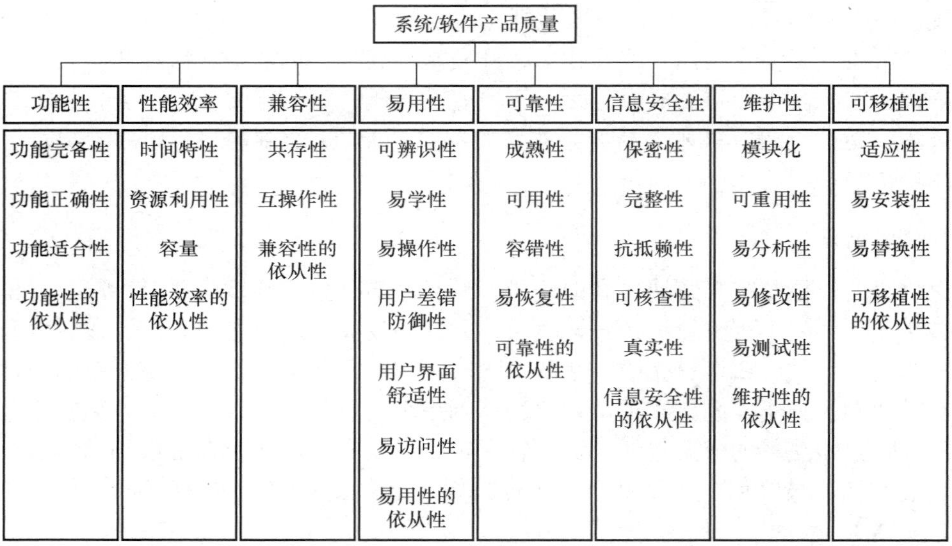

系统/软件产品质量							
功能性	性能效率	兼容性	易用性	可靠性	信息安全性	维护性	可移植性
功能完备性	时间特性	共存性	可辨识性	成熟性	保密性	模块化	适应性
功能正确性	资源利用性	互操作性	易学性	可用性	完整性	可重用性	易安装性
功能适合性	容量	兼容性的依从性	易操作性	容错性	抗抵赖性	易分析性	易替换性
功能性的依从性	性能效率的依从性		用户差错防御性	易恢复性	可核查性	易修改性	可移植性的依从性
			用户界面舒适性	可靠性的依从性	真实性	易测试性	
			易访问性		信息安全性的依从性	维护性的依从性	
			易用性的依从性				

图 2.9 系统/软件产品质量模型

（1）功能性

功能性指软件作为一种产品，在指定条件下使用时满足明确和隐含要求功能的能力，即软件所实现的功能达到其设计规范和满足用户需求的程度，包括功能集对指定的任务和用户目标的覆盖程度（功能完备性）、提供具有所需精度的正确结果的程度（功能正确性）、功能促使指定的任务和目标实现的程度（功能适合性）。

（2）性能效率

性能效率指软件产品在指定条件下对操作所表现出的时间特性（如响应速度）、实现某种功能有效利用计算机资源（包括内存大小、CPU 占用时间等）的程度，以及软件参数（包括存储数据项数量、并发用户数、通信带宽、交易吞吐量和数据库规模）最大限度满足用户需求的程度。

（3）兼容性

兼容性指在共享相同的硬件或软件环境的条件下，系统或组件能够与其他系统或组件交换信息，或执行其所需功能的程度。

（4）易用性

易用性指软件产品在指定条件下，用户能够辨识软件是否符合其要求的程度，以及用户学习、操作、准备输入和理解输出所做努力的程度。

（5）可靠性

可靠性指软件产品在指定条件下、指定时间内执行指定功能，能维持其正常的功能操作、性能水平的程度，包括避免软件故障导致失效的能力、软件发生故障或违反指定接口的情况下维持规定的性能级别的能力（容错性）、在失效发生的情况下重建规定的性能级别及恢复受直接影响的数据并重建期望的系统状态的能力（易恢复性）。

（6）信息安全性

信息安全性指软件产品或系统保护信息和数据的程度，以使用户、其他产品或系统具有与其授权类型和授权级别一致的数据访问度，包括确保数据只有在被授权时才能被访问的程度（保密性）、防止未授权访问或篡改计算机程序或数据的程度（完整性）、活动或事件发生后可以被证实且不可被否认的程度（抗抵赖性），以及实体的活动可以被唯一地追溯到该实体的程度（可核查性）和对象或资源的身份标识能够被证实符合其声明的程度（真实性）。

（7）维护性

维护性指软件产品投入运行应用后，需求变化、环境改变或软件发生错误时，对软件进行相应修改所做努力的程度。

（8）可移植性

可移植性指软件产品能够从一种硬件、软件或其他运行（或使用）环境迁移到另一种环境的有效性和效率的程度。

使用质量是指用户使用软件产品满足其要求的程度，以达到在指定应用场景中的有效性、效率和满意度等指定目标，如图 2.10 所示。与软件的产品质量不同，软件的使用质量是基于客户观点的质量。使用质量模型相关解释如下。

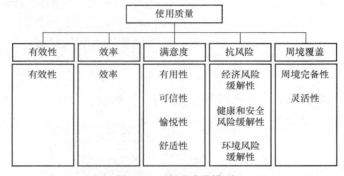

图 2.10　使用质量模型

① 有效性。有效性指软件产品在指定的使用条件下使客户能达到与准确性和完备性相关的规定目标的能力。

② 效率。效率指软件产品在指定使用条件下使客户为达到有效性而消耗适当数量资源的能力，相关资源包括完成任务的时间、客户的工作量、物质材料和使用的财务支出等。

③ 满意度。满意度指软件产品在指定使用条件下使客户满意的能力。

④ 抗风险。抗风险指软件产品在指定使用条件下，在经济现状、人的生命、健康或环境方面缓解潜在风险的程度，其中，风险常常由功能性、可靠性、信息安全性、易用性或维护性中的缺陷所致。早期的使用质量模型中的安全性（Safety），在内容上等同于抗风险。使用"抗风险"这一措辞，有利于显著区分人身安全、环境安全相关的安全（Safety）特性与信息安全（Security）特性。

⑤ 周境覆盖。周境（Context）覆盖是在指定的应用场景和超出最初设定需求的应用场景中，软件产品在有效性、效率、抗风险和满意度特性方面能够被使用的程度，包括周境完备性和灵活性。周境完备性是在指定的应用场景中能够被使用的程度。灵活性是在超出最初设定需求的应用场景中能够被使用的程度。灵活性可通过使产品适用于额外的用户组、任务和文化来获得。

2.3.2　软件的安全特性

信息安全的基本属性包括保密性、完整性、可用性、可控性和不可否认性（抗抵赖性）。如前文所述，最新的软件产品质量模型已包含信息安全特性。在软件产品质量模型中，将可用性作为可靠性的一项子特性，信息安全的其他基本属性对应质量模型的信息安全特性。在 1.1.4 节已阐述软件安全是信息系统安全、网络安全的核心主体，综合软件产品质量模型的内涵，将信息安全的基本属性作为软件的安全特性。软件的安全特性是软件安全测评的主要内容。

传统的软件安全性是指软件运行不引起系统事故的能力（对应使用质量模型中的"抗风险"）。本书中若无特殊说明，软件安全性是指软件安全风险不大于可接受程度的能力，体现软件的抗攻击能力。安全性是软件应对恶意攻击、恶意使用的一种能力，不可能在软件的各个功能都编码实现之后再添加安全特性，也不可能在攻击发生之后用打补丁来完全弥补。软件的安全特性是软件开发过程中需选择性实现的性能。软件的安全特性包括以下几点。

（1）保密性

保密性也称为机密性，即软件必须确保其特性（包括运行环境和客户之间的联系）、资源管理和内容对未授权实体（用户或进程）隐藏，不被泄露给非授权的实体，仅限具有权限的实体访问。常用的保密技术包括加密技术、信息隐藏技术和代码混淆等软件保护技术。

（2）完整性

软件及其管理的数据和系统资源仅限于适当的实体以适当的方式进行更改，必须能够抵御入侵（覆盖、删除、修改等），并能从入侵中恢复。

（3）可用性

软件必须在任何时候都对授权实体开放，即可操作和运行，而对未授权实体关闭。

（4）可控性

可控性也称为认证与授权（Authentication and Authorization），是对用户进行身份鉴别和访问控制，即所有重要或与安全相关的软件行为都必须授权、跟踪和记录，并进行审计（责任归因）。

（5）抗抵赖性

抗抵赖性也称为不可否认性，即软件防止用户否认执行了某操作的功能，旨在生成、收集、维护、利用和验证有关已宣称的事件或动作的证据，以解决关于此事件或动作的已发生或未发生的争议。

安全特性中最常提及的是保密性、完整性和可用性。软件只有在保障了其数据、代码或服务满足保密性、完整性和可用性等安全特性的情况下才可以被认为是基本安全的。根据软件的用途、使用场景，有选择性地实现某些安全性能。各种软件系统基本上已不同程度地具备认证与授权；不是任何软件系统都必须具备软件行为跟踪记录功能，软件防火墙等需要事件溯源、责任归因的软件，需具有软件行为跟踪记录能力。证券交易系统、银行存储系统、财务系统、电子商务系统等软件须具备抗抵赖性，学生选课系统等教务系统则不必强制具备抗抵赖性。

用安全特性评价软件具有何种安全能力，用实现安全特性的强度/等级评价软件的安全程度，但软件的安全性具有相对性、阶段性，即相对于当前攻击技术或计算能力是安全的，做不到绝对安全、永久安全。相对于计算能力的安全性主要指加密算法随计算能力的提升而是否能在更短时间内被破解。例如，基于数据加密标准 DES（Data Encryption Standard）的数据加密算法 DEA（Data Encryption Algorithm）在 20 世纪 80 年代是比较安全的而被广泛使用，但在 21 世纪计算能力大幅提升的情况下已不安全，在对安全要求较高的场景中已被高级加密标准 AES（Advanced Encryption Standard）等取代。软件的安全性也具有动态性，随软件的迭代、升级更新以及攻击技术的发展等动态变化。因此，不具有安全特性的软件，肯定是不安全的，但具有安全特性的软件，也并非绝对安全。

2.3.3 软件安全特性与软件质量的关系

安全性是软件质量的重要组成部分，软件安全特性是软件质量特性的一个子集。攻击者发动攻击，实际上是利用软件漏洞破坏软件的质量，尤其是破坏软件的一个或多个安全特性，迫使软件进入不安全状态。明确软件所需的安全特性，有利于在软件开发过程中采用相关安全技术实现安全功能，落实相应的安全特性，构建更健壮、更高质量、无缺陷的软件，使攻击变得更困难，并保障软件即使遭受到攻击，也能体现这些特性，尽可能地维持软件质量。

在软件产品质量模型中，软件安全特性中的可用性是质量特性可靠性的子特性，软件可靠性与软件安全性二者之间存在对立统一的复杂关系。软件安全特性有利于确保功能性、可靠性及软件使用质量，提高抗风险能力，提升用户满意度。

从前面章节内容可知，软件的质量特性用于度量软件"可以使用"，而软件的安全特性用于度量软件"可以安全地使用"。对保障和提升软件质量，软件的质量特性具有主导性，软件的安全特性具有辅助性，某些安全措施甚至会削弱部分质量特性，例如，增加的安全过程会让用户感到繁琐，降低用户体验，因此不能为了安全而过度增加安全、强化安全。但在恶意攻击、恶意使用的情况下，软件的安全特性对保障软件质量具有一定的决定性，决定软件在遭受攻击或恶意使用时的可靠性、功能性等是否满足用户需求，某些安全问题将迫使软件打补丁或进入下一轮生命周期，甚至被废弃。例如，无法确保软件安全特性中的保密性或完整性，则很难保障软件质量的可靠性，尤其是涉密系统软件。

软件质量是软件满足明确或隐含要求的能力的特性总和，是要求软件开发过程中"必须做什么和怎么做"（如尽可能地完善功能、增强用户体验感等），从而提高软件质量。软件安全是要求软件开发过程中尽可能"避免做什么"（如避免缓冲区溢出），或者像攻击者一样思考，避免或消除安全风险和安全威胁，其目标是构造高质量的安全软件，确保软件即使在滥用、误用等非正常使用情况下也能按照预期的方式执行其功能，确保软件满足需求、遵循相关法律和标准，确保开发的软件不对其运行环境中的其他软件或信息构成安全威胁。因此，软件安全是软件质量与安全的一种保障。

必须意识到，采取措施只能有效减少安全隐患，但并不能完全杜绝所有的安全问题。安全是适度安全、可接受的安全、阶段性的相对安全，应根据不同软件的不同质量要求，确定软件所需的安全特性及须达到的安全等级，避免过度追求安全。

2.3.4　确定所需的安全特性

确定软件所需的安全特性是指根据软件类型、用途/使用场景及其质量需求等，并参照相关标准和规范的约束，确定软件需具备的安全特性类别。本节主要是从总体宏观上确定软件所需安全特性，在实际软件开发中，须结合软件的每项功能、涉及的每种数据或每个文档，有针对性地逐项确定各自所需安全特性及相应的安全等级，避免一刀切的"统一要求"，以便针对具体功能或数据落实相应安全措施，也有利于降低软件开发、维护成本。可以结合后续章节中与软件安全需求分析、风险评估、威胁建模相关的内容，综合确定软件所需安全特性。

可以从以下几种途径确定软件所需安全特性。

（1）根据经验确定所需安全特性

此处的经验包括同类型相关软件的开发经验、软件拟实现业务功能对应行业的从业经验及软件涉及的数据存储和处理经验等，这些经验可能来自本软件开发团队，也有可能是来自其他团队的共享经验。

根据相关软件的开发经验确定所需安全特性，是参照此前开发、维护同类型相关软件类似功能模块遇到过的安全问题，以及当初对问题的解决方法，确定软件所需安全特性。例如曾遇到社交软件不支持对社交过程中发布的不实信息或违法信息进行取证的问题，在规划包含社交功能的软件开发时，则要求某些功能须具备抗抵赖性，并辅以可控性。

根据从业经验确定所需安全特性，是结合业务经验、业务需求（业务需求往往也来自业务发展史上的业务经验）确定软件所需安全特性。例如，开通银行账户只能储户本人用身份证件原件，是支撑抗抵赖、认证授权的有力措施。

每个安全特性都与数据存储、处理相关。根据数据存储、处理经验确定所需安全特性，是以类比的方式，根据此经验确定哪些数据须具备保密性，哪些数据须具备完整性、抗抵赖性等，以便使用加密技术处理需保密的数据，使用日志等手段追踪对关键数据的访问或修改。

（2）根据安全案例或安全事件确定所需安全特性

根据同类型软件的相同功能或根据不同软件所使用的相似技术曾遭遇的安全事件，确定软件所需安全特性。例如，绝大多数软件都会基于数据库存储本软件用户的登录账号和密码，若存储的密码是明文，则可能被拖库攻击，并被以撞库攻击方式用于登录其他软件系统。针对这种经常发生的安全事件，在确定用到数据库的软件所需安全特性时，可以要求软件的敏感数据具有保密性。

（3）根据法律法规、标准或行业规定确定所需安全特性

法律法规或行业规范对软件的程序功能或数据具有一定的要求，可以根据软件涉及的行业或适用的范围，遵照相应的法律法规或行业规范确定所需安全特性。一般而言，涉及隐私信息、商业机密或国家机密的数据，须具有保密性；涉及交易功能的软件，须具有抗抵赖性。

（4）站在攻击者的角度确定所需安全特性

有时像攻击者一样思考，更容易从攻击的角度获取安全需求，与攻击对应的安全特性如表 2-1 所示。分析软件可能会面临的攻击，从而确定软件所需安全特性。

表 2-1　与攻击对应的安全特性

序　号	攻击类型	安全特性	序　号	攻击类型	安全特性
1	泄露信息	保密性	5	未授权访问	可控性（授权）
2	篡改信息	完整性	6	提升权限	可控性（授权）
3	拒绝服务（DoS）攻击	可用性	7	抵赖	抗抵赖性
4	欺骗攻击	可控性（认证）			

2.3.5　改善软件的安全特性

改善软件的安全特性是指根据影响软件开发、使用的各种因素，并参照相关标准或规范的约束，增减软件所需安全特性类别，确定适合软件的安全等级，并在软件生命周期中保障安全特性满足相应安全等级的要求。换言之，改善软件的安全特性包含两层含义，一是从是否适合的角度调整适合某具体软件或软件某具体功能的安全特性及相应安全等级，二是从落实安全特性的角度改善软件的安全程度。

（1）根据重要程度增减所需安全特性

使开发出来的软件具有全部安全特性，往往是不必要的。安全是相对的，安全是适度的、可接受的安全。兼顾软件开发周期长短及资金投入多少等诸多因素，针对不同软件，按重要程度排序软件所需安全特性，重点实现重要程度较高的安全特性，对不重要的安全特性仅做一般处理或仅制定应急预案，甚至完全忽略。对普通软件而言，完整性一般比保密性重要，如学籍管理系统、排课系统、点餐软件。但对某些较特殊的软件，如医疗信息系统，须保护用户的某些隐私数据，如病历，则这些数据的保密性比完整性更重要。同一套软件中，不同功能模块、不同数据的安全特性的重要程度也可能互不相同。对某些软件而言，某些安全特性是可有可无的，而对其他软件而言，则是必须的。例如，抗抵赖性这一安全特性，对

选课软件的选课功能、排课系统的排课功能而言，是可有可无的，而对股票交易系统的交易功能而言，则是必须的。对于可有可无的安全特性，在软件开发过程中可以不针对这些安全特性投入任何人力物力。

如何对所需安全特性进行排序、筛选，可以参考后续章节中与风险评估、威胁建模相关的内容。

（2）从防御者和攻击者视角调整所需安全特性

从防御者和攻击者视角调整所需安全特性，即根据攻击者可能采取的攻击方法及防御者需采取的防御措施调整所需安全特性。

一方面，从防御者角度分析软件的缺陷及面对误用、滥用时的折中方案，分析软件须抵御哪些攻击、容忍哪些攻击以及如何从可能的攻击中恢复，分析软件须避免什么样的安全隐患才能减少直接损失或间接损失，综合评价安全投入与相应获益，进而调整软件所需安全特性，以便确定软件需采取的安全措施。

另一方面，从攻击者角度分析和了解攻击者可能采取的攻击方法及其攻击原理，进而根据不同攻击的危害程度、可能导致的损失大小，调整所需安全特性，以便采取相应措施缓解安全漏洞。非营利性公司 MITRE 给出了通用攻击模式枚举及分类（Common Attack Pattern Enumeration and Classification，CAPEC），详见 https://capec.mitre.org，其中对相对路径遍历（Relative Path Traversal）攻击模式（CAPEC-139）的基本描述，如表 2-2 所示。根据该攻击模式的描述，可以要求软件具有可控性，以便采取措施约束对未授权路径的访问。从表 2-2 可知，攻击模式是一个抽象机制，描述已知攻击是如何被执行的，描述该攻击模式适用范围的上下文以及缓解攻击的方案，可用于获取安全需求并指导安全设计。

表 2-2　攻击模式示例：相对路径遍历

攻 击 模 式	相对路径遍历（CAPEC-139）
描　　述	利用目标程序输入验证漏洞，攻击者使用点和斜杠字符构造特殊路径，以获取对未授权文件或资源的访问权限。此攻击通常用路径分隔符（/或\）、点（.）或其编码，组合构造各种路径字符串，以访问父目录或独立于目标目录的目录树
攻 击 步 骤	（1）探索（寻找攻击点） ① 操作系统识别：为了执行有效的路径遍历，攻击者需要知道运行目标软件的操作系统类型，以便使用适当的路径分隔符。可以使用的技术包括：利用操作系统正在监听的端口识别操作系统和利用 TCP/IP 指纹识别操作系统。 ② 摸排目标软件的漏洞：使用手动或自动方法，寻找所有使用用户输入来指定文件名或路径的软件功能模块。可以使用的技术包括：利用工具软件跟踪、记录网页上的所有链接，尤其是 URL 中包含参数的链接；使用代理工具记录手动执行 Web 应用程序中用到 POST 方法的相关功能时访问的所有链接，尤其是 URL 中包含参数的链接；使用浏览器手动浏览一个网站，并分析网站是如何构建的，利用浏览器插件协助分析 URL 或自动发现 URL。 （2）实验（探测攻击点） 针对找到的所有输入位置，借助工具软件或手工方式尝试输入不同路径探测字符串给输入参数，即在已知 URL 中输入相对路径探测字符串，并记录探测结果。可以使用的技术包括：在路径字符串中使用"../"或"..\"，以遍历父目录；使用包含相对路径字符串（如"../"）的路径探测字符串列表自动探测；使用代理工具记录在已知 URL 中手动输入相对路径遍历探测的结果。

（续表）

攻 击 步 骤	（3）利用（利用漏洞实施攻击） 　　攻击者将路径遍历语法注入已识别的存在漏洞的输入，从而非法读取、写入/修改未授权的目录或文件，或在 Web 服务器上执行任意代码或系统命令。可以使用的技术包括：通过插入相对路径字符串来篡改文件及其路径；下载文件，修改文件或者尝试执行 shell 命令。
先 决 条 件	目标应用程序以字符串形式作为用户输入，且没有对输入中包含特殊意义的字符组合进行滤除，并将用户提供的字符串插入路径浏览命令中
缓 解 措 施	（1）设计层面 　　输入验证：假定用户输入是恶意的；使用严格的类型、字符和强制编码。 （2）实现层面 　　① 对所有远程内容（包括远程用户生成的内容）进行输入验证； 　　② 利用白名单方法，只接受已知的正确输入，确保交付给客户端的所有内容都是可接受的； 　　③ 使用文件系统调用时，避免直接使用用户的输入； 　　④ 使用间接引用而不是实际文件名； 　　⑤ 在开发和部署 Web 应用程序时，使用文件访问权限限制。
示　　例	攻击者使用相对路径遍历读取未授权访问的文件，例如访问用户密码文件： http://www.example.com/getProfile.jsp?filename=../../../../etc/passwd 　　但是目标软件使用正则表达式确保传递的参数中没有相对路径字符串，利用空字符串替换正则表达式检查相对路径字符串的所有匹配项。此时，攻击者可以利用字符编码或转义来绕过该正则表达式的过滤，进而攻击成功： http://www.example.com/getProfile.jsp?filename=%2e%2e/%2e%2e/%2e%2e/%2e%2e /etc/passwd
相 关 漏 洞	相对路径遍历（CWE-23）

　　（3）根据相关标准、规范确定软件须满足的安全级别

　　美国国防部于 1983 年公布的可信计算机系统评估准则 TCSEC，将计算机系统的安全可信度从低到高分为 D、C、B、A 四类共七个级别：D 级、C1 级、C2 级、B1 级、B2 级、B3 级和 A1 级，其中 D 类为最小保护类，C 类为自主保护类，B 类和 A 类为强制安全保护类，如表 2-3 所示。该准则已成为其他国家和国际组织制定计算机安全标准的基础和参照。

表 2-3　TCSEC 安全等级

等　级	描　　述
D 级	该级的计算机系统除了物理上的安全设施外没有任何安全措施，任何人只要启动系统就可以访问系统的资源和数据
C1 级	具有自主访问控制机制，用户登录时需要进行身份鉴别
C2 级	具有审计和验证机制，例如多用户的 Unix 和 Oracle 等系统具有 C 类的安全措施
B1 级	引入强制访问控制机制，能够对主体和客体的安全标记进行管理
B2 级	具有形式化的安全模型，着重强调实际评价的手段，能够对隐蔽信道进行限制
B3 级	具有硬件支持的安全域分离措施，从而保证安全域中软件和硬件的完整性，提供可信信道
A1 级	要求对安全模型作形式化的证明，对隐蔽信道进行形式化分析，有可靠的发行安装过程

　　注：其安全功能，由后到前依次包含

GB17859-1999《计算机信息系统安全保护等级划分准则》将计算机信息系统安全保护能力划分为五个等级：第一级是用户自主保护级，其安全保护机制使用户具备自主安全保护的能力，保护用户的信息免受非法的读写破坏；第二级是系统审计保护级，除具备第一级所有的安全保护功能外，要求创建和维护访问的审计跟踪记录，使所有的用户对自己行为的合法性负责；第三级是安全标记保护级，除继承前一个级别的安全功能外，还要求以访问对象标记的安全级别限制访问者的访问权限，实现对访问对象的强制访问；第四级是结构化保护级，在继承前面安全级别安全功能的基础上，将安全保护机制划分为关键部分和非关键部分，对关键部分直接控制访问者对访问对象的存取，从而加强系统的抗渗透能力；第五级是访问验证保护级，增设了访问验证功能，负责仲裁访问者对访问对象的所有访问活动。该准则是根据国务院 147 号令要求制定的强制性标准，是等级保护的基础性标准，是制定其他标准的依据，GB/T 22239—2019《信息安全技术 网络安全等级保护基本要求》是基于该准则及其他标准进一步细化和扩展形成的。

除了上述标准，还有与隐私保护、数据安全、安全协议与通信安全等相关的各种标准或行业规范。设置标准有利于改善软件的安全性，须参照相关标准确定软件所需安全特性及相应的安全等级，确保开发出来的软件符合相关标准与规范的要求。

（4）基于平衡安全性和易用性的安全措施调整

安全性和易用性存在一定的抵触。软件系统无须账号密码登录即可使用，方便了使用，但不安全；每次刷卡支付时均需密码验证，保障了资金安全，但不便于快速支付，容易在支付结算点形成拥堵，尤其是食堂刷卡就餐、高速公路刷卡缴费等通行场景，更需要软件系统的快捷易用。平衡安全性和易用性，可以采取小额免密支付、登录账号密码错误并再次尝试登录时才要求输入验证码等措施，或让用户在多种方案中自主选择适合自己的方案。安全是手段，具有成本和代价，将风险控制在可以接受的范围内才是目的。

（5）采取必要措施，确保在软件生命周期中改善软件的安全程度

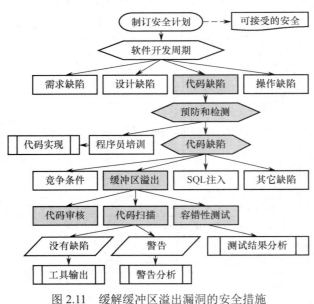

图 2.11　缓解缓冲区溢出漏洞的安全措施

（1）～（4）这四点是从确定适合某具体软件或软件某具体功能的安全特性及相应安全等级的角度改善软件的安全特性，（5）是从安全特性落实的角度改善软件的安全特性，即在软件生命周期的每个环节改善软件的安全程度，具体措施参见后续章节与安全需求分析、安全设计、安全测试等相关的内容，此处仅针对缓冲区溢出制定安全保障参考案例，说明改善软件安全性的过程与措施。

如图 2.11 所示，将安全措施融入软件开发周期中，制定相关方案、计划、措施，包括人员培训、提供相关工具，从而改善软件的安全程度。

2.3.6　功能安全、安全功能与软件安全

功能安全（Functional Safety）是对功能本身的安全要求，也就是要求功能是安全的或要求安全地实现功能（包括功能调整），主要体现软件的抗风险性。安全功能（Security Function）是为缓解特定的安全风险而针对该风险实现的功能，其职责主要是保障软件系统正确地执行预先定义的安全策略，主要体现软件的信息安全特性。

不同领域的软件系统对"安全"的界定或要求是不同的。器械设备控制软件的安全（Safety，常翻译为"安全性"）侧重于软件的可靠性及软件使用质量模型中的抗风险性，此类软件的功能安全是指功能自身采取避免和控制故障及失效的技术措施，使系统在正常情况下或发生故障的情况下都应保证系统正常运行，不会因为故障的发生而引起环境破坏、设备财产损失、人员伤亡；此类软件的安全功能包括用于防范故障或失效的功能、用于降低故障或失效影响的功能，一般不涉及防范人为故意破坏。例如，国际标准《医疗器械软件—软件生命周期过程》（IEC 62304）根据软件系统对病人、操作者或其他人员由于软件系统故障所造成的伤害严重程度，将软件安全等级分为 A、B、C 三类：不会造成健康损害或人身伤害（A 类）、不会造成严重伤害（B 类）、可能造成严重伤害甚至死亡（C 类）。信息数据处理软件的安全（Security，翻译为"安全"）侧重于软件质量模型中的"信息安全性"，此类软件的功能安全主要指采取措施减少功能实现过程中引入的安全漏洞；此类软件的安全功能包括：身份验证、角色管理、密钥管理、日志记录与审计、安全协议与安全通信等，与防范人为破坏和恶意攻击相关。尽管器械设备控制软件的安全（Safety）不同于信息数据处理软件的安全（Security），但这两种安全是紧密相关的，例如，器械设备控制软件的缓冲区溢出漏洞使控制软件不安全（Insecure），攻击者利用漏洞远程操控器械设备从而使设备不安全（Unsafe），即使漏洞不被恶意利用，器械设备自身也因漏洞的存在而不安全。

在任何软件缺陷都有可能被恶意用于经济获利、政治干扰或军事打击的背景下，任何软件的功能安全都应考虑人为因素。功能安全和安全功能是软件安全的基石。功能安全是在安全方面进行了完善的功能，例如，软件系统登录组件在利用输入数据之前对所有数据进行严格验证，避免因输入数据引发 SQL 注入攻击。安全功能是具有安全用途的程序功能，主要用于实现软件的安全特性，例如文件传输系统中基于 OpenSSL 的文件加密解密、基于 OpenSSL 的身份认证。安全功能不一定是安全的，例如 OpenSSL 曾爆出"心脏出血"漏洞（CVE-2014-0160），导致基于 OpenSSL 的软件均不安全。功能安全是在实现功能的过程中通过消减漏洞实现的，是软件安全的目标之一。要避免"只要有安全功能，软件就是安全的"和"软件安全就是在软件中加入安全功能"等错误认识。

2.4　软件安全过程模型

软件工程追求以较低的成本开发具有较高质量的软件，即"优质高产"，在一定程度上解决了"软件危机"，但忽略了"安全危机"。虽然目前软件开发组织已经逐步意识到软件安全的重要性，但是他们把目光更多地聚焦到软件开发后期测试阶段的漏洞扫描或渗透测试，尽管这个过程能够发现和解决大多数的安全隐患，但是后期的安全评估和安全整改将带来更大的投入成本，甚至由于开发人员的流动导致许多安全漏洞难以得到及时解决。软件的安全

问题不仅会导致各种经济损失，也会影响客户对软件的信心而流失客户。

　　解决包含安全问题的软件质量问题，采用工程化的软件开发过程是行之有效的方法，但传统的软件开发过程存在诸多局限性，主要体现在三个方面：①开发人员培训教育局限性，软件开发相关培训教育只包括软件工程、数据结构、编译原理、系统结构、程序语言等，缺乏系统的安全开发培训；②开发人员知识局限性，对安全问题缺乏足够的理解，不熟悉安全设计的基本原理，不熟悉安全漏洞的常见类型，不熟悉如何设计面向安全的测试用例；③软件过程局限性，软件生命周期包括需求分析、系统设计、软件编码、软件测试和软件维护五个阶段，缺乏安全介入的阶段。对软件开发过程进行"安全加固"，在传统软件过程模型中融入安全措施和安全技术，实施软件安全工程，在每一个开发阶段都尽可能地避免和消除漏洞，有利于同步解决"软件危机"和"安全危机"。

　　本书不用"安全软件工程"的说法，而是用"软件安全工程"，以避免"安全软件工程"被理解为"安全软件的工程学"而造成的误解。

2.4.1　微软 SDL 模型

　　微软公司的可信计算安全开发生命周期（Trustworthy Computing Security Development Lifecycle）简称 MS SDL 或 SDL，是微软安全战略的重要组成部分。20 世纪 90 年代末的 Melissa 病毒和 21 世纪初的 Code Red 蠕虫、Nimda 蠕虫等一系列针对微软开发的办公软件、Web 服务器、浏览器的恶意代码攻击事件造成比较恶劣的影响，促使微软考虑软件安全开发过程和策略，并推出 SDL 系列版本，使 SDL 成为微软全公司的计划和强制政策，显著降低了软件产品的漏洞数量。SDL 已被软件安全领域广泛接受。

　　SDL 为大型软件开发组织提供一组在软件开发过程中提高软件安全性的步骤，这些步骤原本是微软"可信计算"计划的一部分，用于减少软件安全漏洞的数量、降低安全严重程度。根据微软的经验，在软件开发组织中设立核心安全团队来驱动软件开发最佳安全实践和开发过程的改进，对软件进行最终安全审查，而不是让承包商或顾问扮演核心安全团队的角色，从而保障 SDL 的成功实施，提高软件安全性，减少软件补丁，增加用户满意度，进而使实施 SDL 的价值超过实施 SDL 的成本。

　　可以从以下几个方面构建更安全的软件：可重复的过程、工程师教育、度量标准和可测量性。实现可重复的过程，是提高安全性的关键，有利于可度量地改进软件的安全性。SDL 并非彻底改变已有的软件开发过程，而是将定义良好的安全检查点和安全里程碑集成到已有的软件过程模型，用于指导开发更安全的软件。

　　以微软内部曾普遍使用的基准开发过程为例，说明如何将传统的软件过程"升级"为 SDL。

　　（1）微软基准开发过程

　　由 MSF 过程模型（参见 2.2.5 节）演化而成的微软基准开发过程如图 2.12 所示，该过程包括五个里程碑，结合了瀑布模型和螺旋模型的优点，是一个螺旋形的过程，为了适应市场需求、完善软件功能，在每次迭代中增加新的需求，启动新的设计、实施、验证等系列工作，并按里程碑进行过程管控。

　　（2）SD^3+C 原则及对基准开发过程的改进

　　微软在总结软件安全经验的基础上，归纳出一组构建更安全的软件的原则，称为 SD^3+C

原则，即设计安全（Secure by Design）、默认安全（Secure by Default）、部署安全（Secure in Deployment）和沟通交流（Communication），并作为实施 SDL 的基本原则。

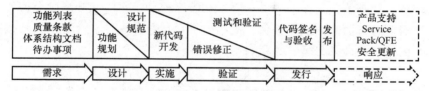

图 2.12　微软的基准开发过程

① **设计安全**。在架构、设计和实现软件时，采用安全架构、威胁建模、安全编码，减少漏洞，使软件在运行时能保护自身及其处理的信息，并能抵御攻击。

② **默认安全**。事实上，软件达不到绝对安全，所以设计者应假定其存在安全缺陷。为了使攻击者针对这些缺陷发起攻击时造成的损失最小，软件在默认状态下应具有较高的安全性。例如，软件应在最低的必要权限下运行，非广泛需要的服务和功能在默认情况下应被禁用（未使用的功能默认关闭）或仅可由少数用户访问。

③ **部署安全**。软件应该随附工具和指导以帮助最终用户和管理员安全地使用它，包括保护软件、检测异常、防御攻击、宕机恢复和部署更新等日常管理。

④ **沟通交流**。软件开发者、安全响应小组应为产品漏洞的发现做好准备，并坦诚负责地与最终用户和管理员进行交流，以帮助他们采取保护措施（例如打补丁或部署工作区）。

尽管 SD^3+C 原则的每个要素均对开发过程提出了要求，但设计安全和默认安全对提升安全性的作用最大。设计安全要求软件开发过程首先要防止引入漏洞；默认安全要求软件在默认状态下暴露的攻击面达到最小。攻击面（Attack Surface）是软件系统中可被攻击者用于实施攻击的相关元素的集合。软件系统相关的元素可以是软件系统的组成部分，例如接口、方法、数据、协议等，也可以是系统日志、配置或策略等信息。软件系统越复杂，功能模块越多，攻击面越大。软件系统的攻击面越大，则其面临的安全风险越大。

将 SD^3+C 原则作为安全措施集成到已有开发过程中，对开发过程进行安全升级，如图 2.13 所示，图中 SWI 是"Secure Windows Initiative（安全 Windows 计划）"的简写。

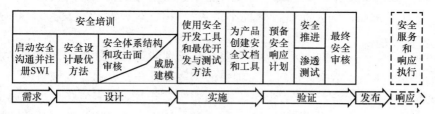

图 2.13　基准开发过程的安全改进

（3）SDL 简化模型

SDL 是一组必需的安全活动，分为 5+2 个阶段（需求分析、设计、实施、验证、发布加培训、响应），含 16 项必需的安全活动（不包含执行事件响应计划）。SDL 简化模型如图 2.14 所示。

① **培训阶段**

软件开发团队的所有成员都必须接受适当的培训，了解安全基础知识以及安全和隐私保护方面的最新趋势。评估本组织在安全和隐私保护方面的知识，制订相应的培训计划、培训标准，设定最低培训强度和最低培训目标，直接参与软件开发的技术人员（程序员、测试人员和项目经理）每年必须参加至少一门特有的安全培训课程。软件安全基础培训应涵盖安全设计、威胁建模、安全编码、弱加密安全测试和隐私保护。在时间和资源允许的情况下，可能需要进行高级概念方面的培训，例如，高级安全设计和体系结构、可信用户接口设计、安全漏洞细节、实施自定义威胁缓解等。

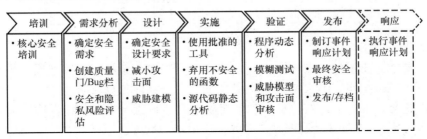

图 2.14　SDL 简化模型

② 需求分析阶段

需求分析阶段的安全活动主要包括以下几种。

确定安全需求。项目团队要明确安全和隐私保护需求、明确安全和隐私联系人；确定安全顾问，安全顾问应审阅产品开发计划，提出建议，并可提出额外的安全要求；确立和部署安全漏洞/工作项跟踪系统；定义安全和隐私保护缺陷库，编写相关文档。尽早定义安全需求有助于项目团队确定关键里程碑和交付成果，并使集成安全和隐私保护的过程尽量不影响到计划和安排。

创建质量门/Bug 栏。质量门和 Bug 栏用于确立安全和隐私保护的最低可接受级别。在需求分析阶段定义这些标准可加强对安全问题相关风险的理解，并有助于团队在开发过程中发现和修复安全 Bug。项目团队必须协商确定每个开发阶段的质量门（例如，必须在签入代码之前会审并修复所有编译器警告），随后将质量门交由安全顾问审批。安全顾问可以根据需要添加特定于项目的说明以及更加严格的安全要求。另外，项目团队须阐明其对质量门的遵从性，以便完成最终安全审核。Bug 栏是应用于整个软件开发项目的质量门，用于定义安全漏洞的严重性。例如，在发布时，软件不得包含具有"关键"或"重要"级别的已知漏洞。Bug 栏一经设定，便绝不能放松。

安全和隐私风险评估。安全风险评估和隐私风险评估是必需的过程，用于确定软件中需要深入评析的功能环节，这些评估包括：项目的哪些部分在发布前需要威胁模型，项目的哪些部分在发布前需要进行安全设计审核，项目的哪些部分（如果有）需要由不属于项目团队且双方认可的小组进行渗透测试，是否存在安全顾问认为有必要增加的测试或分析要求以缓解安全风险，模糊测试要求的具体范围是什么，等等。

③ 设计阶段

设计阶段的安全活动主要包括以下几种。

确定安全设计要求。安全设计要求包括创建安全和隐私保护设计规范、规范审核以及最低加密设计要求规范。设计规范应描述用户会直接接触的安全或隐私保护功能，例如，需要用户身份验证才能访问特定数据，或在使用高风险隐私功能前需要用户同意的功能。此外，所有设计规范都应描述如何安全地实现给定特性或功能所提供的全部功能。针对应用程序的功能规范验证设计规范，功能规范应准确完整地描述特性或功能的预期用途、描述如何以安全的方式部署特性或功能。

减小攻击面。减小攻击面与威胁建模紧密相关，但它解决安全问题的角度稍有不同。减小攻击面通过减少攻击者利用潜在漏洞的机会来降低风险。减小攻击面包括关闭或限制对系统服务的访问、应用最小权限原则以及尽可能进行分层防御。

威胁建模。威胁建模用于存在重大安全风险的环境之中，使开发团队可以在其计划的运行环境的背景下，以结构化方式考虑、记录并讨论设计的安全影响。通过威胁建模还可以考虑组件或应用程序级别的安全问题。威胁建模是一项团队活动（涉及项目经理、程序设计人员和测试人员），并且是软件开发设计阶段中执行的主要安全分析任务。

④ 实施阶段

实施阶段为软件代码编写及单元测试阶段，主要安全活动包括以下几种。

使用批准的工具进行软件开发。开发团队应定义并发布由项目团队安全顾问批准的工具及其关联安全检查的列表，如编译器/链接器选项和警告。一般而言，开发团队应尽量使用最新版本的获准工具，以利用其新的安全分析功能和保护措施。

弃用不安全的函数。许多常用函数和 API 在当前威胁环境下并不安全。项目团队应分析将在软件开发项目使用的所有函数和 API，并禁用确定为不安全的函数和 API。确定禁用列表之后，项目团队应使用头文件（如 banned.h 和 strsafe.h）、较新的编译器或代码扫描工具检查代码（在适当情况下还包括旧代码）中是否存在禁用函数，并使用更安全的备选函数替代这些禁用函数。

源代码静态分析。项目团队应对源代码进行静态分析。源代码静态分析为代码安全审核提供支持，有助于遵守代码安全策略。代码静态分析本身通常不足以替代人工代码审核。安全团队和安全顾问应了解静态分析工具的优缺点，并根据需要为静态分析工具准备辅以其他工具或人工审核。

⑤ 验证阶段

验证阶段为软件集成测试阶段，主要安全活动包括以下几种。

程序动态分析。为确保软件按设计方式工作，须对软件进行运行时验证。验证过程中用指定的工具监控软件行为是否存在内存损坏、用户权限问题以及其他重要安全问题。SDL 过程模型使用运行时工具（如 AppVerifier）以及其他方法（如模糊测试）实现所需级别的安全测试覆盖率。

模糊测试。模糊测试是一种特殊形式的动态分析，它通过故意向软件引入不良格式或随机数据诱发程序故障。模糊测试策略的制定以软件的预期用途以及软件的功能和设计规范为基础。安全顾问可能要求进行额外的模糊测试或扩大模糊测试的范围和增加持续时间。

威胁模型和攻击面审核。软件经常会严重偏离在需求分析和设计阶段所制定的功能和设计规范。因此，应在完成软件编码后重新审核其威胁模型和攻击面，确保对系统需求、设计或实现所做的任何更改而形成的新攻击面得以审核和缓解。

⑥ 发布阶段

发布阶段的安全活动包括以下几种。

制订事件响应计划。受 SDL 要求约束的每个软件发布都必须包含事件响应计划，即使在发布时不包含任何已知漏洞的软件也可能面临日后新出现的威胁。事件响应计划应包括响应团队或响应人员及其联系方式、安全维护计划。

最终安全审核。最终安全审核（Final Security Review，FSR）是在软件发布之前对软件进行仔细检查的所有安全活动。FSR 由安全顾问在普通开发人员以及安全和隐私团队负责人的协助下进行，决定软件是否可以发布。FSR 不是"渗透和修补"活动，也不是补充执行以前忽略或忘记的安全活动。FSR 通常要根据需求分析阶段确定的质量门或 Bug 栏检查威胁模型、异常请求、工具输出和性能。若 FSR 确定所有安全和隐私问题都已得到修复或缓解，则软件通过审核。若 FSR 确定可以修复或缓解的安全和隐私问题都已得到修复或缓解，但存在无法解决的问题（例如，由以往的"设计水平"问题导致的漏洞），将记录无法解决的问题，在下次发布时更正，本次 FSR 的结论是"通过审核，但有异常"。若开发团队未满足所有 SDL 要求，并且安全顾问和开发团队无法达成可接受的折中，则安全顾问不能批准项目发布。开发团队必须在发布之前解决所有可以解决的 SDL 要求问题，或上报给高级管理层进行抉择。

发布/存档。发布软件的生产版本（Release To Manufacturing，RTM）还是 Web 版本（Release To Web，RTW），取决于 SDL 过程完成时的条件。负责发布事宜的安全顾问必须证明项目团队已满足安全要求。同样，有隐私约束条件的项目的隐私顾问必须先证明项目团队满足隐私要求，然后才能交付软件。此外，必须对所有相关信息和数据进行存档，以便软件发布后可以对软件进行维护。这些信息和数据包括所有规范、源代码、二进制文件、专用符号、威胁模型、文档、应急响应计划、任何第三方软件的许可证和服务条款以及执行发布后软件维护所需的任何其他数据。

⑦ 响应阶段

响应阶段是为用户提供支持与服务的运维阶段，主要是面对安全问题的应急响应。

尽管在软件开发过程中应用了 SDL，但仍难以杜绝安全漏洞，即使开发过程可以消除软件的所有漏洞，随着攻击技术的发展，软件也会面临新的安全威胁。因此，项目团队必须准备对新发现的软件漏洞做出响应。响应过程的一部分包括准备评估漏洞报告，并在适当的时候发布安全警告和更新。响应过程的另一个组成部分是对报告的漏洞进行事后分析，并在必要时采取行动。对一个漏洞的响应范围从发布一个更新来响应一个孤立的错误，到更新代码扫描工具，再到启动对主要子系统的代码检查。响应阶段的目标是从错误中学习，并使用漏洞报告中提供的信息进一步帮助检测和消除漏洞，以防它们在生产现场被发现并用于将用户置于危险之中。响应过程还可以帮助产品团队和安全团队调整过程，避免以后出现类似的错误。

SDL 每个阶段用到的工具如表 2-4 所示。

表 2-4　SDL 每个阶段用到的工具

序　　号	工　　具	需求	设计	实现	验证	发布
1	SDL 过程模板和 MSF-Aglie+SDL 过程模板	√	√	√	√	√
2	SDL 威胁建模工具		√			
3	Banned.h、SiteLock ATL 模板、FxCop、C/C++源代码分析工具、Anti-XSS 库、CAT.NET			√		
4	BinScope、MiniFuzz、SDL Regex Fuzzer、AppVerifier				√	

2.4.2　安全接触点过程模型

Gary McGraw 博士将应用风险管理、软件安全接触点（Touchpoint）、软件安全知识作为软件安全的三根支柱，通过逐步地、渐进地、均衡地应用这三根支柱，可以创建一个合理的、具有成本效益的安全的软件。这种在软件过程每个阶段确保软件安全的方法，已被广泛接受。

（1）应用风险管理

风险管理是一种贯穿整个软件过程的战略方法，用于追踪和减轻风险。成功的风险管理是一种业务级的决策支持工具，用于收集必需的数据，并基于漏洞、威胁、影响和概率做出正确判断，详见第 3 章。

（2）软件安全接触点

接触点是一种在软件开发过程中保障软件安全的控制措施，共包括七个接触点：代码审核、体系结构风险分析、渗透测试、基于风险的安全测试、滥用例、安全需求、安全操作。在软件开发过程中集成软件安全控制措施，是软件安全三根支柱的核心。

软件安全开发过程要求在每一个开发阶段都尽可能地避免和消除漏洞。实施软件安全须对常规软件过程进行一些改进，这些改进并不是根本性的、翻天覆地的或者费用高得难以承受的，这些改进可以是将一组简单明了的接触点结合到已有的软件过程中。图 2.15 示范了如何将软件安全接触点（图中序号所示）应用于软件开发过程中创建的一组软件工件（Software Artifact，图中长方体所示），从而将安全融入已有软件过程。创建工件集并应用相应接触点的方法，不依赖于任何过程模型，可以与瀑布模型、螺旋模型等软件开发过程一起使用，在软件迭代过程中反复使用接触点，不断提升软件的安全性。

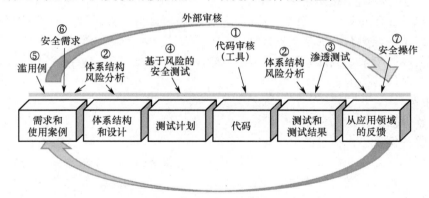

图 2.15　接触点与基于接触点的软件过程改进

① 代码审核

工件：代码。

发现风险的例子：在代码中发现缓冲区溢出。

代码审核是一种能实现安全的软件的必要而不充分的方法，其关注的焦点是源代码中的缺陷。静态分析工具通过扫描源代码可以发现一般的漏洞，例如缓冲区溢出。代码审核很难（甚至几乎不可能）发现体系结构存在的问题，尤其是具有数百万行代码的系统软件。实现软件安全应包括代码审核和体系结构风险分析。

② 体系结构风险分析

工件：设计文档和软件规格说明书。

发现风险的例子：缺乏对关键数据的区分和保护；Web 服务未能验证调用代码及其用户，并且没有基于正确的上下文进行访问控制。

基于软件规格说明书的体系结构和类层次的设计必须是连贯一致的，并提供统一的安全保障，都必须进行体系结构风险分析（也称为威胁建模或安全设计分析）。设计人员、架构师和分析师应该用文档清晰记录各种前提假设，并确定可能的攻击。安全分析人员揭示体系结构瑕疵，对它们进行评级，并实施降低风险的措施。忽视体系结构风险分析会在日后引起严重的问题。在软件过程的任何阶段都可能出现风险，因此，强烈建议采用持续的风险管理方法，并不断地追踪和监视风险。

③ 渗透测试

工件：处于生产环境中的系统。

发现风险的例子：在 Web 接口中缺乏程序状态处理。

渗透测试非常有用，如果根据体系结构风险分析结果设计测试，效果更好。渗透测试针对处于真实运行环境中的实际部署的软件。没有考虑软件体系结构的任何渗透测试，都不能揭示关于软件风险的任何有用的信息。低强度的渗透测试不能揭示软件的真实安全状况，但是未能通过黑盒渗透测试，则能说明软件系统确实处于糟糕的状况。

④ 基于风险的安全测试

工件：系统单元和系统。

发现风险的例子：数据抗风险措施不足导致可能的大量数据泄露。

一份好的安全测试计划必须包含两种策略：用标准功能测试技术进行安全功能测试；以攻击模式、风险分析结果和滥用例为基础的基于风险的安全测试。即使测试一个系统，安全问题也并不总是显而易见的，因此，标准的质量保障方法并不能发现所有严重的安全问题。质量保证是为了保证所有好的事情的发生，安全测试是为了保证坏的事情不会发生。像攻击者一样考虑问题很重要。因此，用软件体系结构风险、常见攻击和攻击者思维方式等相关知识来指导安全测试是极为重要的。

⑤ 滥用例

工件：软件需求和用例。

发现风险的例子：易受篡改攻击。

构造滥用例（Abuse Case）是深入了解攻击者思维方式的一个好办法。与软件工程的用例（Use Case）类似，滥用例描述系统在受到攻击时的行为表现。构造滥用例要求明确地说明应该保护什么、免受谁的攻击，以及保护多长时间。

⑥ 安全需求

工件：软件需求。

发现风险的例子：没有明确描述数据保护需求。

必须明确地在需求中加入安全需求。安全需求应包括功能安全（例如检查输入数据以防范 SQL 注入）和可以用滥用例或攻击模式获取的意外特性。确定和维护安全需求的方法是非常复杂的，应该灵活处理，参见第 4 章相关内容。

⑦ 安全操作

工件：实际部署的软件。

发现风险的例子：日志记录不足，无法起诉已知的攻击者。

软件安全可以借鉴网络安全的很多安全策略。经过有效组合的安全操作允许和鼓励网络安全专业人员积极应用接触点，为开发团队提供安全经验和安全智慧。在改善系统安全的过程中，经验丰富的操作人员认真地设置并监视实际部署的系统。不论设计和实现的安全强度如何，都会发生攻击，因此，理解导致攻击成功的软件的行为是一种重要的防御技术。通过理解攻击和漏洞利用而获得的知识应该再应用到软件开发中。

（3）软件安全知识

软件安全面临的重要挑战之一是缺乏有安全经验的从业人员，知识管理和人员培训将发挥重要作用。软件安全知识包括收集、整理和共享能为软件安全实践提供坚实基础的安全知识，分为三类七种，如表 2-5 所示。

表 2-5　软件安全知识的种类

类　　别	知　　识
规定性知识	原则、方针、规则
诊断性知识	安全漏洞、漏洞利用、攻击模式
历史知识	历史风险

规定性知识包括原则、方针和规则三种知识，给出在构建安全的软件时应该做什么和应该避免什么的建议。原则和指导方针是从方法论的高度进行定义和描述（如最小特权原则）。规则是在源代码语法层面描述在软件开发过程中要做或要避免的事情的建议（例如，在 C 语言中避免使用库函数 get()），可以通过词法扫描或软件的构造性解析进行验证。

诊断性知识包括安全漏洞、攻击模式（Attack Pattern）和漏洞利用（Exploit）三种知识。诊断性知识旨在帮助实践者（包括操作人员）识别和处理导致安全攻击的常见问题。漏洞知识包括实际系统中存在的软件漏洞的描述。漏洞利用描述如何利用漏洞实例对特定系统进行特定的安全破坏。攻击模式以一种更抽象的形式描述可能适用于不同软件系统的常见漏洞利用。攻击模式可以用于识别和限定特定攻击在软件系统中可能发生的风险，也可以用于设计误用和滥用例以及特定的安全测试。

历史知识包括历史风险，在某些情形下也包括漏洞库。这类知识还包括对在实际的软件开发中所发现的特定问题的详细描述，以及该问题产生的影响。历史知识是新的规定性知识、新的诊断性知识的来源。

软件安全知识可以通过使用软件安全接触点应用于软件过程的各个阶段。软件安全知识映射为不同的接触点和软件工件的方法，如图 2.16 所示。

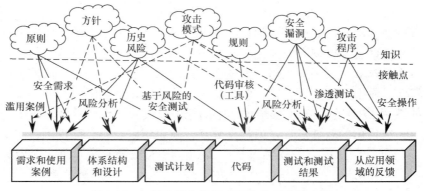

图 2.16　知识映射为接触点和软件工件的方法

在软件开发过程中，及时总结知识，并用知识培训所有相关人员，对确保软件安全至关重要。在整个开发过程中综合应用这些方法，能从制度上、方法上最大限度地保障软件安全，从设计、编码和测试等各个层面上消除软件中的安全漏洞。

2.4.3　实施软件安全过程的建议

2.3 节说明质量和安全是软件的两种内在属性，但不是软件的"两条腿"，而是有机结合在一起的同一支柱，且信息安全性已是一项重要的质量特性；不能分别解决"软件危机"和"安全危机"，而是一并解决。

实施软件工程已是公认的提升软件质量和开发效率的有效途径，软件开发组织已建立适合自身特点的软件过程。微软 SDL 模型、安全接触点过程模型，以及本书尚未介绍的许多安全过程模型，都是从"安全加固"的角度给出了安全升级传统软件过程的措施与方法，有利于将这些安全措施和方法融入软件开发组织已使用的软件过程中。

鉴于此，同时结合软件质量度量、安全度量，本书对实施安全开发过程提出几点建议，以便相关教学实践或相关软件安全开发参考。

（1）在快速原型中融入威胁建模，获取与完整功能需求紧密结合的可接受的安全需求

2.2.2 节描述的快速原型有利于获取客户的完整需求；将在第 5 章描述的威胁建模有利于获取实体、过程、数据流、数据存储可能存在的安全威胁。将快速原型与威胁建模结合，便于在获取、分析功能需求的同时，分析相应功能的安全威胁，并给出对该威胁的处理方案（基于某种技术解决该威胁或缓解该威胁等），包括根据软件系统的应用场景和客户能接受的成本投入，确定功能的安全等级或对威胁的处理强度（例如，针对信息泄露，选择 AES 还是选择 DES 加密数据），使其安全符合相关标准或规范的要求。

在软件开发过程中，应深入理解功能安全与安全功能的差别，有机结合需求分析与安全需求分析。安全既是整个软件系统的安全，也是软件实现的业务功能的安全和安全功能的安全，但常将需求分析和安全需求分析分割为两个独立的部分，安全需求分析比较虚空，没有与具体的业务功能或安全功能结合，导致安全需求不具有功能针对性，从而不便于将安全"落地"。

（2）软件过程每个阶段涉及的全体人员，都应熟知其工作职责和安全责任

本点尝试从完整体系的角度给出安全实践建议，涉及培训、研讨、分享安全技术与经验，以及在软件过程中建立涵盖安全目标的里程碑。一个安全增强的软件过程应该（至少在某种程度上）通过添加风险驱动的实践来弥补软件需求中的安全考量不足，并在软件过程的所有阶段检查这些实践是否足够。让项目组每个成员都履行安全职责，而不是将任何安全问题都交给安全团队或安全顾问。安全是一种意识，当其成为开发人员的习惯时，则不会刻意为了安全而奋力做与安全相关的工作，而是很自然地编写安全代码、消减威胁或规避风险。应该在整个软件过程中强化安全意识，培育安全习惯乃至安全文化。

建议将如图 2.17 所示的软件安全过程中的相关阶段（方框所示）和阶段的里程碑（圆点所示）融入正在使用的软件过程，或根据软件开发组织以及具体软件项目的实际情况选择部分阶段及其里程碑融入已有的软件过程。例如，融入安全考量的面向安全的瀑布模型如图 2.18 所示。

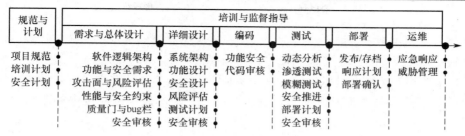

图 2.17　具有里程碑的安全过程模型

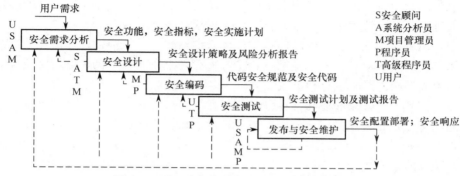

图 2.18　融入安全考量的面向安全的瀑布模型

① 规范与计划

本阶段的任务和里程碑包括：制定项目规范（包括项目涉及的领域规范、法律与标准规范）、制订涵盖安全培训的培训计划、确定软件系统的安全级别并制订项目安全策略与安全开发计划（包括项目团队核心成员的确定、组建安全团队、聘请安全顾问、启动质量与安全管理等）。

培训计划对软件安全过程的成功实施至关重要。软件开发组织评估本单位在安全方面的知识与实力，结合具体项目涉及的领域、技术，制订相应的培训计划，包括制定培训标准、设定最低培训强度、设定最低培训目标，培训内容至少涵盖安全设计、安全编码、安全测试和安全相关法律法规或标准对安全的约束。

软件开发组织可以设立安全团队，并在每个软件项目中派驻安全专家。安全团队中的安全专家的职责包括：负责软件安全设计质量，负责产品安全特性的分析与设计，对非安全特性的安全性设计进行把关，组织分析排查安全设计问题，负责安全设计要求跟踪、安全漏洞应急响应技术分析，负责安全设计能力提升，对安全工程师开展安全设计培训。需具备的技能包括：熟悉安全设计流程和安全设计原则、典型安全架构，精通安全设计及威胁分析工具使用，熟悉常见的安全威胁及相应的消减措施，熟悉安全协议、加密算法，具备安全管理、认证管理、会话管理、身份管理、隐私保护、可信计算等相关能力，具备安全漏洞影响分析、漏洞挖掘、漏洞修复能力。

② 培训与监督指导

在整个软件开发过程中都要确保将安全作为软件的一个有机组成部分，培训须贯穿整个软件过程，在不同阶段重点针对本阶段项目组不同角色成员有针对性地进行培训，强化安全意识、实时紧绷安全弦，对相关工作给出指导性建议，并督查相关规范的落实，即依托安全团队或安全顾问，对全过程、文档、工具进行安全督查，以保证软件开发相关要求的落实，确保软件质量与安全。

计算机科学和相关专业的大学应届毕业生一般缺乏必要的安全培训，不能立即加入开发团队从事软件的安全设计、编码或测试工作。一般情况下，行业内的软件设计者、工程师和测试人员也缺乏适当的安全技术知识，安全相关专业的大学应届毕业生一般也缺乏安全开发的实战经验。即使参与软件开发的人员都曾参与过培训，每年也应至少参加一次"安全复习"培训。

③ 需求与总体设计

尽可能早地获取客户的完整需求并明确如何使功能需求达到功能安全的目的，是整个软件过程最关键的任务。快速原型有利于获取完整需求，威胁建模有利于获取实体、过程、数据流、数据存储可能存在的安全威胁；将软件体系结构的逻辑架构设计与需求分析结合，而将软件体系结构的系统架构等留在详细设计阶段，有利于在需求分析阶段的交流与沟通，也便于用原型验证架构，同时也有利于风险分析。

本阶段确定软件的需求和总体结构，主要任务和里程碑包括：定义软件的总体结构，针对项目产品的特性定义特定的安全原则，完成软件逻辑结构设计与验证；在快速原型中融入威胁建模，功能需求、安全需求、风险分析与处理"三合一"，确保安全需求和功能需求紧密结合、安全与质量植根于每个模块，完成关键目标、关键需求识别，确定对安全性起关键作用的组件；基于滥用例、误用例的关键安全需求分析；完成结合软件接口需求的攻击面分析，记录软件攻击面的要素，识别攻击面并通过去除不必要的产品功能或默认设置来减少攻击面，尽管某些增加攻击面的情况可能是由于增加了产品功能或可用性，但是在设计和实施过程中还是需要对此类情况进行认真审核，以确保软件交付时在默认配置下具有最好的安全性；对每个组件进行威胁建模，使用结构化设计方法确定软件必须管理的模块以及访问这些模块时所使用的接口，用威胁建模确定可能对每个模块造成损害的威胁以及导致损害的可能性（风险评估），然后确定降低风险的对策，即识别威胁并进行消减；获取软件性能与安全约束；创建质量门与 bug 栏，定义补充性交付标准，尽管应定义软件开发组织的基本安全交付标准，但是每个产品小组或软件版本也可以设立发布软件前必须符合的特定标准。

本阶段输出文档包括涵盖软件需求、逻辑架构和安全方案的规格说明书。

④ 详细设计

本阶段是确保功能安全的关键阶段。功能安全是在安全方面进行了完善设计的功能，例如，具有接收、处理用户输入数据的行为的任何功能模块，要求在使用输入的数据之前对所有数据进行严格验证或安全处理，以对抗 SQL 注入攻击；对网络论坛等 Web 系统中的文件上传、下载功能，要求检查请求上传或下载的通信数据包参数中是否含有相对路径，以对抗相对路径攻击。

本阶段的主要任务和里程碑包括：在"需求与总体设计"阶段的软件逻辑架构、组件威胁建模的基础上，识别设计技术（分层、托管代码、最小特权、攻击面最小化），定义软件的系统架构（安全架构），从安全视角系统分析软件架构和特性；针对组件或关键组件的功能，结合现有软件类似功能存在的漏洞或攻击模式，定义组件的安全规范，包括数据交换安全、数据存储访问控制等；制定编码标准和代码审核标准，确定开发工具与环境（包括编译工具与编译选项、测试工具），确定禁止使用的不安全 API 函数，确定加密、身份认证等安全功能采用的算法、技术或库函数；制订涵盖安全测试的测试标准和测试计划。

本阶段输出文档包括涵盖功能安全具体措施的规格说明书，通过外审、内审方可进入下一阶段。在软件开发组织编码标准的基础上，针对项目领域背景、技术制定的项目编码标准，有助于开发者避免引入导致安全漏洞的缺陷；在软件开发组织测试标准的基础上，针对项目领域背景、技术制定的项目测试标准，有助于确保将测试重点放在检测潜在的安全漏洞上，而不仅是专注于测试软件功能的正确运行。

⑤ 编码

在编码实现阶段，开发人员使用指定的开发环境、工具软件进行编码与单元测试，基于人工方式和基于工具软件进行代码静态分析与代码审核，重点关注此前制定的编码标准、测试标准的落实，尤其是关键组件的功能安全。

⑥ 测试

以此前制订的测试计划为依据，测试阶段的主要任务和里程碑包括：软件系统集成测试、压力测试；动态分析与渗透测试、模糊测试；根据需求变更、设计变更等情况，重新评估攻击面；根据新威胁重新审查设计和结构；包含内部审核和外部审核的安全审核；基于测试结果的安全推进；包含安全部署的部署计划与部署审核。

擅长软件业务功能分析的人员与擅长安全分析的人员充分交流，形成知识、技能互补，使彼此同时具有功能测试和安全测试技能，达成统一的测试规范文档。功能测试和安全测试尽量由同时具有传统软件测试和安全测试技能的人员进行，避免功能测试、安全测试两组人员、两条线，并行或交叉进行测试，由同一测试人员对某一模块同时进行功能性、安全性测试。人员分工可以有侧重点，但应避免功能测试与安全测试完全分开，除非是涉及对安全测试技能要求较高的测试项。

⑦ 部署

部署阶段的主要任务和里程碑包括：存档与软件运维相关的资料，制订应急响应计划，面向操作系统、中间件、数据库等进行安全配置，部署结果应得到客户和软件开发组织确认认可（含安全等级等事项，符合相关法律法规或标准的要求）。

软件系统的部署应遵循已通过审核的部署计划，避免部署过程引入安全隐患。

⑧ 运维

软件运行维护阶段的主要任务和里程碑包括：应急响应，确保能够修复所有的代码，包括紧急安全补丁以及授权的第三方代码，为用户提供持续服务；威胁管理及漏洞跟踪。

无法保证部署的软件完全没有漏洞，而且也做不到永远没有漏洞，因此，必须准备好对交付给用户的软件中新发现的漏洞做出响应。响应过程包括：评估漏洞报告并在适当的时候发布安全建议和更新，对已报告的漏洞进行事后检查以及采取必要的措施。应急响应的目标是从错误中吸取教训，并使用漏洞报告中提供的信息帮助在软件投入使用前检测和消除深层漏洞，以免这些漏洞给用户带来危害。响应过程有助于开发小组和安全小组对软件过程进行改造，以免将来犯类似错误。

（3）软件过程的不同阶段，重点关注不同类型的安全威胁

如具有里程碑的安全过程模型给出的里程碑标志性成果所示，软件过程不同阶段的安全侧重点不同，此外，软件过程不同阶段需关注的安全威胁也存在不同，如表 2-6 所示。可以结合经验，从两个途径收集软件过程不同阶段需关注的安全威胁：一是基于攻击模式，在不同攻击模式涉及的不同软件过程阶段中防范相应的安全威胁，例如，攻击模式"相对路径遍历"（CAPEC-139）涉及软件设计阶段对路径遍历的限制策略，同时涉及编程阶段对输入参

数中路径字符串的安全处理，因此，需在涉及路径访问的功能模块的设计和编码两个阶段关注相对路径漏洞；二是基于 CWE 视图"设计过程中引入的漏洞"（CWE-701）、CWE 视图"实现过程中引入的漏洞"（CWE-702）以及与编程语言相关的 CWE 视图，例如"用 Java 语言开发的软件的漏洞"（CWE-660）。

表 2-6　软件过程不同阶段需关注的安全威胁

阶　段	需关注考虑的安全威胁
设计	暴力破解、不充分认证、脆弱的密码恢复验证、会话预测、不充分授权、功能误用、拒绝服务、不充分的反机器人机制、不充分的过程验证
编码	不充分认证、会话预测、会话定置、内容欺骗、跨站脚本、命令执行、不充分的过程验证
发布与维护	不恰当的会话超时、不恰当的权限配置、信息泄露

例如，在设计阶段充分考虑身份验证策略，如使用强密码、支持密码有效期和账户禁用等，可以在很大程度上抵御暴力破解攻击，从而降低暴力破解的成功率。再如，在程序编码阶段制定并实施详细的安全代码规范，则可以有效避免 SQL 注入攻击。在系统配置时，根据实际需要合理配置会话的超时时间，可以避免他人利用已建立的合法会话进行非法操作；合理配置用户连续多次登录失败后的阻断时长，则可以避免非法尝试登录；如果配置 Web 服务器时没有关闭目录浏览功能，则可能存在目录浏览漏洞，导致 Web 服务器文件与目录结构泄露。

（4）根据开发组织及具体软件项目的实际情况，采用融入合适安全策略的开发模式

由于各种原因，不同软件的开发过程优先项是不同的，有的是质量、人员效率优先，有的是速度优先，有的是安全优先，由此可见目标决定过程。因此，需要根据不同的情况有机整合相关实践以实现安全目标。

2.5　软件安全开发初体验

2.5.1　账号安全

（1）案例场景

功能稍微复杂一点的软件一般都有后台数据库，而且数据库中至少有一张用户表，该用户表常包含三个字段：用户编号（账号）"ID"、用户密码"PSW"、用户类型"USER_TYPE"。字段名可能是其他字符串，用户类型、权限也可能单独建表并与用户表关联，例如角色表、权限表、用户与角色及角色与权限的关联表。为了简化描述，假设本案例后台数据库的用户表包含前述三个字段，软件需登录验证账号密码（身份验证）。

很多用户用相同账号、同一密码在多个网站或多个软件系统注册账户。黑客入侵网站窃取后台数据库中注册用户信息，并将该信息进行简单处理后即可用于登录其他网站或系统。例如，2011 年 12 月，程序员社区 CSDN 的数据库中注册用户账户信息泄露，导致多个网站的大量用户忙于修改密码；2015 年 10 月，网易邮箱遭攻击，近 5 亿条用户信息被泄露，包括用户名、密码、密码保护信息、登录 IP 地址以及用户生日等多个原始信息。

（2）问题一：如何从软件开发的角度防范拖库攻击

拖库原本是数据库领域的术语，指从数据库中导出数据，现指攻击者入侵系统窃取系统数据库中注册用户资料或其他数据的行为。对一套安全的软件系统而言即使被黑客窃取了数据和所有的源代码，也无法解密窃取其敏感数据。若无法保证加密代码不被泄露，则使用公开的加密算法，例如 RSA、AES、DES 等，只需保护好私钥，即使黑客知道所使用的加密算法，也解密不了加密数据。

上述用户表中最敏感的信息是用户密码 PSW。为了防范拖库攻击，PSW 不能明文存储，需加密入库，避免后台查看密码或拖库后"堂而皇之"用窃取的密码登录软件系统。

那么采用什么加密算法？加密结果直接存入数据库？加密的结果能完整读出来吗？

① 加密算法的确定

加密算法要有足够的强度，但也要考虑软件运行效率、用户的体验，故采用的加密算法需折中加密强度与效率。尽量避免设计、使用新的加密算法，而是选用或组合使用成熟的、简单高效的加密算法，如 AES。

有软件开发者常用散列函数（也称为哈希函数，一种消息摘要算法，不是加密算法），如 MD5，处理用户密码，将散列值存入数据库，不保存密码原文，这看起来安全，实际上可以基于暴力、破解字典、"彩虹表"破解 MD5。MD5 加盐增加破解难度，但盐值（即用于干扰的字符串）不能固定，若盐值固定，当攻击者获取到盐值的时候，则很容易破解。在常用的散列函数中，SHA-256、SHA-512 比 MD5 更安全、更难破解。

② 加密结果的存储、读取

AES 等加密算法的加密结果视为二进制 0、1 序列，可能含有 0、1 序列对应 ASCII 码值等同字符串"休止符\0"等特殊字符的 ASCII 码值。将加密结果直接写入数据库，在某些情况下可能无法完整读出或读出后不易处理。建议采用 Base64 处理加密结果后再入库。当然，也可以将加密结果以二进制流的方式读写数据库。

（3）问题二：如何防范另类权限克隆

假设在数据库字段 USER_TYPE 中保存字符串"admin"，表示该用户的类型是管理员，具有管理员的全部权限；若保存的字符串是"guest"，则该用户是权限受限的访客。

如果攻击者绕过应用软件的操作界面，直接进入后台数据库或采用其他途径，将某用户的类型由"guest"修改为"admin"，如图 2.19 所示，则该用户正常登录软件系统时，将具有管理员的身份和权限。如何从软件开发的角度，避免此类权限克隆、提权呢？

解决此问题的关键是杜绝绕过应用软件直接读写数据库表，或识别非法读写数据库表，并拒绝非法读写的结果。不可能只利用一套应用软件访问后台数据库，实际上，其他软件，包括数据库管理工具或操作系统，都可以授权访问同一数据库。因此，开发的软件系统须识别非法读写数据库。最简单的方法是：用 ID 字段的内容（或 ID 字段的内容结合该 ID 对应 PSW 字段内容拼接/混成的字符串）作为加密密钥，加密存储该 ID 对应的 USER_TYPE 字段的内容。如果存在如图 2.19 所示的复制行为，则检查用户类型时，因复制更新后的 USER_TYPE 内容不是基于当前 ID 对应的密钥加密的，导致解密 USER_TYPE 内容失败，从而识别出 USER_TYPE 内容的非法更新。

	ID	PSW	USER_TYPE
克隆前	zhang	xx$=2*1#	guest
	wang	&(#5$	admin

	ID	PSW	USER_TYPE
克隆后	zhang	xx$=2*1#	admin
	wang	&(#5$	admin

在数据库中
字段复制覆盖

图 2.19　基于数据库表操作的权限克隆示意

（4）思考：账号的其他安全问题

账号密码面临钓鱼、信道监听、暴力破解等安全威胁，参见本章实践任务 1、2、3。

2.5.2　简单的口令验证及其破解示例

（1）案例场景

程序设计语言中的分支选择结构常用于口令验证，口令验证结果为真，则允许登录系统或执行某些指令，否则拒绝登录系统或拒绝执行未授权的指令。用 C 语言编写的口令验证演示代码如下所示，使用的验证策略是将输入的口令与预设口令比较，二者一致则通过口令验证，否则验证失败。

```c
#include <stdio.h>
#include <string>

#define PASSWORD "1234567"   /* 预设密码 */

/* 密码验证函数 */
int VerifyPassword (char *pPassword){
    int iAuthenticated = -1;
    iAuthenticated = strcmp(pPassword, PASSWORD);
    return iAuthenticated;      /* 返回值非零时表示密码错误 */
}

int main(){
    int iValidFlag = 0;
    int iCount = 0;
    char szPassword[256];

    while(1){
        printf("Please input password:");
        scanf("%s", szPassword);
        iValidFlag = VerifyPassword(szPassword);

        if(iValidFlag){
            printf("Incorrect password!\n");
        } else{
```

```
            printf("Congratulation! You have passed the verification!\n");
            system("pause");
            break;
        }

        iCount++;
        if (iCount >= 3){   /* 输入密码错误 3 次 */
            printf("Sorry! Game over!\n");
            system("pause");
            break;
        }
    }

    return 0;
}
```

（2）问题：如何破解口令验证

破解口令验证，即在不知道正确口令的情况下，也能通过口令验证，获取访问权限或执行操作的机会。

本节演示基于 OllyDbg 的口令验证破解的基本方法。破解要达到的目标是：不知道密码（输入错误密码）时，执行上述代码中的 else 语句块。

① 在 OllyDbg 中单击"文件→打开"，加载编译上述源码生成的 exe 文件，搜索反汇编结果中的字符串"Incorrect password"，快速定位到口令验证 if 语句对应的汇编代码"jz short 0040108D"，如图 2.20 所示。

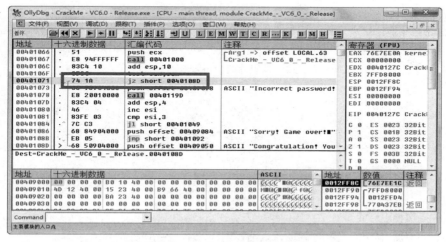

图 2.20　定位到口令验证代码

② 在单击鼠标右键弹出的菜单中单击"编辑→二进制编辑"，如图 2.21 所示。

③ 在二进制编辑界面中，将汇编指令"jz"对应的十六进制码"74 1A"，修改为"75 1A"，也就是将汇编指令"jz"修改为汇编指令"jnz"，如图 2.22 和图 2.23 所示。

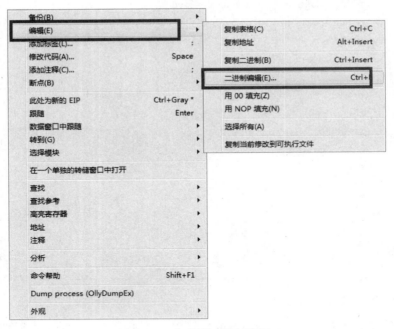

图 2.21 切换到二进制编辑

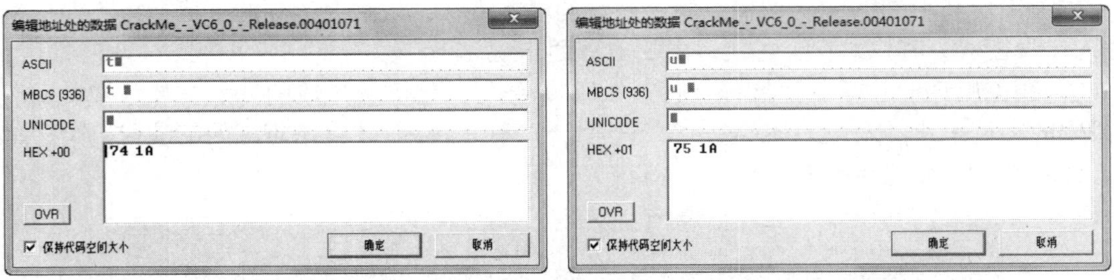

（a）编辑修改前　　　　　　　　　（b）编辑修改后

图 2.22 编辑修改口令验证汇编代码

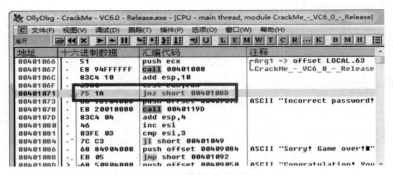

图 2.23 编辑修改结果

④ 保存修改（破解）结果，运行破解后的 exe 程序，随便输入任何错误密码，均提示通过验证，如图 2.24 所示。

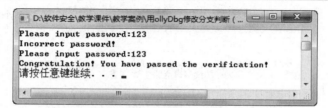

图 2.24 原本错误的密码，破解后也提示通过验证

（3）思考：如何干扰破解

如何阻碍反汇编？如何干扰对口令验证处的快速定位？参见第 7 章相关内容。

2.5.3 用户操作的随意性

（1）案例场景

软件操作界面常需要输入数据、存在多步操作，但用户录入数据和进行各种操作，常具有随意性。以基于 RSA 算法的加解密测试软件为例，进行加密之前，用户单击"生成密钥"按钮生成整数类型的公钥、私钥、模数，但软件又允许用户输入公钥、私钥、模数且没有限定用户输入数据的类型，故用户可以输入字母，如图 2.25 所示。

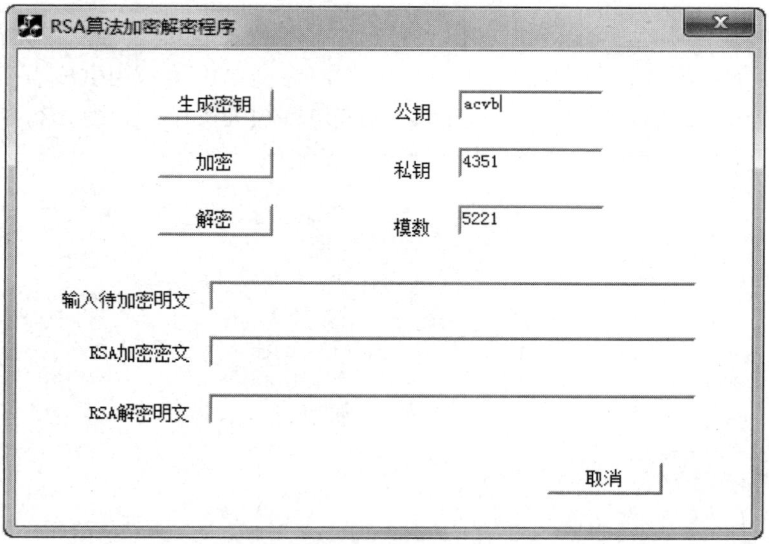

图 2.25 随意输入错误类型的数据

如果没有检查用户输入数据的有效性、合法性，即利用这些数据进行加密、解密相关计算，将导致软件出现异常。

（2）问题一：如何确保用户规范操作

规范用户的操作，主要包括输入数据满足要求和操作顺序满足要求。

可以利用正则表达式或控件控制输入的有效性。基于控件保障输入有效性的方法如图 2.26 所示，其中利用控件限定 IP 地址输入只能是数字符号，且每一节的取值范围为 0 到 255。

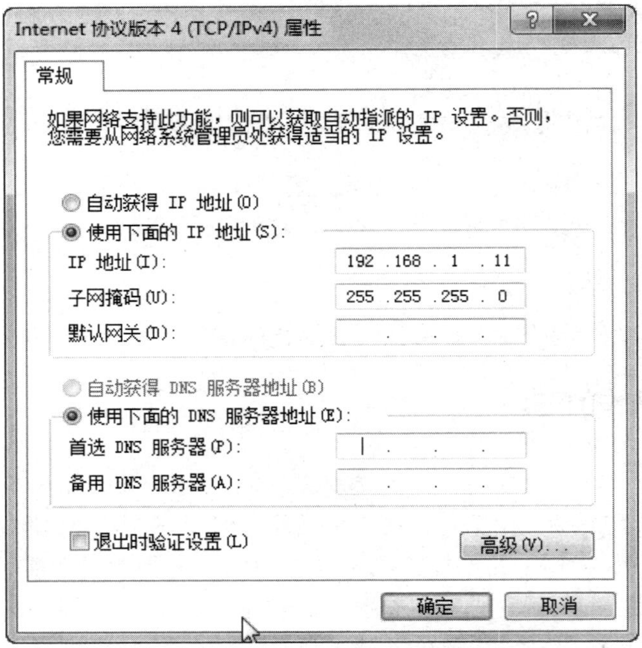

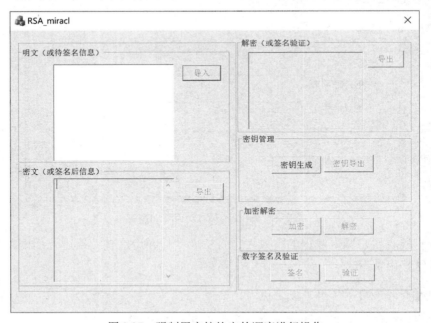

图 2.26　利用控件保障输入的有效性

　　规范用户的操作顺序，可以利用禁用某些操作，等待某些功能具备允许操作的条件时，再激活（启用）相应操作。如图 2.27 所示，初始时只能单击"密钥生成"按钮，其他按钮均被禁用。生成密钥之后，则激活相应按钮，允许进行相关操作，如图 2.28 所示。

图 2.27　强制用户按约定的顺序进行操作

（3）问题二：软件的容错性

用户在操作使用软件的过程具有一定的随意性。例如单击图 2.28 中的"密钥导出"按钮，弹出文件选择对话框，选择保存导出密钥的文件夹、确定文件名，此时用户可以放弃导出操作，不选择文件夹、不指定文件名，直接关闭弹出的文件选择对话框。如果软件没有判断用户是否指定了文件名而继续导出密钥，当用户没有指定文件名时，则软件崩溃，如图 2.29 所示。

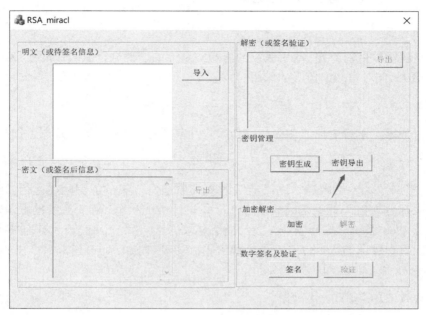

图 2.28　导出密钥

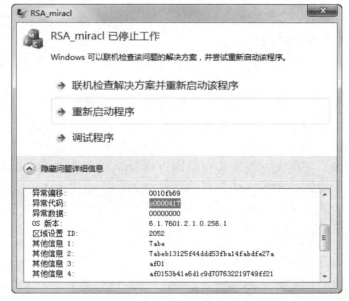

图 2.29　导出过程中放弃导出，导致软件崩溃

　　用户操作使用软件具有随意性，可能出现误操作，甚至恶意操作。开发软件时既要确保软件具有一定的容错性，也要确保软件能抵抗一定程度的滥用、误用。

实 践 任 务

任务 1：网络监听与 https 的配置

（1）任务内容

利用网络监听软件对特定 Web 系统的前端与后端的通信进行监听；配置 Web 服务器启用 https，验证 https 对抗网络监听的作用。

（2）任务目的

体验信息泄露，了解通信信道存在安全风险；掌握基于 SSL 的 https 服务器配置方法。

（3）参考方法

① 查阅资料了解网络嗅探、网络监听的基本原理与方法，了解网络通信协议，熟悉网络通信数据的抓包方法与数据包的分析方法；②设计实现一个 Web 系统的登录功能，并基于 nginx 部署 Web 系统，打开登录界面，提交登录信息，用 Wireshark 或其他抓包软件，分析登录界面向后台发送的数据包中的账号和密码；③申请 SSL 证书和密钥，在 nginx 中配置 SSL，重启 nginx 后再次登录、抓包分析。

（4）实践任务思考

查阅资料了解 https 防范中间人监听的原理，思考 https 是否绝对安全、是否能完胜中间人攻击；思考如何有效防范登录账号和密码被监听窃取。

任务 2：MD5 动态加盐防篡改

（1）任务内容

使用动态盐值防范 Web 前端利用网络信道向后端传递的参数数据被篡改。攻击者可以拦截并篡改前后端通信数据。将参数数据及其 MD5 值一起传递到后端，后端利用收到的数据再计算其 MD5 值并与接收到的 MD5 值进行比较，检查参数数据是否被篡改，若一致则判断为未篡改。实际上，攻击者可以通过查看 Web 前端计算 MD5 值的 Java Script 代码，自行计算篡改后的数据的 MD5 值而继续攻击，即使使用固定盐值也无法阻止。使用动态盐值，且假设攻击者没有在此前截获动态盐值，则可以正常检测传递的数据是否已被篡改。

（2）任务目的

了解散列函数的用途及篡改攻击的防范方法；掌握动态盐值的生成及其在对抗篡改攻击中的使用方法。

（3）参考方法

用户打开数据提交界面（如登录页面）时，后端为本次会话随机生成、存储盐值，并发送给前端，前端提交数据时，按约定的顺序拼接数据和动态盐，计算拼接结果的 MD5 值，然后将数据和 MD5 值提交给后端；后端按同样规则拼接数据和动态盐，并计算 MD5 值，然后与接收到的 MD5 进行比较。

（4）实践任务思考

思考频繁更新动态盐的利弊。

任务 3：暴力破解登录密码

（1）任务内容

查阅资料了解暴力破解的原理和方法，熟悉 Burp Suite 的使用方法，熟悉 DVWA（Damn Vulnerable Web App）并基于 DVWA 进行低、中、高三个难度级别的暴力破解系统登录账号密码。

（2）任务目的

体验设置高强度密码的意义，熟悉验证码的作用。

（3）参考方法

安装配置 DVWA，选用其中的"Brute Force（暴力破解）"模块；利用 Burp Suite 等工具软件，实施暴力破解登录账号密码。

（4）实践任务思考

思考防范暴力破解的方法，包括多次登录失败后限制再次登录的方法。

思　考　题

1．什么是软件危机？它有哪些典型表现？为什么会出现软件危机？

2．什么是软件工程？它有哪些本质特性？怎样用软件工程消除软件危机？

3．什么是软件过程？它与软件工程方法学有何关系？

4．什么是软件生命周期模型？试比较瀑布模型、快速原型模型、增量模型和螺旋模型的优缺点，说明每种模型的适用范围。

5．什么是软件产品质量模型？什么是软件的安全特性？简述软件安全特性与质量模型的关系。

6．如何理解软件产品使用质量模型中的抗风险性？简述使用质量模型与质量模型的关系。

7．什么是攻击模式？查阅资料熟悉常见的攻击模式。

8．功能安全与安全功能的区别是什么？

9．结合 2.5.1 节中的案例，如何检查数据库某表中的记录是否已被篡改？如何审计记录修改行为？

10．在实际软件开发中，如何实施软件安全过程？

11．在软件开发过程中如何增强程序员的安全意识？如何培养程序员的安全习惯？

第3章　软件安全风险管理

本章要点：
- 风险评估方法与流程；
- 基于 STRIDE 模型的风险识别；
- 软件安全风险分级；
- 软件安全成熟度模型。

安全实质上是可以承受什么程度的风险，安全管理本质是风险管控。风险管理是一种战略方法，是将风险追踪和减轻风险作为一种贯穿软件全生命周期的指导方针。有软件就会有安全漏洞和安全风险，但风险必须是能够管理的，必须使风险影响控制在可接受的程度。最适宜的软件安全策略才是最优的安全风险管理对策。有效解决软件安全问题，需将软件安全风险管理从纯粹的技术问题，上升为软件开发组织的安全能力与安全文化。

传统的软件风险管理是软件项目风险管理，即试图以一种可行的原则和实践，规范化地控制影响项目成功的风险。软件项目风险管理关注的风险因素主要包括频繁的需求变动、人员不足、不科学的进度安排和预算等。软件安全风险管理主要关注影响软件产品安全的各种风险因素，包括软件产品自身的安全风险管理、软件项目风险管理、软件开发组织安全开发能力评估三个层次的风险管理，涵盖结合供应商管理的软件供应链安全管理。软件安全风险管理可以采用软件项目风险管理积累的经验、理论和方法，识别、分析软件过程每个阶段的输出、结果可能会引入软件产品中的安全风险，基于软件项目风险管理与软件过程实施进行软件安全风险控制，并以评估的方式促进提升软件开发组织的安全开发能力和安全保障能力。

3.1　风险管理的基本过程与方法

3.1.1　风险管理的定义

风险是可能发生的、将导致不利结果的事件。风险具有潜在可能性，即风险发生的概率。如果风险发生，将会带来损失、产生危害。风险管理是指在软件开发过程中对风险进行持续识别、分析和监控的过程，旨在对可能出现的问题和缺陷进行预测和防护，并制定补救措施、整改措施，使其对软件系统或软件项目的负面影响最小。

风险管理用于处理软件生命周期中的各种不确定性，分为风险评估和风险控制两个主要过程，风险评估包括风险识别、风险分析和确定风险优先级，风险控制包括风险管理计划、风险化解和风险监控，如图 3.1 所示。

① 风险识别：识别风险，形成风险清单。
② 风险分析：判定每一个风险出现的概率、产生的影响及其重要性。
③ 确定风险优先级：按照每个风险的重要性排序风险优先级。

④ 风险管理计划：根据软件开发计划确定风险管理的活动和任务，针对每个重要风险制订风险管理计划，确保每个单独的风险管理计划之间以及它们与开发计划之间的一致性。

⑤ 风险化解：执行风险管理计划，以缓解或消除风险。

⑥ 风险监控：监控风险化解的过程，可能会识别出新的风险。

风险识别是风险管理的第一步，而有效的风险分析是进行风险管理的基础，通过风险控制化解风险是最终目标。风险评估是风险控制的基础。风险评估是从风险管理角度，运用科学的方法和手段，系统地分析软件系统或软件项目面临的风险（即风险识别），评估风险事件发生时可能造成的危害或损失（即风险分析），给出有针对性的防范风险的安全措施，并为防范和化解风险，或将风险控制在可接受的水平，提供合适的风险控制策略。风险控制是指采取各种措施和方法，降低或消除风险发生的各种可能性，或者减少风险发生时造成的损失，并跟踪风险化解进程、防范新风险的发生。

风险管理的关键是随着软件过程的展开，不断地确定和追踪风险、化解风险。持续风险管理过程如图 3.2 所示。

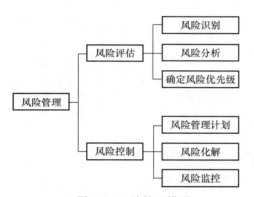

图 3.1　风险管理模型　　　　　　　　图 3.2　持续风险管理过程模型

传统的软件风险管理是软件项目风险管理。软件安全风险管理与软件项目风险管理可以有类似的风险管理模型，但风险评估基本要素的具体内容彼此不同，风险控制的措施和方法也不尽相同。软件项目风险管理是为了避免软件项目失败，而软件安全风险管理是为了解决软件产品的安全问题。包含安全问题的软件质量问题，可能导致软件项目失败；软件安全性与软件便捷性的抵触，在商业模式的驱动下，可能导致软件项目风险管理忽视软件安全相关的风险。软件安全风险管理从软件开发的角度，结合软件项目管理，在软件过程的每个阶段化解软件安全风险；软件项目风险管理也应从重视软件质量的角度关注软件安全相关的风险，应将软件安全作为项目风险。

3.1.2　软件安全风险评估基本要素及其关系

风险评估的基本要素包括要保护的资产、资产面临的威胁、资产的脆弱性、存在的可能风险、需采取的安全措施等。

① **资产**。软件安全风险评估中的软件资产主要指要保护的软件对象，若无特殊说明，软件风险评估中的资产定义为软件系统的组件、软件系统的数据、软件系统的文档，在需要时可以将数据、文档根据用途、作用等进行细分。个别特殊场景中的资产指完整的软件系统。

② **威胁**。威胁是对资产引起不期望事件而造成的损害的潜在可能性，也可以理解为可能对资产造成影响的危害，这种危害不只是黑客攻击，还包括环境电磁干扰、用户的违规操作等。资产遭受负面影响的可能性，通常用概率表示，其值主要与实施攻击的难易程度、攻击者的动机和资源、系统中存在的漏洞等因素相关。

③ **脆弱性**。脆弱性也称为弱点或漏洞，即具体存在的安全问题。漏洞的详细定义和分类，参见 1.1 节中的相关内容。漏洞不只是软件系统存在的缺陷，任何管理上的疏忽都是一种漏洞（管理漏洞），本章仅针对前者。漏洞本身不会造成损失，它只是一种条件或环境，可能被威胁利用从而造成资产损失。识别漏洞是在清楚了高风险组件所面临的威胁之后，找出可能存在于这些组件中的实际漏洞。如果设计人员未能构建一些安全特性来缓解威胁，则威胁会变成一种漏洞。

④ **风险**。风险指人为或自然的威胁利用系统中存在的脆弱性导致安全事件的发生及其对组织造成的影响。威胁、脆弱性、影响是构成风险的三个因素。

⑤ **安全措施**。获取安全需求，突出关键安全需求，利用安全编码实现软件满足安全需求，并通过详细的安全设计审查、代码安全审查、安全测试等途径进行漏洞搜寻，并将搜寻到的漏洞进行漏洞分级/排定优先级，优先消减高级别的漏洞，在安全可接受的情况下，对低级别的漏洞仅做应急预案。

资产拥有者为了资产的可用性、维护资产的价值，将努力识别资产的脆弱性、消减风险，并采取安全措施保护资产以抵御威胁。威胁主体试图以危害资产拥有者利益的方式滥用资产或挖掘并利用资产中的脆弱性来危害资产。威胁主体包括黑客、恶意用户、偶尔犯错的非恶意用户。图 3.3 说明了这些概念及其关系。

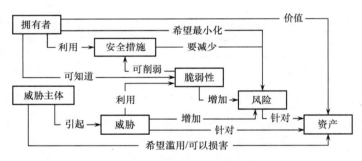

图 3.3　安全相关概念及其关系

风险评估围绕前述基本要素展开，通过分析软件资产的脆弱性来确定威胁可能利用哪些脆弱性破坏其安全性。在对这些要素的评估过程中，需要充分考虑软件需求、资产价值（主要由软件安全特性和软件访问存储的数据的价值、软件开发组织规模与信誉、软件用户类型与范围等综合确定）、安全需求、安全事件、残余风险等与这些基本要素相关的各类属性。图 3.4 显示了风险评估各要素之间的关系，其中，方框中的内容为风险评估的基本要素，椭圆中的内容是与这些要素相关的属性。风险评估要识别软件相关要素的关系，从而判断软件面临的风险大小。

图 3.4 中的风险评估要素及属性之间存在以下关系。

① 软件需求的实现对软件或软件系统组件具有依赖性，依赖程度越高，该组件具有的价值越大，原则上其面临的风险也越高，需要将其作为关键组件，降低其风险。

② 软件资产具有价值，软件的脆弱性可能暴露软件资产的价值，软件资产具有的弱点

越多则风险越大。

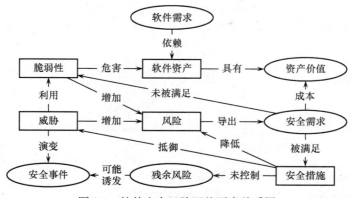

图 3.4 软件安全风险评估要素关系图

③ 脆弱性是未被满足的安全需求，威胁利用脆弱性危害软件，从而形成风险，即风险是由威胁引发的。软件面临的威胁越多则风险越大，并可能导致安全事件。脆弱性越多，威胁利用脆弱性导致安全事件的可能性越大。

④ 风险的存在及对风险的认识导出安全需求，而安全需求可以通过安全措施得以满足，需要结合软件价值考虑实施安全措施的成本。

⑤ 安全措施（例如，实现安全功能）可以抵御威胁，可以通过满足安全需求来减少脆弱性，可以降低安全事件发生的可能性，降低风险及减小其影响。

⑥ 风险不可能也没有必要降为零，在实施了安全措施后还可以有残余风险。存在某些残余风险的原因可能是安全措施不当或无效，需要继续进行风险控制；而某些残余风险则是在综合考虑安全成本与效益后未予以控制的风险，是可以接受的风险。残余风险应受到密切监视，它可能会在将来诱发新的安全事件，故应制定相应的应急预案。

3.1.3 软件安全风险评估基本流程

软件安全风险评估既有自己的独特方法，也可以借鉴以软件为主体或重要要素的信息系统、计算机网络的安全风险评估的相关经验、成果与方法；既有面向安全的风险评估，也有面向可靠性的风险评估。例如，基于软件失效模式与影响分析（Failure Mode and Effects Analysis，FMEA）的面向可靠性的风险评估，发现设计缺陷并提出改进措施和避错、容错方案，降低软件产品设计和过程的潜在失效风险。类似的还有基于故障树（Fault Tree）的风险评估方法。故障树是一种逻辑分析过程，遵从逻辑学演绎分析原则（即从结果到原因的分析原则），因而把系统不希望出现的事件作为故障树的顶事件，用逻辑"与"门和"或"门自上而下地分析导致顶事件发生的所有可能的直接原因及相互间的逻辑关系，并由此逐步深入，直到找出事故的基本原因，即故障树的基本事件为止。

本章主要概述面向安全的软件安全风险评估。实施风险评估的基本流程如图 3.5 所示。

（1）风险评估准备

风险评估准备是整个风险评估过程有效性的保障。组织实施风险评估是一种战略性的考虑，其结果将受软件的功能需求、安全需求、软件规模、软件体系结构和软件运行模式等因素的影响。因此，在风险评估前，应进行的准备工作包括：确定风险评估的目标和范围，组建适当的评估管理与实施团队，收集整理评估范围内的相关材料（包括涉及的各种规格说明书、软件运行环境与约束条件），确定评估依据，制定并审核风险评估方案。

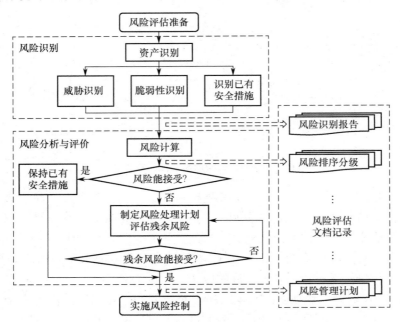

图 3.5　软件安全风险评估实施流程

（2）资产识别

将软件按功能划分为多个组件或子系统，待评估的资产包括评估范围内的组件/子系统及相应的数据、文档。确定资产具有的安全特性（软件需具有的安全特性，详见 2.3 节）。风险评估中资产的价值不是单纯以资产的经济价值来衡量的，而是由资产在其安全特性上的达成程度或者其安全特性未达成时所造成的影响程度来决定的。安全特性达成程度的不同将使资产具有不同价值，而资产面临的威胁、存在的脆弱性以及采用的安全措施都将对资产的安全特性的达成程度产生影响。因此，将软件划分为组件/子系统、数据、文档等资产，根据不同资产在每种安全特性上的不同要求，将资产赋值为不同的等级，分别对应资产在每种安全特性上应达成的不同程度或者安全特性缺失时对资产的影响，可以将资产赋值为 5（很高）、4（高）、3（中等）、2（低）、1（很低）五个级别。

资产价值应依据资产在安全特性上赋值等级，经过综合评定得出。综合评定方法可以根据软件的使用领域、不同资产在软件系统中的作用，选择对资产的安全特性中最为重要的一个特性的赋值等级作为本资产的最终赋值结果；也可以根据资产不同安全特性的不同等级对其赋值进行加权计算得到资产的最终赋值结果。加权方法可以根据软件系统整体上对不同安全特性的要求来确定。

（3）威胁识别

威胁可以通过威胁主体、动机、资源、途径等多种属性来描述，造成威胁的因素可以分为人为因素和环境因素。根据威胁的动机，人为因素又可分为恶意和非恶意两种。环境因素包括自然界不可抗因素和其他物理因素。威胁作用形式可以是对软件资产直接或间接的攻击，在安全特性方面造成损害；也可能是偶发的或蓄意的事件，可以从来源、表现形式等方面对威胁进行分类。

威胁识别的重要工作是进行威胁赋值，即判断威胁出现的频率，评估者应根据经验或相关统计数据进行判断。在评估中，需要综合考虑三个方面以形成在某种评估环境中各类威胁出现的频率：①以往安全事件报告中出现过的威胁及其频率统计；②实际环境中通过检测工具以及各种日志发现的威胁及其频率统计；③近一两年来国际组织发布的对整个社会或特定行业的威胁及其频率统计，以及发布的威胁预警。

可以对威胁出现的频率进行等级化处理，不同的等级分别代表威胁出现频率的高低。等级数值越大，威胁出现的频率越高。在实际的评估中，威胁频率的判断依据应在评估准备阶段根据历史统计或行业判断予以确定，并得到审核确认。

（4）脆弱性识别

脆弱性是资产本身存在的，不正确的、没有发挥应有作用的或没有正确实施的安全措施本身就可能是一个脆弱性。如果没有被相应的威胁利用，单纯的脆弱性本身不会对资产造成损害，而且如果系统足够强健，严重的威胁也不会导致安全事件的发生，并造成损失。即威胁总是要利用资产的脆弱性才可能造成危害。

脆弱性识别是风险评估中最重要的一个环节。资产的脆弱性具有隐蔽性，某些脆弱性仅在一定的条件和环境下才能显现，这是脆弱性识别中最为困难的部分。脆弱性识别可以以资产为核心，针对每一项需要保护的资产，识别可能被威胁利用的弱点，并针对脆弱性的严重程度进行评估；也可以从物理存储、网络通信、体系结构、第三方插件等信息流、访问控制角度进行脆弱性识别。脆弱性识别的依据可以是国际或国家安全标准，也可以是行业规范、应用流程的安全要求。不同业务环境中的相同的弱点，其脆弱性严重程度是不同的，评估者应结合业务安全策略判断资产的脆弱性及其严重程度，例如，教学管理系统的信息泄露脆弱性的严重程度远低于支付系统的。

可以根据脆弱性对资产的暴露程度、技术实现的难易程度、流行程度等，采用等级方式对已识别的脆弱性的严重程度进行赋值。由于很多脆弱性反映的是同一方面的问题，或可能造成相似的后果，赋值时应综合考虑这些脆弱性，以确定这一方面脆弱性的严重程度。对某个资产，其技术脆弱性的严重程度还受到已采用安全措施的影响。因此，资产的脆弱性赋值还应该参考风险控制实施情况。脆弱性严重程度可以进行等级化处理，不同等级分别代表资产脆弱性严重程度的高低，等级数值越大，脆弱性严重程度越高。

（5）识别已有安全措施

在识别脆弱性的同时，评估人员应识别已采取的安全措施并确认其有效性，即是否真正降低了系统的脆弱性、抵御了威胁。对有效的安全措施继续保持，以避免不必要的工作和费用，防止安全措施的重复实施。对确认为不适当的安全措施应核实是否应被取消或对其进行修正，或用更合适的安全措施替代。

安全措施包括预防性安全措施和保护性安全措施。预防性安全措施可以降低威胁利用脆弱性造成安全事件的可能性，例如对输入数据进行转换或过滤处理，降低遭受 SQL 注入攻击的可能性；保护性安全措施可以减少因安全事件发生后造成的影响，例如数据库加固、禁用删表操作。安全措施是一类具体措施的集合，为风险处理计划的制定提供依据和参考。

（6）风险分析

风险分析原理如图 3.6 所示。风险分析涉及资产、威胁、脆弱性等基本要素。每个要素有各自的属性，资产的属性是资产价值；威胁的属性可以是威胁主体、影响对象、出现频率、动机等；脆弱性的属性是资产脆弱性的严重程度。

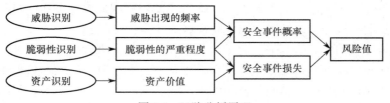

图 3.6　风险分析原理

风险估算是对风险发生的可能性、风险的性质、风险发生后可能造成的后果与影响进行计算和判定，确定风险优先级，并确定风险处理计划和评估残余风险，为后期的风险管理提供必要依据。通过对风险涉及的各个要素（资产、脆弱性、威胁、已有安全措施等）的度量进行计算，得到风险发生的可能性及其后果，风险计算明确了风险的大小。

风险分析包括定性分析和定量分析。

① 定性分析

根据风险分析者积累的经验、储备的知识及其他非量化的数据资料判断系统安全状况的过程称为定性分析，是一种广泛使用的风险分析方法，通常只关注安全事件造成的损失，而忽略事件发生的概率。多数定性风险分析方法依据软件面临的威胁、脆弱性以及安全措施等要素来决定风险等级。在定性分析时并不使用具体的数据，而是指定期望值，如设定每种风险的影响值和概率值为"高"、"中"、"低"。有时单纯使用期望值，并不能明显区别风险值之间的差别。可以考虑为定性数据指定数值。例如，设"高"的值为 3，"中"的值为 2，"低"的值为 1。但需注意的是，此处考虑的只是风险的相对等级，并不能说明该风险到底有多大。因此不能赋予相对等级太多的意义，否则将会导致错误的决策。

定性分析的实施方法可以多种多样，内容上主要包括小组讨论、问卷调查、人员访谈等多种形式，在此基础上形成一套理论推断的分析框架，最后得出调查结论。定性分析的特点是能够避免定量分析的缺点，可以深层挖掘系统思想，从而得出更为深刻全面的评估结论。由于评估结论是由理论推断而成的，取决于分析者的直觉和经验，或业界的惯例和标准，所以定性分析的主观性比较强，只能对风险的各种要素进行定性分级。与定量分析相比较，定性分析的准确性比较高，但是精确性不高；定性分析计算负担比较小，但对分析者的能力和经验有很高的要求；定性分析主观性强，但是对定性分析结果难以有统一的解释。

定性分析一般适用于风险识别、造成风险的原因分析及威胁发生所造成的影响定性分析等。例如，用扫描工具对操作系统进行漏洞扫描，分析说明漏洞的严重程度。

② 定量分析

通过采用数量指标分析风险的方法称为定量分析，即对风险要素和风险造成潜在损失的能力进行赋值，量化风险分析的整个过程，得出具体的评估数据资料。定量分析对构成风险的各个要素和潜在损失的水平赋予数值或货币金额，当度量风险的所有要素（资产价值、威胁出现频率、脆弱性严重程度、安全措施的效率和成本等）都被赋值，风险评估的整个过程和结果则可以被量化。

$$安全事件发生的概率=L(威胁出现频率，脆弱性) = L(T,V)$$

$$安全事件的损失=F(资产价值，脆弱性严重程度) = F(Ia,Va)$$

$$风险值=R(安全事件发生的概率，安全事件的损失) = R(L(T,V), F(Ia,Va))$$

其中，R 表示安全风险计算函数，a 表示资产，T 表示威胁，V 表示脆弱性，Ia 表示安全事件所作用的资产价值，Va 表示资产脆弱性严重程度，L 表示威胁利用资产的脆弱性导致安全事件发生的概率的计算函数，F 表示安全事件发生后产生的损失的计算函数。风险的计算范式表明，风险估算涉及的风险要素一般为资产、威胁和脆弱性，可以用以下公式粗略计算：

$$风险值=潜在的损失×发生的概率$$

定量风险分析方法要求特别关注资产的价值和威胁的量化数据，但是这种方法存在数据不可靠、不精确的问题。对于某些类型的威胁，可以用威胁出现的频率估计相应安全事件发生的概率，而某些类型的威胁不存在频率数据，很难精确确定其严重程度和概率。此外，风险控制和安全措施可以减小安全事件发生的概率，而各种安全事件之间又是相互关联的，从而导致定量分析过程非常耗时和困难。作为一种折中方案，可以用客观概率和主观概率相结合的方法，将主观概率应用于没有直接根据的情形。根据一些间接信息、有根据的猜测、直觉或者其他主观因素确定的概率，称为主观概率。应用主观概率估计由人为攻击产生的威胁需要考虑一些附加的威胁属性，如攻击的动机、攻击的手段和攻击的难度等，攻击的难度越大，与之对应的安全事件发生的概率越小。例如，因漏洞利用难度大，几乎没有与 2017 年爆出的 Intel CPU 芯片级安全漏洞"幽灵"（CVE-2017-5753 和 CVE-2017-5715）、"熔断"（CVE-2017-5754）相关的安全事件，尽管这些漏洞存在于大量已装机使用的 CPU 中。

软件系统风险评估是一项十分复杂的工程，需要考虑的要素众多，某些要素能够量化之后进行评估，而某些要素难以量化，所以在复杂软件系统的风险评估过程中，可以综合应用定性和定量两种分析方法。

3.1.4　手动评估和工具辅助评估

与信息安全风险评估类似，软件安全风险评估也包括手动评估和工具辅助评估。除了合规性安全评估，软件安全风险评估以手动评估为主，工具软件自动测评为辅，个别场景只能纯手动评估。手动评估依赖于评估者的经验和技能，在工作量、工作强度比较大时，容易出现疏漏。基于工具的评估有利于减少手动评估的工作量，提高评估的效率，并有利于保障评估过程的标准化、规范化。一般利用工具进行代码审核、漏洞扫描等搜寻已知脆弱性，或为手动评估提供信息搜集、问题定位等辅助，然后以手动方式进行更深入的评估。例如，利用 Acunetix Web Vulnerability Scanner（AWVS）、AppScan 等工具软件快速分析软件存在的脆弱性，利用 Fortify SCA、Checkmarx CxSuite、代码卫士等工具软件快速分析源代码存在的安全问题。因软件体系结构的复杂性、抽象性，目前主要以手动方式进行体系结构的风险评估。

风险评估工具集成了专家知识，使专家的经验知识被广泛应用，并在一定程度上缓解手动评估的局限性。信息安全风险评估工具分为基于信息安全标准的风险评估工具、基于知识的风险评估工具、基于模型的风险评估工具三类，其中绝大多数评估工具的数据采集形式均涉及调查问卷，且主要面向企事业单位的信息系统或网络。软件是信息系统和网络的主要组成部分，信息安全评估的系统基础平台风险评估工具及评估辅助工具中针对软件系统的工具，可直接用于软件安全风险评估，相关方法、技术也可以借鉴。信息安全评估工具 CRAMM（CCTA Risk Analysis and Management Method）基于资产建模、ASSET（Automated Security Self-Evaluation Tool）基于调查表的标准符合度评价、卡耐基梅隆大学软件工程学院推出的 OCTAVE（Operationally Critical Threat, Asset, and Vulnerability Evaluation）强调的操作型关键威胁，都可以在软件安全风险评估中借鉴。CC（Common Criteria）准则和基于模型的 CORAS（Consultative Objective Risk Analysis System）都使用了半形式化或形式化规范，有利于提高对安全相关特性描述的精确性，改善风险分析结果的质量。CORAS 与同样基于模型的 RSDS（Reactive System Design Support）都整合了面向对象的建模与风险分析技术，但 CORAS 关注安全风险评估，RSDS 主要集中于安全与可靠性分析，因此，RSDS 更适合由具有形式化方法知识背景的、了解风险分析的开发者分析、形式化验证系统的关键组件。

3.1.5　风险控制

风险控制是在准确识别各种风险并进行评价之后，根据风险的不同优先级，遵循利益最大化的原则，结合实际情况制订降低或消除风险发生的各种可能性或者减少风险发生时造成损失的风险计划方案，并跟踪已识别的风险，保障风险计划方案的执行，检查和监控风险化解程度（包括风险发生概率、可能导致的损失和危险度等指标的变化），评估计划方案对降低风险的有效性，监控残余风险，识别新风险，根据实际情况及时调整方案。

根据风险的不同优先级，可采取以下风险应对措施。

① 接受风险：对风险概率较低、影响程度较小的风险因素，不采取任何措施，接纳风险的同时也接纳风险带来的一切损失。

② 转移风险：对风险概率较低、影响程度较大的风险因素，采用购买保险、业务外包或与第三方合作等方式，让第三方承担相应的风险。

③ 规避风险：对风险概率较高、影响程度较大的风险因素，采用优选方案回避风险，利用成熟技术、成熟技术团队规避技术风险，或在满足用户需求的前提下变通或降低需求。

④ 缓解风险：对风险概率较高、影响程度较小的风险因素，制定相应缓解措施，将风险影响程度控制在合理的范围之内。

3.2　软件安全风险评估

软件安全风险主要来源于软件体系结构问题和软件实现错误。软件安全风险评估是根据相关法律法规和标准，对软件系统的功能安全及其保密性、完整性和可用性等安全特性进行综合评估的过程。软件包括程序、数据和文档，是信息系统、网络系统的重要组成部分。尽管软件涉及的资产、风险、威胁、脆弱性等都是信息系统、网络系统相应集合的子集，但可以参考信息安全、网络安全测评与风险管理的相关标准、模型、方法，结合软件系统安全相关标准、模型、方法，对软件进行风险评估与风险控制。

本节介绍针对软件产品的软件安全风险评估，即参照 3.1 节描述的评估流程，评估软件过程每个阶段的输出、结果可能会引入软件产品中的破坏软件安全状态的风险，为软件安全风险控制奠定基础。

3.2.1　评估准备

（1）确定评估目标、目的

风险评估应贯穿软件生命周期的每个阶段，由于软件生命周期每个阶段中风险评估实施的内容、对象、安全需求均不同，因此应根据软件所处的生命周期阶段来明确风险评估目标（拟评估的具体对象）。针对评估目标，明确本次评估的目的（拟解决的问题或预期获取的结果），并确定评估的重点内容。

不同领域的不同类型的软件，安全风险评估的侧重点不同。信息领域的软件系统主要针对包含保密性、完整性等安全特性的软件质量进行风险评估，但其他领域（如机械、汽车、电子、石化等）的软件，往往侧重于可靠性及使用质量风险评估。例如，医疗设备软件主要依据国际标准《医疗器械软件—软件生存周期》（IEC 62304）针对使用质量模型中的抗风险特性进行风险评估，评估软件系统可能对病人、操作者或其他人造成的伤害。

（2）确定评估范围

在确定风险评估所处的阶段及相应目标之后，应进一步明确风险评估的评估范围，可以是整个软件系统在当前生命周期阶段涉及的每个方面，也可以是软件系统的关键模块、关键子系统在当前生命周期阶段涉及的每个方面。需强调的是，对不同类型软件进行风险评估，只是侧重点不同而已，器械设备控制类软件也存在数据处理过程，也存在滥用等问题，也需考虑其面临的信息领域的安全风险。在确定评估范围时，应结合已确定的评估目标和软件系统开发进展情况，合理定义评估对象和评估范围边界。可以参考以下依据确定评估范围边界的划分原则：

① 软件过程当前阶段的安全检查点和安全里程碑；

② 规格说明书等开发文档；

③ 软件系统结构与软件系统模块、组件、子系统清单；

④ 软件系统涉及的软件供应链；

⑤ 软件系统运行平台、运行环境与部署运维方式；

⑥ 评估的目的与要求。

（3）组建评估团队

风险评估实施团队应由软件项目安全团队、安全顾问、软件项目开发组成员等共同组建风险评估小组；由开发部门经理、项目经理、安全团队负责人及开发组织机构相关人员成立风险评估领导小组；聘请相关专业的技术专家和技术骨干组成专家组。

风险评估小组应完成评估前的表格、文档、检测工具等各项准备工作；进行风险评估技术培训和保密教育；制定风险评估过程管理相关规定；编制应急预案等。参评人员适情签署个人保密协议。

（4）起草评估计划并启动评估工作

为保障风险评估工作的顺利开展，确立工作目标、统一思想、协调各方资源，应起草评估计划并召开风险评估工作启动会议，宣讲本次评估工作的意义、目的、目标，以及评估工作的计划、各阶段工作任务、责任分工以及评估工作一般性方法和工作内容等，使全体人员了解和理解评估工作的重要性，以及各工作阶段所需配合的具体事项。

（5）系统调研

系统调研是了解、熟悉被评估对象的过程，风险评估小组应进行充分的系统调研，以确定风险评估的依据和方法。调研内容主要包括：

① 在开发计划中确定的软件系统的安全等级（可能需适时调整）；

② 软件系统结构、业务流程及安全需求、安全措施；

③ 软件系统加工处理的数据的范围、敏感性及软件系统的各种接口、对其他软硬件的依赖关系；

④ 软件系统对用户进行认证授权的机制；

⑤ 软件系统应用场景与服务对象；

⑥ 相关法律法规、软件系统应用领域的相关标准与行业规范及软件项目立项合同或服务合同。

系统调研可采取问卷调查、现场面谈相结合的方式进行。

（6）确定评估依据

根据风险评估目标以及系统调研结果，确定评估依据和评估方法。评估依据主要包括：.

① 适用的法律法规；

② 现有国际标准、国家标准、行业标准，包括与信息系统安全保护等级相应的基本要求；

③ 行业主管机关对相关软件系统的要求和制度；

④ 软件开发机构组织的安全要求；

⑤ 软件系统自身的质量模型或使用质量模型的要求。

根据评估依据，结合被评估对象的安全需求确定风险计算方法，使之与软件系统运行环境和安全要求相适应。

（7）确定评估工具

根据评估对象和评估内容合理选择相应的评估工具，评估工具的选择和使用应遵循以下原则：

① 评估工具的选择和使用须符合国家有关规定；

② 源码扫描或系统脆弱性评估工具，应具备全面的已知脆弱性核查与检测能力；

③ 评估工具的检测规则库应具备更新功能，能够及时更新；

④ 评估工具使用的检测策略和检测方式不应对软件系统造成不良影响；

⑤ 可采用多种评估工具对同一测试对象进行检测，如果出现检测结果不一致的情况，应进一步采用必要的人工检测和关联分析，并给出与实际情况最为相符的结果判定。

（8）制定评估方案

风险评估方案是结合系统调研等准备工作的成果，细化、充实此前起草的用于启动评估工作的评估计划而形成的评估工作实施总体计划，用于管理评估工作的开展，使评估的各阶段工作可控，并作为对评估工作进行评审的主要依据之一。风险评估方案应经过评估团队的审核并获得确认和认可。风险评估方案的内容主要包括：

① 风险评估工作框架，包括评估目标、评估范围、评估依据等；

② 评估团队组织，包括评估团队成员、组织结构、角色与责任，根据需要，还可以包括风险评估领导小组和专家组组建介绍等；

③ 评估工作计划，包括各阶段工作内容、工作形式、工作预期成果等；

④ 风险规避，包括保密协议、评估工作环境要求、评估方法、工具选择、应急预案等；

⑤ 时间进度安排，包括评估工作实施的时间进度安排与人员分工，及需要配合的具体事项；

⑥ 评估工作的结束与评审，包括评估报告的生成与审核计划等。

3.2.2　软件安全风险识别

根据评估准备环节确定的评估目标、评估范围，进行软件安全风险辨识。针对器械设备控制软件，主要从避免和控制故障及失效的角度辨识风险，包括人为干扰导致故障及失效的风险；针对信息数据处理软件，主要从信息安全、网络安全的角度辨识风险，包括软件运行所依托设备的故障及失效导致的数据丢失或损坏等风险。如果器械设备进行联网控制或存在网络通信，则其控制软件安全风险辨识也应包含相关的信息安全、网络安全风险辨识。例如，具备蓝牙通信功能的心脏起搏器，应辨识其软件因蓝牙通信而引入的网络安全风险。如果信息数据处理软件的处理结果直接或间接用于器械设备控制，例如工业企业使用的生产计划排产系统，也应考虑与之关联的器械设备故障及失效风险。例如，排产系统遭攻击，可能导致生产设备停止工作或异常的风险。

软件安全风险识别是指根据软件开发过程每个阶段的输出（规格说明书、代码等），以及部署配置和软件开发、软件运行的各种假设前提条件与约束条件，结合历史风险、历史安全事件和已知安全威胁、安全漏洞、攻击模式、攻击程序，将软件中不确定安全性转变为明确的风险陈述，形成风险清单，包括风险来源、风险产生的条件，并描述其风险特征和确定哪些风险有可能影响本软件。软件安全风险识别常与风险分析等过程一次性完成，如漏洞扫描同时完成漏洞识别与分析分级、威胁建模完成风险识别及对风险处理方法的确定。本书仍分为风险识别和风险分析两个阶段，只是为了突出其各自的侧重点。

风险识别可以采取列威胁清单的方式，也可以利用故障树、攻击树（Attack Tree）、基于 Petri Net 的攻击网（Attack Net）进行风险识别。在软件的设计阶段可以利用威胁建模识别威胁，并为消减威胁提供解决方案；在软件的测试阶段，可以利用威胁建模、攻击树/攻击网为渗透测试提供指导，并识别、定位威胁。

风险识别不是一次性的活动，应在软件过程中自始至终定期进行、在每个阶段都进行，即在不同阶段分别进行需求风险识别、设计风险识别、编码风险识别、软件测试风险识别、软件运维风险识别等。

（1）软件需求风险识别

针对软件需求规格说明书，借鉴 ASSET 的策略，软件需求风险识别主要从三个方面进行需求风险识别，以保障软件功能安全完备性和必要的软件安全功能：

① 需求的符合度：是否完全满足客户需求、是否需求过度，并识别关键需求；

② 法律法规、标准规范的符合度：是否合规，是否满足要求的可靠性和安全特性，并识别每项功能的关键安全特性；

③ 与已知漏洞的关联度：识别软件每项功能与已知漏洞的关联度，确定直接相关或高

关联度的已知漏洞。

此外，可以利用误用例、滥用例、故障树、威胁建模、攻击树、攻击网，从故障隐患和攻击者视角分析需求中的业务功能、安全功能以及软件数据、软件文档可能面临的风险，或用类似 3.1.4 节提及的形式化分析方法进行风险识别。将在 4.3 节结合安全需求分析介绍误用例、滥用例、故障树、攻击树。威胁建模主要用于安全设计，在识别威胁的基础上确定缓解威胁的相应措施；威胁建模也可以只用于进行风险识别，将威胁建模针对发现的风险需制定消减措施作为安全需求的组成内容。本书在 5.4 节结合安全设计介绍威胁建模及攻击树在威胁建模中的应用。

（2）软件设计风险识别

软件设计风险识别的内容包括基于目标软件安全设计原则符合度的风险识别、软件体系结构风险识别、软件攻击面识别、基于 STRIDE 模型与威胁建模的风险识别。可以在软件需求分析阶段进行威胁建模以获取安全需求，也可以在软件设计阶段利用威胁建模、攻击树、攻击网进行软件设计风险识别。既要辨识与软件功能相关的风险，也要结合软件体系结构辨识与风险阻断、风险隔离等风险控制相关的风险。

本书将在第 5 章针对软件安全风险的化解，结合软件安全设计介绍安全设计原则和威胁建模等与软件设计风险识别相关的内容，下面仅简单介绍基于 STRIDE 模型的风险识别。

STRIDE 模型是微软软件安全生命周期（SDL）的一部分（SDL 的详细描述，参见 2.4.1节），通过审查系统设计或架构来发现、纠正设计级（Design Level）的安全问题。针对 2.3.2节描述的软件安全特性，STRIDE 模型给出了六种威胁，即从六种威胁的角度进行软件风险识别。"STRIDE"分别是这六种威胁对应英文单词的首字母。

① 假冒（Spoofing identity）：假冒或模仿其他人或实体。例如，使用其他用户的认证信息进行非法访问、恶意程序伪装成操作系统的服务程序。

② 篡改（Tempering with data）：未授权修改或恶意修改数据或代码，被修改的数据可能是数据库中的数据，也可能是在网络中传输的数据。例如，篡改网页或发布不合适的内容。

③ 抵赖（Repudiation）：执行了某一操作，但拒绝承认这一行为。例如，拒绝承认实际已发送的邮件是自己发送的、拒绝承认自己在 ATM 机上实施过的取款行为。

④ 信息泄露（Information disclosure）：将信息披露给无权知晓的人。例如，用户读取未授权的文件、信息在网络中传递时被泄密。

⑤ 拒绝服务（Denial of service）：拒绝为合法用户提供服务。例如，Web 服务器短时间内无法正常访问。

⑥ 提升权限（Elevation of privilege）：获得非授权访问权。例如，没有特权的用户获得访问特权，从而有足够的权限做其权限许可范围外的事情。

显然，STRIDE 模型是对应安全特性设计的，对应关系如图 3.7 所示。利用 STRIDE 模型分析识别软件系统设计可能面临的破坏安全特性的威胁，确保不会忽略已知的风险，具体方法参见 5.4 节。

（3）软件编码与单元测试风险识别

软件编码与单元测试风险识别，包括基于编码规则（安全编码规则、代码质量规则）符合度的代码质量风险识别、基于功能符合度（业务功能完成度、安全功能达成度）的风险识别、基于已知漏洞单元测试或可靠性单元测试的风险识别、基于代码人工审核/工具扫描的风险识别、软件供应链风险识别。编码风险识别既针对安全威胁，也针对软件系统质量。单元测试既要识别尚未全部满足的业务功能、安全功能，也要针对该单元功能在其他软件系统中类似功能的已知漏洞或重要漏洞进行漏洞测试以识别相关威胁。

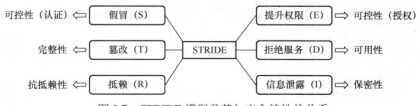

图 3.7　STRIDE 模型及其与安全特性的关系

（4）软件集成测试与系统测试风险识别

软件集成测试与系统测试风险识别，包括：基于测试用例覆盖率的风险识别、基于模糊测试的风险识别、基于渗透测试的风险识别，以及基于压力测试、容灾测试等非功能性测试和功能测试的软件运行条件、运行环境的风险识别，包括防火墙等安全措施对软件测试的影响及软件测试对网络环境的影响。可以用威胁建模、攻击树/攻击网指导渗透测试。

（5）软件发布与运维风险识别

软件发布与运维风险识别，包括：软件残余风险识别、软件完整性风险识别、软件发布过程与发布环境风险识别、软件运维保障条件风险识别、应急响应与软件缺陷/漏洞管理风险识别、软件配置变更风险识别、客户沟通与反馈机制风险识别、软件运维计划风险识别。

3.2.3　软件安全风险分析

总体上而言，在软件安全风险识别的基础上，软件安全风险分析的主要内容包括：
① 对已识别的软件组件、数据、文档等资产，进行价值赋值；
② 对已识别的威胁，描述其属性，并对威胁出现的频率赋值；
③ 对已识别的资产的脆弱性，进行严重程度赋值；
④ 根据威胁及威胁利用脆弱性的难易程度判断安全事件发生的可能性；
⑤ 根据脆弱性的严重程度及安全事件所作用资产的价值计算安全事件的损失；
⑥ 根据安全事件发生的可能性以及安全事件的损失，计算安全事件一旦发生对软件及软件用户的影响度，即风险值。

针对器械设备控制软件，可以用软件的失效率或事故率作为图 3.6 中的安全事件概率。影响度主要是对软件使用质量模型中的抗风险性的影响程度。

针对信息数据处理软件，可以用软硬件漏洞的等级替代风险值，作为风险计算结果，用于确定风险优先级，尤其是漏洞扫描软件自动确定风险等级等场景。在后续章节介绍的各种漏洞分级、风险分级方法中，常用漏洞的可利用程度替代安全事件概率，用影响程度替代安全事件损失，综合确定风险严重程度。也可以构建攻击树、攻击图或采用其他方法，使用风险类别、威胁和攻击清单来确定风险概率与风险值。影响程度主要度量对保密性、完整性和可用性三个常用安全特性的影响程度。

在软件生命周期的每个阶段，软件安全风险分析的具体内容、侧重点不同。

（1）软件需求安全风险分析

根据软件需求安全风险识别结果，对功能安全需求、安全功能需求，包括软件功能需求、接口需求对应的安全需求和利用威胁建模获取的威胁缓解需求，进行安全相关性分析和安全性综合评价，评估软件功能安全完备性和软件安全功能满足相应安全级别的程度。

在软件需求分析阶段针对软硬件潜在缺陷而引入的风险控制措施，在软件开发初期并非全部可行。随着软件的设计和风险控制措施的进一步定义和实施，尤其是软件迭代升级过程中，这些安全需求是可以变更的。当软件增加新需求或变更已有需求时，也应进行风险分析。

软件需求安全风险分析的内容包括：

① 分析包括风险控制措施的系统需求及需求分析实施过程；

② 需求是否能够被唯一辨识，以及该需求与其他需求之间的矛盾与冲突或对相关资源的利用是否可追溯；

③ 是否用避免歧义的术语表述需求；

④ 用术语表述时，该术语是否允许建立检验标准和实施测试进行检验或测试，相关检验或测试的安全完备性与合理性，包括形式化验证的科学性。

（2）软件设计安全风险分析

根据软件设计安全风险识别结果，确认软件安全需求是否在设计中得到体现，分析评估软件设计是否合理、是否存在漏洞。可以结合 5.7.4 节描述的内容和方法，进行软件设计安全风险分析。

软件设计安全风险分析的内容包括以下几点。

① 软件结构设计风险分析。分析评估软件结构设计的安全性，包括软件部件交互的安全性及软件与其他系统进行交互的安全性；从规划设计的角度，评估软件功能安全完备性和软件安全功能满足相应安全级别的程度。

② 软件详细设计风险分析。依据软件需求、结构设计描述、软件集成测试计划和此前已获得的软件风险识别、风险分析的结果，分析评估软件设计是否符合安全需求，包括：软件设计是否能追溯到软件需求，软件设计是否已覆盖软件安全需求，软件设计是否与软件结构设计保持一致性，软件设计是否满足模块化、可检验性、易安全修改等要求。

③ 软件系统攻击面分析。分析在风险识别阶段识别出的攻击面，即分析软件系统相关元素中可被攻击者利用来实施攻击的元素的类型、属性及可能被攻击的方式与危险程度。攻击面度量可以用来测量软件系统的安全风险，但攻击面不代表软件代码质量，攻击面大不一定意味着代码中存在很多安全缺陷，它只表示系统存在更大的安全风险。

（3）软件编码与单元测试安全风险分析

根据软件编码与单元测试安全风险识别结果，分析评估编程语言及编程所用库函数、软件供应链的安全性；根据编程语言的特性，对易产生缺陷的不安全因素进行重点分析；根据不同编程语言的特性，分析编码标准的安全性；分析软件代码是否实现了软件设计所提出的设计要求，是否实现了安全设计特征和方法（包括风险控制措施的落实情况），是否遵循了软件设计提出的各种约束以及编码标准，结合常见攻击模式，对易出现漏洞的功能进行重点分析。

采用人工分析方式或利用代码静态分析工具分析软件代码的安全性。其中，人工分析工作主要包括：

① 软件代码是否能追溯到需求；

② 软件代码是否符合编码标准，包括是否满足模块化、可检验性、易安全修改等要求；

③ 软件编码中所使用技术的安全性和方法的合理性；

④ 代码逻辑分析，包括模块算法分析、临界条件分析、软件功能触发条件与时序分析、数据流/控制流分析、计算累计误差分析、整数/浮点数溢出可能性分析；

⑤ 资源分配、资源管理的合理性、安全性；

⑥ 变量是否合理初始化，参数是否进行有效性、安全性检查，默认初始化值的安全性；

⑦ 故障处理（错误鉴定，隔离与修复）的合理性、安全性，是否有自我诊断及相应保护措施；

⑧ 单元边界与接口安全。

（4）软件集成测试与系统测试安全风险分析

根据软件集成测试与系统测试安全风险识别结果，分析评估软件测试方法和测试技术（包括测试工具）的合理性、安全性、科学性，包括测试环境与测试过程之间的相互影响对风险分析的制约，以及对集成过程、测试过程（测试步骤）和测试结果的风险分析，验证软件的功能性、可靠性和安全需求（包括变更后的需求）是否得到了满足，尤其是风险控制措施的落实情况分析。

（5）软件发布与运维安全风险分析

根据软件发布与运维安全风险识别结果，分析软件残余风险、已发布的软件产品的风险（软件的完整性与软件防篡改等）、软件安全级别变更和需求变更风险、软件版本与软件缺陷/漏洞管理风险（包括补丁的风险），分析软件配置管理风险。

3.2.4 基于 DREAD 模型的威胁评级

DREAD 模型是微软软件安全生命周期（SDL）的一部分（SDL 的详细描述，参见 2.4.1 节）。"DREAD"是威胁评级的五项指标的英文首字母：

① 破坏潜力（Damage potential）：如果缺陷被利用，会造成怎样的危害？

② 重现性（Reproducibility）：重复产生攻击的难度有多大？

③ 可利用性（Exploitability）：发起攻击的难度有多大？

④ 受影响的用户（Affected users）：有多少用户会受到此攻击影响？

⑤ 可发现性（Discoverability）：此威胁是否容易被发现？

DREAD 模型用于指导从五项指标判断一个威胁的风险程度，每一项包含高、中、低三个等级，对应值分别为 3、2、1，如表 3-1 所示，根据综合计算后的结果确定风险优先级，是一种定性风险分析方法。

表 3-1 DREAD 模型指标与等级

指标 等级	高（3）	中（2）	低（1）
破坏潜力（D）	获取完全验证权限，执行管理员操作，非法上传文件	泄露敏感信息	泄露其他信息

（续表）

指 标 等 级	高（3）	中（2）	低（1）
重现性（R）	攻击者可以随意再次攻击	攻击者可以重复攻击，但有时间限制	攻击者很难重复攻击过程
可利用性（E）	初学者短期能掌握攻击方法	熟练的攻击者才能完成攻击	漏洞利用条件非常苛刻
受影响用户（A）	所有用户，默认配置，关键用户	部分用户，非默认配置	极少数用户，匿名用户
可发现性（D）	漏洞很显眼，攻击条件很容易获得	在私有区域，部分人能看到，需要深入挖掘漏洞	发现漏洞极其困难

可以利用 DREAD 模型计算威胁的风险值：风险值＝（破坏潜力+受影响用户）×（重现性+可利用性+可发现性），然后利用类似以下风险矩阵确定威胁的严重程度：

风险值：01～12→风险级别：提醒

风险值：13～18→风险级别：低

风险值：19～36→风险等级：中

风险值：37～54→风险级别：高

例如，经过风险识别，某 Web 网站的用户账号密码在以下几种情况下存在被盗的可能：

① 网站登录界面与后台的信息传递不是基于 HTTPS 且没有加密，登录账号密码在网络中传输时被嗅探、泄露；

② 用户计算机中被安装了键盘记录型木马，登录账号密码被该木马获取；

③ 攻击者制作了该 Web 网站的钓鱼网站，用户的账号密码被钓鱼网站骗取；

④ 网站登录入口可以被暴力破解；

⑤ 网站密码找回流程存在逻辑漏洞；

⑥ 网站存在跨站脚本等客户端脚本漏洞，用户账号密码被间接窃取；

⑦ 网站存在 SQL 注入等服务器端漏洞，网站被黑客入侵导致用户账号密码泄露；

⑧ 网站服务器遭受拖库攻击，导致用户账号密码泄露。

进行风险分析，利用 DREAD 模型进行计算的过程如下（已根据计算结果排序）：

① 网站登录入口可以被暴力破解：$[D(3)+A(3)]×[R(3)+E(3)+D(3)]=54$；

② 密码找回流程存在逻辑漏洞：$[D(3)+A(3)]×[R(3)+E(3)+D(2)]=48$；

③ 账号密码被嗅探：$[D(3)+A(1)]×[R(3)+E(3)+D(3)]=36$；

④ 网站服务器端存在 SQL 注入漏洞：$[D(3)+A(3)]×[R(3)+E(2)+D(1)]=36$；

⑤ 用户被钓鱼：$[D(3)+A(2)]×[R(1)+E(3)+D(3)]=35$；

⑥ 网站存在跨站脚本漏洞，账号密码被间接窃取：$[D(3)+A(2)]×[R(2)+E(2)+D(2)]=30$；

⑦ 网站服务器被拖库攻击：$[D(3)+A(3)]×[R(1)+E(1)+D(1)]=18$；

⑧ 用户计算机中木马：$[D(3)+A(1)]×[R(1)+E(2)+D(1)]=16$。

根据计算结果，从高到低排列威胁风险等级，表明网站登录入口存在的暴力破解风险是需要优先解决的安全隐患。

利用 DREAD 模型计算风险程度时，确定每个指标的等级，具有一定的主观性，可以参照某些客观条件予以确定。例如，2017 年爆出的 Intel CPU 芯片级安全漏洞"熔断"（CVE-2017-5754），是涉及硬件底层的漏洞，有该漏洞的 CPU 运行的任何软件或者系统都可能受到影响，但漏洞被发现、被利用的难度很高，因此，该漏洞的"受影响用户"和"破坏潜力"两项指标可以是"高",但"可利用性"和"可发现性"两项指标可以是"低"。也可以根据多位专家给出的每个指标等级,采用一定的算法综合确定每个指标的等级,以减少主观性的影响。

为了避免 DREAD 模型将每项指标分为高、中、低三个等级(等级值分别设为 3、2、1)存在的不足,例如,难以扩大风险程度之间的差距、综合计算结果偏中、高危险程度(很难根据计算结果区分出实际存在的低危漏洞),可以将等级值分别设为 10、5、0,也可以增加等级、细分等级,或对每项指标进行加权计算。若进行加权计算,则加权系数须具有合适的依据,如利用大数据分析或统计结果获取加权系数。

3.2.5 基于标准的漏洞等级划分

正如 DREAD 模型所展示的那样,确定安全风险等级的依据是各种可能的影响,而不是实际已造成的损失,同一种漏洞对不同软件的影响可能不同。因此,漏洞等级的确定存在诸多制约因素。

现有的软件安全风险分级方法除了 DREAD 模型,还有国际标准、国家标准、行业标准以及各类安全应急响应中心或漏洞库定义的分级方法。下面简单介绍几类典型的国家标准或行业标准的风险等级划分方法。

(1)基于安全漏洞等级划分指南的漏洞等级划分

国家标准《信息安全技术 安全漏洞等级划分指南》(GB/T 30279—2013)规定了信息系统安全漏洞的等级划分要素和危害等级程度,给出了安全漏洞等级划分方法。可以参照该标准制定适合于软件开发组织的标准,据此对软件系统的漏洞进行等级划分、对软件系统进行定性风险分析。

该标准中安全漏洞等级划分要素包括访问路径、利用复杂度和影响程度三个方面。访问路径是攻击者利用安全漏洞影响目标系统的路径前提,其赋值包括本地、邻接和远程,通常可被远程利用的漏洞危害程度高于可被邻接利用的漏洞,可被本地利用的漏洞次之。利用复杂度是安全漏洞可被利用于影响目标系统的技术、环境等条件的难度,其赋值包括"简单"和"复杂",通常利用复杂度简单的漏洞危害程度高。影响程度是指利用安全漏洞对目标系统造成的危害程度,其赋值包括完全、部分、轻微和无,通常影响程度为"完全"的安全漏洞危害程度高于影响程度为"部分"的安全漏洞,影响程度为"轻微"的安全漏洞次之,影响程度为"无"的安全漏洞可以被忽略。影响程度的赋值由安全漏洞对目标的保密性、完整性和可用性三个方面的影响共同导出,每个方面的影响赋值为完全、部分和无。例如,安全漏洞对保密性的影响赋值为"完全",无论该漏洞对完整性、可用性的影响赋值为"完全"还是"部分",该漏洞的影响程度都是"完全";若对保密性的影响赋值为"完全",对完整性的影响赋值为"无",无论该漏洞对可用性的影响赋值是"完全"还是"部分",该漏洞的影响程度都是"部分"。保密性、完整性、可用性各种影响赋值组合导出的具体影响程度,参见 GB/T 30279—2013 的表 5。

(2)CNNVD 漏洞分级评分

国家信息安全漏洞库 CNNVD 发布的 CNNVD 漏洞分级规范,规定了被 CNNVD 收录的信息安全漏洞（实质上是软件安全漏洞）的危害程度评价指标和将漏洞的危害级别从高至低依次分为超危、高危、中危和低危四个等级的划分方法，即使用可利用性指标组和影响性指标组两组指标对漏洞进行评分。可利用性指标组描述漏洞利用的方式和难易程度，反映脆弱性组件的特征，依据脆弱性组件进行评分；影响性指标组描述漏洞被成功利用后给受影响组件造成的危害，依据受影响组件进行评分。可利用性指标组包含四个指标，分别是攻击途径、攻击复杂度、权限要求和是否需要用户交互，每个指标的取值都根据脆弱性组件进行判断，并且在判断某个指标的取值时不考虑其他指标。影响性指标组包括三个指标，分别是保密性影响、完整性影响和可用性影响。漏洞的成功利用可能危害一个或多个组件，根据遭受最大危害的组件评定影响性指标组的分值。

（3）OWASP 风险评级方法

开放式 Web 应用程序安全项目（Open Web Application Security Project，OWASP）是一个非营利组织，提供有关计算机和互联网应用程序的公正、实际、有成本效益的信息，其目的是协助个人、企业和机构发现和使用可信赖软件。识别风险之后，OWASP 风险评级方法评估可能性因素中的攻击者因素（攻击者的技术水平、动机、寻找/利用漏洞的成本和提权的成本、攻击者的人员构成）和漏洞因素（发现难易程度、利用难易程度、知晓度、被利用后如何检测）每个因素的每个选项的"发生的可能性"，使用 0~9 标记其可能性；然后类似地评估影响因素中的技术影响因素（损失保密性、损失完整性、损失可用性、损失问责性）和业务影响因素（财务损失、声誉损失、不合规、侵犯隐私）每个因素的每个选项的"发生的可能性"；最后，根据可能性因素评估结果和影响因素评估结果确定风险的总体严重程度。

例如，基于 OWASP 风险评级方法的可能性因素评估结果示例如表 3-2 所示，其中总体可能性为 8 种因素项可能性累加和的平均值；影响因素评估结果示例如表 3-3 所示，其中整体影响为相应影响项可能性累加和的平均值。计算值分段标准是：小于 3 为低，3 至 6 为中等，6 至 9 为高。最后，利用如表 3-4 所示的风险矩阵，根据可能性因素评估结果和影响因素评估结果综合确定风险的总体严重程度，其中，"影响因素评估结果"根据具体情况确定，如果业务影响信息是可靠的，则使用业务影响因素评估结果，否则使用技术影响因素评估结果。

表 3-2　可能性因素评估结果示例

攻击者因素				漏洞因素			
技术水平	动机	机会	规模	发现难易程度	利用难易程度	知晓度	入侵检测
5	2	7	1	3	6	9	2
总体可能性=4.375（中）							

表 3-3　影响因素评估结果示例

技 术 影 响				业 务 影 响			
损失保密性	损失完整性	损失可用性	损失问责性	财务损失	声誉损失	不合规	侵犯隐私
9	7	5	8	1	2	1	5
整体技术影响=7.25（高）				整体业务影响=2.25（低）			

表 3-4　风险的总体严重程度

影响因素	高	中	高	关键
评估结果	中	低	中	高
	低	注意	低	中
		低	中	高
		可能性因素评估结果		

OWASP 风险评估框架由静态应用程序安全测试 SAST 和风险评估工具组成，尽管有许多可供测试人员使用的 SAST 工具，但是兼容性和环境设置过程非常复杂。通过使用 OWASP 风险评估框架的 SAST 工具，测试人员将能够分析和审查他们的代码质量和漏洞，而不需要任何额外的设置。OWASP 风险评估框架可以集成在 DevSecOps 工具链中，以帮助开发人员编写和生成安全的代码。

（4）通用漏洞评分系统

通用漏洞评分系统（Common Vulnerability Scoring System，CVSS）用于评测漏洞的严重程度，并帮助确定所需反映的紧急度和重要度。CVSS 是一个行业标准，与 OWASP 的风险评级方法有很多类似之处。

CVSS 是一个开放的架构，由基础度量（Base Metric）、时间度量（Temporal Metric）和环境度量（Environmental Metric）三组度量组成，每组度量包含若干度量，如图 3.8 所示，时间度量和环境度量是可选度量。

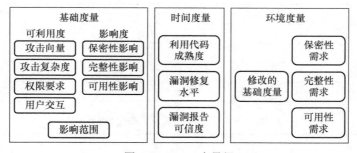

图 3.8　CVSS 度量组

基础度量反映漏洞的原始属性，不受时间与环境的影响，由可利用度（Exploitability Metric）和影响度（Impact Metric）两组指标组成，如图 3.9 所示。可利用度反映可利用漏洞的易利用性和技术手段难易度，表示脆弱组件受攻击的难易程度。影响度反映漏洞被成功利用所造成的直接后果，并表示受影响组件的情况。基础度量指标与 CNNVD 的评分指标基本一致。时间度量反映漏洞随时间推移的影响而不受环境影响，例如，随着一个漏洞被打补丁的软件数量不断增加，该漏洞的 CVSS 分数会随之减少。环境度量为特定环境下执行漏洞的分数，允许根据相应业务需求提高或者降低该分值。

与 OWASP 累加后计算均值不同，CVSS 的可利用度分值、影响度分值的计算公式分别为：

可利用度分值 Exp = 8.22×攻击向量×攻击复杂度×权限要求×用户交互

影响度分值 Imp = 6.42×ISS（当影响范围是固定的）

影响度分值 Imp = 7.52×(ISS−0.029)−3.25×(ISS−0.02)[15]（当影响范围是变化的）

基础度量分值 ＝ 0（当影响度分值为 0）

基础度量分值 ＝ Roundup (min [(Imp + Exp), 10]) （当影响范围是固定的）

基础度量分值 ＝ Roundup (min [1.08 × (Imp + Exp), 10])（当影响范围是变化的）

其中：ISS=1−[(1−保密性影响)×(1−完整性影响)×(1−可用性影响)]；Roundup( )函数保留小数点后一位，小数点后第二位及以后位大于零则进 1，例如 Roundup(4.0002)=4.1，Roundup (4.0000)=4.0。CVSS 的漏洞可利用度指标和影响度指标如表 3-5 和表 3-6 所示。

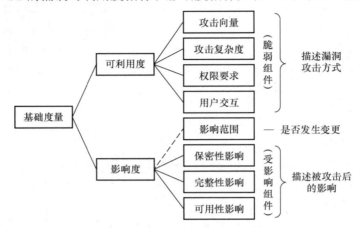

图 3.9　CVSS 的基础度量

表 3-5　CVSS 的漏洞可利用度指标

度　　量	度　量　值	度量量化值
攻击向量	网络/邻接/本地/物理	0.85 / 0.62 / 0.55 / 0.2
攻击复杂度	低/高	0.77 / 0.44
权限要求	无/低/高	0.85 / 0.62(0.68) / 0.27(0.50)
用户交互	不需要/需要	0.85 / 0.62

表 3-6　CVSS 的漏洞影响度指标

度　　量	度　量　值	度量量化值
保密性影响	无/低/高	0 / 0.22 / 0.56
完整性影响	无/低/高	0 / 0.22 / 0.56
可用性影响	无/低/高	0 / 0.22 / 0.56

时间度量用于衡量当前技术或代码可用性的状态，是否存在任何补丁或解决方法，或者漏洞报告的可信度。时间度量只随时间的推移而改变。CVSS 的时间度量指标如表 3-7 所示。时间度量的计算公式为：

时间度量分值 ＝ Roundup（基础度量分值×利用代码成熟度×修复水平×报告可信度）

表 3-7　CVSS 的时间度量指标

度　　量	度　量　值	度量量化值
利用代码成熟度	未验证/PoC/EXP/自动化利用	0.91 / 0.94 / 0.97 / 1
漏洞修复水平	正式补丁/临时补丁/缓解措施/不可用	0.95 / 0.96 / 0.97 / 1
漏洞报告可信度	未知/未完全确认/已确认	0.92 / 0.96 / 1

表 3-7 中 PoC 为概念验证，EXP 为功能性代码可用。

环境度量指标使分析师能够根据受影响的资产对用户组织的重要性定制 CVSS 评分，以补充或替代现有的安全控制、保密性、完整性和可用性衡量。这些度量是修改后的基本度量的等价物，并根据组织基础结构中组件的情况分配分值。环境度量的计算，请参见 CVSS 相关文档说明，此处不再细述。

根据基础度量分值、时间度量分值、环境度量分值，确定风险的严重程度：9.0～10.0 为关键，7.0～8.9 为高，4.0～6.9 为中，0.1～3.9 为低，0.0 为无。例如，基础度量分值为 4.0，则严重程度为中等。

CVSS 从普适角度关注漏洞的严重性，忽略了不同漏洞可被利用概率的差异。漏洞利用预测评分系统（Exploit Prediction Scoring System，EPSS）根据漏洞的特性和已知的攻击模式，对漏洞的潜在可利用性进行评估，旨在评估一个软件漏洞可以被利用的概率。可以结合 CVSS 和 EPSS，从而更合理地制定更全面和有效的漏洞修复策略，优先处理那些同时具有高 CVSS 评分和高 EPSS 评分的漏洞，从而最大程度地减少系统面临的风险。

3.2.6　基于形式化方法的软件安全风险评估

软件工程中的形式化方法（Formal Method）是指使用基于数学逻辑和各种推理验证技术描述、开发以及验证目标软件系统的方法。形式化方法的研究主要集中在形式化规约（Formal Specification）和建立在形式化规约基础上的形式化验证（Formal Verification）两个方面。形式化规约是指利用形式化规约语言描述软件不同开发阶段、不同抽象层次的模型或性质，例如需求模型、设计模型或代码和代码的执行模型等。形式化验证是证明不同形式化规约之间的逻辑关系，这些逻辑关系反映了在软件开发不同阶段软件制品之间的需要满足的各类正确性需求。形式化验证包括模型检测和定理证明两种方式。模型检测方式主要是利用对系统问题建立的数学模型进行自动推理；定理证明一般采用交互式的定理辅助证明器对系统问题进行抽象描述，并以数学公式定理的方式表达系统的功能和安全性，采用数学定理推导演算的方法进行验证。

（1）形式化规约语言

形式化规约语言是指由严格的递归语法规则所定义的语言，满足语法规则的句子称为合式或良定义规约。形式化规约语言主要有模型规约语言和性质规约语言两大类。

1）模型规约语言

模型规约语言利用数学结构描述系统的状态变化或者事件轨迹，直接定义所描述系统模型的结构、功能行为甚至非功能行为（如时间特性）。可用模型规约给出系统开发过程中不同抽象层次的模型，由相应的逻辑推理系统支持其分解和组合，完成不同层次间规约的转换和精化。模型规约语言主要包括以下几类。

① 代数规约语言。一个代数规约由一些表述类子的符号、类子之间的运算符以及在多类等式逻辑中的等式公理组成。代数规约的一个模型即是满足该规约的异构代数。为了语义的唯一性，一般采取初始代数为规约的语义。代数规约的优点是具有非常好的数学基础，任意操作序列的计算结果可以自动得到、自动执行。等式逻辑的表述能力有较大局限性，不能

表达一般的程序结构和行为，因此，代数描述中引入带归纳的一阶逻辑，同时引入支持偏函数和子类，模块化结构和模块组合的架构机制，形成通用代数规约语言 CASL。其他代数规约语言包括 OBJ、PLUSS、Larch 等。

②　结构化规约语言。早期的结构化规约语言包括 VDM、Z 语言等。VDM 包括数据类型的规约和程序结构（即模块）的规约。数据类型的规约定义具有该类型的数据以及数据上的操作，由一阶谓词逻辑描述数据的范围约束以及操作需要满足的约束。一个模块的规约说明程序变量及其类型以及一组过程或函数。过程和函数的功能约束由 Floyd-Hoare 逻辑定义，VDM 定义模块的组合机制。Z 语言的 Z 模式（Z Schema）可以描述数据类型和程序功能，并统一使用一阶谓词逻辑描述集合、函数和关系，因此其逻辑基础是一阶谓词逻辑和集合论。Z 语言的模块组合机制与 VDM 相似。VDM 和 Z 语言都是以精化为核心的规约语言，支持软件从需求规约到代码规约的自顶向下的瀑布开发过程模型。由于一阶逻辑包含在规约语言中，所以可以描述模型规约需满足的性质。如果规约蕴含该性质，则该归约满足此性质。因此，VDM 和 Z 语言也支持包含分析验证的 V 型开发过程模型。其他结构化规约语言包括 VDM++、Object-Z、B、Event-B、JML 等。

③　进程代数（Process Algebra）。为了设计开发并发和分布式系统，出现了通信系统演算（CCS）、通信顺序进程（CSP）等进程代数。CCS 和 CSP 都最大限度地抽象并发通信系统的数据状态和数据计算功能，着重描述通信和同步以及二者之间的关系，是基于事件的规约语言。基于进程代数的规约具有非常好的结构特征，适合对复杂系统，特别是并发、并行和分布式系统进行建模。为了处理并发系统的其他特征，例如信息安全、移动、实时、混成、概率和随机，这些并发模型均进行了各种扩充，例如，为了处理实时系统，CSP 改进为 Timed CSP；为了处理信息安全，处理移动计算的 π-演算改进为 spi-演算。

④　基于迁移系统的规约。迁移系统可以自然地表示系统的行为。基于迁移系统的规约语言往往有图形化表示，称为可视化规约语言。典型的基于迁移系统的规约语言有 Petri 网和状态图等。状态图用 Higraph 进行形式定义，图的节点代表系统执行的状态，而一个节点到另一个节点的边表示从一个状态到另一个状态的迁移，可将模型转化为规则形式定义，构成一个推理系统。由于其执行模型是抽象机，此类图形语言可以构建可执行的规约或可执行的模型，能够对系统行为进行仿真、测试。它们经常作为时序逻辑的解释模型使用，可以用时序逻辑进行规约和证明其性质，也可用算法判定其建立的模型是否满足一个时序逻辑公式，结果可以作为系统早期设计验证的依据，以便尽早发现设计错误。但是这种形式规约的组合性较差，不适于复杂系统建模。为了满足非功能性需求建模的需要，可以对标记迁移系统进行各种扩展。以自动机为例，其扩展包括时间自动机、混成自动机、概率时间自动机、随机混成自动机等。

2）性质规约语言

性质规约语言基于程序逻辑系统，利用逻辑公式描述一组性质以定义所期望的系统行为。性质规约不直接定义系统的具体行为。基于性质的形式规约偏向于说明性，逻辑约束往往是最小必要的，以给出较大的实现空间。系统需要满足的性质可以分为两类：安全性质，即不好的事情从不发生；活性，即好的事情一定能够发生。任何性质均可以表示成这两种性质的交集。

统一建模语言 UML 和系统建模语言（Systems Modeling Language，SysML）等半形式化规约语言在关键要素的描述上采用形式化技术，具有形式化规约语言的优点，保证关键要素的正确性，同时又保持自然语言便于理解和使用的特点。也可以利用 Bell-La Padula（BLP）模型等基于状态机、形式化的方法进行风险分析，甚至形式化证明软件系统的安全性。

形式化验证可以证明系统不存在某个缺陷或符合某个或某些属性。在进行形式化软件安全风险评估时，根据目标软件的特点、安全等级及所能承受的评估代价等实际情况选用合适的形式化或半形式化规约语言或综合使用多种语言。

（2）软件形式化验证的评估体系

信息技术安全评估通用准则（Common Criteria，CC，ISO/IEC15408）是用于评估 IT 产品安全性规格描述和实现的国际通用标准，也可作为软件形式化验证的评估体系。CC 基于保护轮廓（Protection Profile，PP）和安全目标（Security Target，ST）提出安全需求，基于安全功能要求和安全保障要求进行安全评估，是一个综合了以往信息安全准则和标准的框架。CC 定义 IT 产品达到安全目标需满足的可能的安全功能要求（例如安全审计、密码支持、用户数据保护等），同时定义安全功能能够正确地在系统中启用所需确认检查的安全保障要求。如表 3-8 所示，CC 定义了七个评估保障等级（Evaluation Assurance Level，EAL），从低到高为 EAL1～EAL7，逐级递增评估范围、深度和严格程度，其中，EAL5 及以上等级提出了半形式化或形式化的验证要求。

表 3-8　CC 评估保障级定义

等　级　名	定　　义	等　级　名	定　　义
EAL1	功能测试	EAL5	半形式化设计和测试
EAL2	结构测试	EAL6	半形式化验证的设计和测试
EAL3	系统地测试和检查	EAL7	形式化验证的设计和测试
EAL4	系统地设计、测试和复查		

安全保障要求中最抽象的集合称为保障类。每一类包含多个保障族，每一族又包含多个保障组件，每一组件又包含多个保障元素。类和族用于提供对保障要求进行分类的分类法，而组件用于详细定义 PP/ST 中的安全保障要求。保障组件的名字是相关英语单词的缩写，具有唯一性，是引用保障组件的主要手段。保障组件名的形式为族名的缩写后面加一个小数点，然后是一个根据组件在族内的顺序从 1 开始编号的数字，例如，开发类功能规范保障族组件 ADV_FSP.5。

CC 评估保障级汇总信息如表 3-9 所示，其中：列表示的是一组按级排序的评估保障级；行表示的是隶属于不同安全保障类的保障族；在表格矩阵中的每一个数字标识出了此处适宜的具体保障组件，填充背景色的为 CC 明确说明的半形式化保障组件，填充网纹的为 CC 明确说明的形式化保障组件。每个 EAL 包含一组安全保障要求，满足了 EAL 相应的安全保障要求，则达到了相应的 EAL。等级越高，表示通过认证需要满足的安全保障要求越多，系统的安全性与可信度越高，产品可对抗更高级别的威胁，适用于更高的风险环境。表 3-9 中 TSF 为"评估对象安全功能"，TOE 为"评估对象"，CM 为"配置管理"。

表 3-9　CC 评估保障级汇总信息

保障类	保障族		评估保障级依据的保障组件						
	族　名	目　的	EAL1	EAL2	EAL3	EAL4	EAL5	EAL6	EAL7
开发	ADV_ARC	安全架构		1	1	1	1	1	1
	ADV_FSP	功能规范	1	2	3	4	5	5	6
	ADV_IMP	实现表示				1	1	2	2
	ADV_INT	TSF 内部					2	3	3
	ADV_SPM	安全策略模型							
	ADV_TDS	TOE 设计		1	2	3	4	5	6
指导性文档	AGD_OPE	操作用户指南	1	1	1	1	1	1	1
	AGD_PRE	准备程序	1	1	1	1	1	1	1
生命周期支持	ALC_CMC	CM 能力	1	2	3	4	4	5	5
	ALC_CMS	CM 范围	1	2	3	4	5	5	5
	ALC_DEL	交付		1	1	1	1	1	1
	ALC_DVS	开发安全			1	1	1	2	2
	ALC_FLR	缺陷纠正							
	ALC_LCD	生命周期定义			1	1	1	1	2
	ALC_TAT	工具和技术				1	2	3	3
ST 评估	ASE_CCL	符合性声明	1	1	1	1	1	1	1
	ASE_ECD	扩展组件定义	1	1	1	1	1	1	1
	ASE_INT	ST 引言	1	1	1	1	1	1	1
	ASE_OBJ	安全目的	1	2	2	2	2	2	2
	ASE_REQ	安全要求	1	2	2	2	2	2	2
	ASE_SPD	安全问题定义		1	1	1	1	1	1
	ASE_TSS	TOE 概要规范	1	1	1	1	1	1	1
测试	ATE_COV	覆盖		1	2	2	2	3	3
	ATE_DPT	深度			1	2	3	3	4
	ATE_FUN	功能测试		1	1	1	1	2	2
	ATE_IND	独立测试	1	2	2	2	2	2	3
脆弱性评定	AVA_VAN	脆弱性分析	1	2	2	3	4	5	5

　　CC 明确说明的形式化、半形式化保障组件如表 3-10 所示。从表中可以看出同一保障族内的不同保障组件在深度和严格程度上的逐级递增。

表 3-10　形式化、半形式化保障组件

保障组件名	保障组件的目的
ADV_FSP.5	附加错误信息的完备的半形式化功能规范
ADV_FSP.6	附加形式化描述的完备的半形式化功能规范
ADV_TDS.4	半形式化模块设计
ADV_TDS.5	完全半形式化模块设计
ADV_TDS.6	带形式化高层设计表示的完全半形式化模块设计
ADV_SPM.1	形式化 TOE 安全策略模型

CC 最高评估保障级 EAL7 要求对软件的功能性规格说明和系统的高层设计进行形式化验证，而最低等级 EAL1 则未要求对这些指标进行形式化验证，但普遍以半形式化验证为基准。如果要达到完全的形式化验证，则必须对需求分析到系统实现等所有环节进行形式化验证。

（3）面向安全评估的软件形式化验证

形式化方法可以在软件生命周期的每个阶段最大程度保障软件的正确性、可靠性、安全性，提高用户对软件的信心，但在实际的应用过程中，由于软件的复杂性和规模、验证抽象层次，以及编程逻辑与验证逻辑不同等问题，导致形式化验证面临巨大工作量和困难。对于验证抽象层次，可以关注高层的安全策略、安全模型是否按照预期正确地实施，也可以考虑对软件系统安全关键点、安全评估对象进行验证。软件的复杂性主要取决于软件所要解决的问题的复杂性，对于不同的抽象层次，描述的方法不尽相同。例如，用户层简单的应用软件可以采用严格的逻辑系统来描述，并进行高效的自动推理验证；在有些问题中，需要用到多种逻辑系统，在验证过程中需要人为的干预和交互。软件规模对形式化设计和验证的复杂性影响很大，验证的复杂性随软件规模的增加呈现出指数增长的趋势。同时，形式化逻辑系统方法在对问题进行描述时往往采用各种逻辑系统，如一阶逻辑、高阶逻辑、时序逻辑、分离逻辑等，这些逻辑和实现软件时程序员采用的编程方式存在一定的差异，这种差异也成为制约形式化方法应用的因素。

不仅可以对系统实现（代码级）的验证使用形式化方法，在系统设计过程中也可以使用形式逻辑来保证设计的可靠性、安全性，从而最大程度保证系统的正确性。在进行形式化验证之前，需将源代码描述的实现或自然语言描述的需求或伪规则表示的半形式化描述转换为形式化规约，然后利用相应的形式化验证工具进行形式化验证。

以 CC 安全功能要求的形式化转换与形式化验证为例。CC 安全功能要求呈层次结构，从顶部依次为类、子类、组件、元素，其中元素是使用自然语言描述的不可分割的安全功能要求，组件由一组元素组成，子类由一组具有相同安全性目标的组件组成，类具有多个子类。以 Z 语言和时序逻辑进行形式化描述，使用形式化方法验证、评估目标软件安全需求的方法如图 3-10 所示，主要包括四个步骤。

① 用形式化规约语言 Z 语言和时序逻辑形式化地描述 CC 中定义的全部安全功能元素，形成形式化规约 Z 标准。

② 基于 CC 标准描述目标软件的安全需求。为了评估目标软件的安全性，需使用 CC 定义的必要的安全功能要求来描述目标软件的安全需求。保护轮廓 PP 是为既定的一系列安全对象提出安全功能要求和安全保障要求的完备集合，能够降低描述目标软件安全需求时的难度。为了便于形式化验证者寻找合适的 PP 来描述目标软件的安全需求，可以消除 PP 中不必要的、冗余的部分，合并有用的部分作为模式，并用 UML 形式化地描述模式化的 PP。在描述目标软件安全需求的过程中，针对目标软件的具体安全需求，从 CC 的安全功能元素中选择出所需要的安全功能元素进行具体化、实例化。

③ 用 Z 语言和时序逻辑形式化地描述目标软件的安全需求。

④ 采用定理证明法和模型检测方法对目标软件的安全需求进行形式化验证，严格验证安全需求是否满足 CC 定义的安全标准。

在进行形式化验证时，可以使用支持所选用的形式化规约语言的工具软件（如定理证明器）。

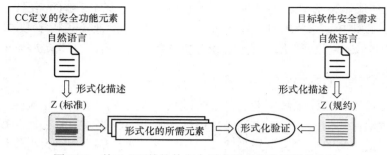

图 3.10　基于 CC 的软件安全需求形式化验证评估方法

由于形式化验证工作量大等因素的制约，常常只将软件系统最关键的部分作为评估对象进行形式化验证，以证明软件系统是否安全。

3.3　软件安全风险控制

软件安全风险评估只是识别安全风险并确定安全风险的严重程度，软件安全风险控制则是从软件开发的角度，针对已识别并已排序的风险，确定风险缓解措施，制订风险管理计划，结合项目管理，在软件过程的每个阶段化解安全风险，并跟踪风险化解进度、防范新风险的发生。即使采用软件安全过程进行软件开发，在软件过程的不同阶段，也应结合各阶段的审核工作开展侧重点不同的风险评估，如针对需求的安全风险评估以及设计安全风险评估、编码与测试安全风险评估、系统集成安全风险评估、配置部署安全风险评估，并根据评估确定的风险等级制定风险管理计划、实施风险化解与监控等风险控制措施。软件安全风险评估与风险控制在整个软件过程中既相互交叉，又相互衔接；风险评估是风险控制的基础，通过风险控制化解风险是最终目标。软件安全风险控制的基本思想是结合软件项目管理，在整个软件开发过程中识别、分析、排序、消减软件安全风险，并跟踪了解软件安全风险随时间的变化，是对传统软件风险管理的安全拓展。软件安全问题已成为影响软件开发维护成本，甚至导致软件失败的重要因素之一。

软件安全风险控制从系统全局和项目实施的角度保障软件过程每个阶段的安全实践的系统性、连续性。安全风险识别、分析可以确定软件的安全问题及其严重程度，但实现足够的软件安全级别不只是要求遵守法规或实现普遍接受的安全实践，更须明确如何将软件安全风险降低到可接受的水平。任何确保软件足够安全的方法，都必须定义和使用一个风险管理计划，实施持续的风险管理过程。软件安全风险控制是一个持续迭代的过程，包括确定和有效管理安全风险，以及确定和有效管理残余风险（采取安全措施后残留的风险）。

3.3.1　基于风险管理框架的安全风险控制

Gary McGraw 博士提出的软件风险管理框架（Risk Management Framework，RMF）是一种将合理的安全策略融入软件开发过程中的管理软件引起的业务风险的实用方法，用于实现一致的、迭代的、专家驱动的、与软件过程全面融合的风险管理。RMF 以客户的业务为核心，通过关联软件安全风险及其可能引发的客户业务风险而激起管理者、决策者重视相关技术风险、软件缺陷，进而支持采取系列措施缓解软件风险，降低包含安全风险的软件风险。

RMF 包含形成闭环的五个活动阶段（如图 3.11 所示），以便分析人员可以利用自己的技术专长和相关工具来实施合理的风险管理，从而降低软件风险。在 RMF 的整个应用过程中，采用一致的方式进行识别、跟踪、度量和报告风险等活动，了解软件风险的进展情况，有利于建立度量和通用度量标准，从而有利于软件开发组织更好地管理特定质量目标下的业务和技术风险，做出更明智、更客观的业务决策（例如，是否延期发布软件产品），并改进软件开发流程，从而更好地管理软件风险。

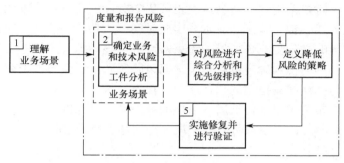

图 3.11　软件风险管理框架

（1）理解业务场景

软件风险管理需针对特定的业务场景。业务流程和 IT 系统的日益集成意味着软件风险必然对客户的业务活动产生影响，应根据相关业务风险的严重程度来确定软件风险的优先级。风险管理的核心之一是描述风险影响。如果技术风险、软件缺陷与业务或业务工作结果没有明确的、令人信服的联系，则通常不足以令人信服地采取安全措施，除非能让业务人员和决策者很好地理解软件安全风险分析中主要针对保密性、完整性、可用性的风险影响分析结果，否则这些风险很可能不会得到解决。风险管理包括风险规避和技术权衡，受相关业务动机的影响。因此，软件安全风险管理的第一阶段，分析人员须识别和描述业务目标、优先级和环境，进而了解哪些业务目标是最重要的，哪些类型的软件风险是需要关注的（参照4.1.1 节中业务需求与用户需求、功能需求的相关描述），明确软件风险与业务需求、业务目标的关系，以便软件开发组织及决策者重视软件风险。业务目标一般包括增加收入、满足约定的服务水平、降低开发成本和产生高投资回报。

（2）确定业务和技术风险

业务风险直接威胁客户的一个或多个业务目标。业务风险的识别有助于澄清和量化某些事件将直接影响业务目标的可能性。业务风险的影响包括直接的财务损失、对品牌或声誉的损害、违反客户或监管约束、承担责任和增加开发成本。业务风险的严重程度应该用财务或项目管理指标来表示，例如，市场份额、直接成本、工作效率和返工成本。

识别业务风险有助于定义和指导特定技术方法的使用，以便识别、度量和降低各种软件工件（如需求、体系结构和设计规范）的软件风险。与软件缺陷相关的技术风险的影响包括对软件安全特性的影响，以及软件开发过程中工件的不必要返工。RMF 在本阶段的核心是发现和描述技术风险并将它们通过业务风险映射到业务目标。

（3）对风险进行综合分析和优先级排序

风险无处不在，识别风险很重要，更关键的是对识别的风险进行综合分析、确定需优先解决的风险。确定风险的优先级，需考虑哪些业务目标对客户来说是最重要的，哪些目标是立即受到威胁的，以及可能变为现实的风险将如何影响业务。本阶段的输出是一个所有风险的列表，及其相对优先级。本阶段的度量包括：风险可能性、风险影响、风险严重程度，以及随时间的推移出现和消减的风险数量。

（4）定义降低风险的策略

本阶段基于上一阶段确定的一系列风险及其优先级，制定符合成本效益的降低风险的策略。任何缓解风险的建议都必须考虑成本、实施时间、成功的可能性、完整性和对全部风险的影响。风险缓解策略必须受业务场景的约束，并且应该考虑客户能够负担、集成和理解哪些内容。该策略还必须明确地确定可以用于证明风险得到了适当降低的验证技术。本阶段需要考虑的典型度量包括：缓解措施的估计成本、投资回报、方法有效性，以及缓解措施所覆盖的风险百分比。通常情况下，降低所有可能的风险是不划算的，所以一旦采取了降低风险的措施，将存在一定程度的残余风险，需管理并定期审查残余风险。

（5）实施修复并进行验证

根据上一阶段制定的降低风险的策略，修复存在问题的工件（例如，设计中的架构缺陷），降低风险。本阶段还涉及上一阶段确定的验证技术的应用。测试可用于验证和度量风险消减活动的有效性，确认工件和过程不再具有不可接受的风险。本阶段应该定义并保留一个可重复的、可度量的、可验证的验证过程，该过程可以随时进行，以持续地验证工件质量。本阶段使用的度量包括工件质量度量以及风险缓解程度。

RMF 的成功使用依赖于对风险的持续和一致的识别、分析和文档化，因风险信息会随时间变化而变化。在 RMF 执行的所有阶段都应使用一个风险主清单列表，并不断地重新检视，定期报告针对这个主清单的度量。例如，在各种软件工件或软件生命周期阶段中确定的风险数量可以用于确定软件过程中的问题区域；同样，随着降低风险措施的实施及时间的推移，减少的风险数量可以用于显示风险消减工作的进展。

如图 3.11 所示的 RMF 有一个明显的循环，形象地表示风险管理是一个连续的过程，在软件项目中只识别一次风险是不够的，去掉五个阶段中的某个阶段，也是不正确的。虽然这五个阶段在图 3.11 中以特定的顺序显示，但它们可能需要在整个项目中反复应用，并且每个阶段执行的顺序可能是交错的。造成这种复杂性的主要原因有两个。首先，风险可能在软件生命周期的任何时候突然出现，因此在软件生命周期的每个阶段应用 RMF 循环，例如，在需求分析期间识别、分级并降低软件风险（一个循环），在设计期间再一次降低软件风险（另一个循环）；其次，风险可能在阶段之间突然出现，而不管项目在过程中处于什么位置。更复杂的是 RMF 过程可以应用于几个不同的抽象层次。第一个层次是项目层。为了便于项目管理人员有效沟通、管理风险，循环的每个阶段都必须覆盖整个项目。第二个层次是软件生命周期阶段层次。循环很可能在需求阶段、设计阶段、体系结构阶段、测试计划阶段等都有各自的循环形式。第三个层次是工件层次。例如，在需求分析和用例分析过程有自己的循环形式。将验证循环描述为串行循环过程就足以一次性捕获所有这些层次上的关键点。

风险管理过程，就其本质而言，是累积的，有时是武断的，并且很难预测。当新的风险出现时，特定的 RMF 阶段、任务和方法可能独立地、并行地、重复地、甚至随机地启用。足够的安全级别是随业务和风险环境以及决策者能接受的风险容忍度的变化而不断变化的。实现和维持足够的安全是一个持续的过程，而不是最终结果。因此，风险管理应持之以恒。

3.3.2　基于软件项目风险管理的安全风险控制

软件项目风险管理是软件项目管理的重要内容。在进行软件项目风险管理时，根据 3.1 节描述的风险管理过程与方法，辨识风险，评估风险出现的概率及产生的影响，然后建立控制风险的规划。传统的软件项目风险是指在软件开发过程中遇到的需求频繁变动、人员不足、预算和进度安排不合理等问题以及这些问题对软件项目的影响。软件项目风险会影响项目计划的实现，如果项目风险变成现实，则有可能影响项目的进度，增加项目的成本，甚至导致软件项目失败。软件安全问题已成为影响软件开发维护成本，甚至导致软件失败的重要因素之一。

风险分类的依据，也是识别风险的途径。根据软件项目风险的范围，可以将风险分为项目风险、技术风险和商业风险三种类型。

① 项目风险：潜在的项目预算、进度、人员、资源、用户和需求等方面的问题。例如，团队成员辞职、客户取消合同、需求分析理解错误等风险，都属于项目风险。

② 技术风险：实现和交付产品过程中所应用的各种技术所包含的风险。技术的正确性、不确定性、复杂性、技术陈旧等因素都可能带来技术风险。例如，开发人员技能不合格、测试发现严重缺陷、维护人员不了解项目，都属于技术风险。

③ 商业风险：与市场、企业产品策略等因素有关的风险。实现了一套优秀的软件系统，却得不到客户认同，或者与企业市场发展战略不符。例如，企业提供了完整的 Web 服务，但客户喜欢桌面应用程序。

从风险可预测的程度，可以将软件项目风险分为已知风险、可预测风险和不可预测风险三种类型。

① 已知风险：通过评估项目计划、项目的商业和技术环境以及其他可靠的信息来源之后可以发现的风险，例如，不现实的交付时间、资金不足、技术不成熟等。

② 可预测风险：能够从过去的项目经验中推测出的风险，例如，人员调整、与客户沟通困难等。

③ 不可预测风险：事先很难识别出来的风险。

基于软件项目风险管理的安全风险控制是指在传统软件项目风险管理中强调软件安全风险对软件项目的影响，并采取相应的风险控制措施缓解软件安全风险。例如，安全需求缺失，可能导致软件没有遵从相关法律法规，可能泄露用户隐私，最终导致软件不能发布或发布后要求整改。因此，在开展传统软件需求相关活动时，增加对安全需求的收集、整理、分析、评估，降低因需求不明确、需求变更导致的风险的同时，降低安全需求不明确、安全需求变更的风险。在项目实施过程中重视已识别出的软件安全风险对软件项目的影响，并将软件安全风险作为软件项目的重要风险之一，有助于在项目管理过程中制定、落实缓解软件安全风险的措施，降低软件安全问题导致软件项目失败的风险，尤其是解决已知安全问题的方案与相关技术，有助于软件项目识别并控制已知安全风险、可预测的安全风险，并对不可预测的安全风险制定应急响应策略。

3.3.3　软件供应链安全风险控制

"供应链"这一术语通常用于制造业，是制造和供应某产品所需的过程链，是指将原材料、零部件和成品从各级供应商逐步转移给最终用户所需的一系列生产流通过程，该过程中上下游供应商（包括原材料供应商、制造商、分销商和零售商）形成网链结构。软件系统在编译或运行过程中常需要外部库、模块或组件，即依赖项。一套软件系统通常由多个具有特定功能、相互协作的组件组成，这些组件主要来自自主开发代码的团队、外包开发者、开源项目或商业软件供应商等各种供应商。与供应链类似，软件供应链是指基于供应关系，通过资源和过程将软件产品或服务从供方传递给需方的网链系统。

软件供应链安全指软件设计开发的每个阶段来自编码过程、工具、设备、供应商以及发布交付渠道、软件补丁发布或软件更新渠道所面临的安全问题。软件供应链攻击包括开发工具攻击、开发人员内部攻击、源代码攻击、软件分发工具或系统（网站）攻击、软件更新网站/补丁网站攻击。不同于软件自身的安全漏洞，供应链安全问题主要来自外部恶意代码对软件代码的污染。软件大量使用开源代码和公用模块，导致可被利用的已知和未知漏洞较多。这些安全问题涉及软件的代码编写、代码编译、软件分发、软件更新等各个环节。

（1）代码编写环节。针对开源代码进行攻击，将恶意代码植入开源代码中，从而使恶意代码随着软件的发布进入最终的用户环境中。

（2）代码编译环节。如果静态连接库被攻击者植入了恶意代码或编译工具被劫持，则编译结果中可能被植入恶意代码。

（3）软件分发及软件更新环节。攻击者入侵软件开发商的系统，在发布/更新的软件中嵌入恶意代码，利用用户对软件开发商的信任进入用户的系统中，从而给用户带来安全风险。软件使用的第三方依赖项中的恶意代码，也将随着软件的发布而扩散。

针对软件供应链安全问题的不同来源，采取相应措施控制软件供应链安全风险，重点管控开源组件、开源框架和闭源组件三类对象及与这三类对象相关的漏洞攻击、中断供应、侵犯知识产权三种风险，建立包括制度、流程、规范在内的管理体系，在软件生命周期的不同阶段，对软件供应链进行供应链准入管理、风险检测、持续安全跟踪、漏洞修复或调整供应链，在开发环节避免产生源代码污染、开发工具污染等问题，在交付环节避免供应商预留后门、捆绑下载等安全问题，在使用环节防止软件产品和服务断供、停服等问题。

3.4　软件安全能力成熟度模型

软件能力成熟度模型（Capability Maturity Model for Software，SW-CMM，简称 CMM）是一种用于评价软件开发组织的能力并帮助其改善软件质量的方法，侧重于软件开发过程的管理及工程能力的提高与评估。现有的软件能力成熟度模型均主要关注提升软件质量和保持软件开发过程的一致性，通常不包含安全要求或安全目标与实践，并没有将软件的安全作为软件产品的质量标准之一，没有涵盖安全的质量提升，并不意味着软件的安全性也随软件质量的提升而提升。例如，软件代码质量高，并不代表软件的攻击面小。一个软件开发组织即使达到了很高的能力成熟度，也无法证明其开发的软件是足够安全的。因此，需要引入软件安全能力成熟度模型评估软件开发组织的安全开发能力和安全保障能力。

与软件能力成熟度模型类似，软件安全能力成熟度模型定义安全能力目标及其关键属性，即只定义与软件过程相关的系列安全实践活动，只关注做什么，不定义软件过程，不关注如何做。通过比较某组织的软件过程实际安全实践活动与模型建议的安全实践活动，确定组织的安全能力成熟度等级并发现其可以改进的安全实践活动，以便进一步提高组织的安全能力成熟度。软件安全能力成熟度模型既可以像软件安全过程模型一样用于软件开发组织开发高质量、高安全的软件，也可以用于评估软件开发组织开发安全的软件的能力，改进软件开发组织缓解软件安全风险、提升软件安全保障的能力。利用软件安全能力成熟度模型可以达到以下目标：

（1）评估软件开发组织在软件系统安全保障能力上的现状和水平，分析其业务目标期望和业界平均安全水平的差距；

（2）根据软件开发组织的业务目标，综合考虑资源情况和系统开发成熟度等限制因素，规划合理的、可以实现的努力方向和演进路线；

（3）以统一的标准定期评估软件开发组织的安全能力，向管理层展示各方面的实质性进步，并证明安全投入的实际成效，争取管理层对软件安全的长期支持；

（4）定义并持续改进软件开发组织所采取的安全措施，形成可执行的安全项目计划。

安全能力已成为评估软件开发组织相关能力的一个重要方面。软件安全能力的建设是一个持续优化的过程。利用软件安全能力成熟度评估，以评促建，参考相关评估模型的指导，结合软件开发组织自身实际情况，逐步形成适合自身的软件安全开发生命周期管理框架，通过迭代反馈、持续优化，逐步提升本组织软件安全风险管理能力。

本节从评估软件开发组织安全开发能力和安全保障能力的角度，针对不同领域不同类型软件安全侧重点的不同，分别面向器械设备控制软件，介绍安全性能力成熟度模型；面向信息数据处理软件，介绍软件保障成熟度模型（Software Assurance Maturity Model，SAMM）和安全构建成熟度模型（Building Security In Maturity Model，BSIMM）。SAMM 是规范性的通用框架，由经验丰富的评估专家告诉企业应当做到什么，是基于演绎推理的不证实推理；BSIMM 是描述性的实践积累，告诉企业一组数据说明世界上其他企业实际发生了什么，是基于证实推理的归纳推理。最后，从系统工程的角度，介绍系统安全工程能力成熟度模型（Systems Secure Engineering Capability Maturity Model，SSE-CMM）。

3.4.1 安全性能力成熟度模型

美国卡耐基梅隆大学软件工程研究所（Software Engineering Institute，SEI）于 1991 年提出 CMM，随后，SEI 又开发了系统工程、集成产品开发等成熟度模型，并于 2001 年发布能力成熟度模型集成（Capability Maturity Model Integration，CMMI），为改进组织的各种过程提供单一的集成化框架，消除各种模型的不一致性，减少模型间的重复，增加透明度和理解，适用于软件开发、电子制造、咨询服务等不同领域的企业或组织。但是，由于 CMMI 模型中并没有包括与软件安全能力相关的目标和实践，一个软件开发组织即使通过了高等级的 CMMI 能力成熟度评估，也不一定具有开发安全的软件的过程能力。

安全性（Safety）能力成熟度模型（+SAFE）是由澳大利亚国防部和 SEI 共同开发的，是对 CMMI 中的开发模型 CMMI-DVE（CMMI for Development）模型的一种扩展，其主要目的是识别安全关键产品（Safety Critical Product）供应商的安全优势和弱点，并在产品开发初期设法解决识别出的弱点。该模型共有两个过程域（Process Area，PA，即为达到既定目标而汇集的一组相关实践）：一个是属于项目管理类的安全管理过程域，另一个是属于工程类的安全工程过程域。每个过程域除了具有各自的特定目标（Specific Goal，SG），还具有与 CMMI 其他过程域类似的通用目标（Generic Goal，GG），模型结构如表 3-11 所示。此处仅介绍与安全相关的特定目标；通用目标及通用目标的通用实践与 CMMI 其他过程域的通用目标、通用实践类似，此处不赘述，请查阅相关资料。

表 3-11　安全性能力成熟度模型（+SAFE）的结构

安全过程域	特 定 目 标	通 用 目 标
安全管理	SG1：制订安全计划 SG2：监控安全事件 SG3：管理安全相关供应商	GG1：实现特定目标 GG2：制度化已管理过程 GG3：制度化已定义过程 GG4：制度化定量管理过程 GG5：制度化优化过程
安全工程	SG1：识别危险、事故和危险源 SG2：分析危险并进行风险评估 SG3：定义和维护安全需求 SG4：安全设计 SG5：支持安全验收	GG1：实现特定目标 GG2：制度化已管理过程 GG3：制度化已定义过程 GG4：制度化定量管理过程 GG5：制度化优化过程

与 CMMI 相比较而言，+SAFE 着重关注安全性，给出了改进软件开发组织开发安全关键产品能力的安全性特定实践，为评价和改进组织提供安全关键产品的能力提供了清晰的、需要特别关注的内容。

（1）安全管理过程域

安全管理是一个项目管理类过程域，其目的是确保安全活动（包括与供应商有关的活动）是有计划的，安全活动的执行和结果是根据计划进行监控的，并对偏离计划的活动进行修正。安全管理过程域促使项目重视安全需求，以及如何利用管理活动和技术方法来满足安全需求。安全管理与其他管理（例如，质量管理、风险管理、供应商协议管理、成本和进度管理）的集成，确保安全活动的计划、监控和控制重点与其重要性相匹配。当项目外部的供应商提供产品、部件或服务时，安全管理确保相关需求被纳入供应商协议中，并使协议得到履行。

安全管理是一个贯穿项目生命周期的持续的过程，采用以下管理原则：
① 在项目生命周期的早期解决安全问题，并在整个生命周期中予以追踪；
② 安全保障要求产品和过程具有独立的可见性；
③ 安全保障必须可以转移到项目外部的团体（包括供应商）；
④ 必须采用一种迭代的、持续的和不断演化的过程。

如表 3-11 所示，安全管理过程域共有三个特定目标，由相应的特定实践来实现这些特定目标。

① 制订安全计划。安全管理过程域的第一个特定目标是制订安全计划。基于安全需求、安全标准和安全管理原则建立和维护安全计划，作为整个项目生命周期安全管理的基础。实现该目标的特定实践包括：确定适用的规章要求、法规要求、过程或成果符合标准的要求，并形成文件；建立和维护反映可接受安全程度的安全标准；建立和维护项目的安全组织结构，包括明确人员和小组的角色与职责，提供报告渠道，并确保足够的管理和技术独立性；建立和维护安全计划。

② 监控安全事件。实施安全计划，监控、报告、分析和解决安全事件。实现该目标的

特定实践包括监控和解决安全事件。

③ 管理安全相关供应商。根据包括安全需求的正式协议，从项目外部的供应商获得安全相关的产品和服务。实现该目标的特定实践包括：建立包括安全需求的供应商协议；履行包括安全需求的供应商协议。

（2）安全工程过程域

安全工程是一个工程类过程域，其目的是确保在工程过程的所有阶段都充分解决安全问题。安全工程过程域涉及安全需求的技术分析和技术工程，以及安全工程原则在技术解决方案开发中的应用。安全工程和其他工程过程（包括需求开发、技术解决方案、集成和验证等）的集成，确保在项目生命周期的不同阶段优先落实需求和技术方案的安全相关内容。安全工程过程域的特定实践使用以下技术安全原则：

① 优先利用已验证可信的技术实现安全性；

② 使用迭代、持续和演化的开发过程；

③ 关键功能应尽可能简单，并且与产品的其他部分隔离；

④ 对最关键的功能，可以采用形式化验证证明其正确性。

如表 3-11 所示，安全工程过程域共有五个特定目标，由相应的特定实践来实现这些特定目标。

① 识别危险、事故和危险源。危险识别、危险分析和风险评估是在项目生命周期中多次执行的迭代过程的几个步骤。实现该目标的特定实践包括：识别可能的事故和危险源；以适当的产品模型为基础，识别并文档化可能的危险。

② 分析危险并进行风险评估。该目标要求分析每个危险的可能原因、概率和结果，评估该危险所呈现风险的严重性。实现该目标的特定实践包括分析危险和评估风险。

③ 定义和维护安全需求。该目标要求开发安全需求来描述处理危险、风险和安全标准的安全功能，明确每个安全功能的安全目标，并在整个项目生命周期中维护这些需求。实现该目标的特定实践包括：根据危险识别、危险分析和风险评估的结果，确定安全要求；为每项安全需求确定一个适当的安全目标；将安全需求分配到部件或安全相关产品。

④ 安全设计。该目标要求在项目生命周期全过程应用安全原则，实现安全需求。实现该目标的特定实践包括：根据安全原则选择解决方案；收集安全保障证据；对需求或设计变更进行安全影响分析。

⑤ 支持安全验收。该目标要求通过独立的安全评估和安全活动假设验证，建立并维护危险状态日志及安全案例，提供验证安全策略、计划和计划实施所需信息以支持安全验收过程。实现该目标的特定实践包括：建立危险状态日志；开发安全案例论据；通过现场验证或模拟，验证产品在预期环境中实现了预期的安全需求和安全目标；对产品、安全流程和安全案例进行独立评估。

（3）+SAFE 的使用

基于+SAFE 的安全性能力成熟度评估或改进活动可与 CMMI 适用的任何评估或改进活动集成在一起（+SAFE 的过程域作为基于 CMMI 的评估或改进的一部分），也可以作为独立的安全评估或改进活动，评估或改进一个组织机构开发、维护和管理安全关键产品的安全能力。

与 CMMI 的标准组件一样，一个组织的过程描述以及这些描述的编排方式反映该组织的实际运营过程，并非在+SAFE 中描述的通用过程。为了简化和缩短评估，应该在评估之前建立组织的安全过程及术语与+SAFE 的过程及术语间的映射关系。该映射关系也有可能识别出对于特定评估可以剪裁的部分+SAFE 过程域。如果一次评估剪裁了部分+SAFE 过程域，则相应的评估结果具有特定的用途，不能在其他环境下重用。例如，一次评估剪裁了与外部供应商管理相关的特定实践，则如果被评估组织要使用外部供应商，则该次评估结果只能有限地用于组织的内部过程改进和采购风险管理，而不能用于外部供应商管理。

在项目中关于安全性的三种常见基本情况是：

① 产品是安全关键的，并且尝试了安全活动；

② 产品是安全关键的或者其安全特性是未知的，并且没有尝试开展安全活动；

③ 产品不是安全关键的，并且没有尝试开展安全活动。

在理想情况下，安全性能力成熟度评估应包括各种情况的样本，因为安全关键项目和非安全关键项目都影响组织机构实施安全活动的方式。是否将某个项目作为+SAFE 评估的一个样本，取决于该项目是否为安全关键项目。由全面深入了解产品性质的评估师确定项目是否是安全关键项目。+SAFE 评估团队则根据列入的一个或多个项目对组织机构实施安全活动的整体评估所产生的影响，来确定是否对不尝试任何安全活动的项目进行评估。

可以采用以下准则确定+SAFE 的哪些过程域应用于每个正在评估的项目（在评估过程中须进行一些调整）。

① 如果一个项目有可能是与安全相关的，则应对照安全管理过程域的特定实践和安全工程过程域中的"SG1：识别危险、事故和危险源"及"SG5：支持安全验收"对其进行评估。

② 如果一个项目达到了安全工程过程域的 SG1 和 SG5，并因此确定该项目是安全相关的，则应对照安全工程过程域中的"SG2：分析危险并进行风险评估"对其进行评估。

③ 如果一个项目达到了安全工程过程域的 SG2，并因此确定该项目存在安全需求，则应对照安全工程过程域中的"SG3：定义和维护安全需求"和"SG4：安全设计"对其进行评估。

表 3-12 说明了+SAFE 可以选择的过程域和特定目标。

表 3-12　+SAFE 过程域选择示例

项　　目	安　全　管　理			安　全　工　程				
	SG1	SG2	SG3	SG1	SG2	SG3	SG4	SG5
项目不是与安全相关的								
项目可能是与安全相关的，但危险识别表明它不是	√	√	√	√				√
项目是与安全相关的，但所有危险都可接受	√	√	√	√	√			√
项目是与安全相关的，并且某些危险不可接受	√	√	√	√	√	√	√	√

对项目决策正确性的评估，包括对安全关键或非安全关键分类正确性的评估，不是对照+SAFE 进行评估的一部分。

（4）过程改进注意事项

+SAFE 为组织机构提供了获得安全活动能力的指南，其内容包括：组织机构实施其安全活动必须达到过程域的哪些特定目标和哪些通用目标，这些目标是"必需的"部分；组织如何能够达到这些目标，即"期望的"和"资料性的"部分，包括特定实践、通用实践详细说明、学科扩充和子实践等组件；使用能力级别表示的过程域结构，即改进优先级和依赖关系的指南。

此外，+SAFE 还提供了使用安全过程域的具体指南。

① +SAFE 不要求使用特定的安全标准。如果组织已经选择了特定的标准，或者是合同要求了特定的标准，+SAFE 框架旨在适应这些标准的方法和技术，包括替换+SAFE 的特定实践和通用实践。

② 安全过程高度依赖于支持类过程域，尤其是配置管理、过程和产品质量保证、决策分析和解决过程域。安全过程在较小程度上还依赖于度量以及因果分析和解决过程域。这些过程域的有效实施对安全能力的持续改进是至关重要的。

③ 安全过程特别强调验证和确认资源的独立性，以及向安全管理人员和参与人员通报的渠道的独立性，特别是问题上报渠道的独立性。

3.4.2　软件保障成熟度模型

软件保障成熟度模型 SAMM 是一个由 OWASP 的 SAMM 项目团队开发和维护的开放的规范性参考模型，用于帮助组织评估其当前的软件安全实践，建立软件安全保障计划，证明安全保障计划带来实质性改善，定义并衡量组织中与安全相关的措施。当前版本是 SAMM 2.0。SAMM 适用于所有的小型、中型和大型组织的任何类型软件开发，可以集成到组织现有的软件开发生命周期中。

SAMM 将软件安全开发的核心活动划分为治理、设计、实现、验证和运维五个通用的业务功能，每个业务功能均包括三个安全实践，如图 3.12 所示。业务功能的实现由其包含的安全实践提供安全保障。SAMM 的 5 个业务功能的 15 个安全实践覆盖了软件安全保障全部相关活动。

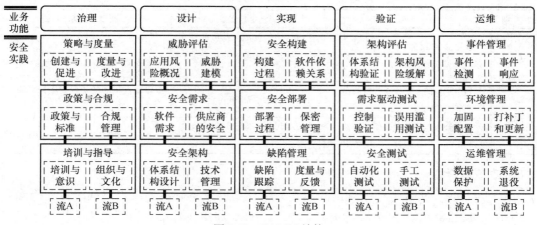

图 3.12　SAMM 结构

安全实践是一组与安全相关的活动，分为三个成熟度等级：第 1 级是初始实施，第 2 级是结构化实现，第 3 级是优化实践。SAMM 不同要素的层次关系如图 3.13 所示。每个级别都有自己的包含特定活动的目标与度量，但各级之间目标逐级完善、度量逐级严苛。不同安全实践的每个成熟度等级的细节有所不同，如表 3-13 至表 3-27 所示。每个安全实践所包含的活动按逻辑流程分组为流 A 和流 B 两个流（活动组），每个流在不同的成熟度级别上关联并对齐安全实践中的活动。流 A 和流 B 分别覆盖安全实践的不同方面，流 A 侧重于基准要求，流 B 侧重于深层次需求。

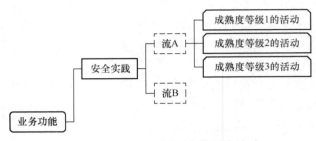

图 3.13　SAMM 不同要素的层次关系

下面概述 SAMM 的五个业务功能及其安全实践。

（1）治理

"治理"专注于与组织如何管理软件安全开发相关的过程和活动，包括关注多个小组参与的开发过程，以及在组织级别建立的业务流程。

① 策略与度量

软件安全保障需要许多不同的活动和关注点，也需要一个指导构建安全的整体计划，以避免各种安全实践的不一致、不均衡甚至相互冲突。"策略与度量"实践的目标是为实现组织内的软件安全目标建立、维护、推动一个效率高且富有成效的计划，对 SAMM 的其他实践活动进行优先级排序，并以此作为组织工作的基础，同时基于度量来精准跟踪组织的安全状态和计划的迭代改进。"策略与度量"的成熟度及活动如表 3-13 所示。

表 3-13　"策略与度量"的成熟度及活动

级　　别	目　　标	流 A：创建与促进	流 B：度量与改进
1	确定安全计划的目标和衡量有效性的方法	识别组织的价值源及其可能存在的风险，确定组织的风险承受能力与安全基线	通过对应用程序安全计划的有效性和效率的洞察来定义度量标准
2	为组织内的软件安全建立统一的战略路线图	发布统一的应用程序安全策略	设定目标和关键绩效指标来衡量安全计划的有效性
3	使安全成本与相关的组织指标和资产价值相一致	调整应用程序安全计划以支持组织的发展	基于度量标准和组织需求完善策略

② 政策与合规

"政策与合规"实践专注于理解并满足外部法律和规章制度的要求，同时推动确保合规且与组织业务目标一致的内部安全标准。在此实践中将组织标准和第三方义务描述为应用程序需求，从而支持在软件生命周期中利用高效的自动化审计，并持续证明满足所有预期。

"政策与合规"的成熟度及活动如表 3-14 所示。

表 3-14　"政策与合规"的成熟度及活动

级　别	目　标	流 A：政策与标准	流 B：合规管理
1	识别并文档化与组织相关的治理和合规需求	确定代表组织策略和标准的安全基线	识别第三方合规需求，并映射到现有的策略和标准
2	建立专用的安全与合规基线	开发适用于所有应用程序的安全需求	发布特定于法规遵循的应用程序需求和测试指南
3	度量对政策、标准和第三方需求的遵守情况	度量并报告个别应用程序遵守政策和标准的状态	度量并报告个别应用程序是否符合第三方要求

③ 培训与指导

"培训与指导"实践专注于为软件生命周期涉及的人员提供知识和资源，使项目团队可以主动识别并缓解特定安全风险。本实践从核心开发团队开始，根据每个小组的技术需求，为产品经理、软件开发人员、测试人员和安全审计员等不同角色定制培训，同时要求组织在改进组织文化方面进行重大投资，通过团队之间的协作促进应用程序安全。"培训与指导"的成熟度及活动如表 3-15 所示。

表 3-15　"培训与指导"的成熟度及活动

级　别	目　标	流 A：培训与意识	流 B：组织与文化
1	为员工提供与安全开发和部署有关的资源	为所有参与软件开发的人员提供安全意识培训	在每个开发团队中确定一个"安全卫士"
2	用技术和针对不同角色的安全开发指导来培训软件生命周期涉及的所有人员	提供技术和针对不同角色的指导，包括每种语言和平台的安全细节	成立安全软件卓越中心，提升开发人员和架构师的思想领导力
3	在不同团队的开发人员的协助下，制定内部培训计划	以组织的安全软件开发标准为核心，标准化内部指导	建立安全软件社区，包括所有参与软件安全的员工

（2）设计

"设计"关注与组织如何在软件开发项目中定义目标和创建软件相关的过程和活动，一般包括需求收集、架构设计和详细设计。

① 威胁评估

"威胁评估"实践专注于根据正在开发的软件的功能和运行时环境的特征识别和理解项目层面的风险。根据每个项目面临的威胁和可能的攻击，对安全计划的优先级做出更合适的决定，从而使组织作为一个整体可以更有效地运作。本实践从简单的威胁模型开始，评估每个应用程序的风险，评估遭受攻击时该应用程序对组织造成的潜在业务影响，并根据风险对应用程序进行分类，进而创建粗放的标准化方法评估应用程序的风险，定期检查风险清单，确保不同应用程序的风险评估的正确性，及时更新应用程序风险概要。对团队进行培训，并不断更新从这些风险评估中获得的经验教训和最佳实践。"威胁评估"实践的成熟度及活动如表 3-16 所示。

表 3-16 "威胁评估"的成熟度及活动

级　别	目　标	流 A：应用风险概况	流 B：威胁建模
1	尽可能地识别对组织和单个项目的高级别威胁	对应用程序风险进行基本评估，以了解攻击的可能性和影响	利用头脑风暴和现有图表以及简单的威胁清单，尽可能地进行基于风险的威胁建模
2	对组织内与软件相关的威胁进行企业范围的标准化分析	建立风险概况的集中目录，了解组织中所有应用程序的风险	标准化威胁建模培训、流程和工具，在整个组织中不同规模地支持威胁建模
3	在整个组织中主动改进威胁覆盖率	定期检查应用程序风险概况，确保准确性和反映当前状态	持续优化和自动化威胁建模方法

② 安全需求

"安全需求"实践专注于在安全软件背景下重要的安全需求：保护应用程序核心服务和数据的典型软件需求，以及与供应商相关的，尤其是与外包开发相关的安全需求。外包开发可能会对应用程序的安全性产生重大影响。软件供应链安全参见"安全构建"实践。"安全需求"的成熟度及活动如表 3-17 所示。

表 3-17 "安全需求"的成熟度及活动

级　别	目　标	流 A：软件需求	流 B：供应商的安全
1	在软件需求过程中明确考虑安全	应用程序关键安全目标映射到功能需求	根据组织的安全需求评估供应商
2	增加来自业务逻辑和已知风险的安全需求的粒度	开发团队可以使用结构化安全需求	在供应商协议中列入安全条款，以确保符合组织的要求
3	强制所有软件项目和第三方依赖项的安全需求过程	为产品团队建立实用的安全需求框架	通过提供明确的目标来确保外部供应商的安全

③ 安全架构

"安全架构"实践专注于在软件体系结构设计期间处理的与组件和技术相关的安全。安全体系结构设计着眼于构成解决方案基础的组件的选择和组合，重点关注其安全特性。技术管理着眼于开发、部署和运维期间使用的支持技术的安全性。"安全架构"的成熟度及活动如表 3-18 所示。

表 3-18 "安全架构"的成熟度及活动

级　别	目　标	流 A：体系结构设计	流 B：技术管理
1	在软件设计过程中加入前瞻性安全指导的考虑	培训团队在设计过程中使用安全基本原则	识别整个解决方案所用技术、框架和集成存在的风险
2	将软件设计过程引向已知的安全服务和默认安全设计	建立可供采用的通用设计模式和安全解决方案	将在不同应用程序中使用的技术和框架标准化
3	正式控制软件设计过程并验证安全组件的使用	使用参考体系结构，并持续评估是否适当	在所有软件开发中强制使用标准技术

（3）实现

"实现"专注于组织如何构建和部署软件组件及如何管理软件缺陷相关的过程和活动。

① **安全构建**

"安全构建"实践强调以标准化的、可重复的方式构建软件的重要性，以及使用安全组件（包括第三方软件依赖）的重要性。该实践的流 A 侧重于通过追求完全自动化以便从构建过程中去除任何主观影响；该实践的流 B 旨在识别现代应用程序中普遍存在的软件依赖并跟踪其安全状态，减小软件依赖的安全问题对应用程序的影响。"安全构建"的成熟度及活动如表 3-19 所示。

表 3-19 "安全构建"的成熟度及活动

级 别	目 标	流 A：构建过程	流 B：软件依赖关系
1	构建过程是可重复和一致的	创建构建过程的形式化定义，使其变得一致和可重复	记录应用程序的依赖项清单，并适时分析
2	优化构建过程并完全集成到工作流中	自动化构建过程并保护构建工具的安全性，集成自动化安全检查	评估所使用的依赖关系，确保及时处理对应用程序构成的风险
3	构建过程有助于防止已知缺陷进入生产环境	在构建过程中定义强制安全检查，并确保不合规的工件构建失败	对软件依赖项进行与应用软件类似的安全检查

② **安全部署**

"安全部署"实践专注于确保开发的应用程序的保密性和完整性不会在部署期间受到损害。该实践的流 A 侧重于利用尽可能多的自动化部署过程来消除手动错误，使部署成功取决于集成的安全验证检查。流 A 还促进职责分离，即让受过充分培训的非开发人员负责部署。该实践的流 B 超越了部署机制，侧重于保护应用程序在生产环境中运行所需的敏感数据（例如密码、令牌和其他机密）的隐私性和完整性。"安全部署"的成熟度及活动如表 3-20 所示。

表 3-20 "安全部署"的成熟度及活动

级 别	目 标	流 A：部署过程	流 B：保密管理
1	部署过程有完整的文档记录	形式化部署过程，并确保部署工具和过程的安全性	采取基本的保护措施，以限制访问保密信息
2	部署流程包括安全验证里程碑	将部署过程自动化以覆盖各个阶段，并集成合理的安全验证测试	在部署过程中从加固的存储设备动态注入保密信息，并审计所有人为访问
3	部署过程是完全自动化的，并包含所有关键里程碑的自动化验证	自动验证所有已部署软件的完整性，包括内部或外部开发的	通过定期生成并确保正确使用应用程序的保密信息，改进其生命周期

③ **缺陷管理**

"缺陷管理"实践专注于收集、记录和分析软件安全缺陷，并利用基于度量驱动的决策的信息来丰富缺陷信息。该实践的流 A 侧重于处理和管理缺陷的过程，以确保发布的软件具有给定的安全保障级别。该实践的流 B 侧重于丰富与缺陷有关的信息，并衍生出度量来指导决策单个项目的安全以及决策整个组织的安全保障计划。"缺陷管理"的成熟度及活动如表 3-21 所示。

表 3-21 "缺陷管理"的成熟度及活动

级 别	目 标	流 A：缺陷跟踪	流 B：度量与反馈
1	在每个项目中跟踪所有缺陷	引入安全缺陷的结构化跟踪，并基于跟踪结果做出明智的决策	定期检查以前记录的安全缺陷，并从基本度量中快速取得成效

级　别	目　　标	流 A：缺陷跟踪	流 B：度量与反馈
2	缺陷跟踪用于影响部署过程	始终如一地对整个组织的所有安全缺陷进行评级，并对严重的缺陷定义服务等级协议	收集标准化的缺陷管理度量，并利用度量来优化组织的安全保障计划
3	跨多个组件的缺陷跟踪用于帮助减少新缺陷的数量	执行预定义的服务等级协议，并将缺陷管理系统与其他相关工具进行集成	持续改进组织的安全缺陷管理度量，并将其关联威胁情报等来源

（4）验证

"验证"专注于与组织如何检查和测试软件开发产出工件相关的过程和活动，包括测试等质量保证工作以及审核和评估等活动。

① 架构评估

"架构评估"实践确保应用程序和基础架构恰好满足所有相关的安全需求与合规需求，并足以缓解已识别的安全威胁。该实践的流 A 侧重于验证软件体系结构是否满足在"政策与合规"实践和"安全需求"实践中确定的安全需求和合规需求。该实践的流 B 侧重于审核软件体系结构面临的威胁及风险缓解措施。"架构评估"的成熟度及活动如表 3-22 所示。

表 3-22　"架构评估"的成熟度及活动

级　别	目　　标	流 A：体系结构验证	流 B：架构风险缓解
1	审核体系结构，确保针对典型风险采取了基线缓解措施	识别应用程序和基础架构组件，并审核采取的基本安全机制	对体系结构未缓解的安全威胁进行特别审核
2	审核体系结构中安全机制的完整提供	验证体系结构安全机制	分析体系结构已知威胁
3	审核体系结构的有效性并反馈结果以改进安全体系结构	审核体系结构组件的有效性	将架构审核结果反馈给企业架构、组织设计原则和模式、安全解决方案和参考架构

② 需求驱动测试

"需求驱动测试"实践的目标是确保实现的安全控制按照预期运行，并满足项目声明的安全需求。尽管"需求驱动测试"实践和"安全测试"实践都与安全测试有关，但前者关注于验证安全需求的正确实现，而后者则旨在发现应用程序中的技术实现弱点，而不考虑需求。"需求驱动测试"的成熟度及活动如表 3-23 所示。

表 3-23　"需求驱动测试"的成熟度及活动

级　别	目　　标	流 A：控制验证	流 B：误用/滥用测试
1	及时发现常见漏洞和其他安全问题	测试软件安全控制	执行模糊安全测试
2	对实现的应用程序进行审核，以发现违背安全需求的特定应用程序风险	从已知的安全需求中获取测试用例	创建并测试滥用案例和业务逻辑缺陷测试
3	在缺陷修复、变更或维护期间维护应用程序安全级别	执行回归测试（使用安全单元测试）	拒绝服务和安全压力测试

③ 安全测试

"安全测试"实践既利用自动化安全测试速度快且可以很好地扩展到许多应用程序的优点，也充分发挥手工测试专家的知识在深层次测试中的作用。该实践的流 A 侧重于建立通用安全基线以便自动检测容易发现的漏洞，逐步为每个应用程序定制自动化测试，并增加其执行频率从而尽早发现更多缺陷。该实践的流 B 侧重于手工方式进行深入的应用程序测试。与侧重于验证应用程序正确实现其需求的"需求驱动测试"实践不同，"安全测试"实践的目标是揭露应用程序中的技术和业务逻辑弱点，并使它们对管理和业务涉众可见，而不考虑需求。"安全测试"的成熟度及活动如表 3-24 所示。

表 3-24　"安全测试"的成熟度及活动

级　别	目　标	流 A：自动化测试	流 B：手工测试
1	执行手动和基于工具的安全测试以发现安全缺陷	利用自动化安全测试工具	对高危组件进行手动安全测试
2	自动化测试与渗透测试相辅相成，使开发期间的安全测试更完整、高效	采用特定于具体应用程序的安全测试自动化	进行手工渗透测试
3	将安全测试嵌入开发和部署流程中	将自动化安全测试集成到构建和部署流程中	将安全测试集成到开发过程中

（5）运维

"运维"包括确保应用程序及其关联数据保密性、完整性和可用性的必要活动，提高该业务功能的成熟度，有利于增强组织响应运营环境变化、应对运营中断的处置能力。

① 事件管理

在 SAMM 中，安全事件是指恶意行为或疏忽行为导致的至少一个资产的安全目标被破坏或即将被破坏的威胁，例如拒绝服务攻击。"事件管理"实践专注于处理组织中的安全事件。许多安全事件都是在发生很久后才被发现。事件从发生到被检测的时间段内，可能会发生重大损害，增加了恢复的难度。该实践的流 A 侧重于减少事件从发生到被检测的时间差。该实践的流 B 侧重于以训练有素、干净利落的方式响应发现的安全事件，减少损失，并尽可能快地恢复正常运营。"事件管理"的成熟度及活动如表 3-25 所示。

表 3-25　"事件管理"的成熟度及活动

级　别	目　标	流 A：事件检测	流 B：事件响应
1	尽最大努力检测和处理事件	使用可用的日志数据尽可能地检测可能的安全事件	确定事件响应的角色和职责
2	建立正式的事件管理流程	遵循已建立的、文档完备的事件检测流程，重点是自动日志评估	建立正式的事件响应流程，确保员工得到适当的履职培训
3	成熟的事件管理	使用主动管理、更新的流程来检测事件	建立专门的训练有素的事件响应团队

② 环境管理

"环境管理"实践专注于保持应用程序运行环境洁净、安全，确保组织技术栈的安全操作需要对所有组件应用一致的安全基线配置。"环境管理"的成熟度及活动如表 3-26 所示。

表 3-26 "环境管理"的成熟度及活动

级 别	目 标	流 A：加固配置	流 B：打补丁和更新
1	尽力修补和加固	根据已有信息，尽力加固配置	尽力修补系统和应用程序组件
2	建立有基线的正式流程	遵循已建立的基线和指导，执行一致的配置加固	在整个技术栈中定期修补系统和应用程序组件。确保补丁及时交付给客户
3	强制与持续改进的流程保持一致	积极监测与基线不一致的配置，并将检测到的事件作为安全缺陷处理	积极监视更新状态，并将缺失的补丁作为安全缺陷进行管理；主动获取组件的漏洞信息和更新信息

③ 运维管理

"运维管理"实践专注于确保在整个运维支持功能中保障安全的活动。尽管应用程序不能直接执行这些功能，但应用程序及其数据的总体安全依赖于这些功能的安全性。将应用程序部署在具有未修补漏洞的不受支持的操作系统上，或无法安全地在备份介质中进行存储，可能会使内置在该应用程序中的保护措施失去作用。该实践涵盖的功能包括：系统业务开通、管理和退役；数据库业务开通和管理；数据备份、恢复和归档。"运维管理"的成熟度及活动如表 3-27 所示。

表 3-27 "运维管理"的成熟度及活动

级 别	目 标	流 A：数据保护	流 B：系统退役
1	基本实践	贯彻基本的数据保护实践	退役未使用的应用程序和服务；逐一管理客户升级/迁移
2	已管理的响应流程	制定数据目录，建立数据保护策略	为未使用的系统/服务制定可重复的退役流程，以及从遗留依赖项迁移的流程；为客户管理遗留迁移路线图
3	积极监测和响应	自动检测策略违规，并定期审计遵从性；定期审核、更新数据目录及数据保护策略	主动管理迁移路线图，包括不受支持的临终依赖项和交付软件的遗留版本

SAMM 可以让组织知道其当前处于软件保障何种成熟度，并建议组织采取什么措施以达到更高一级的成熟度级别。SAMM 并不强求所有组织在每个安全实践都达到成熟度级别 3，每个组织确定最适合自己的每个安全实践的目标成熟度级别。

在组织中使用 SAMM 的典型方法包括六个步骤：准备、评估、设置目标、定义计划、实现、滚动展开。SAMM 支持持续改进，每次迭代时，没有必要总是执行所有这些步骤，例如，可以只执行评估。

（1）准备

在准备阶段，须明确目标受众是整个企业、特定的应用程序/项目，还是特定的团队，同时识别利益相关者，确保识别出重要的涉众，并很好地协调以支持项目。

（2）评估

通过评估组织当前实践，确定组织当前的成熟度级别。SAMM 提供了简化评估和详细评估，其中前者对每个安全实践进行评估，并为得到的评估结果评定分数；后者对每个安全实践评估后，再执行额外的审计工作，以确保每个安全实践中规定的每个活动都已执行，且已达到成功指标。详细评估是基于证据的评估，只有当组织希望对评估分数有绝对的确定性时才使用详细评估。评估时，基于此前实践活动的结果，利用 SAMM 工具箱（成熟度评分电子表单工具）记录每个安全实践的每个活动的履行情况访谈式答题（在多个可选答案中选择最切合当前实际情况的答案，比问卷答题多了额外的情况记录），根据答题得分计算对应安全实践的得分，进而确定每个安全实践的成熟度级别。

（3）设置目标

根据评估结果，设置改进目标，并使用 SAMM 工具箱创建和跟踪组织的 SAMM 路线图。通过确定组织应该完美实施哪些实践活动来设定或更新目标，通常，这将包括更多的低成熟度级别的实践活动而不是高级别的实践活动。确保所选实践活动集合的完整性，并考虑实践活动之间的依赖关系，评估设置的目标对组织开发成本的影响。

（4）定义计划

制定或更新让组织达到更高一级成熟度的路线图计划（软件保障计划）。根据 SAMM 路线图阶段的数量和持续时间选择一个务实的改进策略。一个典型的路线图包含 4～6 个改进阶段，为期 3～12 个月。考虑到实现新增的实践活动所需成本，将新增的实践活动的实现分布在不同的路线图阶段，尝试平衡不同阶段的实现成本，并兼顾活动之间的依赖关系。

（5）实现

启动路线图计划。执行路线图本阶段的所有实践活动，兼顾其对流程、人员、知识和工具的影响。在该阶段结束时，根据完成的实际情况调整路线图，然后开始路线图的下一阶段。

（6）滚动展开

通过组织培训和与管理层沟通，使软件开发涉及的每个人都知晓路线图计划和改进步骤，确保路线图计划是可行的，并在组织内有效实施，通过分析实施情况和产生的影响来度量路线图计划中实践活动的采用情况及已实现改进的有效性。

3.4.3　安全构建成熟度模型

软件安全构建成熟度模型 BSIMM 是一种描述性的模型，采用软件安全框架（Software Security Framework，SSF）和活动描述提供一种共同语言以解释软件安全中的关键点，并在此基础上对不同规则、不同领域、采用不同术语的软件安全计划（Software Security Initiative，SSI）进行比较，通过量化多家不同企业的实际安全实践，发现共同点和不同点，从而帮助其他组织规划、实施和衡量其软件安全计划，进而缩小与多数企业在安全实践方面的差距。

软件安全框架包括 4 个过程域：治理、情报、SSDL（安全软件开发生命周期）接触点和部署，每个过程域各包括 3 项实践，共形成 12 项安全实践，如表 3-28 所示。"治理"包括协助组织、管理和评估软件安全计划的实践。人员培训也是一项核心的管理实践。"情报"包括汇集企业知识的实践。所汇集的企业知识用于开展软件安全活动，既包括前瞻性的安全指导，也包括组织机构威胁建模。"SSDL 接触点"包括与分析和保障特定软件开发工件及开发流程相关的实践，所有的软件安全方法都包含这些实践。"部署"包括与传统的网络安全及软件维护组织机构相衔接的实践。软件配置、维护和其他环境问题对软件安全有直接影响。实践过程需要专注于软件安全的软件安全团队（Software Security Group，SSG）参与。SSG 成员包括高级管理层、系统架构师、开发人员和管理员。

表 3-28 软件安全框架

过 程 域	实 践	描 述
治理	策略与度量	规划并分配角色与职责，确定软件安全目标，确定预算，确定评估指标和软件发布条件
	政策与合规	根据法规制度确定控制措施，控制软件商业风险，制定企业的软件安全策略，并根据该策略开展审核工作
	培训	对软件开发人员和架构师进行软件安全培训
情报	攻击模型	建立和企业相关的个性化的攻击知识库，建立数据分类方法并识别潜在的攻击者
	安全功能和设计	为主要安全控制手段创建可用的安全模式，为这些控制手段构建中间件框架，创建和发布前瞻性安全指南
	标准和要求	明确企业安全要求，制定主要的安全控制标准，成立标准审查委员会
SSDL 接触点	架构分析	用简明的图表显示软件架构、应用风险和威胁列表、审查流程，为企业制定安全评估和漏洞修复计划
	代码审查	使用代码审查工具，制定量身打造的规则，手动分析以及跟踪/评估结果
	安全测试	使用黑盒安全工具进行质量保证的冒烟测试，风险驱动型白盒测试，攻击模型的应用，以及代码覆盖率分析
部署	渗透测试	发现并反馈安全漏洞，提供内部/外部测试
	软件环境	保障软件运行的主机及网络环境安全，应用程序部署、监控、变更管理以及代码签名
	配置与漏洞管理	应用程序打补丁和更新、版本控制、缺陷跟踪和修复、应急事件处理

BSIMM 的 12 项实践各包括多项安全活动。对于每个实践，根据统计数据给出多数企业都在从事的主要安全活动，并根据被调查企业参与安全活动的占比量排名，将安全活动分成三个成熟度等级，以明确何种活动应该被优先处理。BSIMM 中的活动并不是固定不变的，而是根据不同时期安全关注点的变化而进行相应变更调整（增减活动或调整活动的成熟度级别）。2021 版 BSIMM 报告研究了来自不同行业领域的 128 家企业的软件安全活动的匿名化数据，形成的 BSIMM 12 包括 122 项活动，如表 3-29 所示。

表 3-29 BSIMM 12 实践活动与能力成熟度等级

	治 理		
级别	策略与度量（SM）	政策与合规（CP）	培训（T）
1 级	[SM1.1]发布并持续完善处理软件安全问题的流程 [SM1.3]向高管提供软件安全培训 [SM1.4]实施开发周期管理并用于定义治理	[CP1.1]统一监管压力 [CP1.2]确定个人身份信息（PII）保护义务 [CP1.3]制定策略	[T1.1]软件安全意识培训 [T1.7]提供个人按需培训 [T1.8]在入职培训中加入软件安全培训
2 级	[SM2.1]在内部发布有关软件安全的数据并驱动改进 [SM2.2]根据评估结果验证产品发布条件并跟踪异常 [SM2.3]创建/扩大外围小组 [SM2.6]要求在软件发布之前签发安全证明 [SM2.7]设立宣讲师岗位，开展内部宣传	[CP2.1]确定 PII 清单 [CP2.2]制定合规性风险验收和问责流程 [CP2.3]实施并跟踪针对合规的控制 [CP2.4]供应商合同均包含软件安全服务水平协议 [CP2.5]确保高管人员了解合规和隐私保护义务	[T2.5]通过培训和活动来提高外围小组的能力 [T2.8]创建并使用与企业具体历史相关的材料 [T2.9]提供与具体角色相关的高级课程

（续表）

治　理		
级别	策略与度量（SM）	政策与合规（CP）	培训（T）
3 级	[SM3.1]使用带组合视图的软件资产跟踪应用程序 [SM3.2]将 SSI 作为对外推广的亮点之一 [SM3.3]确定度量并利用度量来要求获得资源 [SM3.4]整合软件定义的生命周期治理	[CP3.1]为满足监管合规要求常态化信息收集工作 [CP3.2]要求供应商执行策略 [CP3.3]根据软件生命周期的反馈信息完善策略	[T3.1]奖励课程进步者 [T3.2]为供应商或外包人员提供培训 [T3.3]举办软件安全研讨 [T3.4]要求参加年度进修 [T3.5]确定 SSG 答疑时间 [T3.6]观察发现新的外围小组成员

情　报		
级别	攻击模型（AM）	安全功能和设计（SFD）	标准和要求（SR）
1 级	[AM1.2]制定数据分类方案和数据清单 [AM1.3]识别潜在攻击者 [AM1.5]收集使用攻击情报	[SFD1.1]集中创建并交付安全功能 [SFD1.2]让 SSG 参与架构设计	[SR1.1]制定安全标准 [SR1.2]创建安全门户网站 [SR1.3]将合规性约束转化为需求
2 级	[AM2.1]构建与潜在攻击者有关的攻击模式和滥用例 [AM2.2]创建与特定技术相关的攻击模式 [AM2.5]维护并使用最危险的 N 种攻击的列表 [AM2.6]收集发布攻击案例 [AM2.7]建立讨论各种攻击的内部论坛	[SFD2.1]利用安全设计组件和服务 [SFD2.2]培养解决设计难题的能力	[SR2.2]成立标准审查委员会 [SR2.4]识别出软件中所使用的开源代码 [SR2.5]创建服务水平协议样板文件
3 级	[AM3.1]拥有一支开发新攻击方法的研究团队 [AM3.2]创建并使用模拟攻击的自动化方法 [AM3.3]监视自动化资产创建	[SFD3.1]成立批准和维护安全设计模式的审查委员会或中央委员会 [SFD3.2]采用已批准的安全功能和框架 [SFD3.3]在企业中寻找并发布成熟的安全设计模式	[SR3.1]控制开源组件风险 [SR3.2]与供应商沟通标准 [SR3.3]采用安全编码标准 [SR3.4]为技术栈制定标准

SSDL 接触点		
级别	架构分析（AA）	代码审查（CR）	安全测试（ST）
1 级	[AA1.1]审查安全功能 [AA1.2]审查高风险应用程序的设计 [AA1.3]由 SSG 领导设计审查工作 [AA1.4]利用风险评估方法排序应用程序	[CR1.2]伺机审查代码 [CR1.4]使用自动化工具 [CR1.5]强制审查每个项目的代码 [CR1.6]在一套系统中跟踪缺陷并案例化典型缺陷 [CR1.7]指定工具辅导人员	[ST1.1]确保执行边缘/边界值条件测试 [ST1.3]测试安全机制和安全功能 [ST1.4]在质量保证流程中使用黑盒安全测试工具
2 级	[AA2.1]定义并使用架构分析流程 [AA2.2]标准化架构描述	[CR2.6]使用自定义规则运行自动化工具 [CR2.7]使用基于企业实际数据形成的最重要 N 项缺陷列表	[ST2.4]与质量保证共享安全检查结果 [ST2.5]在自动化质量保证测试中包含安全测试 [ST2.6]执行为应用 API 定制的模糊测试
3 级	[AA3.1]由工程团队主导架构分析流程 [AA3.2]将分析结果转化为标准的设计模式 [AA3.3]发挥 SSG 指导架构分析的作用	[CR3.2]培养合并多项评估结果的能力 [CR3.3]培养消除缺陷的能力 [CR3.4]自动进行恶意代码检测 [CR3.5]强制执行安全编码标准	[ST3.3]利用风险分析结果引导测试 [ST3.4]利用代码覆盖率分析结果调整测试 [ST3.5]根据滥用例整合测试用例 [ST3.6]进行连续的、事件驱动的自动化安全测试

（续表）

级别	渗透测试（PT）	软件环境（SE）	配置与漏洞管理（CMVM）
部 署			
1 级	[PT1.1]聘请外部渗透测试人员查找问题 [PT1.2]将结果反馈至缺陷管理和缓解系统 [PT1.3]在内部使用渗透测试工具	[SE1.1]监控应用程序的输入 [SE1.2]确保主机及网络安全基础条件到位	[CMVM1.1]创建事件响应机制或与事件响应团队交流 [CMVM1.2]将运维监控期间发现的缺陷反馈给开发团队
2 级	[PT2.2]渗透测试者使用一切可用的信息 [PT2.3]按照既定日程定期渗透测试所有应用程序	[SE2.2]定义安全部署参数和配置 [SE2.4]保护代码完整性 [SE2.5]以容器形式运行应用程序以支持安全目标 [SE2.6]确保云安全基础条件到位 [SE2.7]对容器和虚拟化环境使用编排工具	[CMVM2.1]建立应急响应机制 [CMVM2.2]利用修复流程跟踪运维过程中发现的缺陷 [CMVM2.3]制定软件交付价值流的运维清单
3 级	[PT3.1]聘请外部渗透测试人员开展深度分析 [PT3.2]定制渗透测试工具	[SE3.2]进行代码保护 [SE3.3]监控和诊断应用程序行为 [SE3.6]利用运维清单强化应用程序管理	[CMVM3.1]修复运维过程中发现的所有软件缺陷 [CMVM3.2]完善 SSDL，防止再次引入曾发现的缺陷 [CMVM3.3]危机模拟演练 [CMVM3.4]执行发现软件缺陷的奖励计划 [CMVM3.5]自动验证运维基础设施的安全性 [CMVM3.6]发布可部署工件的风险数据 [CMVM3.7]简化漏洞披露流程

BSIMM 基于多个垂直行业的多家企业的实际安全实践，可以视为一种事实标准。BSIMM 提供了判断某安全活动是否是被广泛采纳的实践活动的依据，认同并非所有的企业都需要达到相同的安全目标，但期望所有企业都可以使用同一个衡量标尺并从中受益。BSIMM 不是一套完整的软件安全行动指南，但提供了一些观点和基本原则。企业可以利用 BSIMM 了解其他企业的安全项目过程，指导自己的安全项目，对本企业软件安全项目所开展的活动进行量化，构建并不断完善本企业软件安全行动指南。

没有一个企业需要执行 BSIMM 12 所有的 122 项活动。在开始阶段，企业需要建立属于自己的 SSG，吸收具有相关技能的各方面人员。第一个 SSG 会议要评估 BSIMM 并去掉那些明显与正在进行的项目无关的活动，对保留下来的活动划分优先级。预算限制等各种因素会影响判断某活动是"必须做"还是"建议做"，引起很多争论，导致需反复多次才能使每个人都满意。

BSIMM 对每项活动的描述比较抽象，对活动直接进行评估存在比较大的不确定性和模糊性，可以根据企业的现状和关注点进一步划分子活动作为评估的最小单位。子活动既可以是达成活动目标的阶段性步骤，也可以是衡量目标是否达成的控制措施，可以参照相关标准规范要求、行业通用方法或企业自身实践制定子活动，作为活动的评估依据。进行评估时，对当前年度的活动打分，并按活动归属的实践进行分数汇总和归一化（形成 0～3.0 的得分区间），作为该实践的最终成熟度度量。最终得到 4 个过程域的 12 个实践的评分，利用雷达图直观展示实践评分，既可以与行业进行横向差距对比，也可以与自身往年纵向对比，量化每个实践安全能力成熟度的变化，如图 3.14 所示。BSIMM 采用高水位标记方法绘制雷达图，进行不同企业间对比，从而评估大致的 SSI 成熟度。分配高水位线的标记方法比较简单，如果实践活动中观察到一个第 3 级的活动，则给此活动分配 3 分，而不去考虑是否也观察到了任何第 2 级或第 1 级的活动。

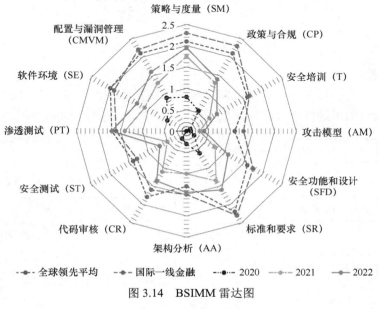

图 3.14 BSIMM 雷达图

根据评分结果，分析当前软件安全能力成熟度现状，历史纵向比较的改进，分析与业界领先存在的差距点，发现自身的不足。针对差距较大的实践，详细分析当前差距点和缺失的控制措施等，结合实施的成本和收益，规划需要实现的首要活动，确定下一年度可行的改进方向和行动计划。

3.4.4 系统安全工程能力成熟度模型

软件开发组织（企业、企业部门或项目组）在开发软件时可以实践安全工程（Security Engineering），并利用成熟度模型评估实施安全工程的能力，增加客户对软件产品安全性的信任。

安全工程是一个不断发展的学科，其目标包括：了解与企业有关的安全风险；根据已识别的风险建立相应的安全需求；将安全需求转化为安全指导原则并予以落实；利用正确有效的安全机制建立信任或保障；判断系统残余风险造成的影响是否可容忍（即确定可接受的风险）；将相关学科和专业活动集成为一个具有共识的系统安全可信工程。

（1）安全工程过程

系统安全工程过程分为风险过程、工程过程和保障过程三个基本工程领域（如图 3.15 所示），包含 PA01～PA11 共 11 个过程域。风险过程识别所开发的产品、系统或服务的内在风险，并且给出优先顺序。工程过程与其他工程学科一起制定相应的控制措施降低风险。最后，保障过程确立安全解决方案的信任度并将信任度传递给客户，增加产品、系统或服务的可信性。

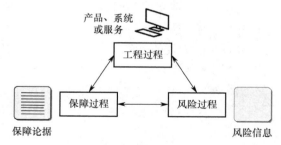

图 3.15   系统安全工程过程的组成

① 风险过程

安全工程的一个主要目标是减少风险。风险评估是识别尚未发生的问题的过程，其通过检查威胁和脆弱性的可能性以及研究安全事件的潜在影响来评估风险，如图 3.16 所示。

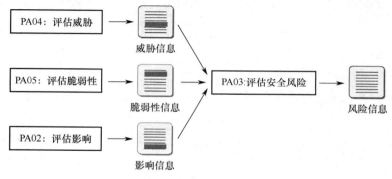

图 3.16   安全风险过程

通过采取防护措施处置风险，可能涉及威胁、脆弱性、影响或者风险本身。处置所有风险或者完全消除某特定风险是不可行的，这在很大程度上取决于风险处置成本以及相关的不确定性。因此，应接受某些残余风险。如图 3.16 所示的过程域 PA02～PA05 包含的相关活动有助于分析评估威胁、脆弱性、影响以及相关的风险。

② 工程过程

安全工程包括概念、设计、实施、测试、部署、运行、维护和退役等阶段。在这整个过程中，系统安全工程的实施必须紧密地与其他的系统工程组进行合作。安全工程师是一个更大团队的一部分，需要与其他学科的工程师合作并协调他们的活动，确保安全成为这个更大过程的一个组成部分，而不是一个分离的独立活动。

根据前述风险过程的信息及系统需求、相关法律政策等其他信息，安全工程师与客户一起识别安全需求，如图 3.17 所示。一旦识别出需求，安全工程师就可以识别和跟踪特定的安全需求。建立安全问题解决方案的过程通常先确定可行的候选方案，然后评估候选方案，找到其中最可行的候选方案。整合这项活动与工程过程的其他活动的困难在于选择解决方案时不能只考虑安全，还需要考虑其他因素，例如成本、性能、技术风险、使用的简便性等。

在生存周期的后面阶段，需要安全工程师确保按照已经识别的风险对产品和系统进行正确的配置，确保残余风险不会影响系统的安全运行。

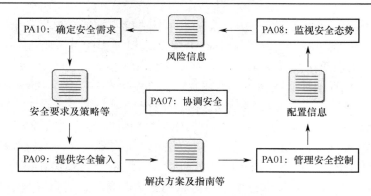

图 3.17 安全是整个工程过程不可或缺的组成部分

③ 保障过程

"保障"是指为使用户获得产品、系统或服务满足其安全目标的信心而采取的适当行为。保障并不增加任何遏制安全风险的控制措施，而是提供已实施控制措施将减少风险的置信度。保障是防护措施将发挥预期作用的置信度。该置信度来源于正确性和有效性两方面，其中正确性是指按照设计，正确地实现防护措施；有效性是指防护措施可以有效提供满足客户需要的安全服务。保障过程建立保障论据如图 3.18 所示。

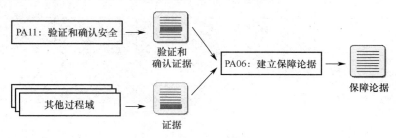

图 3.18 保障过程建立保障论据

保障以论据的形式来传达。论据是指包括一组有关系统属性的声明，这些声明需要证据给予支持，而证据通常是安全工程活动正常推进期间产生的文档、报告、数据等信息。例如，过程文档化可以表明开发工作遵循了充分定义的、成熟的工程过程以便持续改进；安全验证和确认等活动形成的文档可用于证明产品或系统的安全可信性。现代统计过程控制认为，通过监控生产产品的过程，可以更经济地、可重复地生产出更高质量和具有更高保障的产品。组织机构实践的成熟度将会影响和促进这个过程。

（2）系统安全工程能力成熟模型结构

系统安全工程能力成熟模型 SSE-CMM 是一种衡量系统安全工程实施能力的方法，用于指导系统安全工程的完善和改进。SSE-CMM 没有规定特定的过程和步骤，但描述了一个组织机构的系统安全工程过程所必须包含的基本特性，这些特性是完善安全工程的保障，也是系统安全工程实施的度量标准，同时还是一个易于理解的评估系统安全工程实施的框架，其目的是建立和完善一套清晰定义的、可管理的、可控制的、可度量的安全工程过程。一个组织可以是一个企业、企业的一个部门或一个项目组。一个系统可以是一套硬件产品、软件产品、软硬件组合产品或是一种服务。SSE-CMM 中的"系统"是指需要提交给客户或用户的产品总和。当某个产品是指一套系统时，则必须以规范化和系统化的方式对待产品的所有组成元素及接口，以便满足业务实体开发产品的成本、进度及性能（包括安全）的整体目标。

　　SSE-CMM 从管理和制度化特征中分离出安全工程过程的基本特征构成"域"和"能力"两个维度，从而用于确定安全工程组织的过程能力成熟度，如图 3.19 所示。"域"维由安全工程界 130 个现行最佳实践构成，这些实践被称为"基本实践（Base Practice，BP）"，分布在 22 个过程域中，其中的 62 个基本实践分布在安全工程领域的 11 个过程域 PA01～PA11 中，其余 68 个基本实践分布在 11 个描述项目和组织的过程域 PA12～PA22 中。"能力"维描述适用于所有过程的过程管理和制度化能力的实践，这些实践被称为"通用实践（Generic Practice，GP）"。通用实践按照"公共特征"进行逻辑归类，每个公共特征有一个或多个通用实践。通用实践是按成熟度进行等级划分的，高过程能力等级的通用实践位于能力维的顶端，与之对应的公共特征也位于能力维的顶端。

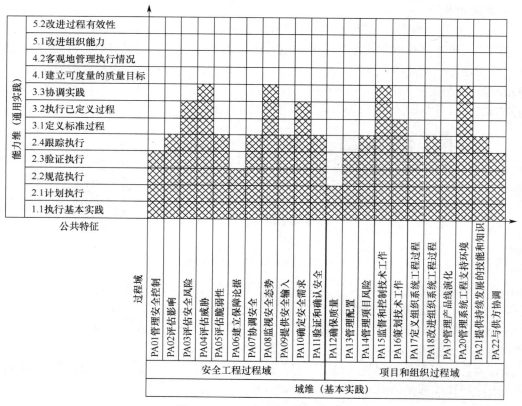

图 3.19　SSE-CMM 的两维结构

　　基本实践和通用实践的关联用法，如图 3.20 所示。例如，利用 SSE-CMM 安全工程过程域中编号为"BP.05.02"的基本实践"识别系统安全脆弱性"捕获安全工程的脆弱性识别活动；利用公共特性"2.1 计划执行"中编号为"GP2.1.1"的通用实践"分配资源"，检查组织分配资源的过程来判断该组织完成某个特定活动的能力程度。因此，将基本实践"识别系统安全脆弱性"和通用实践"分配资源"在纵横两维上关联到一起，即可得到该组织执行脆弱性识别活动的能力程度。例如，如果对问题"你的组织为识别系统安全脆弱性分配了资源吗？"的回答是"是"，那么调查者可以了解到该组织具备该活动过程能力的部分信息。通过把所有的基本实践和所有的通用实践结合在一起，并对类似的问题进行调查和答复，将得到一幅关于该组织安全工程能力的实际情况图，如图 3.19 中的网纹直方图所示。

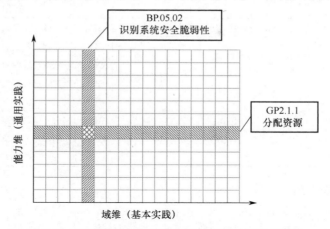

图 3.20　模型对每个过程域的每项公共特征进行评价

（3）能力等级与通用实践

SSE-CMM 利用公共特征描述一个组织特有的工作过程的执行能力，按照能力成熟度递增划分为 1 级～5 级五个能力等级。最低能力等级的公共特征是"1.1 执行基本实践"，该公共特征仅检查一个组织是否执行了某个过程域的所有基本实践。每个公共特征用一个或多个通用实践来描述，如表 3-30 所示。

表 3-30　过程能力描述结构

能 力 级 别	公 共 特 征	通 用 实 践
1 级：非正式执行	1.1　执行基本实践	GP1.1.1　执行过程
2 级：计划和跟踪	2.1　计划执行	GP2.1.1　分配资源
		GP2.1.2　分配任务
		GP2.1.3　编制过程文档
		GP2.1.4　提供工具
		GP2.1.5　确保培训
		GP2.1.6　计划过程
	2.2　训练执行	GP2.2.1　使用计划、标准和规程
		GP2.2.2　执行配置管理
	2.3　检验执行	GP2.3.1　检验过程符合性
		GP2.3.2　审核工作产品
	2.4　跟踪执行	GP2.4.1　根据测量跟踪
		GP2.4.2　采取校正措施
3 级：充分定义	3.1　定义标准过程	GP3.1.1　使过程标准化
		GP3.1.2　剪裁标准过程
	3.2　执行已定义过程	GP3.2.1　使用充分定义的过程
		GP3.2.2　执行缺陷评审
		GP3.2.3　使用充分定义的数据
	3.3　协调实践	GP3.3.1　执行组内协调
		GP3.3.2　执行组间协调
		GP3.3.3　执行外部协调

（续表）

能 力 级 别	公 共 特 征	通 用 实 践	
4 级：量化控制	4.1　建立可度量的质量目标	GP4.1.1	建立质量目标
	4.2　客观地管理执行情况	GP4.2.1	确定过程能力
		GP4.2.2	使用过程能力
5 级：持续改进	5.1　改进组织能力	GP5.1.1	建立过程有效性目标
		GP5.1.2	持续改进标准过程
	5.2　改进过程有效性	GP5.2.1	分析缺陷原因
		GP5.2.2	消除缺陷根源
		GP5.2.3	持续改进已定义的过程

（4）过程域与安全基本实践

SSE-CMM 的过程域分为安全工程、项目和组织三类。组织类与项目类的区分是基于项目和组织的隶属关系：SSE-CMM 的项目是针对一个特定的产品，而组织机构拥有一个或多个项目。项目和组织两类过程域采纳自系统工程能力成熟度模型（SE-CMM），此处仅概述安全工程过程域。

SSE-CMM 中的每个过程域都由一组基本实践组成（如表 3-31 所示），每个基本实践对实现该过程域的目标都是不可或缺的、都是强制性的，因为只有它们全部成功执行，才能满足该过程域规定的目标。过程域的"目标"确定了希望通过执行该过程域达到的最终结果。每个过程域没有按照任何特定顺序编号，因为 SSE-CMM 不规定具体的过程或者顺序。一个组织可以按照任何一个单一的过程域或多个过程域的组合来接受评估。

表 3-31　安全工程过程域

过 程 域	目　　标	基 本 实 践
PA01 管理安全控制	正确地配置和使用安全控制	BP.01.01：建立安全控制的职责和可核查性，并且传达给组织中每个成员
		BP.01.02：管理系统安全控制的配置
		BP.01.03：管理全体用户和管理员的安全意识、培训教育计划
		BP.01.04：管理安全服务和控制机制的定期维护和管理
PA02 评估影响	识别系统的安全风险影响并表述其特征	BP.02.01：识别和分析由系统支撑的运行、业务或使命能力，并且排列优先顺序
		BP.02.02：识别支持核心运行能力或系统安全目标的系统资产，并且描述其特征
		BP.02.03：选择用于评估的影响度量
		BP.02.04：必要时，识别选定的评估测量与度量转换因子之间的关系
		BP.02.05：识别影响并描述其特征
		BP.02.06：监视影响正在发生的变化
PA03 评估安全风险	了解系统在给定环境中运行的安全风险；按照给定的方法排列风险的优先次序	BP.03.01：选择用于识别、分析、评价和比较给定环境中系统安全风险所依据的方法、技术和准则
		BP.03.02：识别威胁/脆弱性/影响三元组，即暴露
		BP.03.03：评估与每个暴露的发生相关的风险
		BP.03.04：评估与暴露的风险相关的总体不确定性
		BP.03.05：按优先级排列风险
		BP.03.06：监视风险及其特征正在发生的变化

（续表）

过 程 域	目 标	基 本 实 践
PA04 评估威胁	识别系统安全威胁并描述其特征	BP.04.01: 识别由自然因素产生的威胁
		BP.04.02: 识别由人为因素（无意或有意）产生的威胁
		BP.04.03: 识别在特定环境中合适的测量单位和适用范围
		BP.04.04: 对人为因素产生的威胁，评估威胁方的能力和动机
		BP.04.05: 评估威胁事件发生的可能性
		BP.04.06: 监视威胁及其特征正在发生的变化
PA05 评估脆弱性	了解给定环境中的系统脆弱性	BP.05.01: 选择用于识别、描述给定环境中的系统脆弱性所依据的方法、技术和准则
		BP.05.02: 识别系统脆弱性
		BP.05.03: 收集与脆弱性的属性相关的数据
		BP.05.04: 评估系统脆弱性以及由特定脆弱性与特定脆弱性组合组产生的综合脆弱性
		BP.05.05: 监视脆弱性及其特征正在发生的变化
PA06 建立保障论据	工作产品和过程明确提供客户安全需求已得到满足的证据	BP.06.01: 识别安全保障目标
		BP.06.02: 明确安全保障战略，以提出所有的保障目标
		BP.06.03: 明确用于监测安全保障目标的度量
		BP.06.04: 识别和控制安全保障证据
		BP.06.05: 分析安全保障证据
		BP.06.06: 提供证明客户的安全需求得到满足的安全保障论据
PA07 协调安全	项目组所有成员都了解并参与安全工程活动，充分履职； 通报和协调与安全相关的决策和建议	BP.07.01: 明确安全工程协调目标和关系
		BP.07.02: 识别安全工程协调机制
		BP.07.03: 促进安全工程协调
		BP.07.04: 运用已识别的机制来协调与安全相关的决策和建议
PA08 监视安全态势	检测跟踪内部和外部安全相关事件； 根据策略响应突发事件； 根据安全目标识别和处理安全态势的变化	BP.08.01: 分析事件记录，确定事件原因、发展趋势以及可能的未来事件
		BP.08.02: 监视威胁、脆弱性、风险和环境的变化
		BP.08.03: 识别安全相关事件
		BP.08.04: 监视安全防护措施的性能和功能的有效性
		BP.08.05: 评审系统的安全态势，以识别必要的变更
		BP.08.06: 管理对安全相关事件的响应
		BP.08.07: 确保与安全监视相关的产品得到适当保护
PA09 提供安全输入	评审所有具有安全意义的系统问题，并根据安全目标予以解决； 项目组所有成员都了解安全，能够履行职责； 解决方案反映了所提供的安全输入	BP.09.01: 与设计人员、开发人员和用户合作，以确保有关各方对安全输入要求达成共识
		BP.09.02: 确定安全约束条件和注意事项，以便做出明智的工程选择
		BP.09.03: 识别与安全相关的工程问题的候选解决方案
		BP.09.04: 利用安全约束条件和注意事项分析工程问题候选方案并排列优先顺序
		BP.09.05: 向其他工程组提供安全相关的指南
		BP.09.06: 向运行系统的用户和管理员提供安全相关的指南

（续表）

过程域	目 标	基 本 实 践
PA10 确定安全 需求	所有各方（包括客户）之间对安全需求达成共识	BP.10.01：理解客户的安全需求
		BP.10.02：识别适用的法律、政策、标准和约束条件
		BP.10.03：识别系统的目的，以便确定安全场景
		BP.10.04：捕获系统运行的高层次安全视图
		BP.10.05：捕获定义系统安全的高层次目标
		BP.10.06：明确安全需求
		BP.10.07：就所规定的安全需求与客户需求相匹配达成协议
PA11 验证和确 认安全	解决方案满足安全要求；解决方案满足客户的运行安全需求	BP.11.01：识别要验证和确认的解决方案
		BP.11.02：明确验证和确认每个解决方案的方法和严格等级
		BP.11.03：验证解决方案实现了与更高抽象级别相关联的需求
		BP.11.04：通过显示解决方案满足与前面的抽象级别相关联的需求，从而验证其最终满足客户的运行安全需求
		BP.11.05：向其他工程组提供验证和证实的结果

（5）SSE-CMM 用户及不同用户应用 SSE-CMM 的方式、目的

SSE-CMM 适用于所有从事某种形式安全工程的组织，主要包括工程组织、采购组织（Acquiring Organizations）和评估组织。不同组织应用 SSE-CMM 的方式和希望达到的目的不同。

工程组织包括系统集成商、应用开发商、产品供应商和服务提供商。工程组织使用 SSE-CMM 对安全工程能力进行自我评估，并改善安全工程过程，进而提高安全工程能力，从而使本组织：

① 利用可重复、可预测的过程和实践来减少返工、提高质量、降低成本；

② 获得工程能力认可，尤其是可作为优质供应商的信任度；

③ 专注于已度量的组织能力（成熟度）和持续改进。

采购组织包括从外部/内部来源采购系统、产品、服务的组织和最终用户。采购组织使用 SSE-CMM 判别供应商的系统安全工程能力，识别该供应商提供的系统、产品或服务的可信任度，以及完成一个工程的可信任度，从而达到以下目的：

① 利用可重用的标准的招标书（Request for Proposal）语言对供应商迅速而准确地提出需求，并利用可重用的标准的评估方法评判供应商的安全工程过程能力，减少争议；

② 减少选择不合格投标者的风险（包括性能、成本、工期等风险）；

③ 在产品生产或提供服务过程中，建立可预测、可重复的信任度。

评估组织包含系统认证机构、系统授权机构以及产品评价评估机构。评估组织使用 SSE-CMM 作为工作基础，以建立被评组织整体能力的信任度，该信任度是系统和产品的安全保障要素。评估组织使用 SSE-CMM 的目的是：

① 获得独立于系统或产品的可重用的过程评估结果；

② 建立系统安全工程的信任度与其他学科集成的信任度；

③ 在证据中使用基于能力的信任度，减少安全评估工作量。

（6）确定基于 SSE-CMM 的能力成熟度级别

由于每个能力级别都定义了一个或多个公共特征，只有当某能力级别的所有公共特征都得到满足时，才达到了该能力级别。如果一个过程域只满足了 $n+1$ 级或 $n+2$ 级上所定义的部

分公共特征，但满足了 n 级上所定义的全部公共特征，则其过程能力应当评为 n 级。

确定过程能力级别的基本方法是：

① 从 11 个安全工程过程域以及 11 个项目和组织过程域中选择适合于本机构业务或任务的一组过程域 PA[x]，x 为所选过程域的数量，$1 \leq x \leq 22$，假设 PA[i]是第 i 个已选过程域，令 $i=1$；

② 查看过程域 PA[i]的摘要描述、目标、所包含的基本实践；

③ 查看本机构中是否有人在执行过程域 PA[i]中的所有基本实践；

④ 查看过程域 PA[i]的目标是否得到了满足，如果所有的基本实践都被执行了，则达到该过程域的目标，则在相应的公共特征处做标记，即"1.1 执行基本实践"的目的已经达到，过程域 PA[i]已具备第一级能力，否则跳至步骤⑩；

⑤ 令核查的当前能力等级为 n，$2 \leq n \leq 5$；

⑥ 查看能力等级 n 的第一个公共特征的描述和包含的通用实践（例如当 $n=2$ 时，查看"2.1 计划执行"的描述和包含的通用实践），对照该公共特征中的全部通用实践，查看本机构是否正在执行过程域 PA[i]；

⑦ 如果步骤⑥得到满足，在该公共特征处做标记，表明已达到第 n 级当前公共特征对应的能力，如果步骤⑥未得到满足，则跳至步骤⑩；

⑧ 对第 n 级中的其他每一个公共特征（例如当 $n=2$，时公共特征"2.2 规范执行"、"2.3 验证执行"、"2.4 跟踪执行"），分别重复步骤⑥～⑦；

⑨ $n=n+1$，重复步骤⑥～⑧，直到 $n>5$，即：对每一个能力等级，重复步骤⑥～⑧；

⑩ $i=i+1$，重复步骤②～⑨，直到 $i>x$，即：对每一个过程域，重复步骤②～⑨，最终得出本机构的安全工程能力，如图 3.19 中的网纹直方图所示。

实 践 任 务

任务 1：Web 安全现状调研与 Web 应用防火墙（WAF）原理分析

（1）任务内容

调研了解 Web 系统常见漏洞与攻击，了解这些漏洞的形成原因及防范方法。了解推出 WAF 的背景意义，了解 WAF 的基本原理。

（2）任务目的

熟悉不同软件功能可能面临的各种安全威胁，为 Web 系统安全需求分析、安全设计获取可借鉴的经验；通过了解 WAF 的相关内容，侧面了解为什么早期的防火墙难以防范基于 Web 的攻击，避免过度依赖于 WAF。

（3）参考方法

熟悉 OWASP TOP 10 安全漏洞，并进一步了解 Web 系统面临的其他威胁；熟悉 CAPEC（capec.mitre.org）描述的典型攻击模式。

（4）实践任务思考

思考不同 Web 系统中的相同或相似功能，是否存在相同或相似的安全威胁。

任务 2：CWE "软件开发视图"（CWE-699）研习

（1）任务内容

深入理解 CWE "软件开发视图"（CWE-699）对相关弱点（漏洞）的描述；结合 CWE 给出的部分示例代码，深入理解所描述漏洞的机理；在条件具备时，故意编写具有相应漏洞的代码并进行测试体验。

（2）任务目的

熟悉与软件开发生命周期不同阶段常见概念、问题相关的安全漏洞，例如与身份验证相关的安全漏洞、与业务逻辑错误相关的安全漏洞；熟悉在软件生命周期的不同阶段如何防范相应的安全漏洞。

（3）参考方法

打开 CWE-699 网页（https://cwe.mitre.org/data/definitions/699.html），可以看到按软件开发中常见术语组织的软件漏洞树状 "软件开发视图"，逐项查阅、理解 CWE 描述的漏洞，包括对漏洞的基本描述、拓展描述及该漏洞的检测方法描述；利用该漏洞适合的编程语言编写存在该漏洞的软件并进行测试体验。

（4）实践任务思考

思考存在安全漏洞的代码具有什么特征；思考在编写代码时如何避免产生安全漏洞；思考如何基于源代码检测漏洞。

思 考 题

1. 软件安全风险管理与软件风险管理的区别是什么？
2. DREAD 模型将每项指标分为高、中、低三个等级，如此定级，存在什么不足？
3. 什么是定性分析？定性分析存在什么局限？
4. 什么是定量分析？定量分析存在什么局限？
5. 什么是过程域？过程域、实践、活动三者之间的关系是什么？
6. 软件安全能力成熟度模型与软件安全过程模型的区别是什么？
7. 软件保障成熟度模型与安全构建成熟度模型的区别与联系是什么？
8. 安全性能力成熟度模型（+SAFE）是对 CMMI 的安全拓展。查阅资料了解 CMMI 认证，并思考如何结合+SAFE 模型进行安全认证。
9. 查阅资料了解国际标准《医疗器械软件—软件生存周期》（IEC 62304），基于 IEC 62304 的认证与 CMMI 结合+SAFE 模型的认证，二者主要区别是什么？
10. 系统安全工程能力成熟度模型利用证据、论据来保障用户对软件安全性的信任。什么是论据？什么是证据？
11. 软件安全能力成熟度模型为什么既可以用于评估软件开发组织的安全能力，也可以像软件安全过程模型一样用于软件开发组织开发高质量、高安全的软件？

第4章　软件需求与安全需求

本章要点：
- 功能安全需求与安全功能需求；
- 数据流图；
- 用例与滥用例、误用例。

为了开发出具有价值的软件产品，首先必须知道用户的实际需求，即软件产品要能解决实际问题，同时必须知道相关法规对软件产品的约束，即软件产品须合规，还须知道软件产品顺利通过软件测评须满足的条件，即软件产品要满足相应的质量要求。国际标准和国家标准已将信息安全性作为软件质量模型的重要特性之一（详见 2.3.1 节），作为软件需求之一的软件安全需求不再局限于软件使用质量模型中不危及人的生命财产和生态环境的安全。

对软件需求的深入理解是软件开发工作获得成功的前提条件之一。需求分析的基本任务是，准确回答"系统必须做什么"，包括为了防范或避免什么而必须做什么，对目标系统提出完整、准确、清晰、具体的要求。软件安全需求分析以第 3 章的安全风险管理为基础。需求分析始于软件开发过程之始，并贯穿软件开发的整个软件生命周期。

4.1　软件需求与需求工程

4.1.1　软件需求的定义与分类

IEEE 将需求定义为以下第一项或第二项中定义的条件和能力的文档表达：用户为解决某个问题或达到某个目标而需具备的条件或能力；系统或系统组件为符合合同、标准、规范或其他正式文档而必须满足的条件或必须具备的能力。软件需求是指，客户或用户对拟开发的软件系统的要求，是关于系统将要实现什么功能、达到什么性能的描述，须经过包括客户、用户、需求分析人员、开发人员在内的所有涉众的认可，其目的是彻底解决用户期望解决的问题。

软件需求包括功能性需求和非功能性需求。需求具有业务需求、用户需求和功能需求三个不同层次，如图 4.1 所示。其中，功能性需求定义开发人员必须在产品中实现的软件功能，用户利用这些功能来完成任务，满足业务需求；非功能性需求与软件产品的总体性能相关，是指那些不直接关系到系统特定具体功能或服务的一类需求，包括软件产品必须遵从的标准、规范、合约及设计或实现的约束条件与质量特性（软件质量特性详见 2.3.1 节）。

（1）业务需求

业务需求（Business Requirement，BR）反映组织或客户等软件高层用户对软件产品的战略出发点、高层次的目标要求，包括客户或项目投资人要达成的业务目标、预期投资回报、工期要求等。这些高层次的需求数量一般较少，可能 2~5 条。业务需求通常来自项目投资人、购买软件产品的客户、软件产品实际用户的管理者、市场营销部门或产品策划部门。业务需求描述组织为什么要开发这个软件产品，即组织希望达到的目标，在愿景与范围文档中记录业务需求，该文档有时也称为项目轮廓图或市场需求文档。愿景是一个组织对将开发、使用的软件系统所要达成的目标的预期期望，例如"希望实施自动排课系统后，排课工作量降低 60%以上"就是一条愿景。某销售系统的部分业务需求示例如表 4-1 所示。

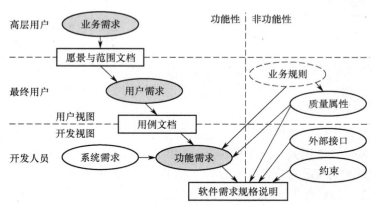

图 4.1　软件需求的层次、类型与相应文档

表 4-1　某销售系统的部分业务需求示例

需 求 编 号	需 求 描 述
BR1	使用系统 6 个月后，商品积压、缺货和报废的现象要减少 90%
BR2	使用系统 3 个月后，销售人员工作效率要提高 50%
BR3	使用系统 9 个月后，店铺运营成本要降低 10% 范围：人力成本和库存成本 度量：检查平均每店铺员工数量和平均每万元销售额的库存成本
BR4	使用系统 6 个月后，销售额度要提高 25% 最好情况：40% 最有可能情况：25% 最坏情况：10%

（2）用户需求

用户需求（User Requirement，UR）描述使用软件产品开展实际工作的用户对使用软件所能完成的具体任务的期望，即描述软件最终用户（实际使用者）使用软件产品能做什么。通常是在问题定义的基础上进行用户访谈、调查，对用户使用的场景进行整理，从而建立从用户角度的需求。用例（Use Case）、场景描述和事件与事件响应表都可以用于描述用户需求。用户需求在用例文档或方案场景说明中予以说明。某销售系统的商品销售处理的部分用户需求如表 4-2 所示。

表 4-2　某销售系统的商品销售处理的部分用户需求

需 求 编 号	需 求 描 述
UR1	收银员可以使用系统逐一记录销售的商品
UR2	收银员可以使用系统计算商品账单并处理付款事务，账单计算需使用促销策略
UR3	收银员可以使用系统为顾客打印购物凭据
UR4	收银员可以使用系统为已购买商品的顾客退货

（3）功能需求

功能需求（Functional Requirement，FR）描述系统所提供的功能或服务，可以直接映射为系统行为。功能需求定义开发人员要实现的软件功能，使得用户能完成其业务任务，从而满足业务需求。在某些情况下，功能需求可能还需明确声明系统不应该做什么。功能需求记录在软件需求规格说明书（Software Requirements Specification，SRS）中。某销售系统的商品销售处理的部分功能需求如表 4-3 所示。

表 4-3　某销售系统的商品销售处理的部分功能需求

需 求 编 号	需 求 描 述
FR1	当收银员输入商品目录中已存在的商品标识时，系统显示该标识对应商品的信息，包括 ID、名称、描述、价格、特价、数量、总价。其中 ID 的规则参见 DR-1
FR1.1	当收银员要求输入商品数量时，系统应该允许收银员输入数量
FR1.1.1	当收银员输入大于等于 1 的整数时，系统修改商品的数量为输入值，并更新显示
FR1.1.2	当收银员输入非数值型其他内容时，系统提示输入数量无效
FR1.2	系统应该计算并显示输入商品的总价
FR1.2.1	如果存在适用{商品标识，今天}的商品特价策略（参见 Rule-1），系统将该商品的特价设为特价策略的特价，并计算分项总价为"特价×数量"，并将其计入特价商品总价
FR1.2.2	当商品是非促销的普通商品时，系统计算该商品分项总价为"商品价格×数量"，并将其计入普通商品总价
FR1.3	在显示商品信息 0.5 秒之后，系统显示购物清单列表，并将新输入商品添加到购物清单列表中
FR2	当收银员输入商品目录中不存在的商品标识时，系统提示不存在该商品
DR-1	ID 是标准为×××的商品条形码
Rule-1	适用{商品标识，参照日期}的商品特价促销策略： （促销商品标识=商品标识）并且（（开始日期早于等于参照日期）并且（结束日期晚于等于参照日期））

用户需求侧重于具体任务的描述，而功能需求侧重于描述系统与环境之间的交互。功能需求可以认为是专业人员对用户需求的一种功能性细分，从而更具体地描述用户操作使用需求。下面以拼写检查工具软件为例来说明这三种层次需求的差异。拼写检查工具的业务需求可能是"用户能有效纠正文档中的拼写错误"（业务需求从总体上描述为什么要开发系统），对应的用户需求可能是"找出文档中的拼写错误并通过一个提供的替换项列表来供选择替换拼写错误的词"（用户能用系统做什么）。该拼写检查工具的功能需求可能是"找到并高亮度提示错词的操作；显示提供替换词的对话框以及实现整个文档范围的替换"（开发人员需要做什么来实现需求）。

非功能性需求主要表现为软件开发的约束条件，但在某些场景下，部分非功能性需求将转变为功能性需求，且非功能性需求通常会比个别功能性需求更加关键。系统用户经常发现，所用系统并没有在某个功能方面满足其需求，但还是能想办法克服这些不足。然而，如果一个非功能性需求没有得到满足，则可能使整个系统无法使用。例如，计算器不支持带括号的数学表达式，用户可以利用计算器多次计算来完成自己的计算任务；如果计算器的精度不满足用户的需求，则用户无法利用该计算器完成自己的计算任务。在根据需求进行设计时，非功能设计不是独立于功能设计而存在的，而是反过来影响功能设计，并最终与功能设计集成。

功能需求除了来自用户需求，还有来自系统的需求，但用户需求并非总是被转变成功能需求。如图 4.1 所示，部分质量特性（例如性能效率）需求没有转变成功能需求，而是被直接记录在软件需求规格说明书中。外部接口需求和约束也被直接记录在软件需求规格说明书中。

（1）系统需求

系统需求用于描述包含多个子系统的产品（即系统）的顶级需求。系统可以只包含软件系统，也可以既包含软件子系统又包含硬件子系统。人也可以是系统的一部分，因此某些系统功能可能要由人来承担。

（2）业务规则

业务规则包括法律法规、相关标准、企业方针和业务相关计算方法等。业务规则本身并非软件需求，因为它们不属于任何特定软件系统的范畴，但业务规则常常会限制谁能够执行某些特定用例，或者规定系统为符合相关规则必须实现某些特定功能。某些功能中的特定质量特性（通过功能实现）也源于业务规则。因此，对某些功能需求进行追溯时，会发现其来源正是某条特定的业务规则。

（3）质量特性

质量特性是软件的非功能性需求，是对软件产品功能的补充描述，即从不同方面描述产品的性能效率、兼容性、可移植性等各种特性，详见 2.3.1 节，部分质量特性（如软件安全性）需求转变为功能需求或安全功能需求。质量特性对用户或开发人员都很重要。

（4）外部接口

外部接口需求描述软件产品能与其他系统或外部组件正确连接的需求。外部接口包括软件接口、硬件接口、通信接口和用户界面。软件接口主要包括软件与操作系统、数据库管理系统的接口，以及局域网和互联网软件之间的数据交换，若涉及文档处理，则软件接口还包括文档之间的数据格式转换。硬件接口主要用于满足数据备份等需求。通信接口主要指软件需调用的 TCP/IP 通信协议接口、SMS 短消息通信协议接口、邮件收发通信协议接口或交换机通信接口等与通信相关的接口。

（5）约束

约束用于说明用户或环境强加给软件的限制条件，限制开发人员设计和构建系统时的选择范围。约束包括时间和预算约束、技术约束、人员约束等。在设计或实现软件产品时应遵守约束条件。

一般情况下，应由管理人员或者产品的市场部门人员负责定义软件的业务需求，以提高组织的运营效率（对信息系统而言）和产品的市场竞争力（对商业软件而言）。所有的用户需求都必须符合业务需求。需求分析人员从用户需求中推导出产品应具备对用户有帮助的功能，开发人员则根据功能性需求和非功能性需求设计解决方案，在约束条件的限制范围内实现必需的功能，并达到规定的质量和性能指标。当提出一项新的特性、用例或功能需求时，需求分析人员必须思考其是否在愿景范围内，如果在其内，则该需求属于需求规格说明，反之则不属于。若该需求不在愿景与范围内，但判断其应该在其内，此时必须由业务需求的负责人或项目投资管理人来决定是否扩大项目范围以容纳新的需求，这是一个可能影响项目进度和预算的商业决策。

4.1.2　需求工程概述

全面、准确地获取用户需求，是开发出真正满足用户需求的软件产品的必要条件。需求分析作为软件生命周期的初始任务，并贯穿整个软件生命周期，其重要性越来越突出，逐步形成为软件工程的子领域——需求工程。需求工程是应用已证实有效的技术、方法进行需求分析，确定客户需求，帮助分析人员理解问题并定义目标软件的所有外部特征的一门学科。需求工程将工程方法引入需求领域，利用合适的工具和记号，清晰、一致、系统、完整地描述目标软件及其行为特征和相关约束，形成需求文档，并对用户不断变化的需求演进给予支持。

需求工程中的活动包含所有与需求直接相关的活动，这些活动分为需求开发和需求管理两大类，划分为八个阶段，如图 4.2 所示。

需求开发是通过调查与分析，获取用户需求并定义软件需求。需求开发成果包括前景和范围文档、用例文档、软件需求规格说明书、数据字典和相关的分析模型。

① 需求引出。通过与用户交流等各种途径全面提取并理解用户的原始需求信息，形成会议纪要、讨论纪要、用户需求说明书等文档。需求引出对应的英文 "Requirements Elicitation" 常翻译为 "需求获取"、"需求诱导"，由于需求分析建模阶段也涉及需求获取（获取精准、无歧义的需求），而本阶段只是调查整理用户原始需求，故不建议翻译为 "需求获取"。

② 分析建模。对原始需求信息进行分析，消除错误，完善细节，形成分析模型，获取精准、无歧义的用户需求。常见的需求分析方法有 "问答分析法" 和 "建模分析法" 两类。需求分析确定软件系统必须做什么，但一般不涉及怎么做。

③ 需求定义。根据需求调查和需求分析建模的结果，将用户非形式的需求表述转化为完整、准确、一致的需求定义，准确、清晰表达用户要求，形成软件需求规格说明书。软件需求规格说明书是软件设计、测试和验收的基础与依据。

④ 需求验证。包括需求评审和需求确认。以需求规格说明为输入，利用符号执行、模拟或快速原型等方法，分析需求规格的正确性和可行性，包含有效性检查、一致性检查、可行性检查和确认可验证性。经开发者和客户共同参与的评审，双方对需求达成共识并使需求文档具有商业合同效果，系统设计人员可根据确认后的软件需求规格说明书开展系统设计工作。需求验证未通过时，须进一步补充、完善需求，并再次进行需求验证，直至最终形成可供设计使用的软件需求规格说明书。

在通过正式的需求评审和批准之后确定需求基线，并进行配置管理。需求基线是团队成员已经承诺将在某一特定软件产品版本中实现的功能性和非功能性需求集合。定义一个需求基线之后，软件开发涉众各方就可以对发布的软件产品希望具有的功能和性能有一个一致的理解。需求基线是需求开发与需求管理之间的界线，如图 4.3 所示，后续的需求变更必须遵守预先定义的需求变更控制过程。

需求管理保障软件产品与需求规格说明书的一致性、完整性、准确性，并支持系统的需求演进，控制需求变更对软件开发的影响，使需求活动与计划保持一致以及保持需求约定是最新约定的所有活动。

① 需求变更控制。需求变更是指在软件需求基线已经确定之后需要添加新的需求或进行较大的需求变动。需求变更控制是指依据 "变更申请→审批→更改→重新确认" 的流程处理需求的变更，防止需求变更失去控制而导致软件开发发生混乱。变更控制小组评估申请的变更，分析变更的技术可行性，估计实现变更的代价和可能产生的影响。

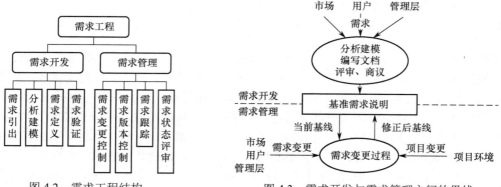

图 4.2　需求工程结构　　　　　图 4.3　需求开发与需求管理之间的界线

② 需求版本控制。需求变更不可避免，需采用合适的需求管理工具管理需求及其变更记录。需求与版本号绑定，维护每个版本对应的需求列表，让团队成员可以清晰地了解在每个版本中需要做哪些新功能或优化。合理地复用需求也可以极大地减少返工并提高团队的生产力。

③ 需求跟踪。跟踪需求落实情况、需求变更情况。通过比较需求文档与后续工作成果之间的对应关系，建立与维护"需求跟踪矩阵"，确保产品依据需求文档进行开发。

④ 需求状态评审。需求状态评审生成需求管理状态报告，报告包括需求变化情况（需求建议的数量和批准的数量、需求变更的状态）和需求状态跟踪情况（需求项的状态、跟踪表）。高级管理者和项目经理通过需求状态评审监控需求管理的状态。项目组通过需求状态评审对需求状况达成一致。

4.1.3　安全需求工程

传统的软件需求工程包括需求开发和需求管理。安全需求工程是包含安全功能的需求工程，不是仅针对安全的需求工程，也不是传统需求工程的安全拓展，只是对本已涵盖的安全予以重视和强化，并辅以一定的安全策略和方法。软件功能性需求和非功能性需求均包含安全需求；脱离功能性需求的安全，是虚无的安全。质量特性中的信息安全性常转变为安全功能；业务功能也需要安全地实现，以避免安全漏洞或减少安全漏洞，或避免故障与失效、降低故障与失效的影响。为了便于描述，将软件功能分为业务功能和安全功能，软件安全的安全目的是实现业务功能的功能安全和保障业务功能安全的安全功能。

正因为需求本应包含安全需求，且功能性需求和非功能性需求均包含安全需求，故本书不区分"需求工程"和"安全需求工程"，仍基于传统需求工程框架阐述所有与需求直接相关的活动，并适当突出与安全需求相关的活动，避免读者误以为安全需求工程是独立于需求工程而额外增加的软件开发负担。

与传统软件需求分析在软件开发中的重要程度一样，在软件开发之初就考虑安全，比通过安全测试来验证软件的安全性更有效，且早期解决安全问题的成本、代价更低。

在需求分析阶段对包含安全需求的软件需求进行深入系统地分析，并结合软件系统的运行场景、开发成本等各种因素，在功能性需求与安全需求之间寻求一种平衡，避免盲目追求高安全性。安全实质上是可以承受什么程度的风险（详见第 3 章）。将风险管理作为软件开发的基础，分别从用户和攻击者等多个角度分析软件系统的功能和可能出现的安全隐患，做到防患于未然。正因为如此，在软件需求分析阶段，开发人员需对安全需求进行周全的考虑，同时对软件需求进行风险评估。软件需求安全风险分析策略的内容参见 3.2.3 节。

4.2　需求引出

4.2.1　需求引出过程

需求引出过程的任务是，尽可能完整地提取用户的原始需求信息，包括制订需求开发计划、确定项目范围和目标等五个基本步骤。

（1）制订需求开发计划

确定需求开发的实施步骤，并给出收集需求活动的具体规划（明确活动参与人员、时间、地点、进度等）。活动参与人员包括项目经理、需求分析人员等软件开发组织相关人员及软件用户方业务负责人、客户、最终用户等人员。需求开发计划只考虑与需求开发相关的工作，应考虑相关工作的困难性、灵活性以及活动的多次反复性，应考虑书写和整理需求规格说明等各种文档所花费的时间，进而合理安排人员、科学规划进度。

（2）确定项目的目标和范围

项目目标主要指软件系统的目标以及项目开发的目的和意义。根据项目目标把项目相关人员定位到一个共同的、明确的方向上，并决定软件系统的范围。项目的范围与项目的目标相关，尤其是与软件系统的目标需求密切相关。例如，项目目标为"实现病人的自然信息和各种电子病历及相关医疗信息的集成管理"的住院管理信息系统的范围应包括：病人基础信息管理、医嘱管理、检验/检查信息管理、电子病历管理等。

（3）确定调查对象

确定调查对象这一环节主要解决"从哪里得到需求"和"从哪里得到什么类型的需求"等问题。

调查对象包括不同层次的用户（业务负责人、客户、最终用户等）、不同职责的系统开发人员（项目经理、需求分析人员、设计编程与测试人员、运维小组与信息安全小组技术支持人员及合作伙伴等）、领域专家以及人员之外的其他对象。后续需求引出过程将通过与不同层次用户的交流来提取业务需求、用户需求、原始功能需求、质量需求，需求分析人员从用户的相关需求中推导出软件产品应具备哪些对用户有帮助的功能，并结合不同职责开发人员的经验与建议，获取最终的功能需求、外部接口需求和约束条件。

人员之外的其他调查对象包括以下 4 类。

① 市场。需求和软件产品经常受行业政策调整、市场发展波动的影响。

② 竞品。可以通过分析、借鉴竞品来挖掘需求。竞品主要分为两种，一种是用同样的产品功能满足同样用户需求的产品，另一种是用不同的产品功能满足同样用户需求的产品。竞品对用户需求的满足程度、满足方式既会对软件设计产生影响，也会对软件设计提供一定的启发。

③ 业务场景与相关数据。实地观察用户的工作过程和工作内容，调查目标系统运行的软硬件环境（包括相关的其他业务系统），可以捕获隐藏的需求，也可以借助这些调查对象理解需求。另一方面，用户开展业务工作产生的行为数据，一定程度上会反映出用户的真实需求。

④ 行业领域知识与技术，以及相关的法律法规、标准与行业规范。行业领域知识与技术有助于捕获和理解功能性需求，相关法规或规范一般是非功能性需求的来源。

从不同调查对象处捕获的需求各异或侧重点不同，将调查对象进行分类，有利于后续需求分析。

（4）收集用户需求信息

本环节解决"如何捕获各种需求的具体信息"。需求信息一般包括：目标需求、业务规则、用例说明、功能需求、性能需求、外部接口需求、约束条件、数据定义等。

根据确定的调查对象，深入实际，积极调研，在充分理解用户需求的基础上，获取足够多的问题领域的知识，积极与用户交流，将对原始问题的理解与软件开发经验相结合，清除用户需求的不一致性、模糊性和歧义性，捕捉、分析和修订用户对目标系统的需求，并挖掘出符合解决领域问题的用户需求，形成的文档包括但不限于需求研讨会的会议纪要、用户访谈的访谈纪要、调研报告、用例说明文档或用户需求说明书等。可以采用逐步细化的策略，先从业务负责人处捕获相对宏观的需求，再从最终用户处捕获相对具体的需求，然后结合对其他调研对象的访谈、调研，补充、完善需求信息，此过程可能需要重复多次，每次都商讨、厘清已有的需求信息或补充新的需求信息。

收集、捕获需求的方法包括：头脑风暴、问卷调查和访谈、现场考察、资料查阅、市场调研/竞品分析、原型法（参见 2.2.2 节）、用例法（参见 4.3.2 节）、情景实例法等。针对不同的目标系统，根据实际情况采取必要的、合适的需求捕获方法和技巧。

（5）确定非功能性需求

非功能性需求包括外部接口需求、软件设计约束和软件质量特性等表明软件能否良好运行的定性指标。用户关心的非功能性需求主要是与软件质量相关的可靠性、可用性、易用性、可维护性等软件质量特性。收集、确定非功能性需求的方法包括以下几种。

① 将不同层次用户提出的可能很重要的非功能性需求进行综合，并利用综合后的每个需求设计调查问卷表，然后根据用户的回答，使这些需求更明确。例如，可以设计包含如表 4-4 所列问题的调查问卷表，并根据回答确定是否存在可扩展性需求

表 4-4　可扩展性需求调查问卷表示例

序　　号	询 问 问 题	回答与判断
1	系统规模是否会持续扩大	在此回答系统规模是否会持续扩大。例如，客户的项目是分期建设的，系统规模会随着项目的进展而持续扩大，则系统的建设初期应考虑可扩展性
2	客户是否有长期系统建设的计划	在此回答客户是否有长期的系统建设计划。如果客户具有这样的计划，随着新建设的系统不断加入运行，同时还要保证原有系统的稳定，就要考虑系统的可扩展性
3	客户是否有升级系统的长期计划	在此回答客户是否有系统升级的长期计划。如果客户具有这样的计划，则技术的升级换代是不可避免的，系统在建设的初期应考虑可扩展性

② 开发人员与用户一起对每一个非功能性需求制定可测试和可验证的具体标准，进而判断该非功能性需求是否有存在的必要。

③ 设计与非功能性需求相冲突的假设示例，利用反例来提示用户是否存在该非功能性需求。

4.2.2　安全需求引出源

已在 4.2.1 节需求引出过程的"确定调查对象"环节结合调查对象概述了需求引出源，本节单独补充阐述安全需求引出源。

用户往往不会主动提出软件的安全需求，绝大多数安全需求是从与安全性相关的非功能性需求引出的。将软件的功能分为业务功能和保障业务功能安全性的安全功能（功能的模块化），基于此划分，从便于有针对性地编程实现的角度，结合代码的主要预期作用，安全需求分为具有明确独立代码予以实现的功能安全需求、安全功能需求以及没有明确独立的对应代码、依赖于系统总体测评分析予以度量的安全性能需求三类，如图 4.4 所示，其中功能安全和安全功能的相关讨论，参见 2.3.6 节。

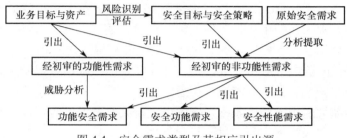

图 4.4　安全需求类型及其相应引出源

从软件系统的业务目标和识别的风险资产，逐步确定软件系统的安全目标、安全策略及功能性需求与非功能性需求，进而捕获安全需求，可以从以下几个方面捕获软件的安全需求。

① 结合客户的整体业务战略目标及相关资产风险识别评估，识别关键资产和关键过程，根据关键资产面临的威胁，确定目标软件系统与业务目标一致的安全目标，并将安全目标细化为具体的安全需求。安全目标可能与需要添加到软件中的特定安全功能有关（例如，"在任何时候识别软件的用户"），也可能与整个软件的质量和行为有关（例如，"确保个人数据在传输过程中得到适当的保护"）。

② 要求安全地实现软件功能而引入的功能自身的安全需求，即功能安全需求。器械和设备控制软件的功能安全需求侧重于避免功能故障或失效；信息数据处理软件的功能安全需求侧重于避免或减少功能或服务的安全漏洞。

③ 软件质量需求所确定的质量相关安全需求，常作为通用安全需求。图 4.1 和图 4.4 说明了某些质量特性可转化为功能需求，作为非功能性需求的质量特性也需要借助功能需求来达成或体现。2.3.1 节描述的软件产品质量模型中的"信息安全性"和软件产品使用质量模型中的"抗风险"，转化或映射为软件的安全功能需求或安全性能需求。需要注意的是，并非每个软件都需具备质量模型中的全部质量特性（包括安全相关的特性），即使软件需满足某质量安全特性要求，也应结合软件安全等级等因素综合考虑该安全特性的安全强度要求。如何确定软件所需的安全特性、如何改善软件的安全特性，参见 2.3.4 节和 2.3.5 节。安全功能是为实现安全策略而提供的功能，一般根据确定的安全特性需求来确定安全功能的需求。信息数据处理软件常用的安全功能包括：身份验证、角色管理、密钥管理、日志记录与审计、安全协议与安全通信等；器械设备控制软件的安全功能包括用于避免故障或失效的功

能、用于降低故障或失效影响的功能。功能安全和安全功能的相关讨论参见 2.3.6 节。

④ 从攻击模式或相关安全事件引出的安全需求，或由威胁建模确定的安全需求。针对已知的安全漏洞、曾经发生过的安全事件，要求目标软件避免存在同样的安全漏洞、避免发生类似的安全事件。不同软件中的相同功能，可能会面临同样的安全威胁。以攻击模式"相对路径遍历"（参见 2.3.5 节）为例，任何 Web 系统中的文件上传功能（包括头像上传），在没有采取任何安全措施的情况下，都有可能面临相对路径攻击。威胁建模可以用于安全需求获取与安全需求分析，但威胁建模主要用于发现、分析并缓解威胁，且重点是给出威胁的缓解措施（与安全设计相关），因此微软 SDL 模型（参见 2.4.1 节）将威胁建模作为软件安全设计的内容之一（参见 5.4 节）。

⑤ 法律法规遵从性引出的安全需求。法律法规遵从性需求包括国家和地区以及行业关于技术与管理的法律法规、标准给出的要求。例如，《中华人民共和国个人信息保护法》给出了与个人信息的处理（包括个人信息的收集、存储、使用、加工、传输、提供、公开、删除等）相关的安全要求；《中华人民共和国数据安全法》提出对数据全生命周期各环节的安全保护义务，加强风险监测与身份核验，结合业务需求，从数据分级分类到风险评估、身份鉴权到访问控制、行为预测到追踪溯源、应急响应到事件处置，需全面建设有效防护机制。合规性常作为非功能性需求或约束条件，实际上，在某些情况下合规性常转化为功能需求或安全需求。例如，处理银行信用卡支付交易的软件，其合规性转化为功能需求（完成支付）和安全需求（安全地完成支付，且抗抵赖）。再例如，"在储户购买银行理财产品之前，须评估储户是否适合交易"这一规定，需有评估储户风险损失承受能力、理财产品风险分级分类的功能与之对应，保障储户只接受可承受的风险。

⑥ 行业组织建议的安全需求。不同行业的相关组织在没有形成行业相关标准的情况下，常以各种指南、指导手册的形式对其领域内的软件开发给出安全指导性建议，可以结合相关建议引出安全需求。例如，可以参考 OWASP 的 Web 应用安全指导手册引出 Web 应用的部分安全需求。

⑦ 软件开发组织安全能力成熟度引出的相关安全需求。软件开发组织内部制定的保障软件产品安全的相关企业标准、开发指南或实践模式，要求目标软件需具备的安全需求，包括软件开发组织用于证明其软件产品安全可信的相关安全实现对应的安全需求，也可以包括软件安全部署、防盗版等软件运维角度提出的安全需求。

⑧ 与软件开发合作方协商确定的与合作方所承担任务相关的安全需求，包括权限管理、交互参数安全、互操作日志与安全审计等。

⑨ 软件安全测评需求引出的安全需求。越来越多的软件产品需通过安全测评之后才能发布或客户需要提供安全测评报告。在软件规划时即需要明确目标软件是否需通过安全测评，在具有安全测评需求的情况下，依据相关测评标准引入相应的安全需求，以支持测评结果能达到预期的安全等级。例如，信息技术安全评估通用准则（Common Criteria，CC，ISO/IEC 15408）定义 IT 产品达到安全目标需满足的可能的安全功能要求，分为 11 个功能类，每个功能类细分为多个功能族，如表 4-5 所示（省略了功能族名），其中：功能族的族行为是对功能族的叙述性描述，陈述其安全目的，并且是安全功能要求的概括描述；TOE 为"评估对象"；TSF 为"评估对象安全功能"。

表 4-5　CC 安全功能要求

功　能　类	功能族的族行为	功　能　类	功能族的族行为
安全审计	安全审计自动响应	隐私	匿名
	安全审计数据产生		假名
	安全审计分析		不可关联性
	安全审计查阅		不可观察性
	安全审计事件选择	TSF 保护	失效保护
	安全审计事件存储		输出 TSF 数据的可用性
用户数据保护	访问控制策略		输出 TSF 数据的机密性
	访问控制功能		输出 TSF 数据的完整性
	数据鉴别		TOE 内 TSF 数据的传送
	从 TOE 输出		TSF 物理保护
	信息流控制策略		可信恢复
	信息流控制功能		重放检测
	从 TOE 之外输入		状态同步协议
	TOE 内部传送		时间戳
	残余信息保护		TSF 间 TSF 数据一致性
	回退		外部实体测试
	存储数据的完整性		TOE 内 TSF 数据复制的一致性
	TSF 间用户数据机密性传送保护		TSF 自检
	TSF 间用户数据完整性传送保护	资源利用	容错
标识和鉴别	鉴别失败		服务优先级
	用户属性定义		资源分配
	秘密的规范	TOE 访问	可选属性范围限定
	用户鉴别		多重并发会话限定
	用户标识		会话锁定和终止
	用户–主体绑定		TOE 访问旗标
安全管理	TSF 中功能的管理		TOE 访问历史
	安全特性的管理		TOE 会话建立
	TSF 数据的管理	可信路径/信道	TSF 间可信信道
	撤销		可信路径
	安全特性到期	通信	原发抗抵赖
	管理功能规范		接收抗抵赖
	安全管理角色	密码支持	密钥管理
			密码运算

　　从不同角度、不同方面引入的安全需求，可能存在重复、歧义，甚至冲突，应在需求分析阶段进行适当处理。与安全相关的功能性、非功能性需求，必须与具体功能或数据等对象关联，避免过于抽象、宽泛、"放之四海皆适用"而难以实施落地。例如，"软件需具有保密性"这一安全需求，建议细化为"对 x 功能和 y 数据应具有访问控制"、"对 y 数据应加密存储和加密传输"。

4.2.3　提取安全需求的基本方法

已在 4.2.1 节需求引出过程的"收集用户需求信息"环节概述了提取需求的基本方法，调查对象、需求引出源的有关陈述也隐含需求提取方法，本节从方法论角度单独补充阐述收集、提取安全需求的基本方法。

① 问卷调查和访谈。调查对象尽可能覆盖已确定的调查对象，调查内容应全面覆盖目标软件安全设计原则和安全配置文件内容，充分考虑可能存在的业务风险、过程风险和技术风险。基于问卷调查和访谈的安全需求提取过程，应与基于该方法的常规需求提取过程合并为一个过程，调查表为一张表，只是相关问题的分类不同而已。安全需求调查问卷表示例如表 4-6 所示。

表 4-6　安全需求调查问卷表示例

序　号	询问问题	回答与判断
1	软件系统数据的敏感程度或重要程度	在此回答软件系统数据的保密性要求。该要求与客户的业务相关，是指整体敏感程度，可以分为机密、保密、一般、公开等几种类型
2	客户组织中的信息保密制度	在此回答客户组织中的信息保密制度，例如，工资数据、财务数据保密级别很高，只有组织中的部分人员可以访问；其他一般数据、人员资料等可向内部人员公开
3	软件系统运行于何种环境	在此回答软件系统的运行环境，例如，运行于互联网还是企业局域网？是共用服务器还是私有服务器？是集中式应用还是分布式应用？是单机版还是服务器版？
4	软件系统使用人员情况	在此回答使用人员的成分。例如，是否都是内部人员？是否分为正式员工和合同工？是否有外部人员访问？

② 头脑风暴和推演讨论。以具有安全开发、安全测试、安全运维经验的人员为主体，结合已获取的功能需求，基于安全情景假设，进行头脑风暴和安全推演讨论。

③ 策略分解。以结构化方式将目标软件开发需要遵守的开发组织内部和外部政策（包括法律法规、隐私条款和遵从性命令）以及安全测评预期目标，分解成详细的安全需求。

④ 功能和接口分类划分。结合攻击面大小的判断依据（例如本地授权访问时攻击面较小、远程匿名访问时攻击面较大，参见 5.2.2 节），根据访问途径与方法划分功能和接口类型，并确定不同访问途径与方法下的功能与接口安全需求。

⑤ 数据分类、分级。根据数据的生命周期管理对数据分类、分级、分阶段划分来确定安全需求，也可以根据数据重要程度的划分来确定安全需求。

⑥ 主客体关系矩阵（访问控制矩阵）。主体是访问操作中的主动实体，客体是访问操作中的被动实体，主体对客体进行访问。利用主客体关系矩阵描述主、客体之间的访问控制关系，在此基础之上确定安全需求，尤其是与软件用户角色划分相关的安全需求。

4.3　需求分析建模

4.3.1　分析建模的任务

须对用户的原始需求信息进行分析，从而准确回答"系统必须做什么"。需求分析与建模的具体任务包括以下两类。

①　明确系统边界，对提取的原始需求信息进行分析、检查、协商和提炼，查遗补漏、消除歧义、修正错误，去除需求中不合理和非本质的部分，确定并排序软件系统的真正需求。对捕获的原始需求信息进行的检查包括必要性与合理性检查、一致性与完整性检查、正确性与可行性检查。当用户提出的要求超出软件系统可以实现的范围或不同用户提出了相互冲突的需求时，需要进行协商，使客户、最终用户和开发人员对拟开发的内容达成一致。

②　利用需求分析方法及工具对确定的系统需求进行清晰、准确地描述，建立无二义性的、完整的系统逻辑模型，包括数据流图、实体-关系图、状态转换图、数据字典。需求分析产生的模型有助于更好地理解目标软件系统，有助于系统分析员理解系统的数据、功能和行为，是确定需求规格说明完整性、一致性和精确性的重要依据，并为管理活动、软件设计测试等其他软件工程活动提供基础。

需求分析相关人员既包括需求分析人员和技术支持人员（含安全需求分析和安全技术支持人员），也包括调查对象中不同层次的用户。此外，运维小组与信息安全小组等技术支持人员也是相关人员，应与分析人员、业务负责人、客户等做好积极沟通，提供相关支持与协助。需求分析相关人员通力合作，共同完成分析建模任务，也必须意识到需求分析是一个复杂的过程，面临诸多困难或挑战：

①　应用领域的复杂性导致需求复杂、庞大，存在需求片面、不完整等风险；

②　业务变化致使需求具有动态性；

③　用户和开发人员可能因知识背景不同而存在沟通障碍，尤其是开发人员对用户需求与专业术语、专业业务流程等相关的需求理解模糊、不准确；

④　需求分析参与人员来自不同领域，对需求的理解不同，存在不一致、歧义等风险；

⑤　需求分析常侧重于功能性需求，而忽视了功能性需求与非功能性需求之间错综复杂的联系，且非功能性需求建模技术缺乏，更难进行需求分析。

4.3.2　需求分析的基本方法

软件需求分析方法包括面向过程的方法、面向数据的方法、面向对象的方法等多种方法。在 2.2.2 节介绍的原型法不仅是需求分析方法，同时也是需求验证方法。本节仅概述作为威胁建模基础的数据流图，以及作为滥用例、误用例基础的用例分析法。不同的建模分析方法可从不同角度描述需求，有利于将模糊的需求变得清晰、简单、便于理解，弥补用自然语言描述需求存在的不足。

（1）数据流图

数据流图（Data Flow Diagram，DFD）是结构化分析（Structured Analysis，SA）方法中用图形表达用户需求、表示系统逻辑模型的一种方法，它从数据传递和加工的角度，以图形的方式刻画数据流从输入到输出的变换过程，换言之，用一种图形及与此相关的注释表示软件系统的逻辑功能，即所开发的系统在数据处理方面要做什么。

数据流图由四种基本符号组成，如表 4-7 所示。为了使数据流图清晰易懂，对加工、数据流、数据存储的命名应力求简单。至于加工的加工逻辑、数据流的数据结构等，在数据字典中定义。数据字典和数据流图一起描述软件系统。

表 4-7 数据流图的基本符号

符　号	名　称	说　明
实体名　或　实体名	外部实体	系统外部环境中的实体,是数据的源点或终点,一般只出现在数据流图的顶层图中
编号 加工名称　或　编号 加工名称	加工	数据变换处理,接收一定的数据输入,对其进行处理,并产生输出
编号 文件名　或　编号 文件名	数据存储	也称为数据文件,指临时保存的数据,可以是数据库文件或任何形式的数据组织
→	数据流	特定数据的流动方向,是数据在系统内传播的路径

① 外部实体

外部实体指处于软件系统外部环境中且与系统存在信息交互的人员、组织、设备或其他软件系统,它是数据的提供者或使用者,是数据的源点和终点(又称端点),从源点到系统的信息为系统的输入,从系统到终点的信息为系统的输出。外部实体不受系统的控制,开发者不能以任何方式操纵外部实体。在数据流图中引入源点和终点是为了划定系统的边界和便于理解系统,不需要详细描述它们。

② 加工

加工也称为处理或数据变换,表示对数据流的操作,在分层的数据流图中应标注编号。为使数据流图清晰易读,加工的命名一般为动词加名词短语的形式,应简洁易懂,能概括说明对数据的具体加工行为或反映整个加工的功能,其详细描述在数据字典中定义。未分解的加工本身具有抽象性,所以加工的名称必然具有抽象性,如"用户注册"、"成本核算"等。每个加工都必须有输入数据流和输出数据流,且输入数据流与输出数据流要有所变化,反映此加工的数据来源与加工的结果。

③ 数据存储

数据存储也称为数据文件,指临时保存的数据,可以是数据库文件或任何形式的数据组织,一般为表结构。

④ 数据流

数据流是特定数据的流动方向,是数据在系统内传递的路径。由于数据流是流动中的数据,所以必须有流向,除了与数据存储之间的数据流不用命名,其他数据流应该用名词或名词短语命名,名字应能代表整个数据流的具体内容,避免使用诸如"数据"之类的仅反映它的某些成分或空洞的、缺乏具体含义的名字。

数据流图的附加符号如表 4-8 所示。

表 4-8 数据流图的附加符号

符　号	说　明
A *（T）→ C, B	数据 A 和数据 B 同时输入才能变换成数据 C
A →（T）* → B, → C	数据 A 同时变换成数据 B 和数据 C
A +（T）→ C, B	数据 A 或数据 B 单独输入或数据 A 和数据 B 同时输入变换成数据 C

（续表）

符　　号	说　　明
A →（T）+ → B, → C	数据 A 单独变换成数据 B 或数据 C，或同时变换成数据 B 和数据 C
A →, B → ⊕（T） → C	只有数据 A 或只有数据 B（数据 A、数据 B 不能同时）输入时变换成数据 C
A →（T）⊕ → B, → C	数据 A 变换成数据 B 或数据 C，但不能同时变换成数据 B 和数据 C

数据流图描述软件系统对数据的加工情况，其基本策略是，研究问题域中数据如何流动以及在各个环节上进行何种处理，从而发现数据流和加工。问题域被映射为由数据流、加工以及数据存储、端点等成分构成的数据流图，并用数据字典对数据流和加工进行详细说明。数据流图的关键是动态跟踪数据流动。由于图形描述简明、清晰，不涉及技术细节，所描述的内容是面向用户的，所以即使完全不懂软件开发的用户也容易理解。因此数据流图是系统分析人员与用户之间进行交流的有效手段之一，也是系统设计（即建立所开发的系统的物理模型）的主要依据之一。

数据流图采用分层的形式描述系统数据流向，根据层级从高到低，数据流图分为顶层数据流图、中层数据流图和底层数据流图，每一层次代表系统数据流向的一个抽象水平，层次越高，数据流向越抽象。高层次的数据流图中的加工可以进一步分解为低层次、更详细的数据流图。顶层数据流图只包含一个表示整个系统的加工，输入数据流和输出数据流为系统的输入数据和输出数据，表明系统的边界及系统与外部环境的数据交换关系。中层数据流图是对父层数据流图中某个加工步骤进行的细化，而它的某个加工步骤也可以进一步细化，形成子图；中间层次的多少，一般视系统的复杂程度而定。底层数据流图是指其加工不能再分解的数据流图，其加工称为"原子加工"。除顶层数据流图外，其他数据流图从零开始编号。

为了说明"自顶向下，由外及里，逐层分解"地构建数据流图的策略，下面以"医院 ICU 病房监护系统需求分析"为例，其顶层数据流图如图 4.5 所示，包含一个标识被开发系统的加工、与系统有关的全部外部实体（即数据源点、终点）及与外部实体相关的系统主要输入、输出数据流，其中，重复外部实体"护士"是为了平衡图形布局，也是为了减少线条的交叉，该外部实体符号的右下角带有小斜线，表示重复。

图 4.5 中病员监护系统的第 0 层数据流图如图 4.6 所示。

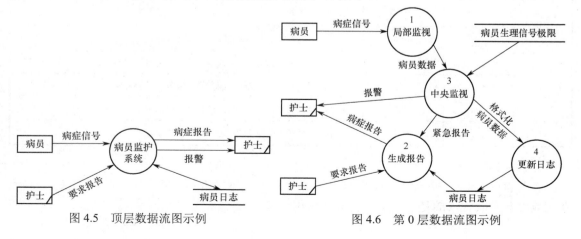

图 4.5　顶层数据流图示例　　　　　　图 4.6　第 0 层数据流图示例

图 4.6 中编号为 3 的加工"中央监视"进一步细化分解出的第 1 层数据流图如图 4.7 所示。

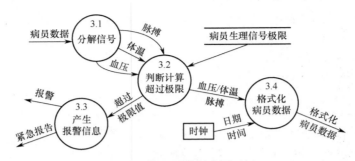

图 4.7　第 1 层数据流图示例

需注意的是：所有的数据流必须从一个外部实体开始，并在一个外部实体结束；外部实体之间不存在直接的数据流；画数据流而不是控制流，数据流反映系统"做什么"，不反映"如何做"，因此箭头上的数据流名称只能是名词或名词短语，整个图中不反映加工的执行顺序；子图的输入、输出数据流与父图相应加工的输入输出数据流必须一致，即子图须与父图平衡；当某层数据流图中的数据存储不是父图中相应加工的外部接口，而只是本图中某些加工之间的数据接口，则称这些数据存储为局部数据存储；可以将一个加工合理分解成几个功能相对独立的子加工，从而减少加工之间输入、输出数据流的数量，增加数据流图的可理解性。

（2）基于用例的需求分析

用例（Use Case，也翻译为"使用案例"）从用户角度描述系统的行为，表达系统所能提供的功能与服务、用户如何使用系统，是一种常见的功能性需求的分析方法，被广泛应用于面向对象的系统分析中。用例可以用自然语言、形式化语言、图示等多种方式来描述。用例图是用例的图形符号表示，在需求工程中已经被证明是非常有用的，既用于引出需求，也用于分析、描述需求，其常见符号如表 4-9 所示。

表 4-9　用例图常见符号

类　型	符　号	名　称	说　明
事物	（人形符号）	参与者	系统外部与系统进行交互的用户角色、其他系统或设备
	（椭圆符号）	用例	系统外部可见的一个系统功能单元或服务单元
关系	→	关联	参与者与用例间的交互，箭头指向发起的用例
	──▷	泛化	参与者之间或用例之间的继承关系，箭头指向父类
	<<包含>> ----▷	包含	用例之间的关系，箭头指向分解出来的用例
	<<扩展>> ----▷	扩展	用例之间的关系，箭头指向基础用例

① 参与者

参与者（Actor）是指系统外部与系统进行交互的用户角色（并非某个具体的人）、其他系统或设备，其代表的是系统的使用者或使用环境。

② 用例

用例用于表示系统所提供的服务或系统外部可见的一个系统功能单元或服务单元，其定义参与者如何使用系统。用例的命名需要从用户的角度描述参与者达到的目标，采用动宾短语的格式命名，例如：选课、用户管理、借阅图书、订购货物、使用信用卡支付等。

③ 关联

通信关联（Communication Association）简称关联，用于表示参与者和用例之间的对应关系或交互通信路径，体现参与者使用系统中的哪些服务（用例），或者系统所提供的服务（用例）被哪些参与者使用。关联关系用实线表示，可以用箭头显式表明发起用例的是参与者，箭头可以省略，箭头所指的方向与信息流无关，信息流一般是双向的。

④ 泛化

当一个用例可以被列举为多个子用例或一个参与者可以被列举为多个子参与者时，可以使用泛化关系。子用例或子参与者从父用例或父参与者处继承行为和属性，还可以添加行为或覆盖、改变已继承的行为。泛化关系使用带空心箭头的实线，箭头指向被继承的用例或参与者。

⑤ 包含

当一个用例（基础用例）的行为包含另一个用例（包含用例）的行为时，可以使用包含关系。包含关系的使用场景包括：将几个用例的重复的功能分解到另一个公共用例中，其他用例与该公共用例建立包含关系；如果某个用例的功能太多，可以用包含关系创建子用例。在包含关系中，基础用例依赖于包含用例的执行结果。包含关系使用带 "<<包含>>" 或 "<<include>>" 字样的虚线箭头，箭头指向被包含的用例。

⑥ 扩展

如果某个用例有特殊情况需要处理，则把该特殊行为通过扩展关系插入已有用例，从而得到新的用例（即扩展用例）。例如，正常登录行为是输入账号和密码，然后点击登录按钮，但如果用户忘记密码，则需要执行与忘记密码相关的操作。扩展关系主要应用于处理异常或构建后续扩展框架等情况，是用例功能的延伸，相当于为基础用例提供可选但非必须的附加功能。扩展关系使用带 "<<扩展>>" 或 "<<extend>>" 字样的虚线箭头，箭头指向被扩展的用例（即基础用例）。

包含关系与扩展关系的区别如表 4-10 所示，包含用例是无条件执行，扩展用例是有条件执行；图的起点不同，终点也不同。

表 4-10　包含关系与扩展关系的区别

特　性	包　含	扩　展
作用	增强基础用例的行为	增强基础用例的行为
执行过程	包含用例一定会执行	扩展用例可能被执行
对基础用例的要求	在没有包含用例的情况下，基础用例可能是不完整的	在没有扩展用例的情况下，基础用例一定是完整的
表示法	箭头指向包含用例	箭头指向基础用例
基础用例对增强行为的可见性	基础用例可以看到包含用例，并决定包含用例的执行	基础用例对扩展用例一无所知
基础用例每执行一次，便会增加扩展用例的执行次数	只执行一次	取决于条件（0 到多次）

　　用例适合于描述具有交互性的功能性需求，不适合描述数据变换或科学计算性质的需求。使用用例描述系统需求的过程称为用例建模。建立用例模型的步骤包括确定系统边界、确定参与者、确定用例、描述用例规约。参与者是由系统的边界决定的，用例建模时不能将系统的组成结构作为参与者进行抽象。例如，如果需要定义的系统是"自动柜员机存取款系统"，则系统边界仅限于自动柜员机本身，后台服务器是该系统的一个外部系统，可以抽象为一个参与者。如果需要定义的系统是"银行存取款系统"，则自动柜员机和后台服务器都是整个系统的一部分，后台服务器不能被抽象为一个参与者。为了说明与用例相关的前述概念，以会员在线购物订单管理的需求分析为例，其用例图如图 4.8 所示。

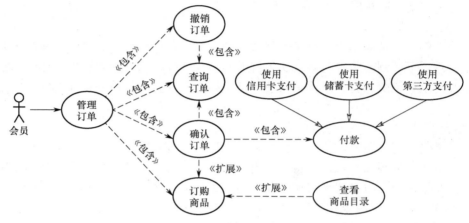

图 4.8　会员在线购物订单管理用例图

　　用例粒度要适中，否则，用例粒度过粗，不便于理解系统；而粒度过细会导致用例模型过于庞大、增加设计困难。系统中很多业务都包含增、删、改、查的操作，用类似"×××管理"的用例包含这些操作，而不是将这些操作分别作为与参与者直接关联的用例（如图4.8 所示），有利于体现参与者的真实目的，避免因粒度过细而忽略用户的真正目的。在用例建模时，避免将操作步骤作为用例；也不能将连接数据库等系统内部活动作为用例，因为用户不直接与系统内部活动交互，用户也不关心系统内部活动。

　　用例图在总体上描述用户的功能需求（系统所能提供的功能或服务），但还需要在用例规约中描述每一个用例的详细信息。也就是说，用例模型实质上是由用例图和对每个用例的详细描述（用例规约）组成的。每一个用例的用例规约包含：用例简要说明、事件流、前置条件、后置条件和其他信息。事件流包括基本事件流和备选事件流，呈现该用例的所有场景，包括成功场景和失败场景；前置条件为执行该用例之前系统必须所处的状态；后置条件为该用例执行完毕后系统可能处于的一组状态；其他信息包括与该用例相关的非功能性需求、设计约束及用例审核状态等信息。例如，会员在线购物订单管理用例规约如表 4-11 所示。

表 4-11　会员在线购物订单管理用例规约

用 例 名 称	管理订单
用 例 编 号	UC02-01
参 与 者	会员
用 例 简 述	本用例由注册为会员的顾客启动。在系统辅助下，登录会员对选购的商品在线完善订单并下单，确认并成功支付则完成订单

（续表）

相 关 用 例	UC01-02（核验身份）	
前 置 条 件	用户以注册会员身份登录系统	
基本事件流	（1）参与者将订单信息提交系统； （2）系统验证会员信息及订单信息合法后做出响应； （3）针对订单中的每种商品，系统根据订单中的数量检查商品库存数量； （4）系统统计订单中商品的总价格； （5）系统生成、保存订单信息并发送给会员或供会员查看； （6）会员确定订单，系统从会员指定的支付账户中收取相应钱款，订单发送至销售中心，系统生成并保存交易记录	
备选事件流	A-1　如果订单信息非法，系统通知会员并提示重新提交订单； A-2　如果订单中某商品数量超过该商品库存量，则提示会员库存不足，暂无法购买，暂存订单并禁用支付； A-3　如果会员指定的支付账户缴款失败，系统给出相应提示，并终止支付	
后 置 条 件	如果订单中的商品库存足够，则发货；否则提示会员当前缺货	
数 据 需 求	D-1　订单信息包括订单号、参与者的会员账户名、收货人及收货地址、商品种类数量、商品种类名称以及每种商品的价格	
业 务 规 则	B-1　只有当订单中商品信息确认无误后才能允许会员进行支付	
审 核 状 态	[未审核]	审 核 时 间

建立用例模型之后，可以对用例模型进行检视，检查是否可以进一步简化用例模型、提高重用程度、增加模型的可维护性，可以从以下检查点进行检视。

① 用例之间是否相互独立？如果两个用例总是以同样的顺序被激活，可能需要将其合并为一个用例。

② 多个用例之间是否有非常相似的行为或事件流？如果有，可以考虑将其合并为一个用例。

③ 用例事件流的一部分是否已被构建为另一个用例？如果是，可以让该用例包含另一用例。

④ 是否应该将一个用例的事件流插入另一个用例的事件流中？如果是，可以将该用例通过扩展关系插入另一用例，或者将该用例作为另一用例的泛化用例。

4.3.3　安全需求分析的策略与方法

安全需求分析是需求分析的内容之一，描述为了实现软件的安全目标，软件系统应该做什么来保护什么，才能有效提高软件的安全质量，减少软件漏洞，降低软件安全风险。安全需求分析既要分析功能的安全性（可能面临的威胁）、安全功能的完备性，也要分析安全措施对实时性、便捷性等软件性能的负面影响，同时还要分析安全措施对软件开发进度、开发费用的影响，需秉持"安全是可接受"的风险的指导思想。此外，安全需求分析还需与非安全需求分析紧密结合。楼宇内房间规划布局需求与消防通道布局安全需求既相互独立，又相互制约，消防安全需求有可能导致房间布局变更。与此类似，软件安全需求与非安全需求既相互独立，又相互制约，安全需求甚至有可能要求去除或变更某些功能需求，例如，出于安全考虑，某些功能的远程匿名访问需求，变更为本地授权访问。因此，安全需求分析不能完全独立于需求分析。

　　器械设备控制软件的安全性是指软件在规定的条件下、规定的时间内，完成规定功能的过程中避免危险事件发生的能力；其可靠性指软件在规定的条件下、规定的时间内完成规定功能的能力。若软件不能按预期的方式完成规定的功能，则称为软件失效。因此，器械设备控制软件的安全需求分析应结合软件和软件控制的器械设备的预期运行过程和运行结果及可能的失效条件与风险，分析相关安全措施是否能避免风险分析获知的软件失效，是否能避免或减少与软件相关的危险事件的发生，即从软件与软件控制对象相结合的角度整体考虑安全风险并在软件需求中列入所需风险控制措施。

　　器械设备控制软件的安全需求侧重于软件产品使用质量模型中的抗风险性，但与信息数据处理软件一样，也需重视与人为因素相关的软件产品质量模型中的信息安全性，根据实际具体情况，也需具备某些软件安全特性。

　　安全需求分析基本流程如图 4.9 所示。对初审确定的功能需求和非功能性需求及用户原始安全需求进行安全风险评估（原理方法参见 3.1 节和 3.2 节），识别、确定、排序风险资产并初步确定安全目标与威胁（需保护的对象及为什么要保护），分析建模、提取安全需求（为了落实保护，需做什么），审核安全需求分析结果，若审核通过，则进入需求定义阶段形成安全需求规约，否则调整或改进需求，经过多轮迭代来完善安全需求及其涉及的非安全需求，包括平衡安全性能与用户体验、平衡可接受的风险与开发成本。

　　安全需求分析具有系统性、经济性、适用性，既要分析、评估确定目标软件的安全等级与安全目标、建立安全规范与安全计划，又要

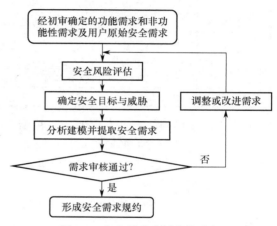

图 4.9　安全需求分析基本流程

确定目标软件的安全关键点及安全需求之间的关联性。可以基于软件开发安全过程模型（例如微软 SDL 模型，参见 2.4.1 节）或 OCTAVE（Operationally Critical Threat, Asset, and Vulnerability Evaluation）、通用标准（Common Criteria）等风险评估标准规范进行安全需求分析，也可以基于如表 4-12 所示的安全需求分析方法进行安全需求分析，表中 "√" 表示安全需求分析方法支持与安全相关的相应活动。将在 4.3.4 节介绍与传统需求分析紧密结合的误用例、滥用例，在 4.5 节介绍自成体系的安全质量需求工程 SQUARE，在 5.4 节介绍既支持安全需求分析，也支持安全设计的威胁建模。尽管可以利用威胁建模分析安全威胁并进而获取由安全威胁激发的安全需求，但本书与微软 SDL 模型类似，将在 5.4 节安全设计环节结合威胁缓解措施的制定来介绍威胁建模。

表 4-12　安全需求分析方法

序　号	方 法 名 称	需　　　求				设　计	测　试
		引　出	分　析	优　化	文 档 化		
1	滥用者故事	√					
2	滥用例	√					√
3	误用例	√					√

（续表）

序 号	方 法 名 称	需　　求				设　计	测　试
		引　出	分　析	优　化	文 档 化		
4	安全用例	✓	✓			✓	✓
5	反模型	✓	✓			✓	
6	安全模式	✓	✓				
7	安全问题框架	✓	✓				
8	UML 安全扩展		✓		✓	✓	
9	安全 Tropos	✓	✓	✓	✓	✓	
10	故障树		✓				✓
11	攻击树	✓	✓			✓	✓
12	威胁建模	✓	✓			✓	
14	安全质量需求工程（SQUARE）	✓	✓	✓	✓	✓	✓

（1）滥用者故事

滥用者故事（Abuser Story）是扩展用户故事（User Story）以获取软件系统原始安全需求的方法。用户故事从最终用户的角度用自然语言简略描述用户在其工作中所做的或需要做的事情，关注的是用户的需求，而不是软件系统应交付的功能。一个完整的用户故事包含三个要素：角色（谁要使用这个功能）、活动（需要完成什么样的功能）、价值（为什么需要这个功能，这个功能可以带来什么价值）。用户故事常用的表达形式是"作为一个<x 角色>，我想要<y 活动>，以便于<z 价值>"。滥用者故事描述攻击者可能用何种滥用系统的方式危害资产，并产生什么负面影响（价值损失），关注的是需要保护的业务相关资产。开发人员与客户协作，识别、记录目标软件系统的相关资产及其价值，基于已有的安全知识识别威胁场景，为可能导致资产风险增加的威胁描述滥用者故事，并评估滥用者故事确定的威胁的风险，包括对客户业务的影响，进而确定需迭代完善的滥用者故事。一个简单的滥用者故事的例子是："泄愤者可能会涂改（篡改）用户上传的证件照，以诋毁用户的形象。"

（2）基于用例需求分析方法拓展的安全需求分析方法

传统的用例分析方法主要用于分析获取软件系统的功能性需求（参见 4.3.2 节），不能用于捕获软件系统的安全需求，基于用例拓展的滥用例（Abuse Case）、误用例（Misuse Case）、安全用例（Security Use Case）弥补了其不足。滥用例和误用例是分析安全威胁的非常有效的方法，从恶意攻击者的角度分析软件系统面临的威胁，创建反需求和威胁用例，从避免安全威胁、防范攻击的角度获取安全需求，而安全用例直接描述保护软件系统免受相关安全威胁的需求。滥用例、误用例与威胁和漏洞有关，而安全用例与缓解措施或安全需求有关，或者说，滥用例、误用例是威胁分析、资产脆弱性分析驱动的，而安全用例是由误用例、滥用例驱动的。

利用如图 4.10 所示简化后的网店部分功能的用例、安全用例、误用例说明三者之间的区别，其中：客户不需要登录，只需要浏览目录并订购商品，在提交订单之前提供其信用卡号以及姓名和地址信息；系统员工必须登录；省略了经营者及其注册新商品、下架已停售商品等参与者及相关用例。图 4.10 中被称为"骗子"的误用者可能会执行"洪水攻击"、"窃取卡信息"、"窃听"和"获取密码"等误用操作，而四个安全用例对应的功能用于阻止和检测这些误用操作，保护用例对应的系统功能。四个安全用例定义了缓解来自骗子的四种安全威胁的安全需求。

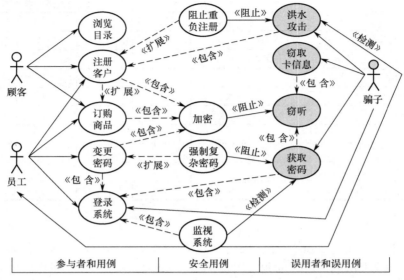

图 4.10　网店部分功能的用例、安全用例、误用例示意

将在 4.3.4 节介绍误用例、滥用例，此处仅从可以重用的角度说明需求分析中采用的安全用例描述方法，以便用文字详细说明图形表达的安全用例图。采用模板的形式描述安全用例，有利于重用针对相同安全威胁或采取相同安全措施的安全用例。模板如下：

```
Security Use Case:
ID：{安全用例标识符}
名称：{安全用例名称}
简述：{安全用例简短描述}
原由：{[预防/检测]<<滥用例/误用例涉及的威胁>>}或{[实施]<<必要的安全措施>>}
······
成功标准：{以动宾格式描述成功标准}
End_Security Use Case
```

示例如下：

```
Security Use Case:
ID：SUC01
名称：阻止重复注册
简述：阻止同一人多次注册
原由：防止<<误用例之洪水攻击>>
······
成功标准：拒绝用相同邮箱的注册或拒绝来自同一 IP 地址的多次输入
End_ Security Use Case
```

滥用例、误用例成功的标准是，对应的威胁发生并导致相应损失，而安全用例成功的标准是阻止或避免相应威胁的发生。

（3）反模型

面向目标的需求分析方法不能捕获由恶意攻击行为所产生的阻碍目标达成的障碍，即障碍目标，反模型（Anti-model）针对该缺点给出获取和缓解恶意障碍目标的方法。反模型用反目标（Anti-goal）代表具有恶意性质的障碍目标，基于目标导向框架生成和解决攻击者设置的阻碍安全目标的反目标。通过精化反目标，系统地构建威胁树，直到得到叶节点，叶节点要么是攻击者可观察到的软件漏洞，要么是该攻击者可实现的反需求。然后通过对分析揭示的反需求和漏洞及其缓解措施，获取安全需求。

反模型获取安全需求的主要过程如下。

① 从系统中找出关键的安全对象并定义其安全目标，针对安全目标定义初始的反目标。

② 分析初始的反目标，识别出具有反目标意图的攻击者。例如，通过回答"谁可以从这个反目标中受益"来识别攻击者。

③ 对于每个反目标及其对应的攻击者类别，从"为什么这类攻击者想要实现这个反目标"这样的问题中引出攻击者的高级反目标。可以递归地提出此类问题，从而得到更多的反目标，获取攻击者的真实动机。

④ 通过询问"如何/为什么要实现这个反目标"或采用目标回归法、模式精化法等方法精化步骤③所得到的反目标，直到反目标可被攻击者直接实施或可具体化为软件安全漏洞。

⑤ 根据反目标，建立攻击者与软件系统之间的反模型。

⑥ 采用弱化反目标、消除反目标等手段消解反目标，这些手段可作为所需的安全措施。

上述过程表明，反目标的形式精化过程需要较强的推理能力以保证反目标获取结果的正确性、有效性和完整性。因此该方法适合安全经验丰富、对面向目标的需求获取方法较熟悉的开发团队使用。该方法的缺点主要有两点：一是反目标形式化的描述可读性较差；二是需求的变化将导致此前获取的反目标可能变得完全无效，反目标推理过程需要重新开始，使反目标不容易被复用，安全目标也不容易复用。

（4）安全模式与安全问题框架

安全模式（Security Pattern）是软件安全领域的软件设计模式，描述在特定的应用环境下经常出现的安全问题，并提供解决此类安全问题的实践检验证明效果良好的通用解决方案。安全模式本体由三元组＜安全上下文，安全问题，安全解决方案＞构成，其中，安全上下文指明模式可应用的环境，安全问题给出一份某种模式解决的问题的声明，安全解决方案给出一份安全问题的解决方案的声明。安全模式可以为软件开发者提供安全专家的经验和安全知识，直接为其开发设计提供参考与借鉴，利用经过验证的安全模式能够辨别出在不同软件系统中重复出现的安全需求，并为此提供有效的解决方案，将在 5.5.2 节结合安全设计介绍安全模式的具体应用流程。

与安全模式类似的安全问题框架（Security Problem Frame）只能获取安全需求，其采用问题框架（Problem Frame）的结构化方法分析需求工程中经常出现的安全问题，将问题映射到实际相关的众所周知的问题类，当某个问题匹配于一个问题框架时，则可获取该问题的最重要特征，因为这些特征是所有适合该框架的问题所共有的。感兴趣的读者可以查阅问题框架、安全问题框架相关文献以进一步了解。

（5）UML 安全扩展

统一建模语言（United Modeling Language，UML）中的 Profile 提供了一个通用的扩展机制，用于开发者为特定领域或平台自定义相关的 UML 元素并以 UML Profile 的形式提供。UML 安全扩展 UMLsec 的核心思想是利用构造型（Stereotype）为模型元素增加安全相关信息，使其能够更有针对性地描述安全需求。此处的安全相关信息可以分为三类：对系统物理层的安全假设、对系统逻辑结构或特定数值的安全需求，以及系统构件须遵守的安全策略等。前两种类型的构造型仅增加一部分额外信息到模型，可以在任何相关的 UML 图中使用；第三种类型的构造型关联了约束以便在使用时做出判断，当这种构造型被绑定到不满足约束的 UML 图时，将会出现不正确的模型。

UMLsec 中典型的构造型示例如表 4-13 所示，通过为 UML 模型定义新的模型元素构造型、标记值（Tagged Value）和约束（Constraint）进行安全扩展，构建安全需求模型，其中，构造型对 UML 中的基础模型元素进行安全扩展定义，并根据新的定义对模型元素进行解释，每一个安全需求对应一个构造型；标记值给基础模型元素添加新特性，声明软件系统应满足的安全需求；约束给模型元素添加限制，提供规范安全需求的安全策略。

表 4-13　UMLsec 中典型的构造型示例

构 造 型	标 记	约 束	描 述
fair exchange	start, stop	start 之后最终会到达 stop	公平交易
provable	action, cert, adversary	行为不可否认	抗抵赖性
rbac	role, right	只执行被允许的行为	实施基于角色的访问控制
access			使用值守对象进行访问控制
encrypted	protected		加密连接
data security	secrecy, integrity, authenticity	提供机密性、完整性、真实性	基本的数据安全要求

可以根据预先定义的 Profile 文件，在 UML 视图中添加相应的构造型，以便使用各类视图模型结合 UMLsec 对软件系统进行安全建模，例如，活动图集成构造型<<rbac>>以描述软件系统的安全控制流，序列图集成构造型<<access>>以描述安全交互相关活动，状态图集成构造型<<provable>>以规范安全需求引起的状态序列、建立保护对象安全的模型等。基于UMLsec 的软件安全需求建模基本过程如图 4.11 所示。

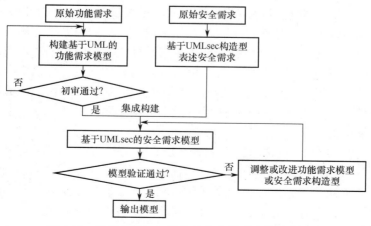

图 4.11　基于 UMLsec 的软件安全需求建模基本过程

UMLsec 以规范元素的形式提供保密性、完整性等常见安全需求。通过验证被声明的安全需求在实现后是否实施了给定的安全策略来考察系统是否满足 UML 规范中提到的安全需求。

（6）面向 Agent 与意图的安全需求分析方法

面向 Agent（主体，智能体，代理）与意图的需求建模方法的建模理念为刻画"有目的的参与者"，Tropos 是其中经典方法之一，涉及的基本概念包括参与者（具有战略目标和意图的实体）、目标（参与者的战略利益）、软目标（没有明确标准的目标）、任务（在抽象层次上表示一种做某事的方式）、资源（表示物理或信息实体）和刻意的依赖（表明一个参与者为了达到某目标、执行某任务或者交付一个资源而依赖另一个参与者）。

Tropos 是一种基于 i*建模框架的面向 Agent 与意图的软件工程方法，将软件开发分为早期需求、后期需求、架构设计、详细设计和实现五个阶段。在早期需求阶段，Tropos 方法基于 i*建模框架确定组织角色，并在功能性需求建模的基础上增加非功能需求建模方法，在 i*建模框架的基础上完善从需求到设计的过渡。早期需求分析关注利益相关方各自的意图。描述早期需求的模型有两类：策略依赖（Strategy Dependency）和策略原则（Strategy Rationale）模型。策略依赖模型将利益相关方建模为社会参与者，对参与者之间的关系进行建模。参与者分为依赖方和被依赖方，依赖方依赖被依赖方实现某个目标、执行某个任务或提供某些资源。需要确定每个参与者本身要实现的目标，一旦确定，则利用策略原则模型对每个参与者要实现的目标进行分解。策略原则模型包括四种节点和两种连接，四种节点分别为目标、任务、资源和软目标，两种连接分别为手段-目的（Means-Ends）连接和分解（Decomposition）连接。在经过分解和精化以后，策略原则模型仍需确定精化以后参与者之间的依赖关系。后期需求分析旨在得到目标系统的功能性和非功能性需求。目标系统被分离出来后，与其他的利益相关方一起，构成新的策略依赖模型，目标系统这个新的参与者是为了满足其他利益相关方的目标而存在的。然后针对这个新的参与者，进行精化分析，并在更加精细的层面上增加与其他参与者之间的依赖关系。后期需求分析实际上是在引入目标系统这个新的参与者之后，对早期需求分析的结果进行修订，从而得到新版本的策略依赖模型和策略原则模型。

以 Tropos 为代表的传统的面向 Agent 与意图需求分析方法很少涉及安全需求的捕获，而建模活动中往往存在安全隐患。面向 Agent 与意图获取安全需求的方法主要是在 i*建模框架和 Tropos 方法中引入安全约束机制，用于保护模型中可能遭受安全威胁的任务、目标、资源、软目标和依赖关系。面向安全进行拓展的 Tropos 即为安全 Tropos。

安全 Tropos 中的安全约束定义为与安全问题（例如保密性、完整性和可用性）相关的限制，通过改进系统的某些目标等途径来影响目标软件系统的分析和设计。安全约束必须与满足它的参与者关联。

除了安全约束，安全 Tropos 定义了安全依赖项。安全依赖项引入安全约束，必须满足这些约束才能满足依赖项。依赖者和被依赖者必须同意安全约束的实现，安全依赖才能有效。这意味着依赖者期望被依赖者满足安全约束，也意味着被依赖者将努力通过满足安全约束来交付该依赖。

安全 Tropos 使用术语"安全实体"描述任何与系统安全相关的目标和任务。安全目标代表参与者在安全方面的战略利益。安全目标的引入主要是为了实现强加给参与者或存在于系统中的可能的安全约束，但安全目标并没有定义如何实现安全约束。安全任务给出了如何实现安全目标的精确定义。安全任务被定义为表示满足安全目标的特定方式的任务。

　　基于安全 Tropos 获取安全需求的基本过程如图 4.12 所示，以 i*建模框架为基础，考察常规的 i*建模框架的每一个步骤，并从攻击者的角度考虑步骤中存在的安全隐患，获取安全需求，进而为安全隐患制定缓解措施。图 4.12 中左边实线部分为 i*建模框架的常规需求建模过程，右边的虚线部分为获取安全需求的过程，两部分紧密结合，基于此进一步细化、明确安全需求。

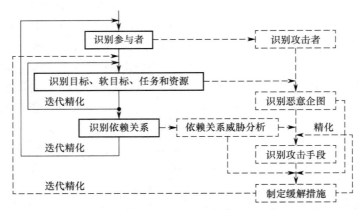

图 4.12　基于安全 Tropos 的安全需求分析基本过程

（7）故障树

　　故障树（Fault Tree）是一种利用事件符号、逻辑门符号以及转移符号表示事故或者故障事件发生的原因及其逻辑关系的树状逻辑因果关系图，其中，事件符号用于描述系统和元部件故障的状态；逻辑门把事件联系起来，表示事件之间的逻辑关系；转移符号是为了避免画图时重复和使图形简明而设置的符号。故障树事件及其符号、逻辑门及其符号、转移符号分别如表 4-14、表 4-15、表 4-16 所示。故障树最初应用于系统可靠性工程，现已得到广泛应用。

　　底事件是仅导致其他事件的原因事件，位于所讨论的故障树底端，是某个逻辑门的输入事件而不是输出事件，分为基本事件与未探明事件。结果事件是由其他事件或事件组合所导致的事件，位于某个逻辑门的输出端，分为顶事件和中间事件。故障树事件及其符号如表 4-14 所示。

表 4-14　故障树事件及其符号

类　别	符　号	名　称	说　　明
底事件		基本事件	元部件在设计的运行条件下发生的随机故障事件，是无须探明其发生原因的底事件
		未探明事件	原则上应进一步探明其原因但暂时不必或者暂时不能探明其原因的底事件
结果事件		顶事件	不希望发生的显著影响系统技术性能、经济性、可靠性和安全性的故障事件。顶事件是所有事件联合发生作用的结果事件，位于故障树的顶端，是所讨论故障树中逻辑门的输出事件而不是输入事件。顶事件可由故障模式、影响和危害性分析确定
		中间事件	位于底事件和顶事件之间的结果事件，既是某个逻辑门的输出事件，同时又是其他逻辑门的输入事件

（续表）

类　别	符　号	名　称	说　明
特殊事件		开关事件	在正常工作条件下必然发生或必然不发生的特殊事件
		条件事件	描述逻辑门起作用的具体限制的特殊事件

在故障树分析中，逻辑门只描述事件间的逻辑因果关系，逻辑门的输入事件是输出事件的"因"，逻辑门的输出事件是输入事件的"果"。故障树逻辑门及其符号如表 4-15 所示。

表 4-15　故障树逻辑门及其符号

符　号	名　称	说　明
	与门	表示当且仅当所有输入事件都发生时，输出事件才发生
	或门	表示至少一个输入事件发生时，输出事件才发生
	非门	表示输出事件是输入事件的对立事件
（顺序条件）	顺序与门	表示当且仅当输入事件按规定的顺序发生时，输出事件才发生
$(r)/(n)$	表决门	表示当且仅当 n 个输入事件中有 r 个或 r 个以上的事件发生时，输出事件才发生
不同时发生	异或门	表示当且仅当所有输入事件中单个事件发生时，输出事件才发生
（禁门打开的条件）	禁门	表示当且仅当条件事件发生时，输入事件的发生才导致输出事件的发生

在故障树分析中，转移符号是成对使用的，用于指明子树位置。合理使用转移符号，既可以避免重复绘制子故障树，也可以使故障树更简明。转移符号包括相同转移符号和相似转移符号。故障树转移符号如表 4-16 所示，其中，"A"为子树代号，一般用字母数字。

表 4-16　故障树转移符号

类　别	符　号	名　称	说　明
相同转移	A	转向	表示转到子树代号所指的子树
	A	转此	表示由具有相同子树代号的转向符号处转到此处
相似转移	A　不同的事件标号：xx—xx	相似转向	表示转到子树代号所指结构相似而事件标号不同的子树，不同的事件标号在三角形旁注明
	A	相似转此	表示相似转向符号所指子树与此处子树相似，但事件标号不同

故障树分析（Fault Tree Analysis，FTA）是复杂系统可靠性和安全性分析的工具之一，它以一个不希望发生的产品故障事件或灾害性危险事件（即顶事件）作为分析的对象，通过自上而下、严格按层次的故障因果逻辑分析，逐层找出故障事件的必要而充分的直接原因，画出故障树，最终找出导致顶事件发生的所有可能原因和原因组合，即找出导致顶事件发生的所有故障模式，在有基础数据时可计算出顶事件发生的概率和底事件重要度。故障树分析包括定性分析和定量分析。定性分析的主要目的是找出导致顶事件发生的所有故障模式；定量分析的主要目的是当给定所有底事件发生的概率时，计算顶事件发生的概率及其他定量指标。基于故障树分析可以在系统设计阶段判明潜在的故障，发现产品的可靠性和安全性薄弱环节，采取改进措施，以提高产品可靠性和安全性，或发生重大故障或事故后，系统而全面地分析事故原因，指导故障诊断、改进使用和维修方案等。故障树分析主要用于安全工程和可靠性工程领域，包括航空航天、核电、化工过程、制药、石化等高风险行业，通过对可能造成产品故障的硬件、软件、环境、人为因素进行分析，寻找降低风险的最佳途径，或确认某一安全事故或某一特定系统故障的发生率。故障树分析也用于软件工程的需求分析、设计、测试、应急响应等环节，用故障树分析来确定与软件失效相关的安全要求或安全故障的各种原因，尤其适用于软硬件结合的系统、器械设备控制软件。

故障树分析的基本流程如图 4.13 所示。对目标系统进行必要的分析，确切了解系统的组成及各项操作的内容，熟悉其正常的作业图，列出故障事件，确定顶事件，分析故障之间的逻辑关系，逐级逐层地放置基本的独立的故障事件，采用故障树符号连接表示因果关系，并简化和整理故障树，在定性或定量分析的基础上形成故障树分析报告。

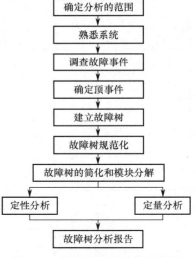

图 4.13　故障树分析的基本流程

在故障树分析中，建立故障树的方法有演绎法、判定表法和合成法等。演绎法主要用于人工建树，判定表法和合成法主要用于计算机辅助建树。演绎法建树应从顶事件开始由上而下，循序渐进逐级进行，步骤如下。

① 分析顶事件，寻找引起顶事件发生的直接的必要和充分的原因。将顶事件作为输出事件，将所有直接原因作为输入事件，并根据这些事件实际的逻辑关系用适当的逻辑门进行关联。

② 分析每一个与顶事件直接关联的输入事件，如果该事件还能进一步分解，则将其作为下一级的输出事件，如同①中对顶事件那样进行处理。

③ 重复上述步骤，逐级向下分解，直到所有的输入事件不能再分解或不必再分解为止。这些输入事件即为故障树的底事件。

对每一级结果事件的分解必须严格遵守"寻找直接的必要和充分的原因"，以避免遗漏某些故障模式。

软件产品和硬件产品的故障树分析方法相似，差别在于，硬件故障树的基本事件是与硬件元件有关的失效，而软件故障树的基本事件包括：可能不正确的输入（含恶意输入）、参数错误、方法错误、软件模块的错误等。在软件开发阶段，软件故障树分析的只是最关注的特定故障模式或安全模式的顶事件，因此，故障树并不包含全部故障或全部安全缺陷，只包括分析者认为最有可能发生的或风险最大的故障或安全缺陷。以常见的账号密码泄露事件为例，其故障树分析模型如图 4.14 所示，结合定性或定量分析，即可排序确定面向账号密码泄露的关键安全需求，例如数据存储需防拖库攻击、登录界面需防键盘记录等。

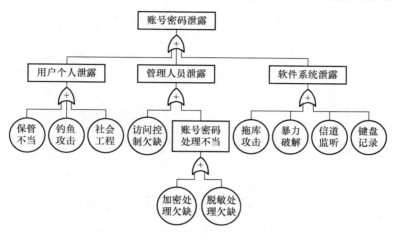

图 4.14　账号密码泄露故障树分析模型

（8）攻击树

攻击树（Attack Tree）是一种采用层次化树型结构描述系统或子系统面临的安全威胁和可能受到的各种攻击的建模方法，起源于故障树分析思想，原本用于网络攻击研究。与普通的树结构一样，攻击树包括根节点、叶节点及内部节点。根节点是实现最终攻击目标对应的最终事件，即顶事件；叶节点是实施具体的攻击方法对应的基本事件；内部节点是中间事件，是攻击者在攻击过程中需经过的一系列步骤或实现最终攻击目标需实现的一系列子目标。因此，也可以简洁地认为攻击树的根节点是攻击的最终目标，叶节点是具体的攻击方法，内部节点是攻击目标的子目标，全部叶节点代表攻击者可以实施的攻击的集合，每一条从叶节点到根节点的路径都是为达成攻击目标而进行的一套完整的攻击活动。与故障树不同的是，攻击树的根节点和内部节点采用更简洁表达形式的"与或节点"（AND/OR 节点），用圆弧标示的"与"关系表示实现相同目标的不同步骤，每个兄弟节点均达成时其父节点（称为"与"节点）才能达成；其他没有用圆弧标示的兄弟节点间为"或"关系，存在任意子节点达成时其父节点（称为"或"节点）均能达成，否则不能达成。如图 4.15 所示，未保护网络流且攻击者实施了网络流偷窥，二者同时满足才能实现在线偷窥工资数据；利用协议分析器嗅探网络流或监听路由器网络流，两种方法都可以独立实现对网络流的偷窥。攻击树包含与或节点，故为与或树。

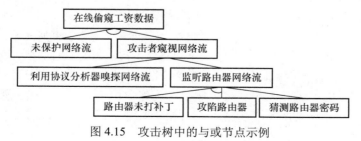

图 4.15　攻击树中的与或节点示例

如果要求具有"与"关系的兄弟节点的达成满足一定的次序，则可以用"顺序与"，用带箭头的圆弧标示，如图 4.16 所示。例如，某文件服务器提供 FTP、SSH 和 RSH 服务，如图 4.16 所示的攻击树描述了攻击者获取服务器的 root 权限的两种方法：不通过用户认证或破解认证机制。第一种方法是，攻击者必须先获取服务器的用户权限，然后执行服务器本地缓冲区溢出攻击，由于攻击步骤必须以此特定顺序执行，所以用"顺序与"。攻击者为了获取用户权限，必须利用 FTP 漏洞以匿名方式将可信主机列表上传到服务器，随后使用新的信任条件在服务器上利用 RSH 远程执行 shell 命令。第二种方法是，在用于身份验证的 SSH 守护进程和 RSA 的 RSAREF2 库中制造缓冲区溢出，这两项操作可以按任何顺序执行。由于第一种方法有"顺序与"的存在，攻击方式的限制更强，实施难度也会有所增加。

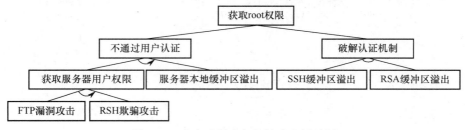

图 4.16　含有"顺序与"的攻击树示例

基于攻击树对系统进行威胁建模实际上是一个自顶向下的过程。利用攻击树分析软件的安全需求时，可以将软件的某个业务功能、安全功能，甚至软件的某个数据、文档，作为攻击的最终目标（确定攻击树的树根），并进行威胁识别、威胁分析，进而识别所有可能的攻击行为及实施攻击行为达到最终攻击目标的各种攻击步骤，即确定攻击树的叶节点及叶节点与根节点之间的内部节点，对最终目标的所有攻击作为树根的子节点添加到树中，逐步细化每个子节点直到攻击为某个具体的属性或一个具体的原子事件（不能或不必再细化的具体攻击行为）。在构建攻击树的过程中，首先应识别并确定最终攻击目标。如果有多个攻击目标，则针对每个攻击目标建立一棵独立的攻击树，例如，针对攻击目标 A 建立独立的攻击树 A，针对攻击目标 B 建立独立的攻击树 B。如果攻击目标 A 是攻击目标 B 的子目标，则可以将攻击树 A 作为攻击树 B 的子树。识别所有可能的攻击行为时，充分利用已有的攻击行为研究成果，或从基于物理接触的本地攻击、基于网络的远程攻击、基于通信信道的中间人攻击等角度进行威胁建模、威胁分析，结合脑力风暴，获取实现最终攻击目标的各种途径和方法。

建立攻击树模型后，需要根据各叶节点攻击事件的实施难度确定其权值并估算叶节点发生的概率，然后通过"与或关系"向上传递，求得根节点即最终目标攻击事件的概率，对系统面临的威胁进行评估。可以在攻击树中使用虚线表示不太可能的攻击，实线表示可能的攻击，用圈表示对攻击的缓解措施，尽管包括缓解措施可能会使树变得复杂。通过构建攻击树模型，确定系统是否容易受攻击以及评估特定类型的攻击，获取安全需求并制定相应的安全策略。对于复杂系统，可以为每个组件而不是整个系统构建攻击树。每个目标都表示为一棵单独的树，因此系统威胁分析会生成一组攻击树，可以用层次图、大纲或思维导图描述攻击树模型。

以窃取数据库中数据的攻击树建模为例，在构建攻击树时，为了使图形更简洁，将根节点记为 R，内部节点记为 M，叶节点记为 L，如图 4.17 所示，节点编号的具体含义如表 4-17 所示（攻击树广度优先搜索结果列表）。

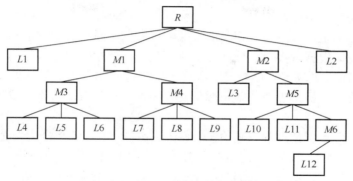

图 4.17　窃取数据库中数据的攻击树模型示意

表 4-17　窃取数据库数据攻击树模型中节点含义

节　点	含　义	节　点	含　义
R	窃取数据库中数据	L5	查找数据库数据备份
L1	窃取数据库主机硬盘数据	L6	诱骗数据库系统维护管理人员
M1	数据库主机本地攻击	L7	数据库主机操作系统提权攻击
M2	网络攻击	L8	数据库系统暴力破解
L2	数据库主机电磁泄露	L9	数据库系统漏洞利用
M3	社会工程学攻击	L10	网络嗅探
M4	数据库系统攻击	L11	Web 应用钓鱼攻击
L3	SQL 注入攻击	M6	Web 应用漏洞提权
M5	获取目标访问权限	L12	身份伪造
L4	查找数据库系统密码备份		

　　攻击树利用简单的树形结构描述复杂的威胁类型和攻击方式，体现攻击的层次性，展示多途径的攻击手段，直观表达攻击行为和攻击目标之间的关联，具有很强的可扩展性，便于从深度、广度不同的层次对攻击逻辑做出修正，且树状结构便于计算，可以利用数值表示叶节点对应攻击行为的危险性、发生概率，结合与或节点进行风险评估计算，评估最终攻击目标的风险，从而帮助分析者构建系统、全面的安全威胁模型，识别潜在威胁，获取软件开发需满足的相应的安全需求。创建的攻击树可以重用于软件生命周期的多个阶段：架构师或设计人员可以根据攻击树确定关键安全需求、评估缓解威胁的替代方法的安全成本、制订安全测试计划，开发人员可以在实现阶段根据攻击树进行权衡，测试人员可以根据攻击树验证安全设计。攻击树常用于发现威胁及揭示威胁更详细的细节，因此也称为威胁树（Threat Tree）。

4.3.4　基于误用例和滥用例的安全需求分析

　　传统的用例分析方法基于正确使用的假设来描述目标系统的规范行为，描述用户和系统的交互过程或系统需实现的功能，并不关注该交互的结果对系统和用户的影响。误用例是用例的一种扩展，关注用户与系统不应该发生的行为，在用例图中用填充颜色的用例符号表示。误用者（Misuser）是一类特殊的参与者，是有意或无意中引发误用例的参与者，在用例图中用填充颜色的参与者符号表示。滥用例也是用例的一种扩展，关注交互结果对系统或用户的不利影响或危害。滥用者（Abuser）是一类特殊的参与者，是恶意引发滥用例的攻击者。滥用例及滥用者使用与传统用例、传统参与者相同的图形符号表示。

误用例和滥用例采用与攻击者相同的方式来思考软件系统突破规范的特性和功能，考虑负面或意外事件，即根据软件系统资产与价值，从攻击者角度思考可能的攻击动机，或思考"这里会出什么问题"、"攻击者可能会导致这里出什么问题"之类的问题，建立误用例和滥用例进行威胁和危害分析，进而从阻止恶意交互操作、预防或消减相关威胁的角度获取安全需求。

建立误用例、滥用例的过程如图 4.18 所示，其中，双线矩形框为安全分析人员（SA）与需求分析人员（RA）共同完成的活动，其他活动主要由安全分析人员完成。基于已获取的需求和已建立的用例，结合已知的攻击模式，由安全分析人员在识别威胁的基础上，创建反需求、攻击模型，安全分析人员与需求分析人员一起进行复核，针对通过复核的反需求、攻击模型，创建误用/滥用例，并进行复核，最终输出可用于获取安全需求的攻击模型和已评级的误用/滥用例。

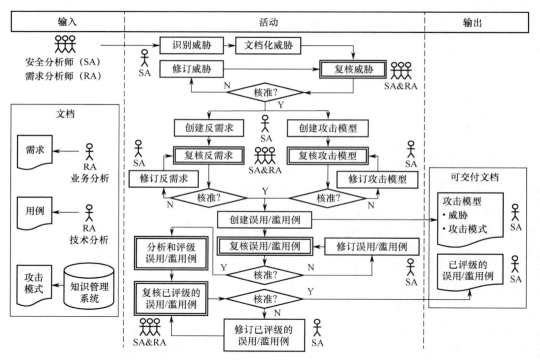

图 4.18　建立误用例、滥用例的过程

识别威胁、创建反需求、创建攻击模型需要有一定的安全经验，可以利用已融入安全经验与安全知识的威胁建模工具（参见 5.4 节）和已知的攻击模式（例如 CAPEC 列举的攻击模式，参见 2.3.5 节）降低建立误用/滥用例的难度，如图 4.19 所示。创建系统用例，使用微软威胁建模工具绘制实现用例的系统数据流图（DFD），并利用微软的威胁建模方法识别DFD 中每个元素的潜在威胁，进而确定每个误用/滥用例的名称及其目标，利用 CAPEC 攻击模式以及其他攻击模式源检索与误用/滥用例相关的攻击模式，从而创建误用/滥用例。

误用例和用例一般绘制在同一幅用例图中，如图 4.20 所示为简化后的网店部分功能用例、误用例，从而便于集中描述系统应支持的行为及应阻止的与之相关的恶意行为。误用例和用例之间的关联可以是"威胁"关系，也可以是"缓解"关系，或其他与安全相关的关系。用例可以缓解误用例，即用例可以减少误用例成功的机会，例如，手工处理方式的"屏幕输入"可以减少骗子传播恶意代码的机会。误用例可能会威胁到用例、用例被误用例利用或阻碍，例如，发动洪水攻击的骗子可能会阻止顾客使用顾客注册功能。

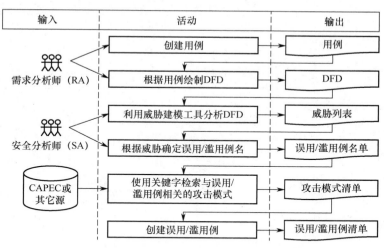

图 4.19　基于威胁建模和攻击模式创建误用/滥用例

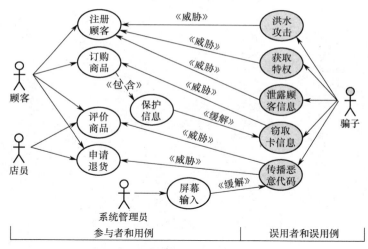

图 4.20　简化后的网店部分功能用例、误用例

不同于误用例，滥用例和用例使用相同的图形符号，与用例彼此独立绘制于不同的用例图中以避免混淆，如图 4.21 所示，用例图中描述不同参与者与系统的各种规范交互，而滥用例图描述各类滥用者可能会对系统实施的攻击。

误用例与用例之间存在直接的关联，便于清晰说明"这里会出什么问题"；滥用例与用例之间不在乎是否有直接的关系，便于不受已有用例的约束而发散思维地表达可能会遭受的各种攻击。误用例、滥用例均源于反需求、攻击模型，其区别在于，图形符号及用例图的表现形式。可以结合安全用例，描述威胁的同时，给出安全措施，也表达了为什么要采取这些安全措施。

用例模型包含用例规约以描述每一个用例的详细信息。误用例、滥用例作为用例的拓展，也应附有详细文字描述误用例、滥用例。误用例可以采用如表 4-18 所示的在传统用例规约中嵌入误用例相关描述，将误用例的文字描述作为与之关联的用例的规约补充内容。为了突出在传统用例规约中新增的与误用例相关的内容，表 4-18 针对如图 4.20 所示的用例图，示范性地填写了新增内容。滥用例的描述不需关联具体用例，可以采用类似 2.3.5 节描述的攻击模式的模板形式，描述滥用例的前提条件、触发条件、实施路径与基本步骤以及缓解措施等，此处不再赘述。

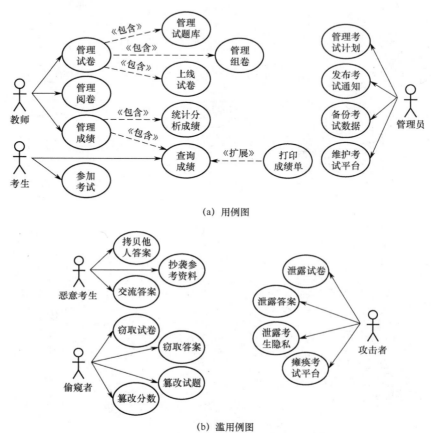

（a）用例图

（b）滥用例图

图 4.21   在线考试系统用例和滥用例示意图

表 4-18   网店顾客注册用例与误用例规约

用 例 名 称	注册顾客
用 例 编 号	UC01-01
参 与 者	顾客
用 例 简 述	（略）
相 关 用 例	（略）
相 关 误 用 例	洪水攻击，获取特权，泄露顾客信息
前 置 条 件	（略）
基 本 事 件 流	（略）
备 选 事 件 流	（略）
后 置 条 件	（略）
数 据 需 求	（略）

（续表）

业 务 规 则	（略）
相 关 威 胁	威胁 T1：洪水攻击。攻击者对系统发动洪水攻击，导致顾客不能正常注册。 威胁 T2：获取特权。用虚假信息或冒用他人信息注册，可能导致的结果： T1-1：实际不存在的人被注册为顾客，从而非法享有注册顾客的权利； T1-2：真实存在的人员在不知情的情况下注册为客户（被假冒注册），而自己不能正常注册，相关权利被假冒者窃取。 威胁 T3：泄露顾客信息。攻击者窃取并泄露顾客注册信息。

审 核 状 态	[未审核]	审 核 时 间	

4.4　需求定义与需求验证

需求开发的最后两个环节是：需求定义与需求验证。软件需求定义形成软件需求规格说明书；软件需求验证包括需求复核和需求确认，最终形成作为软件设计、测试和验收的基础与依据的软件需求规格说明书。

4.4.1　需求定义

软件需求定义也称为软件需求规约，是软件需求的完整描述。根据需求调查和需求分析建模的结果，将用户非形式的需求表述转化为完整、准确、一致的需求定义，准确、清晰地表达用户要求，形成软件需求规格说明书以便进行需求验证，其中，安全需求的定义基于对目标软件系统的风险评估和安全策略的定义。基于风险评估确定安全目标、需要保护的敏感资产，定义目标软件系统的安全等级及与安全等级匹配的安全策略，进而结合需求分析建模成果，系统定义功能安全需求和安全功能需求、安全性能需求。安全策略包括关键功能、关键数据的访问控制要求，包括敏感数据的安全处理要求，以及对系统架构的安全需求。在必要时，可以制订安全确认计划。

安全需求不仅与安全级别相关，更与功能性需求密切相关，需求定义时应尽可能综合描述。例如，与更正学生考试成绩相关的安全需求陈述示例如表 4-19 所示。

表 4-19　安全需求陈述示例

需 求 编 号	安全需求描述
SUR1	除了指定的教务员小组内的特许用户，系统将屏蔽（隐藏）更正学生考试成绩的功能；本安全能力需求将在不低于中等安全保证的级别上提供
SUR2	特许用户在请求更正学生的考试成绩之前，须及时正确完成必要的鉴权授权，否则系统将阻止其使用学生成绩更正功能；本安全能力需求将在不低于超高安全保证级别上提供
SUR3	保存完整日志记录学生考试成绩更正过程，且任何人无权删除、修改日志；本安全能力需求将在不低于超高安全保证级别上提供

编写软件需求规格说明书的目的包括以下 5 点。

① 为开发者和客户达成合同协议奠定基础。对要实现的软件功能进行完整描述，有助于客户判断软件产品是否符合其要求。

② 提高开发效率。在软件设计之前通过编写软件需求规格说明书，对软件进行周密思

考，结合对软件需求规格说明书进行验证复核，尽早发现遗漏的需求和对需求的错误理解，从而避免或减少后期返工，提高软件生产率，降低开发成本，改进软件质量。

③ 为需求复核和用户验收提供标准。软件需求规格说明书是需求开发阶段的重要成果，在需求开发阶段结束之前由审查小组对其进行复核，复核通过的软件需求规格说明书才能进入设计阶段。通常用户根据合同和软件需求规格说明书对软件产品进行验收。

④ 软件需求规格说明书是编制软件开发计划的依据。项目经理根据软件需求规格说明书中的任务规划软件开发的进度、计算开发成本、确定开发人员分工，对关键功能进行风险控制，制订质量保障计划。

⑤ 软件需求规格说明书是进行软件产品成本核算的基础，可以作为定价的依据。

软件需求规格说明书必须完整、准确、清晰地描述软件具备的功能、性能和必要的限制条件，记录业务规范，指明需求来源，为每项需求建立编号以便跟踪需求，并确定需求优先级。可以根据商业价值、用户价值及紧急程度对需求进行优先级排序，优先满足高价值、高紧急程度、低风险的需求。在参照相关标准规范确定安全需求、满足安全合规性的同时，结合风险评估、投入产出比确定系统安全等级。编写软件需求规格说明书可以基于需求模板，也可以基于相关标准给出的需求规格说明内容框架进行增补或裁剪。软件需求规格说明书内容条目示例如表 4-20 所示。

表 4-20　软件需求规格说明书内容条目示例

内 容 条 目	解 释 说 明
1　引言	
1.1　文档概述	概述本文档的内容及用途，包括适用范围与保密性要求
1.2　项目背景	业务概况、软件用途等
1.3　术语与缩写解释	软件需求规格说明书涉及的关键术语的定义及缩写词的含义
1.4　参考文献与依据	撰写软件需求规格说明书参考的标准、需求来源文献资料等
2　需求概述	
2.1　系统目标	本系统的开发意图、应用目标及作用范围（现有系统存在的问题和目标系统所要解决的问题）；本系统的主要功能、处理流程、数据流程及简要说明；表示外部接口和数据流的系统高层次图，体现本系统与其他相关系统的关系；与业务目标一致的安全目标
2.2　系统安全等级	本系统需满足的安全标准/规范及拟达到的安全等级，即本系统上线投入使用须满足的安全合规性条件及对应的安全策略、安全措施分级
2.3　运行环境	本系统的运行环境（硬件环境和支持环境）的规定，包括本系统对可信运行环境的要求
2.4　用户角色与用户特点	本系统用户类型，及从使用系统角度，所具有的特点
2.5　关键点	本软件需求规格说明书中的关键点（例如，关键功能、关键算法、安全关键对象和所涉及的关键技术等）及其安全指标
2.6　安全状态	安全状态转移图（含异常的发生与状态恢复）等
2.7　条件限制	进行本系统开发工作的限制条件，例如：经费限制、开发期限和所采用的方法与技术，以及政治、社会、文化、法律等方面的要求
3　数据描述	
3.1　数据分类分级安全需求	数据采集、传输、存储、使用、销毁全生命周期安全需求
3.2　静态/动态数据描述	含会话数据的安全处理要求
3.3　数据库描述	含数据库性能与安全需求
3.4　数据字典	

（续表）

内 容 条 目	解 释 说 明
4　功能与功能安全需求	
4.1　功能划分	功能需求一览表等
4.2　功能与功能安全描述	描述功能及其安全实现要求，包括用例图、误用例/滥用例/安全用例图、数据流图、对象图或时序图
4.3　安全功能描述	保障本系统安全的功能，包括系统需实现的访问控制、加密解密、安全通信、日志与审计等功能
5　性能需求	
5.1　数据精确度	含误差累积的影响
5.2　时间特性	含时间特性的影响
5.3　并发性	多线程与事务并发能力及竞争条件等
6　运行需求	
6.1　用户界面	含系统标识与防伪装或防钓鱼
6.2　软硬件接口	数据交换软硬件接口与安全
6.3　通信接口	含通信协议与协议安全
6.4　故障或异常处理	安全地、最小代价地处理故障或异常及系统恢复
7　其他需求	检测或验收标准、使用性能、软件质量特性等

　　软件需求规格说明书模板为记录软件需求及与需求相关的重要信息提供了统一的结构，既有利于统一软件需求规格说明书风格，也有利于读者理解软件需求规格说明书。应根据具体软件系统的实际特点调整或适当修改软件需求规格说明书模板。无论如何获取需求及如何编写软件需求规格说明书，需求规格说明都应具有以下特征。

　　① 完整性。不遗漏任何必要的需求，且每项需求都必须将所要实现的功能描述清楚，确保开发人员设计和实现这些功能时能获取所需的全部必要信息。

　　② 一致性。一致性是指每项需求与其他需求或高层需求（业务需求、系统需求）不相抵触，准确陈述其要开发的功能。判断的依据包括需求来源和需求描述。只有用户代表参与复核，才能确定用户需求的正确性。

　　③ 可行性。每项需求都必须在已知系统和环境的限制范围内利用现有的软硬件技术可以实现。

　　④ 必要性。每项需求都应能回溯至用户的某项要求或某法律规范的遵从性。

　　⑤ 划分优先级。给每项需求、特性或用例分配一个实施优先级以明确其在特定软件产品中的重要程度。如果所有需求都同等重要，那么项目管理者在开发任务调度或节省预算中将丧失灵活性。

　　⑥ 无二义性。不同的读者只能从软件需求规格说明书中得到唯一的解释说明。避免二义性的有效方法包括对需求文档的正规审查、编写测试用例、开发原型以及设计特定的方案脚本。

　　⑦ 可修改性。需求变更时需修订软件需求规格说明书，因此要求每项需求要独立标出，并区别于其他需求。每项需求在软件需求规格说明书中只出现一次，有利于更改时保持一致性。此外，使用目录表、索引和相互参照列表方法有利于提高软件需求规格说明书的可修改性。

　　⑧ 可验证性。每项需求必须能够用测试用例（包括安全测试用例）或形式化验证等方法验证是否已达到预期的要求。一份前后矛盾、不可行或有二义性的需求是不可验证的。

4.4.2 需求验证

需求验证是指为了保证软件质量，在完成需求规格说明之后，对软件需求规格说明书进行的验证活动，包括检查是否以正确的形式建立了需求、技术上是否可解决，确认得到语义正确的需求、符合用户原意。需求验证的目的是确保软件需求规格说明书完整、准确、一致地反映用户需求，确保需求具有合理性、可行性、可验证性，尽可能发现需求规格说明存在的错误，以减少因错误而增加的工作量。需求验证的内容主要包括需求的完整性、一致性、可行性、必要性，证明需求是正确有效的，确实能解决用户面对的问题，为后续系统设计、实现和测试提供足够的基础。

需求验证的主要方法是复核（Review，也译为评审）。根据复核的正式程度由高到低将其分为审查（Inspection）、小组评审（Team Review）、走查（Walkthrough）、结对编程、同级桌查/轮查、临时评审六个等级。相对正式的审查、小组评审、走查三种复核的特点如表 4-21 所示，其中走查是由某个开发人员带领一个或多个开发团队成员对工作产品进行检查。

表 4-21 相对正式的三种复核的区别

区别点	审 查	小 组 评 审	走 查
组织者	企业级，常由工程过程组、质量保证部门组织	团队级、项目级常由项目经理发起	团队级、项目级常由项目内发起
主持人	专职主持人，不能是作者	可以是专职主持人或作者	通常是作者
会前会议	一定会召开评审前的会议	会前会议通常很简单	通常没有会前会议
检查表	一定有规范的检查表	相对简单的检查表	通常没有检查表

在三种相对不正式的复核中，同级桌查是两位需求分析人员之间交换需求文档并相互提出意见和建议；同级轮查是多位需求分析人员之间交叉交换需求文档并相互提出意见和建议；临时评审是利用用户访谈让用户对记录的需求信息进行即时验证，利用和技术团队的交流，让开发人员熟悉需求相关信息并给出开发人员角度的需求描述。

下面介绍比较正式的审查过程。

审查是企业级的复核，其过程由规划、准备、会议、返工、跟踪等一系列活动组成，输入是包含软件需求规格说明书的初始工作产品，输出为明确基线的产品，如图 4.22 所示。

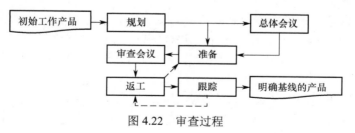

图 4.22 审查过程

（1）规划

规划审查内容和参与审查的人员，即规划谁参加审查、审查什么。参加需求审查会议的人员主要包括以下几类人员：

① 需求规格说明书的作者、同级伙伴；
② 分析员、客户等提供规格说明信息的人员；

③ 开发人员、测试人员、运维人员等根据规格说明开展工作的人员；

④ 负责相关接口工作的人员；

⑤ 安全小组成员和特邀专家。

审查会议与会者角色分为主持人、作者、读者（即审查者）、记录员，显然，客户代表是审查者之一。一般而言，除主持人、作者、记录员之外，审查者一般为 3 至 5 人，不宜超过 6 人，否则容易使审查会议过于发散，难以高效形成结论。在规划审查内容时，一般不建议一次性对整个需求规格说明书进行审查，应该进行适当的分解。可以根据需求的阶段性和分层特性采用分阶段、分层审查，针对不同阶段、不同层次的需求，组织相应的审查者进行有针对性的审查。

（2）总体会议

在召开正式的审查会议之前，召集参加审查会议的所有成员召开一个简短的预备会议，讨论、明确要审查的内容、审查的要点、审查时所需的资料、缺陷检查表、安全需求检查表等。缺陷检查表可以帮助审查者系统而全面地发现问题，检查需求内容是否达到了系统目标、是否有遗漏、是否有错误等。安全需求检查表可以帮助审查者评判安全需求的系统性、完备性。安全需求检查表可以包含如下多个方面的内容：

① 是否确定了与业务目标一致的系统安全目标、安全等级；

② 是否确定了系统中包含的敏感资源、关键资源及一系列需要访问资源的用户；

③ 是否确定了系统保障信息保密性、完整性、可用性的需求，且需求具有明确的针对性；

④ 是否需要并确定了日志与审计需求；

⑤ 是否确定了用于定义系统所需安全的系统、完备的安全策略，包括允许哪些用户在哪些资源上执行哪些操作以及需要实施的信息保密性、完整性；

⑥ 是否已创建正式的识别系统所面临的安全风险的威胁模型；

⑦ 是否考虑了系统外部人员和内部人员的威胁，本地访问和远程访问的威胁；

⑧ 是否考虑了系统的部署环境如何根据系统的威胁而改变；

⑨ 是否明确定义了软件开发合作方的安全责任，软件开发实施里程碑及构建、验证和部署环境等需求是否保持一致；

⑩ 是否和干系人一起推出了示例场景，并让干系人理解系统所面临的安全风险和计划使用的安全策略。

（3）准备

审查会议的效果主要取决于审查者是否提前阅读了相关材料、做了相应准备。因此，应提前为每位审查者提供完整的审查材料，预留足够时间以便审查者在会议之前研究材料、查找错误、构思和确定要讨论的问题，并要求所有的审查者将阅读审查材料时发现的文字、版面类的错误直接发送给作者，避免此类错误干扰审查会议的主题。在审查之前，待审查的文档应符合以下几点要求：

① 文档遵循标准模板，统一的模板便于阅读、审查；

② 文档已经进行了拼写检查，尽可能减少文字错误带来的问题；

③ 作者已经检查了版面上的错误，尽可能减少对审查者产生干扰；

④ 所有未解决的问题应该做好标记，避免审查者花精力找出那些本来就没有解决的问题。

在必要时，对审查者进行培训，因为审查者往往是领域专家而不是进行审查活动的专家，没有掌握审查的方法、技巧或不熟悉审查过程，对其进行培训，有利于达到很好的审查效果。

（4）审查会议

准备阶段的目标是发现问题，召开审查会议的目标是暴露问题、讨论问题，审查者对会议之前发现的问题，逐一讨论，并给出结论。

（5）返工

审查活动的直接目标是找出软件需求规格说明书中存在的问题，但更有价值、更有意义的是解决问题、避免问题的出现。解决问题是对提出的问题是否解决进行跟踪、督促。避免问题出现是对所有的问题都进行分类、因果分析，找到出现这些问题的深层次原因并予以消除。在审查会议结束后，对发现的问题进行优先顺序排序，并对问题及其落实解决进行跟踪。作者必须在审查会议之后完善发现的问题或重写需求规格说明书。

审查者可以开发原型系统来检验需求的完整性和有效性，采用形式化的描述软件需求的方法检验需求的一致性，利用符号执行、仿真或性能模拟技术检验需求的可行性。以需求为依据编写测试用例，进行"概念上"的执行，确保所有测试结果与测试用例一致，从而通过使用测试用例确认是否达到了期望的要求，从测试用例回溯功能需求以发现遗漏的、错误的和不必要的需求。形式化需求验证是在形式化需求模型基础之上进一步保证需求一致性、可行性的技术方法。通常情况下，首先采用某种形式化语言描述软件需求；然后利用该语言的推理规约能力对模型进行推理，如果推理能力不足，可以再次转化为推理规约能力较强的语言进行抽象化建模；最后根据推理结果判断需求的完整性、一致性、可行性、有效性、安全性等。形式化方法的优点是准确、无二义性，但形式化方法复杂度高，对使用者知识要求高，普及度低。形式化方法更详细的内容，请参见 3.2.6 节。

对安全需求的审查，需结合风险评估，充分考虑相关标准或适用的行业安全政策，主要针对业务目标与业务功能，审查安全目标与业务目标的一致性，秉承安全是相对的、是可接受/可承受的风险的基本原则，审查安全目标、安全等级及业务威胁相关安全需求的完整性、一致性、相互依赖性、合理性、经济性，审查安全防御的系统性、均衡性，遵循木桶原则，避免安全短板。软件需求风险识别、软件需求安全风险分析及威胁评级等相关内容，参见 3.2 节。

此外，在需求开发期间进行非正式需求复核也是有所裨益的，正式和非正式方式结合使用，发挥两种方式需求复核的优势。可能需要进行多轮需求复核才能形成可供设计、实现和测试使用的软件需求规格说明书。

4.5　安全质量需求工程简介

安全质量需求工程（Security QUAlity Requirements Engineering，SQUARE）是卡内基梅隆大学软件工程研究所开发的一个专门针对安全需求工程的过程模型，为 IT 系统和应用软件的安全需求引出、分类和确定优先级提供一套系统的方法。该模型包含 9 个步骤，整个SQUARE 执行过程中需要项目干系人、需求工程师参与，某些步骤还需要安全专家的参与。SQUARE 模型适合在大型项目中运用，最终输出的安全需求文档有助于创建安全的软件系统，缩短软件的开发时间，减少开发费用。SQUARE 模型的步骤、每个步骤采取的技术及参与人员、每个步骤所需的输入及产生的输出如表 4-22 所示。

表 4-22　SQUARE 过程

序号	步　骤	输　入	采用的技术	参　与　者	输　出
1	统一定义	从 IEEE 或其他标准中选取相关定义	结构化交谈、专题小组会议	干系人、需求工程师	统一后的定义
2	识别资产和安全目标	定义、候选目标、业务驱动因素、准则与规程、例子	工作会议、调查、交谈	干系人、需求工程师	关键资产和安全目标
3	开发支持安全需求定义的工件	可能的工件（例如情景、误用例、模板）	工作会议	需求工程师	所需的工件（情景、误用例、模型、模板）
4	进行安全风险评估	误用例、情景、安全目标	风险评估方法	干系人、需求工程师、风险专家	风险评估结果
5	选择需求引出方法	目标、定义、候选方法、干系人的专长、组织的类型、文化、需要的安全等级、成本效益	工作会议	需求工程师	选择的需求引出方法
6	引出安全需求	工件、风险评估结果、选择的需求引出方法	面谈、调查、基于模型的分析、可复用的需求列表等	干系人（需求工程师给予帮助）	原始安全需求
7	需求分类	原始安全需求、架构	工作会议	需求工程师、其他专家	已分类的需求
8	需求优先级排序	已分类的需求、风险评估结果	优先级排序方法	干系人（需求工程师给予帮助）	已排序的需求
9	需求复核	已排序的需求、形式化检查	检查方法	检查团队	初始需求、相关文档

（1）统一定义

具有不同行业背景知识、从业经验的人，对同一术语的定义或理解可能存在差别。例如，政府组织所说的安全一般是与各级安全检查相关的访问，而其他领域人员所说的安全可能是物理安全或网络安全。为了便于沟通、消除术语理解的二义性，需首先统一项目中出现的关键术语的定义。没有必要创建新的定义，从 IEEE 或其他标准中选取相关定义即可。

（2）识别资产和安全目标

在组织机构层面识别软件系统有价值的资产及与业务目标一致的安全目标。不同的干系人关注的资产和安全目标可能不同。例如，人力资源部的干系人关注人力资源档案的保密性，而财务部的干系人关注财务数据在未授权的情况下不会被访问或修改。一旦确定了所有的干系人的资产及安全目标，就需要确定资产及安全目标的优先级。在缺乏共识的情况下，可能需要利用行政决策来确定这些资产及安全目标的优先级。

（3）开发支持安全需求定义的工件

开发工件对安全需求工程的所有后续活动而言都是必需的。项目目标的详细描述、正常使用情景与威胁场景、误用例或滥用例，以及需求定义所需的其他资料，全部工件都需文档化。

（4）进行安全风险评估

进行安全风险评估需要风险评估专家、干系人和安全需求工程师的支持。步骤（3）输出的工件为风险评估过程提供输入；风险评估的结果有助于识别高优先级的安全问题。在确定安全需求时，不进行风险评估，将会倾向于选择特定的解决方案或技术（例如加密），却没有真正理解正在解决的问题。

（5）选择需求引出方法

当干系人的文化背景各不相同时，需选择结构化访谈等需求引出方法以有效克服沟通障碍。某些情况下，可能只是与主要干系人坐下来试图理解其安全需求。

（6）引出安全需求

使用所选择的需求引出方法引出安全需求。引出方法一般都提供了如何进行需求引出的详细指南。本步骤基于步骤（3）开发的工件，例如误用例、滥用例、攻击树、威胁和场景。

（7）需求分类

允许安全工程师区分必不可少的需求、期望的需求（可增强安全性但不影响核心功能的需求）和可能存在的架构约束。在需求过程之前选择了特定的系统架构时，一般会存在架构约束，有利于评估与这些约束相关的风险。需求分类有助于后续的优先级排序活动。

（8）需求优先级排序

对需求进行优先级排序，不仅依赖于此前步骤的输出，还涉及成本效益分析，以确定哪些安全需求相对于其成本有较高的效益。优先级也可能取决于安全违规的其他后果，如生命财产损失、声誉损失和消费者信心的丧失。

（9）需求复核

可以采用同行复核等多种形式进行需求复核。一旦完成复核，项目团队即得到一组以优先级排序的初始安全需求，且知晓需求的哪些方面还不是很完善，在后续开发过程中须注意。项目团队应理解哪些需求依赖于特定架构和实现，并计划重新审视这些需求。

SQUARE 模型的重点是将安全质量概念构建到开发生命周期的早期阶段，用于记录和分析软件项目的安全需求，指导持续改进和完善。SQUARE 过程之中的步骤（1）～（4）是早于安全需求工程的活动，但对于确保安全需求工程的成功是必要的。

4.6　需求变更及其风险控制

4.6.1　需求变更

需求变更是需求工程中研究在软件开发中如何对需求变化进行控制的过程，包括变更建议的提出、分析变更影响并据此做出变更决策、监督变更的实施过程等。规范化的变更过程控制可以有效减少随意变更的数量，让变更处在一种可控的实施过程中。需求变更有利于优化软件产品功能，提高用户体验，但会增加软件开发成本，造成项目延期或失败。

　　需求开发面临的困难、新技术新方法的出现、市场因素/用户因素的变化，都有可能导致需求变更，变更包括增加新需求和调整现有的需求。在软件开发过程中，需求变更是不可避免的。在实际的开发过程中，软件开发生命周期的各种工具为需求变更的实施提供支持。如图 4.23 所示，支持需求变更的工具可以分为三大类：配置管理工具、变更管理工具、需求管理工具。需求管理工具的主要功能包括软件需求的分类存储、修改、检索、输出、需求关联的建立以及与软件开发生命周期中其他工具之间的协作等；变更管理工具通过建立完善的变更控制规则、制定有效的工作流程、设置合理的用户权限来保证变更得以规范地执行，使开发过程朝着既定的方向前行；配置管理工具用于对资源进行共享和统一管理、有效避免开发工作的重复，合理控制团队的协作、及时反馈信息，提高并行开发的工作效率，记录并维护开发过程中所产生的庞大且不断变化的信息集。可以将三类工具的功能整合为综合性的支持需求变更的工具软件。

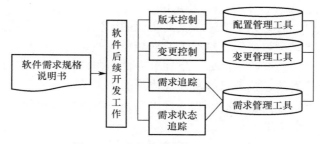

图 4.23　需求变更中的工具集支持

　　需求变更的任务是，对发生了变化的需求进行相应处理。需求变更过程可以划分为 5 个阶段。

　　① 需求变更产生阶段。由于内部、外界等原因造成需求变更的发生，此时准备提交需求变更申请的人员需进一步了解需求变更的来源、产生的原因，准备需求变更申请所需的资料。

　　② 需求变更提交阶段。需求变更初审组对项目组成员提交的需求变更申请表单进行预审，判断申请表单中的内容是否完善，若不符合规范，则要求变更申请人重新提交，将符合要求的需求变更申请表单提交给需求变更决策组进行决策。

　　③ 需求变更决策阶段。需求变更决策组对提交的需求变更申请进行分析，分析需求变更的合理性、必要性、优先级，判断需求变更的影响，依据软件开发组织的决策机制做出决定，例如立刻实施、暂缓实施（包括下一版本实施）或放弃实施变更。

　　④ 需求变更实施阶段。需求变更实施组依据需求变更申请表单的内容进行相应的需求变更工作。

　　⑤ 需求变更验收阶段。需求变更验收组依据本组织的各项验收指标对已经实施的需求变更进行验收，以决定该需求变更是成功完成，还是需继续返工，或者由于某些原因放弃本次变更（即变更宣告失败）。

4.6.2　需求变更的负面影响

　　需求是软件设计、实现、测试的基础，需求变更将导致以需求为基础的一系列活动的连锁反应：需求与需求之间、需求到体系结构及设计之间、再到代码之间，需求变更的影响逐级传播、蔓延并被逐级放大。需求变更影响的传播，如图 4.24 所示。

需求变更发生在软件生命周期不同阶段，其影响或导致的返工工作量是不一样的。在需求开发阶段的需求变更，其影响和风险显著小于软件开发生命周期其他阶段（如测试阶段）的需求变更的影响和风险。任何阶段的频繁的需求变更都会对软件开发进度、软件质量造成负面影响，其危害包括：让开发人员疲于应对需求变更而影响团队耐心和信心，影响开发进度计划，影响开发成本，影响软件的质量，包括影响软件的稳定性、一致性。

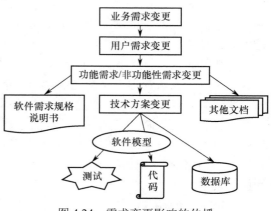

图 4.24　需求变更影响的传播

在软件开发实践中，往往只关注需求变更对设计、代码的影响，而忽视了对已有需求的影响。安全需求的变更，会导致功能需求及其实现的调整，例如，认证和鉴权方式的变更，将导致软件系统登录方式等与认证鉴权相关的功能模块随之相应调整。功能需求的变更，也会导致安全需求及其实现的调整，例如，增加远程访问接口将导致与访问控制相关的安全需求与实现及相应的测试需随之调整以解决新的攻击面带来的安全威胁。这些变更可能会破坏已有安全需求、功能需求等需求之间的关联性以及需求对应功能模块之间的关联性，破坏已有的安全体系而留下安全隐患。

4.6.3　需求变更风险控制

在需求开发阶段做好需求变更预防工作，包括：明确项目的目标和范围、建立需求文档并进行版本控制、细化需求验证、设定需求基线。当需求变更发生时，将新需求按重要和紧迫程度分级，并分级管理变更，定时批量规范处理变更，尽可能地降低频繁需求变更的负面影响。

在决策是否实施变更的需求时，不能独立地评价、判断变更的技术可行性、估计实现变更的代价和可能产生的影响，而应基于软件系统的完整需求验证变更的需求，全面分析需求间以及需求到体系结构的需求变更影响，结合风险评估综合决策是否实施需求变更。需求变更时，与验证确定软件需求时一样，开发组织应酌情考虑对软件系统整体进行安全风险评估。

选择适应性软件体系结构，有利于化解必然会发生的需求变更的影响。

实　践　任　务

任务 1：结构化需求分析

（1）任务内容

调研了解"基于 Web 的大学生选课系统"的软件开发需求，撰写软件需求分析规格说明书，需使用数据流图对选课功能进行结构化需求分析。

（2）任务目的

培养全面、仔细分析问题的能力；掌握基于数据流图的结构化需求分析方法，为后续章节基于数据流图的威胁建模奠定基础；熟悉软件需求规格说明书的内容及撰写方法。

（3）参考方法

结合本章介绍的需求分析建模方法，查阅软件工程与需求相关的内容或查阅需求工程相关的书籍与资料，全面了解需求分析的理论与方法及需求规格说明的规定内容与参考模板，熟练应用数据流图建模方法。

（4）实践任务思考

数据流图分层细化时，何时不再对加工处理进一步分解？

任务 2：基于误用例的安全需求分析

（1）任务内容

对任务 1 的选课功能进行基于误用例的安全需求分析。

（2）任务目的

熟悉常见威胁与攻击模式，培养从攻击者角度思考问题、创建反需求的能力；掌握基于用例的需求分析方法；掌握基于误用例的安全需求分析方法。

（3）参考方法

结合系统应用场景与功能需求，构建用例模型；利用 3.2.2 节介绍的 STRIDE 模型，从六种常见威胁的角度创建反需求，或访问 capec.mitre.org 网站，熟悉 CAPEC 列举的攻击模式或从其他途径了解常见攻击并创建反需求，进而构建误用例模型。

（4）实践任务思考

如何缓解误用例描述的威胁？

思 考 题

1. 什么是功能性需求？什么是非功能性需求？简述二者之间的关系。
2. 什么是业务需求？什么是用户需求？什么是功能需求？简述三者之间的关系。
3. 用例图已清晰、直观地描述了需求分析，为什么还需要用例规约？
4. 简述用例、误用例、滥用例的区别与联系。
5. 安全需求分析为什么不能完全独立于需求分析？
6. 可以从哪些角度或途径思考并获取目标软件的安全需求？
7. 为什么会出现需求变更？需求变更存在什么负面影响？
8. 简述需求审查的基本流程。

第5章　安全设计

本章要点：
- 安全设计原则；
- 威胁建模；
- 安全功能设计与功能安全设计；
- 体系结构、架构风格与框架；
- 软件复用。

许多安全缺陷来自软件设计环节。理解软件系统可能受到攻击的各种不同方式，评估软件系统存在的威胁，设计出对抗措施来阻止攻击、缓解威胁，才能建立安全的系统。软件复用既有利于提高软件开发生产力，也有利于提高软件的可靠性、安全性。本章结合软件设计传统方法与技术，以安全设计原则、安全策略为指导，利用威胁建模发现威胁、确定威胁缓解措施，进而从软件复用的角度给出典型威胁缓解措施的设计方案，并概述结合软件体系结构分析对软件设计进行安全分析的基本方法。

5.1　软件设计概述

5.1.1　软件设计基本概念

软件设计是根据软件需求规格说明书形成软件的具体设计方案的过程，包括设计软件系统的整体结构、划分软件系统的功能模块、确定每个模块的实现算法或实现流程等。软件设计在需求分析明确软件"做什么"的基础上，解决软件"怎么做"的问题。软件设计是将用户需求准确地转化为最终的软件产品的唯一途径，是后续开发步骤及软件维护工作的基础，它直接影响软件质量，影响软件实现的成败，影响软件维护的难易程度。从工程管理视角，软件设计分为概要设计、详细设计两个阶段；从技术视角，软件设计分为体系结构设计、数据设计、过程设计和接口设计四个方面。不同视角下的软件设计如图 5.1 所示。

软件设计是一个多轮迭代的过程，先进行高层次的体系结构设计，然后进行低层次的过程设计，并穿插进行数据设计和接口设计，经过多轮迭代，通过复核评审，形成软件设计阶段的成果文档软件设计说明书，作为软件开发人员编程实现软件和测试软件的依据。

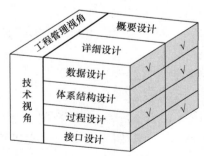

图 5.1　不同视角下的软件设计

5.1.2　软件概要设计

（1）概要设计任务

概要设计也称为总体设计，其主要任务是，基于软件需求规格说明书设计软件系统的整体结构，划分好软件的各个子模块，确定子模块之间的关系。概要设计完成软件体系结构设计、数据设计和接口设计，其中，体系结构设计定义软件系统各子系统模块间的数据传递与调用关系，数据设计包括数据库、数据文件和全局数据结构的定义，接口设计包括与软件系统交互的人机界面设计以及模块间、软件系统与外部系统的接口关系。

（2）概要设计步骤

软件概要设计首先基于需求分析阶段获取的数据流图构想实现目标软件系统的各种可能的方案，然后从这些供选择的方案中选取若干个合理的方案，为每个合理的方案各准备一份系统流程图，列出组成系统的所有物理元素，进行成本效益分析，并制订实现该方案的进度计划。通过综合分析比较这些合理的方案，从中选出一个最佳方案向客户和用户所在部门负责人推荐。如果客户和用户所在部门负责人接受了推荐的方案，则进一步为该最佳方案设计软件结构，经过多轮迭代优化，得到更合理的结构，并进行数据结构设计和数据库概念设计、逻辑设计、物理设计，编写并完善概要设计说明书、数据库设计说明书，对测试策略、方法和步骤提出明确要求并制订和完善测试计划，对需求分析阶段初步形成的用户手册进行补充。

对是否完整地实现了需求规格说明书中规定的功能、性能等要求，设计方案的可行性、关键数据的处理及内、外部接口定义正确性、有效性以及各部分之间的一致性等，进行复核评审，修改、完善概要设计直至通过复核评审。

（3）设计原则

软件设计过程中应遵循的基本原则包括以下 5 项。

① 模块化原则。模块是数据说明、可执行语句等程序对象的集合，是单独命名并可以通过名字访问的，如过程、函数、子程序、宏、类等。模块化采用抽象和分解的方法，按一定原则把软件划分成多个模块，每个模块完成一个子功能，将复杂的软件设计转换成相对简单的模块设计的过程。在软件的体系结构中，模块是可组合、分解和更换的单元。

② 抽象原则。抽象是人类认识复杂现象的思维工具，现实世界的一定事物、状态、过程间总存在着某些相似的共性，把这些共性集中概括，暂时忽略它们之间差异的细节，提取共同的性质进行描述，这就是抽象。对软件系统进行模块设计时，可以有不同的抽象层次。在最高的抽象层次上，可以使用问题所处环境的语言概括描述问题的解法。在较低的抽象层次上，则采用过程化的方法。

③ 信息隐蔽原则。信息隐蔽是指，在设计和确定模块时，使得一个模块内包含的信息（过程和数据），对于不需要这些信息的其他模块而言，是不可访问的。信息隐蔽的目的是提高模块的独立性，减少修改或维护时的影响范围。

④ 信息局部化原则。局部化是指，把一些关系密切的软件元素物理地放得彼此靠近。在模块中使用局部化数据元素，有助于进行信息隐蔽，有助于避免错误的传播，易于进行软件的维护。

⑤ 模块独立性原则。模块独立性指每个模块只完成系统要求的独立的子功能，并且与其他模块的联系少且接口简单。模块独立是抽象、模块化、信息隐蔽和局部化的直接结果。使用耦合性和内聚性两个定性的度量准则衡量模块独立性。独立性强的模块是高内聚、低耦合的模块。

（4）软件结构的图形化表示

可以用层次图（H 图）描述软件的层次结构，如图 5.2 所示。层次图中的一个矩形框代表一个模块，矩形框之间的连线表示调用关系而非组成关系。最顶层的方框代表软件系统的主控模块，其调用第二层的模块完成软件系统的全部功能；第二层的每个模块控制完成软件系统的一个主要功能；根据软件功能的复杂程度，第二层的模块可能进一步调用细分为下一层的模块，如此逐层调用。例如"订货处理 1.0"模块通过调用其下属三个模块完成订货处理功能。层次图适用于自顶向下的软件设计过程。

层次图（H 图）除主控模块外的每个模块附一张如图 5.3 所示的 IPO（输入、处理、输出）图描述模块的处理过程，则形成 HIPO 图。层次图和 IPO 图中的模块编号，用于增强可追踪性。不与 IPO 图一起使用的层次图，可以省略模块编号。

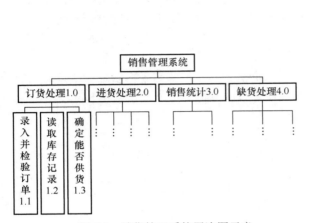

图 5.2　销售管理系统层次图示意

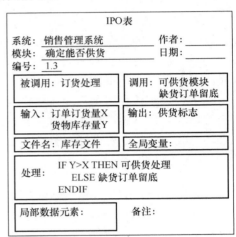

图 5.3　IPO 图示意（已改进为表格形式）

结构图（也称为控制结构图）是进行软件结构设计的一种工具，与层次图类似，也是描述软件结构的图形化工具。结构图用矩形框代表模块，矩形框内注明模块的名字或主要功能，矩形框之间的连线表示模块的调用关系。按照惯例，总是图中位于上方的矩形框代表的模块调用下方的模块，即使不用箭头也不会产生二义性，为了简单起见，可以省略连线的箭头。在结构图中，通常还用带注释的箭头表示模块调用过程中来回传递的信息。如图 5.4 所示，如果希望进一步标明传递的信息是数据还是控制信息，则可以利用注释箭头尾部的形状来区分：尾部空心圆表示传递的是数据，实心圆表示传递的是控制信息。

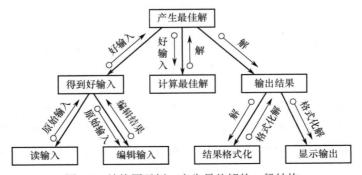

图 5.4　结构图示例：产生最佳解的一般结构

在结构图中，模块之间的调用存在选择性调用和循环调用。用菱形符号表示选择性调用，如图 5.5（a）所示，当模块 M 中的某个判定为真时调用模块 A，为假时调用模块 B；用弧形符号表示循环调用，如图 5.5（b）所示，模块 M 循环调用模块 A、B、C。

(a) 判定为真时调用 A，为假时调用 B　　　　(b) 模块 M 循环调用模块 A、B、C

图 5.5　结构图中的选择性调用和循环调用

如图 5.6 所示，结构图具有四种形态特征：

① 结构图的深度，即模块结构的层次数，反映软件结构的规模和复杂程度；

② 结构图的宽度，即同一层模块的最大模块数；

③ 模块的扇入，定义为调用一个给定模块的模块个数，多扇入模块通常为公用模块；

④ 模块的扇出，定义为一个模块直接调用其他模块的数目，多扇出意味着需要控制和协调许多下属模块。

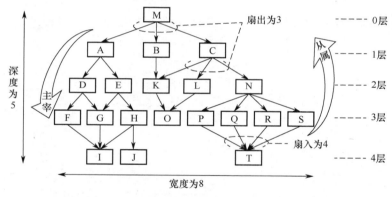

图 5.6　结构图的形态特征及相关概念图解

一个好的软件结构的形态准则是：顶部宽度小，中部宽度最大，底部宽度次之；在结构顶部有较高的扇出数，在底部有较高的扇入数。

层次图和结构图并不严格表达模块的调用次序。虽然多数人习惯于按调用次序从左到右绘制模块，但并没有这种规定，出于其他方面的考虑，也完全可以不按这种次序绘制，例如为了减少连线的交叉，适当调整同一层模块的左右位置，以保证结构图的清晰。此外，层次图和结构图并未指明什么时候调用下层模块。通常，上层模块中除了调用下层模块的语句还有其他语句，究竟是先执行调用下层模块的语句还是先执行其他语句，在图中也没有明确表示。事实上，层次图和结构图只表明一个模块调用哪些模块，至于模块内还有没有其他成分则完全没有表达。

（5）软件的结构化设计与面向数据流的设计方法

如图 5.7 所示，结构化设计包括体系结构设计、接口设计、数据设计和过程设计等任务，它是一种面向数据流的软件设计方法，是以结构化需求分析阶段所产生的成果为基础，进一步自顶向下、逐步求精和模块化的过程。结构化设计将结构化需求分析产生的数据流图按一定的步骤映射成软件结构。数据流图分为变换型数据流图和事务型数据流图，对应的映射方法分别称为变换分析和事务分析。

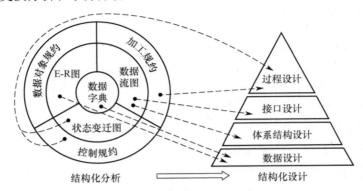

图 5.7　结构化需求分析与结构化设计的关系

① **设计过程**

结构化设计过程如图 5.8 所示。根据数据流图的类型，选择将数据流图映射为软件结构图的映射为变换分析或事务分析，通过区分变换型数据流图中的输入和输出分支或区分事务型数据流图中的事务中心和数据接收路径，得到软件结构图的顶层和第一层，然后根据变换型结构或事务型结构设计结构图中、下层模块结构，并进行精化。

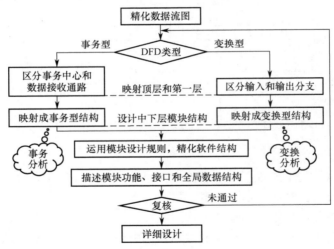

图 5.8　结构化设计过程

② **变换分析**

变换流是输入流与输出流之间顺序执行的一段数据流，数据在变换流内加工、处理。变换型数据流图可明显地分成输入、变换、输出三部分，如图 5.9 所示。信息沿着输入路径进入系统，并将输入信息的外部形式经过编辑、格式转换、合法性检查、预处理等辅助性加工后变成内部形式；内部形式的信息由变换中心进行处理，然后沿着输出路径经过格式转换、组成物理块、缓冲处理等辅助性加工后变成输出信息送到系统外部。

变换分析是一系列设计步骤的总称，经过这些步骤把具有变换流特点的数据流图按预先确定的模式映射成软件结构。如图 5.8 所示的结构化设计过程，变换分析首先区分数据流图中的输入和输出分支，确定变换中心输入流和输出流的边界（如图 5.9 中虚线所示），从而用边界隔离出变换中心。将输入流、变换中心、输出流分别映射为软件结构图的第 1 层（顶层 0 层为主控模块）的输入流控制模块（协调对所有输入数据的接收）、变换控制模块（管理对内部数据的操作）、输出流控制模块（协调输出信息的产生过程），完成数据流图的第一级分解，如图 5.10 所示。

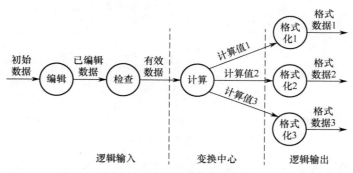

图 5.9　变换型数据流图示例

然后进行第二级分解，设计软件结构图中、下层模块结构。从变换中心的边界开始沿输入、输出路径向外移动，把遇到的每个加工处理映射为结构图的一个模块，并对结构图进行迭代精化。

参照上述方法，如图 5.9 所示的数据流图变换分析得到的软件结构图如图 5.11 所示（省略了信息传递标注），精化过程中，删掉了图 5.10 中的输入流控制模块、变换控制模块和输出流控制模块，因为这三个模块分别只调用"取得有效数据"模块、"计算"模块和"格式化输出"模块中的一个模块。

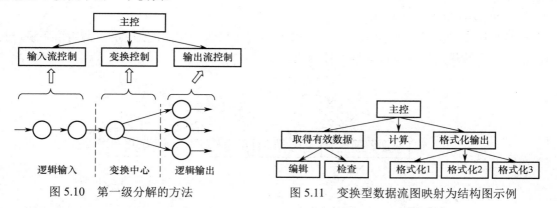

图 5.10　第一级分解的方法　　　　　图 5.11　变换型数据流图映射为结构图示例

③ 事务分析

事务型数据流图呈辐射状，即数据沿输入路径到达一个加工（事务中心），事务中心将输入数据分解成多个数据流，形成多个动作路径，并根据输入数据的类型/性质在这些动作路径中选定一条继续执行，分支后的路径又是变换流，如图 5.12 所示。图 5.9 中的输出流也呈辐射状，但各分支中的加工处理只是对外部形式信息流的辅助处理，只有辐射中心（变换中心）进行系统内部形式信息的变换；图 5.12 中各辐射状分支路径是对内部形式信息流进行变换，辐射中心（事务中心）不进行内部形式信息流变换。因此，如图 5.9 和图 5.12 所示的数据流图尽管宏观形式几乎一样，但前者是变换型数据流图，后者是事务型数据流图。

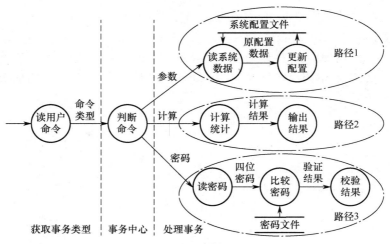

图 5.12　事务型数据流图示例

参照如图 5.8 所示的设计过程，事务分析得到软件结构图的基本步骤包括：

① 确定事务型数据流图中事务中心的边界，如图 5.12 中虚线所示；

② 根据事务功能设计软件结构图的一个顶层主控模块；

③ 将事务中心的输入流映射为软件结构图第一层的一个接收模块（获取事务类型模块）及该模块的下层模块；

④ 将事务中心映射为软件结构图第一层的事务调度控制模块；

⑤ 对每一种类型的事务处理（数据流图中的每一个分支动作路径），在调度控制模块下按变换分析设计每一个事务处理模块，包括为每个事务处理模块设计其下层的操作模块及操作模块的细节模块；

⑥ 对结构图进行迭代精化。

事务分析得到的软件结构图基本形式如图 5.13 所示，顶层主控模块只调用事务调度控制模块，故在精化过程中可以删掉主控模块。

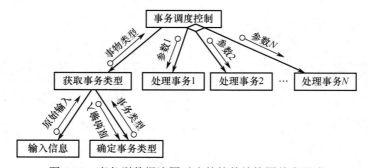

图 5.13　事务型数据流图对应的软件结构图基本形式

参照上述方法，如图 5.12 所示的数据流图事务分析得到的软件结构图如图 5.14 所示（省略了信息传递标注）。

综合具有变换型、事务型数据流图的混合性数据流图，宏观上是变换型数据流图。因此，可以先按变换分析确定软件结构图的顶层和第一层，然后根据数据流图各部分的结构特点，选择变换分析或事务分析设计软件结构图的中、下层模块结构。

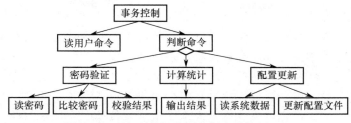

图 5.14　事务型数据流图映射为结构图示例

5.1.3　软件详细设计

（1）详细设计任务

软件详细设计是在软件概要设计的基础上确定应该怎样具体地实现目标软件系统，即确定每个模块的实现算法和局部数据结构，用适当方法表示算法和数据结构的细节，直至系统的所有的内容都有足够详细的过程描述，从而在编程实现阶段可以把该描述直接翻译成某种程序设计语言书写的程序。详细设计结果基本上决定了最终程序代码的质量，不仅要逻辑正确、性能满足需求，还要简明易懂。

详细设计阶段的具体任务包括：

① 确定系统每个模块所采用的算法，并选择合适的工具给出详细的过程性描述；

② 确定系统每个模块使用的数据结构；

③ 确定系统模块的接口细节，包括系统的外部接口和用户界面，与系统内部其他模块的接口，以及各种输入、输出和局部数据的全部细节；

④ 为系统每个模块设计一组或多组测试用例，因为详细设计人员对模块的功能、逻辑、接口等最了解；

⑤ 编写详细设计说明书；

⑥ 复核评审，进行设计逻辑分析、设计约束分析，判断设计方案是否满足需求、是否安全合规、是否具有可行性、经济性、最优性。利用复核评审，促进迭代完善详细设计成果。

（2）过程设计的工具

完成详细设计后，接着进行过程设计，将系统结构部件转换成软件的过程性描述。描述软件处理过程的工具称为过程设计工具，分为图形工具、表格工具和语言工具三类。无论是哪类工具，对它们的基本要求都是能提供对设计的无歧义的描述，即应该能指明控制流程、处理功能、数据组织以及其他方面的实现细节，从而在编程实现阶段能把对设计的描述直接翻译成程序代码。图形工具包括流程图、结构化流程图（N-S 图）、问题分析图（Problem Analysis Diagram，PAD 图）；表格工具包括判定表和判定树；语言工具常采用过程设计语言（Process Design Language，PDL 语言），也称为伪代码描述语言。

5.2　安全设计及其原则

5.2.1　安全设计目标与设计内容

安全设计是将软件的安全需求转化为软件架构、软件功能以实现软件产品本质安全的过程。与安全需求是软件需求的组成部分一样，安全设计不是割裂于软件设计的独立设计环节或过程，而是融于软件设计过程之中、在软件设计常规内容基础上强调安全的设计。安全设计不是对传统软件设计的否定或摒弃，而是对传统软件设计的继承和演化，根据包含安全需求的软件需求规格进行软件体系结构设计、数据设计、过程设计和接口设计。

安全设计的目标是，确保设计成果满足安全需求，形成系统、严谨、合理、最小风险的安全设计方案和安全测试计划以确保安全需求的实现，具体工作目标包括：结合软件开发计划制订项目安全计划来定义项目的安全行为；结合软件测试计划制定安全检查点来保证安全控制措施的质量；识别配置过程和变更控制过程来追踪安全设计的状态。

在安全设计阶段应认真考虑目标软件系统的每一项需求，根据安全需求确定的安全目标，对威胁建模或初步风险评估确定的安全控制措施的具体技术实现进行安全设计。与安全需求对应，安全设计的设计内容分为安全功能设计和功能安全设计。

① 安全功能设计，包括：确定访问控制机制，定义主体角色和权限；选择加密方法和算法，确定加密机制；解决敏感数据的安全处理方法；确定安全通信机制；确定完整性机制；等等。针对器械设备控制软件，还应从设计方案中消除可能导致关键功能失效的原因，并设计防范软件失效的安全机制、防范故障传播的安全机制及从失效中恢复的机制。

② 功能安全设计，包括：确定系统及模块入口安全检验策略和方法，包括输入数据的安全检验，对错误输入、恶意输入的处理；确定系统内各模块出错的安全处理方法及软件运行中可能出现的各种异常情况的安全处理方法；针对关键功能的防范典型攻击的方法；系统及模块防跟踪调试、防破解设计；等等。针对器械设备控制软件，还应设计容错机制、失效安全机制（包括优雅降级），甚至对关键功能进行自检查、自诊断设计。

在概要设计阶段，安全设计内容主要包括安全体系结构设计（包括深层防御和减少攻击面）、安全协议设计、安全接口设计（包括输入输出安全性检查）、敏感数据保护机制设计（包括系统内部数据传输的安全性）、防跟踪调试设计等。在详细设计阶段，安全设计的主要内容是结合过程设计的算法安全设计、程序异常安全处理、对抗典型攻击的设计以及敏感数据安全处理等。

针对实际软件系统的具体安全需求适当增补或裁剪上述安全设计内容，包括增加针对安全等级需求的安全强度相关的设计。

5.2.2 安全设计原则

不同类型的软件系统或软件系统应用于不同场景面临的安全威胁不尽相同，其安全设计侧重点与设计原则也不尽相同。通用的安全设计基本原则包括以下 13 项。

（1）减少复杂性原则

复杂性是评估系统安全性的重要因素之一。如果设计、实现的系统非常复杂，那么系统存在安全漏洞的可能性则显著增加，且安全问题在复杂系统中更难被及时发现。系统的设计和实现应尽量简单、易懂、便于测试，以减少复杂性带来的安全问题。复杂的设计将增加实现、配置和使用中出错的可能性。复杂的安全机制也将增加实现的成本。

（2）最小权限原则

在完成某操作时，赋予系统主体（用户或进程、组件）最少的必要权限，并保证赋予权限的必要时间最短。如果赋予一个主体超过其行为必要的权限范围的许可，该主体则有可能获得或修改其没有权限处理的信息。最小权限原则可避免权限被滥用。杜绝为了便于执行操作而长时间赋予较高权限，确保系统由于事故、错误、被攻击等原因造成的损失最小。常见的权限最小化实践包括：基于角色的权限管理；文件只读权限、文件修改权限等访问控制；进程或服务以所需最小操作系统权限运行；等等。在进行软件设计时，评估目标软件的行为及功能所需的最低限度权限及访问级别，合理赋予相应的权限。如果目标软件特定情况下需较高级别的权限，则应考虑特权赋予及释放的机制，临时提升的权限应只在完成特权任务所需的最短时间内使用，以减少攻击者使用提升特权执行任意代码的机会，从而确保即使目标软件遭到攻击，也可以将损失降到最低。例如，默认以只读方式打开网络下载等不可信来源的 doc 或 ppt 文件，并默认不执行该文件中的宏程序，从而避免不可信来源文件可能包含的攻击。

（3）权限分离原则

清晰分离不同的责任，从而在需要的情况下，将各种责任的权限分配给不同的用户，并划分系统不同部分的职责，以实现独立控制。在软件设计过程中，尽量把目标软件划分为不同的独立组件，把权限分离成不同的权限许可和认证条件，把用户分组成不同的权限角色，将细分后的权限分配给多个主体，减少每个特权拥有者的权利。杜绝将权限一次性赋予某用户，而是根据需要提供多重认证与鉴权后再赋予。另一种场景是，假设软件系统在不同的时间需要不同的特权，可以将系统划分为不同的相互通信的子系统，每个子系统具有适当的特权集。对基于某些关键权限进行的操作，提供日志记录与审计等相关设计，以监控对这些权限的使用。

（4）最少共享机制原则

最少共享机制原则规定应该把由两个以上主体共用和被所有主体依赖的机制的数量减小到最少，因为这些机制存在着潜在的安全风险，如果攻击者设法破坏其中某一个共享机制的安全，则有可能通过向依赖于资源的进程中引入恶意代码，从而访问或修改其他用户的数据。

（5）零信任原则

主体对资源的每次请求，尤其是请求与安全相关的资源时，系统都应进行认证鉴权，以避免错误地赋予主体过高的权限或在第一次授予权限之后，主体被攻击而允许攻击者滥用相关权限。为了提高性能，某些系统会缓存主体的权限，这种做法易使系统具有较高的安全风险。开发者应该假定系统环境是不安全的，减少对用户、外部系统、其他组件的信任，对外部实体所有的输入都需要进行检查，即使对于可信外部用户的输入也应进行检查。通信双方均有可能被假冒，必要时须进行身份验证；通信数据可能被篡改，必要时进行保密性、完整性处理。此外，也不应信任每次对函数或系统的调用操作都必然会成功，如内存的分配，因此必须对关键函数或系统的每次调用的返回值进行检查，并进行正确的处理。

建立可信边界和权限边界。可信边界可以被认为是在程序中划定的一条分隔线，分隔线一侧的数据是不可信的而另一侧则是可信的。当数据从不可信的一侧到可信一侧时，需要使用验证逻辑进行判断。设计时应使数据穿越可信边界的次数降到最低。当程序混淆可信和不可信数据的界限时会导致违反信任边界漏洞（CWE 中的编号为 CWE-501），主要特征是，在同一数据结构或结构化消息中混合受信任和不受信任的数据，从而更容易错误地信任未经验证的数据。设定安全的权限边界，以便程序清楚地了解自己能做什么，而在其所能做的范围之外，均属于其权限边界之外，应严格禁止其权限之外的任何操作。

建立合理的会话管理。设计合理的会话存储机制，设置系统会话更新时间间隔和时间戳，登录软件系统后建立新的会话，确保会话数据存储、传输安全，超时退出或主动退出时及时终止会话、清理会话缓存。

（6）默认故障处理保护原则或优雅降级原则

当系统失效或产生故障时，必须用安全的方式处理系统信息。例如，即使系统丧失了可用性，也应保障系统的保密性和完整性；故障发生时必须阻止未授权的用户获得访问权限；发生故障后，应不向远程未授权的用户暴露敏感信息，如错误编号和错误信息、服务器信息等。

（7）默认安全原则

在用户熟悉软件系统安全配置选项之前，默认安全配置不仅有利于更好地帮助客户掌握安全配置，同时也可以确保软件系统初始状态为较安全状态。例如 Windows 7 之后的Windows 操作系统默认开启数据执行保护（DEP）。基于权限而不是排除法进行访问决策。在默认情况下，访问是被拒绝的，并且保护方案确定允许访问的条件。

（8）纵深防御原则

与默认安全一样，纵深防御也是设计安全方案的重要指导思想。软件系统应设置多重安全措施，并充分利用操作系统提供的安全防护机制，从不同层面、不同角度设计软件系统的整体安全方案，形成纵深防御体系，提高攻击者的攻击难度和成本，降低攻击者成功攻击的机率和危害。纵深防御包含两层含义。

① 在每个不同层面实施安全措施，不同安全措施之间相互配合，协同形成多层次的整体安全。例如，将安全编码技术与安全运行环境相结合，减少部署的代码中残余风险在运行环境中被利用的可能性。

② 在解决关键问题的每个地方（可能是同一层面的不同地方）均实施针对性的安全措施。例如，为了防范跨站脚本攻击（XSS），除了在程序中对所有输入进行验证过滤、对所有输出进行适当编码，同时设置 cookie 的 http-only 与 secure 属性为 true，确保即使发生XSS 攻击，也可以阻止通过脚本访问 cookie。

（9）保障最脆弱环节原则

软件系统的安全程度取决于其最脆弱的部分。攻击者一般从系统最脆弱的环节发起攻击，而不是针对已经加固的组件。识别目标软件系统的安全薄弱点，针对这些弱点实施更强的安全保护措施，直到软件系统的安全风险达到可接受的程度。

（10）开放设计原则

应假定攻击者有能力获取系统足够的信息来发起攻击，而不是依赖于假设攻击者不可能知道相关信息来保护系统的安全。如果设计的加密算法存在弱密钥或者系统内置硬编码密钥等，攻击者通过反编译分析能够获取这些信息，攻击者还有可能是内部员工，因此，依赖于假设攻击者无法掌握某些特定信息来保护软件的安全是不可靠的。

（11）保护隐私原则

即使软件需求规格中没有隐私保护的相关需求，目标软件也应对收集的用户隐私数据进行安全传输与安全存储等妥善处理，避免攻击者获取用户隐私数据之后针对用户实施欺骗等各种攻击。只收集软件必须用到的隐私数据，并明确告知用户且征得用户同意。

（12）心理可接受度原则

安全机制应尽可能对用户透明，只引入少量的资源使用限制，对用户友好，才能方便用户理解和使用，真正起到安全防护的作用。如果安全机制妨碍了资源的可用性或使得资源难以获取，超出用户可接受的心理预期，那么用户很可能会选择关闭这些安全机制。安全的软件系统必须易于使用，且输出的信息易于理解。例如，设置密码时设置的密码被拒绝，不能只告诉用户"密码强度不足"，而应同时告知密码应包含数字、符号、大小写字母等密码设置要求。安全性和易用性需平衡。

（13）攻击面最小化原则

攻击面（Attack Surface）也称受攻击面，是软件系统的相关资源中可被攻击者用于实施攻击的资源的集合。软件系统的攻击面越大，其面临的安全风险则越大。软件系统相关资源，可以是系统的组成部分，例如接口、方法、数据、服务、提供服务的协议等，也可以是系统日志、配置或策略等信息。攻击面不代表软件代码质量，攻击面大表示软件存在更大的安全风险，但不意味着代码中存在很多安全缺陷。

减小攻击面是安全设计的一个重要原则。在开发实践中，减小攻击面的步骤可以分为三步。

① 分析目标软件资源是否是必需的

攻击者对软件的攻击主要是从软件暴露在外部的接口、功能、服务和协议等资源来实施的，通过对每种资源计算其被攻击成功的可能性，并将这些可能性综合归纳，即可以衡量软件的攻击面大小。通过评估分析软件中所有的功能模块和接口的特性，分析其可能存在的安全风险，分析其重要程度和是否非必要，并据此设定相应的缓解措施。

软件系统安全问题的最大来源之一是软件使用的各种输入，查找所有外部数据流入口点，进而从与这些入口点相关的接口、功能进行减小攻击面的相关分析。外部数据流入口点包括网络 I/O、远程过程调用（Remote Procedure Call，RPC）、外部系统查询、文件 I/O、注册表、命名管道、互斥量、共享内存、操作系统对象、操作系统消息及其他的操作系统调用等。分析这些数据流入口点是否是不可或缺的。

② 分析资源的访问途径方法

根据访问者是否是已鉴别的或匿名的、是否仅限管理员或也允许普通用户、是否远程或本地等因素，软件系统资源的访问途径方法分类及其风险等级如表 5-1 所示。匿名访问的攻击面大于鉴别身份的访问的攻击面；弱鉴权访问的攻击面大于强鉴权访问的攻击面；远程访问的攻击面大于本地访问的攻击面；高权限访问的攻击面大于低权限访问的攻击面。

表 5-1　软件系统资源的访问途径方法及其风险等级

风　　险	访　问　类　别	风　　险	访　问　类　别
非常高	匿名的高权限远程用户	低	经身份鉴别的高权限本地用户
高	经身份鉴别的高权限远程用户	非常低	经身份鉴别的低权限本地用户
中	经身份鉴别的低权限远程用户		

远程访问可能用到的各种协议，例如 UDP、TCP、SSL、TLS、HTTP、SMTP，以及基

于这些协议的各种操作，例如 GET、POST、RCPT，其安全风险程度不一样。访问涉及的各种类型文件，例如 JPG、GIF、DOC 文件，可能包含的威胁也不一样。根据资源访问途径方法及访问过程中的具体行为、具体资源类别综合分析可能存在的攻击路径和攻击方法。

③ 采取合理措施

根据前面两步分析的综合结果，采取合理措施减小攻击面。减小攻击面的措施包括关闭或限制对系统服务等资源的访问、应用最小权限原则以及尽可能实施纵深防御原则。如果一个功能或接口不是必要的，则应取消、禁止或默认不启用；如果一个功能或接口的配置没有特殊原因，则默认按安全的方式进行设置；尽量仅用本地低权限经认证后访问高风险的资源。例如 Windows 操作系统默认关闭远程桌面服务、默认启动防火墙。可以参考如表 5-2 所示的关闭或限制功能、接口访问，增加一些安全措施以减小攻击面。

表 5-2　减小攻击面的措施

较高攻击面	较低攻击面	较高攻击面	较低攻击面
默认执行	默认关闭	弱访问控制	强访问控制
打开网络连接	关闭网络连接	高权限访问	低权限访问
基于 UDP 进行通信	基于 TCP 进行通信	因特网远程访问	本地子网访问
匿名访问	鉴别用户身份的访问	软件以管理员或 root 权限运行	软件以网络服务、本地服务或自定义的低权限账户运行
持续开启	因需开启	统一默认配置	用户可选的配置

减小攻击面与威胁建模密切相关，但其解决安全问题的角度有所不同。减小攻击面通过减少攻击者利用潜在弱点或漏洞的机会来降低风险（没有消除弱点或漏洞）。威胁建模是通过针对安全威胁给出缓解措施来避免风险的发生（缓解已发现的弱点或漏洞），详见 5.4 节。

5.2.3　制订安全计划

制订安全计划是实现安全设计目标的重要保障。基于安全需求、安全标准和安全管理原则建立和维护安全计划，作为整个项目生命周期安全管理的基础。制订安全计划的工作包括：确定适用的规章要求、法规要求、过程或成果符合标准的要求，并形成文档；建立和维护反映可接受安全程度的安全标准，制定访问控制规范、密钥管理规范等安全设计规范；建立和维护项目的安全组织结构，包括明确人员和小组的角色与职责，提供交流与报告渠道，并确保足够的管理和技术独立性；建立和维护安全计划。安全计划包括安全管理计划、安全培训计划和安全测试计划。

（1）制订安全管理计划

结合项目开发推进计划的业务需求基线与时间节点，制订安全管理计划。在安全管理计划中定义项目组成员和小组的角色与职责、定义项目的安全行为、定义安全管理机制，建立安全跟踪机制。

① 定义项目组成员和小组的角色与职责。业务经理可以将影响业务的安全需求合并到一起；系统架构师了解安全关键点、设计缺陷以及构思如何保护软

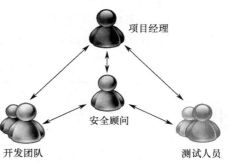

图 5.15　项目成员角色之间的关系

件资产；开发人员了解软件如何导致脆弱和如何被攻击；测试人员可以基于滥用例、攻击树设计安全测试用例，对软件进行安全测试；项目经理可以更有效地管理安全缺陷；安全顾问可以做出风险管理决定。项目成员角色之间的关系如图 5.15 所示。

② 定义安全管理机制。定义安全规范实施、落实机制，定义安全变更请求管理机制等，涉及的具体内容包括：编程语言、软件供应链与开发环境安全，例如网络环境及开发人员邮件组安全、第三方代码安全；项目文档、代码存储安全与访问控制；代码和文档的版本管理；开发流程的安全检查与评估，例如检查是否按安全规范编写代码，是否对代码进行安全审查，是否进行安全测试，是否有发现软件中的安全漏洞的响应策略。

③ 建立安全跟踪机制。对安全需求进行分类，确定需要管理和跟踪的安全需求；跟踪已定义的安全需求，掌握安全需求在实现过程中的具体实现细节与安全目标的差距；跟踪制定的安全规范的落实情况。

④ 编写安全管理计划。以文档的方式记录安全管理计划。

（2）制订安全培训计划

在软件开发的每个阶段，都需要对开发人员进行安全培训、安全监督。

① 对环境、网络、代码、文档等方面的管理培训，主要培养开发人员维护开发环境、网络、代码的安全意识，了解开发规范的安全要求。

② 对配置管理的培训，使员工熟悉项目的配置管理工具、版本管理方法、变更管理方法等，对负责备份的人员进行备份方法、灾难恢复方法的培训，保证项目的正常进行。

③ 对安全编程的培训，包括系统设计中的安全要素和可能出现的安全漏洞、编程中的常见安全问题、良好的编程习惯、进程的安全性、文件的安全性、动态链接库的安全性、指针的安全性、套接字和网络通信的安全性、避免缓冲区溢出、验证所有的输入、避免随意的输出信息、界面安全性、调用函数库的安全性。

④ 对安全测试的培训，包括在单元测试中测试代码的安全性、系统安全测试的内容和方法、网络程序的安全测试内容和方法、容错性和可靠性测试方法。

⑤ 对知识产权意识的培训，培养开发人员使用第三方资源的知识产权意识，避免在设计和开发中引入法律纠纷的隐患。

（3）制定安全测试计划

根据对安全需求文档和设计规格文档的分析，明确安全测试范围与目标，结合软件测试计划制定软件安全测试方案，包括安全测试方法和测试用例，将威胁建模发现的威胁及给出的缓解措施作为安全检查点以保障安全控制措施的质量。

5.3　安全策略与安全模型

安全策略是为了描述软件的安全需求而制定的对使用者（人或功能模块等）行为进行约束的一整套严谨的规则。这些规则规定软件系统中所有授权的访问，是实施访问控制的依据。

5.3.1　多级安全策略

多级安全策略最初用于支持军用系统和数据库的信息保密，也称为军事安全策略，侧重于保护信息保密性。该策略根据信息的重要性和敏感程度将信息划分为不同的密级，通常密级由低到高分为开放级、秘密级、机密级和绝密级。多级安全策略利用密级确保信息仅能被具有高于或等于该密级权限的使用者使用。

多级安全策略由强制访问控制机制实现。系统中每个主体和客体都分配一个安全级，客体的安全级表示客体所包含的信息的敏感程度，主体的安全级表示主体在系统中受信任的程度。安全级由两部分组成：（密级，范畴集）。对于客体而言，范畴集可定义为该客体包含的信息所涉及的部门、范围或所具有的类别属性；对于主体而言，范畴集可定义为该主体能访问的信息所涉及的部门、范围或所具有的类别属性。例如，财务报表的安全级可以定义为：（机密，{财务处，财经小组，总裁办公室，党办}）；财务人员的安全级可以定义为：（机密，{财务处，财经小组}）。定义主体、客体安全级之后，则可以通过比较主、客体的安全级决定主体是否可以对客体进行访问以及可进行何种访问：一个主体只能读安全级比自己安全级低或相等的客体，只能写安全级比自己安全级高或相等的客体，即"向下读，向上写"。"向下读，向上写"安全策略执行的结果是信息只能由低安全级的客体流向高安全级的客体，高安全级的客体的信息不允许流向低安全级的客体，防止涉密信息向下级泄露，从而保护信息的保密性。若要使主体既能读访问、也能写访问某客体，则该主、客体的安全级必须相同。

多级安全策略将数据客体与一个安全级相关联，通过数据的安全级来控制用户对数据的访问，但未限制用户对数据的操作程序。

5.3.2　商业安全策略

商业主管担心的主要是职员篡改软件数据而谋取私利，这一应用背景使得商业安全策略主要关心的是数据的完整性和审计，防止数据非授权的修改、防止数据的伪造和错误。侧重于保护数据完整性的良性事务和职责分散策略，称为商业安全策略。

良性事务（Well-formed Transaction）是指职员在保证数据完整性的受控方式下对数据进行操作，即数据按规定的流程、按定义好的约束进行处理。良性事务对职员能执行的操作程序进行限制（职员只能按要求进行操作），完整性约束、审计机制则隐含在程序对数据进行操作的过程之中。例如财务系统中的良性事务——复式记账，以资产与权益平衡关系作为记账基础，对于每一笔经济业务，都要以相等的金额在两个或两个以上相互关联的账户中进行登记（多重记录），系统地反映资金流动变化结果，简而言之，就是在不同账户中保存修改之前和修改之后的数据，数据修改部分之间保持平衡，保持内部数据的一致性。显然，复式记账法能够全面地、系统地反映资金增减变动的来龙去脉，并有助于检查账户处理和保证账簿记录结果的正确性。

职责分散是指把一个操作分成多个子操作（一组良性事务），不同的子操作由不同的职员执行，使得任何一个职员都不具有完成该操作任务的所有权限，尽量减少出现欺诈和错误的可能性。例如，购买货物并付款的过程，可以分解为"授权下订单"、"记录到货"、"记录到货发票"、"授权验证前面三个子操作并付款"四个子操作，不同子操作对应不同的良性事务，子操作由不同主体实施。职责分散的基本规则是：被允许创建或验证良性事务的主体，不允许其执行该良性事务，即不允许自己给自己授权。因此，至少需要两个职员的参与才能完成任务（一组操作）；职员不暗中勾结，职责分散才有效；随机选取一组职员来执行一组操作，可以减少合谋的可能性。

良性事务与职责分散是保护数据完整性的基本原则，可以在软件系统设计中应用以下机制来实施商业安全策略。

①　保证数据被良性事务处理。数据只能由一组指定的程序来操作。程序被证明构造正确、能对这些程序的安装能力、修改能力进行控制、保证其合法性。

②　保证职责分散。每一个用户必须仅被允许使用指定的程序组,用户执行程序的权限受控。

商业安全策略将数据客体与一组允许对其进行操作的程序相关联,利用这组程序控制用户对数据的操作,一个用户即使被授权写一个数据客体,其也只能通过针对该数据客体关联的程序实现写操作,从而确保数据的完整性和可审计性。

5.3.3　安全模型

安全模型是安全策略的形式化描述,以避免安全策略由于自然语言表达的模糊性而导致对策略理解的多义性和不准确性。安全模型构建在特定的安全策略之上,因此也称为安全策略模型。开发高安全等级的软件系统,首先须建立系统的安全模型,利用安全模型给出系统的形式化描述,科学严谨地综合系统的各类因素,包括系统的使用方式、使用环境、授权定义、受控共享等,形式化验证安全模型的安全性。

安全模型包括侧重于保护信息保密性的 BLP 模型、侧重于保护信息完整性的 Biba 模型和 Clark-Wilson 模型、基于角色的访问控制模型等模型。

（1）BLP 模型

D. E. Bell 和 L. J. LaPadula 于 1973 年为美国国防部的多级安全策略提出了一个安全模型,即 Bell-LaPadula 模型（简称 BLP 模型）。BLP 模型是一个形式化的计算机多级安全策略的状态转换模型,也是第一个可以用数学方法证明的安全系统模型。该模型的规则主要有两个:简单安全规则及星（*）规则。简单安全规则也称为禁止"向上读"规则,星（*）规则也称为禁止"向下写"规则,二者共同实现"向下读,向上写"安全策略。

BLP 模型是很多安全模型的基础,但 BLP 模型存在一定的不足。①BLP 模型主要考虑保密性问题,对完整性的保护不足。例如,根据 BLP 模型的简单安全规则,低密级的主体可以写高密级的客体,导致高密级文件中的信息存在被低密级用户修改的可能。②在 BLP 模型中提出了可信主体的概念,但没有提出保证某主体可信的机制,并且授予可信主体权限过大,使系统存在安全隐患。③BLP 模型中主客体的密级是静态的,限制了系统中很多合法操作。例如,根据 BLP 模型的星（*）规则,高密级的主体无法写低密级的客体,导致高密级的主体无法对低密级的客体进行合法的审批或修改。④包含隐蔽通道。国内外研究人员针对 BLP 模型存在的不足已开展大量研究,并取得了一定进展,感兴趣的读者可以查阅相关文献。

（2）Biba 模型

K. J. Biba 等人于 1977 年提出的 Biba 模型是一种针对信息完整性保护的安全模型。Biba 模型借鉴 BLP 模型的信息保密性级别,定义信息完整性级别,并为系统中的每个主体和客体分配一个完整性等级,严格完整性策略要求严格执行"上读下写"的规则,主体只能向比自己完整性级别低的客体写入信息,从而防止非法主体创建完整性级别高的客体信息,避免越权、篡改等行为。主体或客体完整性等级越高,其可靠性则越高。高等级的数据比低等级的数据具备更高的精确性和可靠性。Biba 模型禁止向上回滚,确保完整性级别高的文件一定是由完整性高的进程所产生的，从而保证完整性级别高的文件不会被完整性低的文件或完整性低的进程中的信息所覆盖。Biba 模型没有"向下读"。

Biba 模型也存在一定的不足。①与 BLP 模型存在相似的问题，Biba 模型只解决了完整性问题，并没有解决保密性问题。例如，Biba 模型低完整性等级的主体可以读高完整性等级的客体，若该客体具有较高密级，则存在泄密的可能。②主体和客体的完整性等级都是静态不变的，没有考虑到主体活动的复杂性。③Biba 模型虽然对完整性进行了保护，但没有提供分配或改变主体和客体分类级别的方法。

（3）Clark-Wilson 模型

Clark-Wilson 模型是 Clark 和 Wilson 根据商业数据处理的实践经验，于 1987 年提出一种保护数据完整性的商业安全策略模型。该安全模型利用良性事务和职责分离两个规则保证数据的完整性，主要有三类用途：防止非授权的主体修改数据和程序信息；防止已授权的主体错误地或者越权修改数据和程序信息；维护系统中数据和程序信息内部和外部的一致性。该模型对数据的操作与数据的安全级别无关，主要是防止对数据进行非法操作，不关注信息的保密性，因此容易发生信息泄露。

（4）RBAC 模型

基于角色的访问控制（Role-Based Access Control，RBAC）模型通过引入角色将用户和权限进行分离，利用角色对系统进行访问控制。

Sandhu 等人于 1996 年提出了 RBAC96 概念模型，其中包括基本模型 RBAC0、等级模型 RBAC1、约束模型 RBAC2 和组合模型 RBAC3。RBAC0 模型包括用户集、角色集、权限集和会话集四个实体集。

① 用户：系统的使用者，指一个自然人或软件代理、计算机等主体。

② 角色：对应于用户组织结构中一定的职能岗位，代表特定的权限，即用户在特定语境中的状态和行为的抽象，反映用户的职责。

③ 操作许可（权限）：对系统中的一个或多个客体的特定的访问方式。操作许可的类别取决客体的具体类型，在文件系统中，许可包括文件的读、写和运行，而在数据库管理系统中，许可包括数据库记录的增、删、改、查等。每一种角色拥有一定的操作许可（访问控制权限）。

④ 会话：会话是一个动态概念，用户激活角色集时建立会话，一个用户可以同时建立多个会话。会话是用户与可能的多个角色之间的映射。

RBAC 模型的基本思想是根据用户组织视图的不同职能岗位划分角色，操作许可映射到角色上，用户被分配给角色，并通过会话激活角色集间接访问客体。用户与角色以及操作许可与角色是多对多的关系：一个用户可以分配多个角色，一个角色可以拥有多个用户；一个操作许可可以分配多个角色，一个角色可以赋予多个操作许可。

RBAC0 作为基本模型，是 RBAC 模型的最低要求。RBAC1 在 RBAC0 的基础上引入角色等级层次（反映用户组织的结构和人员责权的分配，角色可以从其他角色继承权限），RBAC2 则在 RBAC0 的基础上引入了约束（对 RBAC 模型的不同组件的可接受配置施加限制），因为 RBAC1 和 RBAC2 互不兼容，所以引入了其组合模型 RBAC3。

RBAC 模型遵循最小特权、权限分离以及数据抽象等安全原则。角色和会话的设置易于实施最小特权原则。通过引入 RBAC 模型，系统的最终用户并没有与客体进行直接联系，而是通过角色这个中间层来访问后台数据信息。在应用层上，角色的逻辑意义和划分更为明显和直接，因此 RBAC 模型是适用于应用层的安全模型。RBAC 模型有利于简化复杂软件系统的访问控制，且与具体应用无关，常用于分布式环境。

5.3.4　面向云计算的访问控制

云计算是一种新的应用模式，具有多租户、灵活快速和易扩展等特点，能显著降低运营成本和提高运营效率。云计算环境下访问控制技术作为保护云服务访问和数据安全共享的重要措施和手段，其作用至关重要。云计算环境有三类实体：云用户、云服务提供商和数据拥有者。云用户向云服务提供商提供的云资源发起访问请求，而服务提供商提供的资源可能属于不同的数据拥有者和处于不同的逻辑安全域，某一逻辑安全域中的实体可能是恶意用户实体或恶意云服务实体，因此，传统的访问控制模型很难完全适用于云计算环境。此外，云计算是多租户共享环境，各类云实体之间都可能要共享数据，如何保护各云实体在访问共享数据时的安全与隐私，也是安全访问控制的关键问题。

基于属性的加密（Attribute-Based Encryption，ABE）是一种一对多加密方案，在该方案中，密文与用户是用属性进行描述的，其利用属性集或访问结构进行加密，并用相应的访问结构或属性集进行解密。属性集和访问结构的引入使得 ABE 算法将加密、解密和访问控制融为一体，这种针对群体用户进行加解密的算法适用于拥有大量用户的云计算存储环境。密文策略基于属性加密方案 CP-ABE（Cipher-Policy Attribute-Based Encryption，CP-ABE）在加密过程中，密文计算方式与访问控制策略相关联，解密过程中用户的属性集与解密所用密钥相关联。当解密方拥有的属性满足访问控制策略时，即可解密密文，获得资源的访问权限。

5.4　威胁建模

5.4.1　威胁建模的作用

威胁建模是一种基于抽象模型对目标软件进行安全分析的过程和方法，旨在发现威胁以降低软件产品安全风险，通过发现资产、发现漏洞、识别威胁，评估目标软件面临的威胁，帮助开发团队了解产品最容易受到攻击的地方，确定安全风险缓解措施或策略，形成安全设计规范的基础。威胁建模分析包括分析目标软件的体系结构、功能、物理部署配置以及构成解决方案的技术等各方面可能存在的安全威胁，系统地识别和评估可能影响目标软件的安全威胁，识别攻击目标（需保护的资产），明确每个功能应该如何解决哪些威胁，并将其作为安全设计规范的组成内容。威胁建模可以回答诸如"在哪里最容易受到攻击"、"什么是最相关的威胁"以及"需要做什么来防范这些威胁"等问题。一般由项目经理、开发人员、测试人员、安全小组成员等人员组成的团队实施威胁建模。

威胁建模是帮助识别、列举潜在威胁，并确定缓解威胁的措施及其优先级的方法，既可以用于获取安全需求、理解安全需求，也可以用于确定缓解安全威胁的安全方案，从而有助于设计和交付更安全的软件产品。威胁建模的作用包括以下几点。

① 更好地理解目标软件。威胁建模分析是一种结构化的分析方法，在深入理解目标软

件体系结构和设计方案的基础上识别和缓解威胁，团队成员经过威胁建模分析，将对目标软件的工作原理有更深入的理解。

②　发现常见缺陷并给出缓解措施。结合软件模型分析软件是否存在常见安全缺陷，对威胁建模过程的额外审查也有可能发现其他与安全无关的缺陷，针对发现的缺陷给出缓解措施以避免风险的发生。

③　识别复杂的设计缺陷。威胁建模分析主要基于数据流图进行安全分析，基于流程的分析可以揭示复杂的多步骤安全缺陷，其中几个小故障结合起来可能会导致一个重大故障。这种漏洞可能会被开发人员和大多数测试计划执行的单元测试所遗漏。

④　整合团队新成员。威胁建模是让新成员熟悉软件产品架构的有用工具。

⑤　驱动安全测试计划的设计。测试人员应基于威胁模型进行安全测试，这将帮助其开发新的测试工具和规程。

5.4.2　威胁建模方法

威胁建模的核心是发现威胁，第 3 章介绍的风险分析、风险评估方法（如 CVSS、OCTAVE）都可以用于威胁建模。各种威胁建模方法面向的目标不同（例如面向对象、面向过程、面向隐私、面向软件），发现威胁的方法也不同。STRIDE 及其派生方法、LINDDUN 主要面向安全属性面临的威胁；攻击树（参见 4.3.3 节）更有利于使用 CAPEC、CWE、CVE 等提供的威胁知识发现软件系统的威胁。此外，还有资源驱动的威胁建模、业务目标驱动的威胁建模等建模方法。每种方法都有其优点和缺点，不同的方法适用于不同的场景，应根据具体情况选用合适的威胁建模方法。本书建议初学者利用 STRIDE 及相关威胁建模工具的引导进行威胁发现，适当辅以攻击树进行更深入的威胁分析，例如，利用攻击树细化 STRIDE 的信息泄露这一威胁可能是 SQL 注入或其他攻击行为导致的；已熟悉各种漏洞、各种攻击模式、各种安全分析工具、具备良好安全知识基础的读者或有独立安全小组的开发团队，可以利用 PASTA 进行威胁建模，也可以综合应用多种威胁建模方法，充分利用各种方法的优点，例如，利用 LINDDUN 弥补 STRIDE 在隐私保护方面的不足。攻击树常在 STRIDE、PASTA 等框架内使用。

（1）STRIDE 及其派生方法

基于 STRIDE 的威胁建模方法是目前最成熟的威胁建模方法之一，微软公司已将其集成在威胁建模工具中用于安全开发生命周期（SDL，参见 2.4.1 节）。STRIDE 模型的名字"STRIDE"代表 6 种已知威胁（参见 3.2.2 节）。该建模方法基于数据流图（DFD，参见 4.3.2 节）构建系统模型并确定可信边界，基于 STRIDE 识别数据流图中外部实体、加工、数据存储、数据流四类元素可能面临的安全威胁。STRIDE 是一种基于目标的方法，通过思考攻击者的目标来发现威胁，例如，结合 STRIDE 和数据流图元素思考类似"攻击者是否可以假冒用户等外部实体"、"是否可以篡改数据"等问题来确定数据流图元素可能存在的威胁。数据流图中并非每类元素都可能面临 6 种威胁，例如实体不可能被篡改，因此演变出 STRIDE 的变体 STRIDE-per-Element，即 STRIDE 与数据流图每类元素的简化关系模型，如表 5-3 所示，基于该派生方法更容易找到威胁。表 5-3 中问号"?"表示仅当存储的数据是审计类日志时才会有抵赖的风险，存储其他数据时无抵赖的风险。

表 5-3　STRIDE-per-Element 方法

元　　素	假冒（S）	篡改（T）	抵赖（R）	信息泄露（I）	拒绝服务（D）	提升权限（E）
外部实体	√		√			
加工	√	√	√	√	√	√
数据存储		√	?	√	√	
数据流		√		√	√	

利用表 5-3，可以将威胁分析的重点放在表中"√"所标示的攻击者是如何攻击每类元素对应的目标的。例如对数据流，重点分析攻击者如何篡改、窃取数据流中的数据或如何阻止访问数据流，而不用分析其他未用"√"标示的威胁。表 5-3 中每个数据流图元素都是受害者，不是攻击者。如果篡改数据存储，则威胁针对的是该数据存储及其中的数据。如果对一个加工实施假冒攻击，那么该加工就是受害者。在不讨论技术细节的情况下，通过篡改网络实施假冒实际上是对网络终端的假冒，即其他终端会困惑连接的另一端是什么。表 5-3 说明要关注对加工的假冒，而不是对数据流的假冒。当然，如果在分析数据流时发现了假冒威胁，也一定要记录下来以便后续解决，而不用理会表 5-3 是否标示了数据流的假冒威胁。STRIDE-per-Element 有利于确定应重点针对什么元素寻找什么威胁。对于技术熟练的人，可利用该方法发现组件中新类型的弱点；对于技术不熟练的人，仍然可以用该方法发现许多常见问题。

STRIDE-per-Element 存在两个不足：首先，在给定的威胁模型中，往往会反复出现同一威胁；其次，表 5-3 并不能体现每个威胁建模者的全部安全问题。例如表 5-3 并没有体现"由外部实体造成的信息泄露"这一常见的隐私风险。这并非是方法设计上的失误，而是因为微软公司有一套威胁建模之外的单独的隐私分析过程。因此，如果采用该方法，须分析表 5-3 是否涵盖了需关注的全部问题，如果没有，则构建一个适合自己的场景的版本。如果希望关注的安全问题十分全面，而不是希望只关注最有可能出现的问题时，则对数据流图的每个元素均思考 STRIDE 的每种威胁，但这可能会分散注意力。

STRIDE 的另一个变体是 STRIDE-per-Interaction，该派生方法是一种枚举威胁的方法，通过分析数据流图中不同元素之间的交互行为并枚举适用于每个交互行为的威胁。使用 STRIDE-per-Interaction 发现的威胁数量与使用 STRIDE-per-Element 发现的威胁数量相同，但使用前者更容易理解威胁。下文以如图 5.16 所示的应用系统为例，说明 STRIDE-per-Interaction 的原理及其应用，STRIDE 模型的应用示例参见 5.4.4 节。

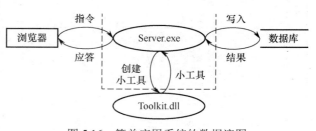

在如图 5.16 所示的系统中，用户通过浏览器给服务程序 Server.exe 发送指令，Server.exe 根据指令执行相应动作并将指令执行结果告知浏览器；Server.exe 执行的动作包括调用 Toolkit.dll 创建小工具并利用小工具进行数据处理、将数据

图 5.16　简单应用系统的数据流图

写入数据库或从数据库读取数据。图 5.16 中虚线为信任边界。表 5-4 示例了哪些威胁适用于数据流图中不同元素之间的每个交互行为，其中"元素"是要进行安全分析的主要元素，"交互"是每个主要元素与数据流图中其他相邻元素的交互行为，"√"标示 STRIDE 相应威胁适用于该交互行为。

表 5-4　STRIDE 交互：威胁的适应性

#	元　素	交　互	S	T	R	I	D	E
1		输出数据流至数据库	√			√		
2		将输出发送给 Toolkit	√		√	√	√	√
3		向浏览器（软件）发送数据	√		√	√	√	
4	加工（Server）	向浏览器（用户）发送数据			√			
5		接收数据库的返回数据流	√	√			√	√
6		接收 Toolkit 的输入数据流	√		√		√	√
7		接收浏览器的输入数据流	√				√	√
8	数据流（指令/应答）	跨越信任边界		√		√	√	
9	数据存储（数据库）	接收 Server 的输出数据流		√	√	√	√	
10		输出数据流至 Server			√	√	√	
11	外部实体（浏览器）	输出至 Server	√		√			
12		接收 Server 的输出	√					

与表 5-4 对应，面向如图 5.16 所示的系统的 STRIDE-per-Interaction 应用示例（相应威胁实例化解释），如表 5-5 所示。

表 5-5　STRIDE-per-Interaction 应用示例

#	元　素	交　互	S	T	R	I	D	E
1		输出数据流至数据库	数据库被假冒，导致数据写入错误的地方			将密码明文等不应写入数据库的信息写入数据库		
2		将输出发送给 Toolkit	Toolkit 被假冒，导致数据写入错误的地方		Toolkit 声称未被 Server 调用	Toolkit 未被授权而接收数据	除非是同步的，否则发送失败	Toolkit 冒充 Server 并使用其特权
3		向浏览器（软件）发送数据	Server 对浏览器的身份感到困惑		浏览器否认收到数据	浏览器获取未经授权的数据	除非是同步的，否则发送失败	
4	加工（Server）	向浏览器（用户）发送数据			用户否认看到输出			
5		接收数据库的返回数据流	数据库被假冒，导致读取错误信息	数据库返回数据致使 Server 状态非法改变		数据库返回数据导致 Server 崩溃		数据库返回数据改变 Server 状态而导致提权攻击
6		接收 Toolkit 的输入数据流	Server 误以为数据来自真实的 Toolkit		Server 否认从 Toolkit 获取数据		Server 因与 Toolkit 的交互而崩溃退出	Toolkit 传递数据或参数而改变 Server 的执行流程
7		接收浏览器的输入数据流	Server 误以为数据来自合法的浏览器				Server 因与浏览器的交互而崩溃退出	浏览器传递数据或参数而改变 Server 的执行流程

（续表）

#	元素	交互	S	T	R	I	D	E
8	数据流（指令/应答）	跨越信任边界		数据流被中间人攻击篡改		数据流被嗅探攻击	数据流被外部实体中断（例如扰乱 TCP 报文序号）	
9	数据存储（数据库）	接收 Server 的输出数据流		数据库被篡改	Server 声称未写数据库	数据库泄露信息	无法写入数据库	
10		输出数据流至 Server			Server 声称未读数据库	数据库泄露信息	无法读取数据库	
11	外部实体（浏览器）	输出至 Server	Server 对浏览器的身份感到困惑		Server 声称未收到数据	Server 未被授权而接收数据		
12		接收 Server 的输出	浏览器对 Server 的身份感到困惑					

STRIDE-per-Interaction 太复杂，如果没有可供参照的案例图表，则很难使用该方法。相比较而言，"STRIDE"是 6 种威胁的助记符，而 STRIDE-per-Element 简单易用，有利于针对数据流图中不同元素重点关注典型威胁，也可以根据实际情况定制表 5-3（增减表中对勾"√"）。

（2）LINDDUN

LINDDUN 是面向隐私保护的威胁建模方法，由 6 个步骤组成，如图 5.17 所示。"LINDDUN"中每个字母均表示通过破坏隐私属性获得的隐私威胁类型：Linkability（可链接性）、Identifiability（可识别性）、Non-Repudiation（不可抵赖性）、Detectability（可探测性）、Disclosure of Information（信息泄露）、Unawareness（未察觉）、Non-Compliance（不合规）。其中，可链接性允许攻击者辨别利益相关项在系统中是否有关联；可识别性是指攻击者可以辨别与利益相关的主体，是对匿名化和假名化的一种威胁；不可抵赖性允许攻击者收集证据来反驳抵赖方的声明，并证明用户知道、做过或说过一些事情；可探测性是指攻击者能够根据相关信息探测到用户的隐私信息；"未察觉"是指内容未察觉，即用户没有察觉到提供给系统的信息太多，而使攻击者能够检索到用户的身份，或提供了不准确的信息而导致错误决策或操作；不合规意味着即使系统向用户展示了其隐私策略，也不能保证系统实际上遵守了所发布的策略，因而用户隐私仍然可能被泄露。

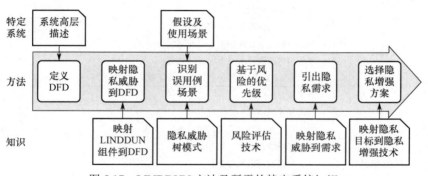

图 5.17 LINDDUN 方法及所需的特定系统知识

LINDDUN 从系统的数据流图开始，基于表 5-6 中类似 STRIDE 的数据流图元素与威胁的映射关系，将隐私威胁映射到数据流图的元素，构建隐私威胁树以指导用户识别系统中可能发生误用例的场景，基于风险评估技术分析误用例场景的风险、确定基于风险的优先级，将隐私威胁映射到系统需求以获取隐私需求，最后根据隐私需求选择合适的隐私增强方案。

表 5-6　将 LINDDUN 组件（隐私威胁）映射到数据流图元素类型

威 胁 类 别	外 部 实 体	数 据 流	数 据 存 储	加 工
可链接性	√	√	√	√
可识别性	√	√	√	√
不可抵赖性		√	√	√
可探测性		√	√	√
信息泄露		√	√	√
内容未察觉	√			
政策/批文未遵从		√	√	√

LINDDUN 的一个典型特征是应用隐私知识库和隐私增强技术支持隐私威胁建模，工作量大且耗时，与 STRIDE 面临的问题相同——威胁的数量会随着系统复杂性的增加而迅速增长，效率和有效性受数据流图元素适用的威胁类型数量影响较大。

（3）PASTA

攻击模拟与威胁分析流程（Process for Attack Simulation and Threat Analysis，PASTA）是面向风险的威胁建模框架，包含 7 个阶段，每个阶段均有多个活动，如表 5-7 所示。

表 5-7　PASTA 模型

序 号	阶 段	活 动
1	定义目标	• 识别业务目标； • 识别安全与合规性需求； • 业务影响分析
2	定义技术范围	• 确定技术环境的边界； • 确定基础设施及软件的依赖关系
3	应用程序分解	• 确定用例、定义应用程序入口点和信任级别； • 识别参与者、资产、服务、角色、数据源； • 绘制数据流程图和信任边界
4	威胁分析	• 概率攻击场景分析； • 安全事件回归分析； • 威胁情报关联分析
5	漏洞识别	• 查询已有的漏洞报告和问题跟踪； • 利用威胁树将威胁映射到已有漏洞； • 利用用例和滥用例进行设计缺陷分析； • 基于 CWE/CVE 枚举脆弱性和弱点，基于 CVSS/CWSS 对脆弱性和弱点进行评分
6	攻击建模	• 攻击面分析； • 攻击树开发，攻击库管理； • 利用攻击树模拟漏洞攻击和利用分析
7	风险与影响分析	• 业务影响的定性与定量分析； • 对策确认与残余风险分析； • 建议风险缓解策略

　　PASTA 为整合已有的信息安全、安全工程和风险管理学科提供了框架。PASTA 旨在将业务目标和技术需求相结合，通过让关键决策者参与威胁建模并汇集来自运营、治理、体系结构和开发的安全需求，将威胁建模过程提升到战略级别。在模型的不同阶段使用各种工具强化技术和业务风险分析能力。例如，在第二阶段使用高级架构图确定技术范围，在第三阶段使用数据流图建立系统模型，在第六阶段构建攻击树、用例、滥用例进行分析和攻击建模。模型从攻击者视角枚举威胁，经风险评估后形成以资产为中心的风险缓解策略，通过在软件生命周期中解决安全问题，并提供可操作的解决方案和改进与应用程序目标和业务目标相关的风险管理框架。

5.4.3　威胁建模过程

　　威胁建模不是一个一次性的过程，而是一个多轮迭代、持续改进的过程（如图 5.18 所示），开始于软件设计的早期阶段，并在整个软件生命周期中持续改进，因为：①不可能在一次建模活动中识别所有可能的威胁；②软件需求不是一成不变的，应随着需求的变更、软件的迭代升级而重复威胁建模过程；③当考虑针对缓解措施的威胁时，需再次迭代威胁建模，也可以寻找绕过威胁的方法；④新漏洞、新攻击模式的出现以及威胁库、设计缺陷库和安全缓解措施的变更、威胁建模方法的改进等，推动再次威胁建模。

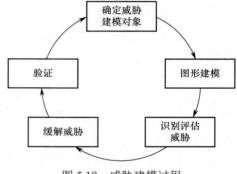

图 5.18　威胁建模过程

　　威胁建模过程可以细分为以下 8 个步骤。

　　（1）确定威胁建模对象

　　定义软件系统的使用场景，明确资产与功能范围及外部依赖项（第三方库函数/组件、数据库、运行的操作系统与网络环境等），定义并记录安全假设，确立围绕软件系统资产的业务目标和安全目标，即确定需保护的资产、确定建模对象。

　　（2）创建软件体系结构概览

　　创建软件体系结构概览的目的是文档化软件系统的功能、体系结构和物理部署配置，以及构成解决方案的技术。软件体系结构概览包括以下几点。

　　① 确定软件的功能。利用用例将软件功能置于上下文场景中。文档化用例以帮助理解应如何使用目标软件，且有助于确定如何滥用目标软件。

　　② 创建体系结构图。描述目标软件系统及其子系统的组成和结构及其物理部署特征。根据目标软件系统的复杂性，可能需要分成几个图，分别关注特定的领域。

　　③ 识别目标软件所用技术。这有助于在威胁建模后续过程中关注特定技术的威胁，有助于有针对性地选择最合适的缓解措施。

　　（3）图形建模与分解软件系统

　　建立清晰的软件系统模型有助于全面理解整个系统，有助于寻找威胁，否则可能陷入软件功能正确与否的细节中。图表是软件建模的最佳方法，有泳道图、状态图、UML 活动图等多种图表建模方法，但数据流模型是威胁建模最理想的模型。安全问题经常是在数据流中出现，而不是在控制流中。数据流图的应用非常广泛，有时被称为"威胁建模图"。

数据流图是将软件系统分解为关键组件的有用工具，为说明加工之间的数据流提供了良好的技术基础。可以根据需要创建目标软件的一个或多个数据流图。数据流图采用分层的形式描述系统数据流向（参见 4.3.2 节），这是一个逐步精化的过程。软件系统可以分解为子系统，而子系统可以分解为更低级别的子系统，分解的结果可以对应不同层次的数据流图。将软件系统分解到只有两层、三层或四层的深度即可，这足以了解软件面临的威胁，避免在威胁建模过程中因分析得太深而忽略了最初的目标。

分解软件系统的主要目的是通过分解软件的体系结构来确认信任边界、数据流、数据流入口点和数据流出口点，对软件系统按逻辑或结构相关性分解成的每个组件进行威胁分析，包括以下几点。

① 确认信任边界。确定软件系统中每个资产周围的信任边界。对于每个子系统，考虑上游数据流、用户输入或调用功能是否可信，如果不可信，则考虑如何对数据流和输入进行身份验证和授权。还要考虑服务器信任关系。

② 确认数据流。分析不同子系统、组件之间的数据流，重点关注跨越信任边界的数据流。

③ 确认入口点。仔细分析软件系统的所有入口点（例如网页或套接字服务器），因为这些入口点都是潜在的攻击路径。还要分析内部子系统或组件的入口点，尽管这些入口点可能仅用于子系统或组件之间的内部通信，但如果攻击者设法绕过其前置的访问控制，这些入口点也可以作为攻击点。

④ 确认需给予特权的功能。分析访问环境变量、事件日志、文件系统、消息队列、性能计数器等安全资源的每个功能模块。任何需要特殊权限或与安全系统一起工作的功能都需要特别警惕。

（4）确认威胁并文档化威胁

组建包括系统架构师、开发人员、测试人员和安全小组成员的团队，分析检查在上一步中创建的模型（安全画像），确定可能影响软件系统资产、危及安全目标的常见威胁，深入分析确定其他可能威胁，重点关注软件系统功能模块及所用技术面临的威胁，寻找未验证输入、通过未加密的网络连接传递身份验证凭据或使用弱密码或账户策略等威胁，并分析确认软件运行环境（如操作系统、网络环境）对软件系统构成的安全威胁。可以利用 5.4.2 节介绍的 STRIDE、4.3.3 节介绍的攻击树或其他方法分析确定软件系统的威胁。STRIDE 给出的是类似检查列表的威胁类型，利用 STRIDE 引导式分析威胁、确认威胁时，需明确软件设计使用的具体技术并结合脑力风暴，以便确定针对该技术的更具体的威胁，而不是停留在抽象的威胁类型层面。例如，如果一个数据流使用 TCP 协议上的远程过程调用（RPC），那么不仅需要在数据流中分析查找一般类型的威胁，还需要针对 TCP 和 RPC 分析查找特定的已知威胁。

可以利用如表 5-8 所示的包含威胁核心属性的模板记录已确认的每个威胁，作为威胁建模后续工作的基础和威胁建模报告等归档材料的组成内容。部分内容（例如风险等级）可以留给后续步骤完善。

表 5-8　用于文档记录威胁的模板

威 胁 编 号	威胁#1
威 胁 描 述	SQL 注入
威 胁 目 标	数据访问组件
安 全 影 响	信息泄露，破坏数据，提权
风 险 等 级	
攻 击 技 术	攻击者在用于形成 SQL 查询的用户名后面附加 SQL 命令
缓 解 措 施	使用正则表达式验证用户名，并使用带参数的存储过程访问数据库

（5）风险评估

利用 3.2 节介绍的风险评估方法（如 DREAD、CVSS）或基于 4.3.3 节介绍的攻击树确定每个威胁的影响及其发生的概率，即确定其风险值，进而确定其风险等级、确定威胁的优先级，也为后续步骤确定采用何种缓解措施或策略提供依据。

攻击树中的根节点代表攻击者的最终目标，基于攻击树的风险评估的最终目的是确定攻击树根节点的风险值，以及影响该值的攻击路径和最可能被攻击者利用的攻击方法。基于攻击树的风险评估步骤包括：

① 确定攻击目标，建立攻击树模型；

② 选择合适的评判指标（如 CVSS）对攻击树叶节点（攻击事件）进行指标量化；

③ 计算叶节点攻击事件发生的概率；

④ 计算攻击造成的资产价值损失；

⑤ 分析计算各攻击序列发生的概率及风险值；

⑥ 分析计算根节点（即攻击者成功实现最终攻击目标）的概率及风险值；

⑦ 根据风险评估的结果分析判断最有可能被攻击者利用的攻击序列和方法。

对叶节点的分析计算决定攻击树模型的最终评估结果，而每个叶节点对应攻击行为发生的概率受诸多因素的影响，可以利用 CVSS 相关指标及计算方法确定叶节点攻击行为发生的概率，也可以给每个叶节点赋予攻击成本、攻击难度以及攻击事件被发现的可能性三个指标，利用公式（5-1）计算叶节点发生的概率。

$$P_i = w_{\text{cost}} \times U_{\text{cost}_i} + w_{\text{diff}} \times U_{\text{diff}_i} + w_{\text{det}} \times U_{\text{det}_i} \tag{5-1}$$

其中：P_i 表示第 i 个叶节点攻击事件发生的概率；cost_i 表示第 i 个叶节点攻击事件的攻击成本，diff_i 表示第 i 个叶节点攻击事件的攻击难度，det_i 表示第 i 个叶节点攻击事件被发现的可能性；U_{cost_i}、U_{diff_i}、U_{det_i} 分别代表前述三个指标的效用值；w_{cost}、w_{diff}、w_{det} 分别表示前述三个指标所占的权重，$w_{\text{cost}} + w_{\text{diff}} + w_{\text{det}} = 1$。一般情况下，需要制定相应的评分标准对 U_{cost_i}、U_{diff_i}、U_{det_i} 进行评估。

在攻击树中由叶节点向上实现根节点攻击目标的过程中，会遇到"与"和"或"节点两种情况，根据两种节点的定义可知，"与"节点风险概率等于其子节点风险概率之积，"或"节点的风险概率等于其子节点中的最大者。

（6）确定威胁缓解措施或策略

发现威胁的目的是选择适当的缓解措施减少或消除威胁导致的风险，从而保护相应的系统资产。降低威胁的风险对应于消除攻击树中的一条攻击路径。针对发现的风险，有以下 4

种处理方式。

① 什么都不做。放弃修复低安全风险隐患不是一个好的选择，因为隐藏在软件系统中的缺陷可能被攻击者发现而被迫修复它，对用户及开发者的声誉将产生不利影响。

② 警告用户。将问题告知用户，并允许用户决定是否使用具有隐患的功能，但用户一般不具有足够信息来做出决定。

③ 剔除问题。如果没有时间修复隐患，应考虑在发布前将包含隐患的功能从软件产品中移除，并计划在下一版中解决，而不是让它泄露出去。

④ 修复隐患。选择解决问题所需的技术，消除隐患。

与每种安全特性对应的威胁的缓解方法，如表 5-9 所示，最终转化为安全功能设计。与安全特性"间接相关"的常见威胁（如 SQL 注入）的缓解措施，将主要转化为功能安全设计，例如表 5.8 给出的 SQL 注入的缓解措施。

表 5-9　STRIDE 6 类威胁的缓解方法

威胁类型	缓解措施	技术方案
假冒	身份认证	① 针对外部实体：分配标识并进行身份验证，验证方法包括身份管理、认证（密码认证、单点登录、双因素、生物特征、数字证书、基于 SM9/Kerberos/PKI）、会话管理； ② 针对加工：数字证书认证、基于 SM9/Kerberos/PKI
篡改	完整性保护	利用 MD5、SHA 等哈希函数或消息认证码进行完整性校验；数字签名；完整性控制；基于 TLS RSA/PSK 或 IPSec 保障传输过程中的完整性
抵赖	日志审计	强身份认证、安全日志、审计、数字签名、时间戳等；区块链技术
信息泄露	保密性保护	数据加密、访问控制；信息隐藏；基于动态路由的网络防窃听；基于 TLS/SSL 或 IPSec 的安全传输
拒绝服务	可用性保护	访问控制；实时备份与恢复；基于集群和虚拟化
提升权限	授权认证	访问控制、权限最小化；零信任

确定缓解措施时，应结合安全设计原则优化缓解措施，包括结合心理可接受度原则，兼顾软件的易用性。因此，相同的威胁在不同的应用场景，其缓解措施也要随之改变，在提高安全的同时也给用户较好的使用体验。

（7）验证威胁

验证的内容包括威胁模型、列举的缓解措施等。验证数据流图是否符合设计，确认缓解措施是否能够真正缓解潜在威胁，所有的威胁是否都有相应的缓解措施。在后期的测试阶段还需验证缓解措施的实现是否符合预期设计、是否在实现层面消除了威胁。根据验证的结果，决定是否需要重新进行威胁建模或迭代完善建模。

（8）威胁建档

对通过验证的威胁模型生成威胁建模报告并存档，作为整个软件生命周期中对已发现威胁进行处理的依据，作为后续迭代开发时威胁建模的基础或参考依据。

5.4.4　威胁建模示例

本节以以下简易系统为例，示例威胁建模过程及相关方法的应用。

假设需要开发一个销售统计系统，其主要功能是收集销售团队每个成员记录的销售清单，在数据库服务器中汇总计算销售数据，并生成每周报告。

（1）确定威胁建模对象

销售清单中的销售记录是系统的关键资产，涉及隐私数据，受法律规范的约束。收集信息意味着将信息从一个地方传输到另一个地方。数据必须受到保护，避免在传输和存储过程中被泄露。操作销售清单的特定人群——销售人员需要经过认证和授权。服务器中的销售记录应避免被覆盖，销售记录不能被篡改或归为他人的业绩。服务器需要至少每周执行一次计算，应安全触发计算且应避免频繁计算。销售统计系统应能对抗 SQL 注入和缓冲区溢出等常见攻击。

（2）创建软件体系结构概览

假设销售统计系统的数据库服务器和数据接收程序运行在同一台服务器中，该系统的体系结构、涉及的技术如图 5.19 所示，其中虚线矩形框为信任边界。可以根据威胁建模后续步骤发现的威胁及给出的缓解措施调整、完善图 5.19 的内容并作为最终的存档内容之一。

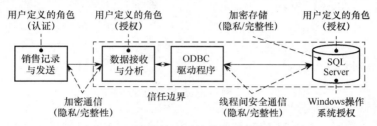

图 5.19　销售统计系统的体系结构示意

（3）图形建模与分解软件系统

因该销售统计系统的需求较简单，省略从顶层数据流图开始的分解过程。根据前述需求描述，销售统计系统的数据流图示意如图 5.20 所示。

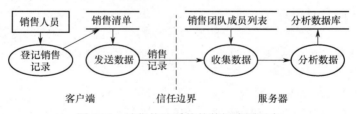

图 5.20　销售统计系统的数据流图示意

在利用数据流图进行威胁分析之前，应检查数据流图的正确性，并根据威胁建模的需要适当优化数据流图。在如图 5.20 所示的数据流图中，数据从外部实体"销售人员"流入，数据进入分析数据库后没有被读取，尽管客户未明确提出要读取，但需读取并流出到外部实体。根据数据流图的创建规则，检查、完善数据流图，确保每个数据存储都有加工写入数据和读取数据（写入和读取，可能分别在不同数据流图中）。可以将单个信任边界内的类似元素收缩（折叠）为单个元素，以便威胁建模，此处将收集数据和分析数据收缩为一个加工，但如此处理并不意味着二者将一起实施。对攻击者而言是没有信任边界的，因此，为了便于建模分析，在信任边界两侧的类似元素也可以考虑进行收缩，尽管不收缩时可以显示更多细节且是创建数据流图的一种好的方式，但收缩处理类似于不展开显示树节点的子树等内部细节而更有利于凸显主要功能。根据这些指导思想修改后的数据流图如图 5.21 所示，其中，将客户端表示为仅是外部交互者实体，反映了攻击者可以自由地做任何想做的事，信任边界也更清晰地说明了客户端不可信的主因。

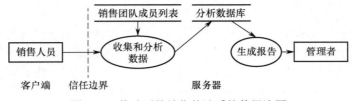

图 5.21　修改后的销售统计系统数据流图

（4）确认威胁并文档化威胁

在本步骤中针对如图 5.21 所示的数据流图识别可能影响系统和损害资产的威胁。为了简化描述，本示例仅针对软件系统本身，尽可能忽略计算机网络和主机等运行环境的威胁。可以使用 5.4.2 节介绍的方法发现威胁，此处仅利用简单的、具有引导性的 STRIDE-per-Element 示范确认数据流图每种元素需重点关注的威胁，以便进一步理解典型威胁是如何发生的。为了便于分析讨论和节省篇幅，没有参照如表 5-8 所示的模板记录威胁，将导致示例的威胁建模后续步骤的结果不能按该模板集中呈现，读者可以自行补齐。

① 数据流分析

数据流 1：从"销售人员"到"收集和分析数据"

销售记录传输过程中可能发生篡改攻击，尤其是销售人员在用笔记本电脑时未经任何安全处理直接明文传输时。数据在传输过程中可能被不具有访问权限的人读取（如网络监听）而导致信息泄露。数据传输过程可能会因传输信道拥塞或数据包序号被恶意篡改出现混乱而终止，也有可能数据收集进程遭受其他 DoS 攻击而阻止销售人员访问数据收集服务器。

数据流 2：从"销售团队成员列表"到"收集和分析数据"

销售团队成员列表中销售人员的信息被篡改或被删除，可能会使销售人员无法登记销售记录。竞争对手可能会对销售人员名单感兴趣，当发生解雇时，内部人员也可能会对该列表感兴趣，因此，人员列表面临信息泄露的威胁。根据该销售统计系统的规模以及销售人员提交数据的频率，该数据流即使遭受 DoS 攻击，可能也不是非常严重的攻击，应根据客户的实际情况或风险承受能力具体确定。

数据流 3：从"收集和分析数据"到"分析数据库"

该数据流完全包含在一条信任边界内。相较于数据流 3，数据流 1 遭到攻击的可能性明显要高，因此应对数据流 1 给予更多或更强的保护以反映其更易受攻击的本质。但数据流 3 也并非完全没有风险。如果系统在实际部署时将分析数据库部署在另一台远程主机中（并非威胁建模时假设的服务器只有一台主机），此时数据流 3 与数据流 1 具有相似的威胁情况。在进行威胁分析时，不能因主观假设而忽略威胁，纵深防御原则是很好的选择。如果信任边界不可靠或没有进行正确配置，则该数据流也存在篡改、信息泄露和 DoS 攻击威胁。

② 数据存储分析

数据存储 1：分析数据库

该数据存储面临篡改威胁的风险程度与存储的内容及其价值密切相关。存储的信息是否包含订单履行情况并是否与销售人员奖金相关？存储的信息是否可用于销售预测？不同的信息将吸引不同的攻击者，且攻击者可能是具有合法访问权限以完成自己工作的内部人员。该数据存储可能包含需保护的敏感信息。如果消费者能用信用卡结算，则数据库中销售清单信息可能包含社会保障号或信用卡号。如果销售的产品包括保健产品或医药产品，则系统应受医疗隐私相关的法规的约束。该数据存储如果遭受 DoS 攻击，将停止处理新的请求或已有数据被覆盖而无法实现业务目标。

数据存储 2：销售团队成员列表

攻击者可能会在列表中添加造成危害的销售人员，或者篡改/删除销售人员信息从而阻止其完成自己的工作。与数据流 2 存在类似的信息泄露和拒绝服务威胁。

③ 对加工的分析

加工 1：收集和分析数据

内部人员和竞争对手可能因为利益驱动而试图阻止进行正常的数据收集和数据分析。伪装成该加工可能会收集销售团队试图提交的所有数据，并导致信息泄露和拒绝服务。也可以通过假冒管理员来关闭系统而导致拒绝服务。如果攻击者基于此加工篡改数据或损坏数据，让系统运行异常，从而可能导致拒绝服务或提升权限攻击。也有可能遭受抵赖攻击，拒绝承认接收过销售记录或进行过相关数据分析。从该加工对应的系统进程的内存中读取数据，则无须侵入数据库即可导致信息泄露。与此类似，如果攻击者发现有关程序内部结构的信息，这些信息将有助于其进行其他类型的攻击。例如，如果信息泄露攻击使得攻击者能够发现某些变量的内存地址，则可以利用该内存地址实施进一步的攻击。

加工 2：生成报告

攻击者伪造身份，让系统生成报告并获取报告，导致信息泄露。报告内容与绩效考核挂钩，则可能吸引攻击者实施篡改攻击。本加工可能被用于发动 DoS 攻击，例如频繁更新数据、频繁更新报告。

④ 外部实体分析

外部实体 1：销售人员

销售人员可能会提交修订的销售记录来覆盖现有数据，但声称自己并没有这样做，也有可能假冒他人或被假冒而进行系统相关操作。

外部实体 2：管理者

管理者抵赖接收过报告而将相关信息缺失的责任推给销售人员或其他处理环节。管理者也有可能被假冒而导致报告内容泄露。

可以针对数据流图中的每个元素进行每种威胁的类似分析，直到针对所有数据流和数据存储解决了篡改、信息泄露和拒绝服务威胁，针对所有加工解决了 STRIDE 的 6 种威胁，针对所有外部实体解决了假冒和抵赖威胁，并解决了影响信任边界的特殊威胁。在对数据流图的不同元素进行同一种威胁分析时，往往需要利用攻击树进行更进一步的分析，才能体现不同元素所面临的同一种威胁的差异，以便给出更具针对性的缓解措施。例如数据存储和数据流都面临篡改威胁，图 5.22 和图 5.23 体现了其篡改威胁的不同。

弱保护（保护规则允许可疑人员修改数据）、形同虚设的保护规则（保护规则允许任何人修改数据）等与数据存储相关的弱点可能被用于实施对数据存储的篡改攻击。基于 MD5 等弱哈希算法的弱信道完整性、弱消息完整性以及利用端节点插入数据的上行数据流插入等与数据流相关的弱点，均可能被用于实施对数据流的篡改攻击。尽管都是篡改攻击，但攻击技术、攻击路径不同，需采取的缓解措施随之不同。更多的威胁树及相应的威胁缓解措施，可以参考微软公司威胁建模专家 Adam Shostack 撰写的《Threat Modeling：Designing for Security》一书中的附录 B 或 Michael Howard 和 Steve Lipner 撰写、李兆星等翻译的《软件安全开发生命周期》一书的第 22 章。

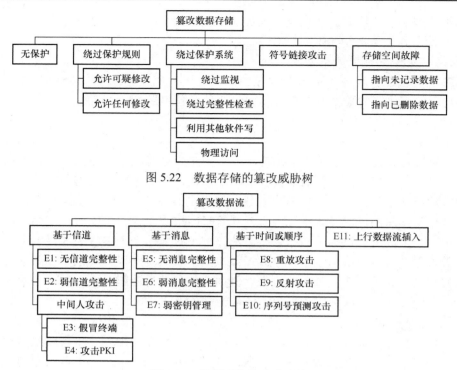

图 5.22　数据存储的篡改威胁树

图 5.23　数据流的篡改威胁树

（5）风险评估

此处结合 5.4.3 节给出的基于攻击树的风险评估流程和 3.2 节给出的风险评估方法 CVSS，仅针对如图 5.23 所示的攻击树示范风险评估。风险值一般用事件所造成的损失和事件发生的概率的乘积来表示。独立资产价值包括物理资产与逻辑资产两部分；关联价值取人员、环境、社会三方面的关联价值。此处假设各种攻击的影响范围是固定的；假设各种攻击涉及的资产集合相同，事件所造成的损失均视为 1，即只考虑事件发生的概率。基于此简化假设，将 CVSS 基础度量分值除以满分 10 分作为事件的概率，图 5.23 各叶节点按 CVSS 进行指标量化及计算的事件概率，如表 5-10 所示。

表 5-10　叶节点指标量化与事件概率

叶节点	可利用度指标				影响度指标			事件概率
	攻击向量	攻击复杂度	权限要求	用户交互	保密性影响	完整性影响	可用性影响	
E1	0.85	0.77	0.85	0.85	0	0.56	0	0.748
E2	0.85	0.77	0.85	0.85	0	0.22	0	0.530
E3	0.85	0.77	0.85	0.85	0.56	0.56	0	**0.906**
E4	0.85	0.44	0.85	0.85	0.56	0	0	0.582
E5	0.85	0.77	0.85	0.85	0	0.56	0	0.748
E6	0.85	0.77	0.85	0.85	0	0.22	0	0.530
E7	0.85	0.77	0.62	0.85	0.22	0	0	0.425
E8	0.85	0.77	0.85	0.85	0	0	0.56	0.748
E9	0.85	0.77	0.85	0.85	0	0	0.56	0.748
E10	0.85	0.44	0.85	0.85	0.56	0.56	0.56	0.809
E11	0.85	0.77	0.85	0.62	0	0.56	0	0.643

如图 5.23 所示的攻击树是"或"树，每个攻击序列只含有一个叶节点攻击事件，故攻击序列发生的概率与相应叶节点的事件概率相同，根节点（即攻击者成功实现最终攻击目标）的概率为其中最大值 0.906，假冒终端（E3）是篡改数据流攻击者最有可能使用的攻击方法。

与上述针对篡改数据流进行的风险评估类似，对上一步骤发现的销售统计系统每个威胁进行风险评估，进而确定系统面临的各种威胁的优先级。

（6）确定威胁缓解措施或策略

结合表 5-9 确定威胁的缓解措施，或结合攻击树确定威胁的缓解措施，无论采用哪种方式，确定的缓解措施都应具体，以便在编码阶段实现。例如，结合如图 5.23 所示的攻击树，针对销售人员可能多次提交一组销售数据的重放攻击（E8），其缓解措施可以是"设置消息标识并比对已接收的消息"，而对攻击者发起的其他重放攻击的缓解措施可以是"设置消息时间戳和数字签名"；缓解上行数据流插入攻击（E11）的措施可以是"在可以插入消息的地方进行输入验证；在发送消息的地方进行输出验证"。

利用微软公司的威胁建模工具（支持 STRIDE）或 OWASP 开源的威胁建模工具 Threat Dragon（支持 STRIDE 和 LINDDUN）进行威胁建模时，则可在软件界面中借助软件提示的威胁与建议，给出合适的缓解措施，如图 5.24 所示。

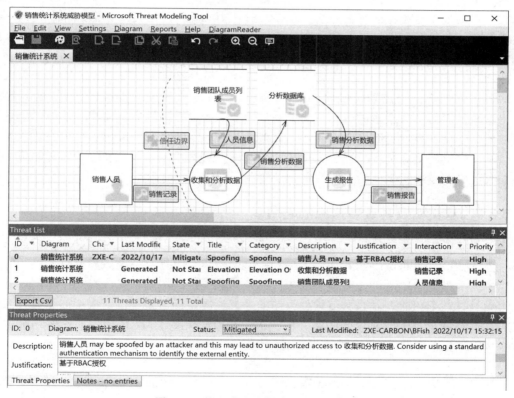

图 5.24　基于威胁建模工具的威胁分析

如图 5.24 所示的软件界面为利用微软公司的威胁建模工具对销售统计系统进行威胁建模的界面，其中，针对销售人员被假冒的威胁，为了体现建模工具给出的默认威胁描述和建议的缓解措施，未修改威胁描述，仅在"合理解释（Justification）"一栏填写了"基于

RBAC 授权"以说明在威胁状态的四个选项"未处理、需审查、不适当、已缓解"中选择"已缓解（Mitigated）"的理由，表明该威胁的具体缓解措施是"基于 RBAC 授权编程实现"。该工具软件将发现的威胁的等级默认设置为"高"，应根据具体情况重新调整。修改每个威胁的描述、调整每个威胁的状态和等级并给出合理解释，然后自动生成威胁建模报告。

5.5　基于复用的软件安全设计

软件复用（Software Reuse）是将已有软件的各种工件（Artefact，也称为制成品）用于构造新的软件，以降低软件开发和维护的代价，是提高软件生产力和质量（包括安全）的一种重要技术。可复用的工件包括软件开发过程中任何活动所形成的各种成果，例如项目计划、可行性报告、需求定义、分析模型、设计模型、详细说明、源程序、测试用例等。通过复用高质量的已有工件，可以有效避免重新开发可能引入的错误，并在复用过程中发现工件的缺陷、消除工件的安全风险、迭代完善工件，提高软件质量。无论是对可复用工件的直接使用还是做适当修改后再使用，只要是用于构造新软件，则均可称为复用。

软件组件（Component，也称为构件）是封装了一个或多个程序模块的实体。插件是组件的一个子类，控件是可视化的组件。组件复用是代码层面的复用。基于组件和基于体系结构的软件开发是一种流行的开发方法。在软件设计中应尽可能地复用成熟的体系结构、架构风格或框架，尤其是复用第三方的安全基础框架，以便将相关策略下沉到底层结构中。将在 5.7 节介绍软件体系结构、架构风格和框架。

在 4.2.2 节中，从实现的角度将软件安全需求划分为功能安全需求、安全功能需求和安全性能需求。安全功能主要体现软件的安全特性，用于直接对抗或缓解 STRIDE 的 6 种安全威胁中本软件需对抗或缓解的威胁，例如身份认证、授权管理等安全功能；功能安全是保障业务功能、安全功能自身的安全，例如功能模块内采取避免缓冲区溢出的措施、防范竞争条件的措施，用于间接对抗或缓解 STRIDE 的 6 种安全威胁中的相关威胁。对常见的威胁给出通用的缓解措施及缓解措施的实现方案，以便在不同软件中复用。

5.5.1　攻击树及其缓解措施的复用

由 5.4 节可知，数据流图的每种元素都有可能面临 STRIDE 的 6 种威胁，攻击树可以细化每种元素面临的每种威胁的各种攻击序列，进而给出更具针对性的风险缓解措施。针对数据流图不同类型元素的不同威胁类型的攻击树及相应的缓解措施，可以复用于不同软件系统的安全设计。在复用时，结合具体软件系统的数据流图中的元素实例所采用的具体技术或协议，再增补针对该技术或协议的威胁分析。例如某数据流基于 TCP 协议，则复用数据流相关攻击树时增加对 TCP 的相应威胁分析。

5.5.2　基于安全模式的软件设计

安全模式是软件安全领域的软件设计模式，既能用于获取安全需求，也能用于获取安全需求对应的解决方案。设计模式是对某类问题的通用解决方案，该方案源于软件开发者的经验总结，并经过反复使用、验证，代表此类问题的最佳实践。设计模式强调单个设计问题的解决方法，并提供封装和复用知识的方式，其目的是提高软件的维护性、通用性和扩展性，并降低软件的复杂度。安全模式是面向软件安全的设计模式，描述在特定的安全场景下重复发生的安全问题，并提供经过实践检验证明良好的通用的解决方案，例如身份管理模式、身份认证模式、访问控制模式、安全执行模式和文件管理模式等。

面向模式的分析与设计（Pattern‐Oriented Analysis and Design，POAD）的基本理念是创建并维护专用的模式库，通过组合已有模式进行系统设计，实现设计模式的复用。确立安全威胁和安全模式的对应关系以及模式之间的关系，从而便于检索和复用安全模式。在复用安全模式时，需实例化安全模型，即根据具体应用场景对模型进行改造或裁减。基于安全模式的软件设计流程如图 5.25 所示，其中虚线表示相关文档或描述的输入输出。

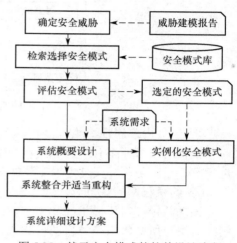

图 5.25　基于安全模式的软件设计流程

根据应用场景和需缓解的安全威胁，从安全模式库中选择相应的安全模式，进而对选取的安全模式进行评估，以确定安全模式的功效并对某些功能做出取舍。安全模式根据其作用效果分为两类：一类是完全解除威胁，这是最理想的情况；二是部分解决，此时需要进一步检索选择安全模式，期待更多的模式结合起来解除威胁。如果此时仍不能解除威胁，则有两种选择：一是接受该风险，采取其他外部措施来缓解风险；二是当风险不可接受时，只能考虑从系统中移除相关的软件功能。最后将实例化的安全模式整合到系统架构中，形成加入安全模式的软件详细设计方案。

在实际开发过程中，并不强制完全用设计模式构造整个软件系统，可以仅针对个别严重安全威胁进行基于安全模式的安全设计。

5.5.3　常用安全功能设计

可以针对 STRIDE 常见威胁设计可复用的安全功能模块或安全策略。常用安全功能包括输入输出安全验证、数据加密与数据保护、身份认证与访问控制、日志安全等。本节介绍几种典型安全功能的设计方案。授权管理参见 5.3.3 节的 RBAC 模型，加密解密及密钥管理参见 PKI（公钥基础设施）、SM9 等安全机制或算法，不在此赘述。

（1）身份认证

身份认证也称为身份验证、身份鉴别、鉴权，包括设置每个外部实体（人或 IT 实体）的无歧义的身份标识和确认当前外部实体具有其声称的身份，是访问控制、安全审计的基础。外部实体也称为用户。如果安全需求包含安全审计，则需将身份认证作为安全审计事件。身份认证功能结构如图 5.26 所示。

① 标识用户

该功能定义在执行任何其他以系统安全功能为前置条件且需要用户标识的动作前，要求用户标识其身份的条件。"标识的时机"组件允许用户在被识别前执行某些动作；"任何动作前的用户标识"组件在系统安全功能允许执行任何动作之前，要求用户进行身份识别。

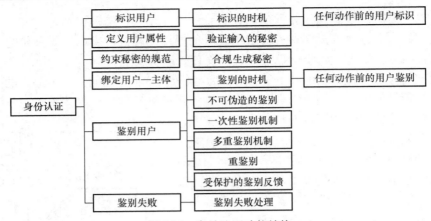

图 5.26　身份认证功能结构

② **定义用户属性**

授权用户可能都有一组除用户身份外的安全属性用于实施安全功能需求。安全属性可以是身份、组、角色、安全性或完整性等级。

③ **约束秘密的规范**

该功能定义对所提供的秘密进行既定的质量度量以及生成满足既定度量的秘密的要求，例如对用户所提供口令的自动校验或自动生成口令的要求。秘密可以在系统之外生成（例如由用户选择并导入系统），此时，"验证输入的秘密"组件可用于确保外部生成的秘密遵从某些度量标准，例如最小长度、非字典用字、非伪随机或以前未用过。秘密也可以由系统生成，此时，"合规生成秘密"组件可用于确保秘密遵从某些指定的度量。

④ **绑定用户—主体**

该功能定义建立和维护用户安全属性与代表该用户的主体间关联关系的要求。用户的安全属性（全部或部分）与该主体相关联。

⑤ **鉴别用户**

该功能定义支持的用户鉴别机制类型及用户鉴别机制所依赖的必要属性。"鉴别的时机"允许用户在其身份被鉴别前执行某些动作；"任何动作前的用户鉴别"要求在系统安全功能允许采取任何动作之前先鉴别用户；"不可伪造的鉴别"要求鉴别机制能够检测并防止使用伪造或复制的鉴别数据；"一次性鉴别机制"要求鉴别机制使用一次性的鉴别数据（例如一次性口令、加密的时间戳）；"多重鉴别机制"要求为在特定的时刻鉴别用户身份提供和使用不同的鉴别机制；"重鉴别"要求对于特定事件需重新鉴别用户身份；"受保护的鉴别反馈"要求在鉴别期间只提供给用户有限的反馈信息，杜绝将鉴别数据原样返回给用户。利用指纹等生物特征可以达到不可伪造的要求。

⑥ **鉴别失败**

该功能定义不成功鉴别的连续尝试次数（一次会话尝试次数）或非连续累计尝试次数（多次会话累计尝试次数），以及超过设定的次数阈值后的动作。尝试次数和尝试失败后的动作均可由开发者或授权用户定义。尝试失败之后的动作可以是禁用终端设备、用户账号失效或向管理员报警等，此后进一步的动作可以是直到过了指定的时间自动激活终端设备/用户账号或直到授权管理员重新激活终端设备/用户账号。也可以定义每次尝试失败时需增加的鉴别或需增加的鉴别数据，例如，"账号+口令"鉴别失败时增加动态验证码或滑动拼图、验证码的复杂程度随尝试次数递增。

（2）安全审计

安全审计包括识别、记录、存储和分析安全相关活动的信息。可通过检查审计记录结果确定发生了哪些安全相关活动以及哪个用户要对这些活动负责，确保即使不能完全阻止攻击，也应知晓软件系统是怎样遭受攻击的，以便恢复系统、提升系统安全。与飞机上使用的"黑匣子"类似，安全审计相当于软件系统的"黑匣子"。安全审计功能结构如图 5.27 所示。

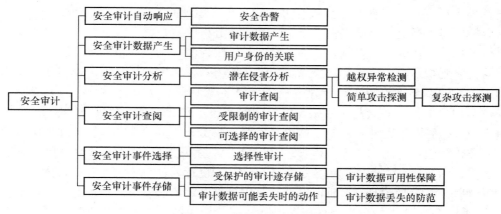

图 5.27　安全审计功能结构

① **安全审计自动响应**

该功能定义在检测到潜在安全侵害事件时所做出的响应，包括报警或行动，例如实时报警的生成、违例进程的终止、中止服务、用户账号的失效等。根据审计事件的不同，定义系统做出不同的响应。

② **安全审计数据产生**

该功能要求记录安全相关事件出现的情况，包括鉴别审计层次、列举可被审计的事件类型以及鉴别由各种审计记录类型提供的相关审计信息的最小集合。"审计数据产生"组件定义可审计事件的级别，并规定审计记录应提供的数据信息。"用户身份的关联"组件作为"审计数据产生"的补充，实现可审计事件与单个用户身份的关联，以满足对可审计事件的责任追溯需求。可审计事件来源于其他安全功能，如安全属性管理、访问控制、身份认证等，且须规定审计事件产生的级别（即最小级、基本级和详细级）。以用户安全属性管理为例，在该功能中下列事件是可审计的：

a）最小级：用户安全属性管理功能的成功使用；

b）基本级：用户安全属性已被修改；

c）详细级：除特定安全属性数据项（例如口令、密钥）以外，应捕获新旧属性值。

在该示例中，如果"审计数据产生"选择"基本级"，则 a）和 b）中的可审计事件必须被审计，即可审计事件的分类是层次化的。当期望产生"基本级"审计数据时，所有标记为最小级或基本级的可审计事件都应包括在所设计的安全功能中；当期望产生"详细级"审计数据时，所有已标识的可审计事件（最小级、基本级和详细级）都应包含在所设计的安全功能中。可审计事件包括对敏感数据项的访问、目标对象的删除、访问权限或能力的授予和废除、改变主体或目标的安全特性、标识定义和用户授权认证功能的使用、审计功能的启动和关闭，等等。对于审计日志，每一条审计记录都应至少包含：事件发生的日期时间、事件类型、主题标识、执行结果（成功、失败）、主体身份（如果适用）、引起此事件的用户标识以及与该审计事件相关的审计信息。安全审计与隐私保护存在潜在的冲突，可以考虑基于假名保护用户隐私。

③ 安全审计分析

通过分析系统活动和审计数据来寻找可能的或真正的违规操作。它可以用于入侵检测或对违规的自动响应。基于检测而采取的动作，可用"安全审计自动响应"统一调度。当一个审计事件集出现或累计出现一定次数时可以确定一个违规的发生，并进行审计分析。 "潜在侵害分析"用于规定可审计事件集合和执行侵害分析的规则集合，事件集的出现预示着存在对安全目标的潜在威胁，以规则集为基础进行门限检测，利用一系列规则监控审计事件，并根据这些规则指示出实施安全功能需求的潜在危害。事件集和规则集可以由经授权的用户进行增加、修改或删除等操作。"越权异常检测"组件用于检测软件系统不同等级用户的行为记录，当用户的行为等级超过其限定的权限时，提示此行为是一个潜在的攻击。"简单攻击探测"组件检测匹配特征事件的攻击事件，例如删除一个关键安全数据文件（例如口令文件、密钥文件）或远程用户试图获得管理员权限，这些事件都称为特征事件，如果它们的出现独立于系统的其他正常活动，则预示着该行为是入侵行为。对于设计者，为执行分析，应逐一列举哪些事件应受到监测，且需标记与这类事件有关的必要信息，以此决定该事件是否为特征事件。"复杂攻击探测"组件检测匹配特征事件的单一攻击事件或事件序列（可能由多个用户引起），强调对事件序列进行检测。事件序列是可以预示入侵行为特征事件的有序集合。设计者应定义表示特征事件的基本集和对应的事件序列，以此分析并决定哪些事件为特征事件。

④ 安全审计查阅

该功能定义用于审计查阅工具组件的功能要求，授权用户可使用这些审计工具查阅审计数据。"审计查阅"组件为授权用户提供从其可访问的审计记录中获取相关信息和解释相关信息的功能，当用户是自然人时，相关信息须以人可理解的方式呈现；当用户是 IT 实体时，相关信息须以某种形式化规则无歧义地表达。"审计查阅"组件应规定用户或授权用户能够访问的审计记录集合。"受限制的审计查阅"组件规定未在"审计查阅"中标识的用户均不能访问审计记录。"可选择的审计查阅"组件根据标准来选择要查阅的审计数据，如果这种选择基于多个标准，那么这些标准之间具有某种逻辑关系（"与"或"或"），同时审计工具也应提供处理审计数据的能力（例如分类、排序、筛选等）。

⑤ 安全审计事件选择

该功能定义能够维护、检查或修改的审计事件集合，选择对哪些安全属性进行审计。可以从可能发生的可审计事件中标识哪些事件需要被审计，且需要定义所选择的安全审计事件的粒度，以确保审计迹（Audit Trail）不至于过大而无法使用。管理员可以有选择地在个人识别的基础上审计任何一个用户或多个用户的行为。"选择性审计"组件定义用于选择被审计事件的标准，这些标准允许根据用户属性、主体属性、客体属性或事件类型，在可审计事件集合中增加或删除事件。在设计时，应规定选择性审计所依据的标准。

⑥ 安全审计事件存储

该功能定义对审计事件数据存储的要求，应提供控制措施以防止由于资源的不可用而导致审计数据丢失，应能够创造、维护、访问它所保护的对象的审计迹，并保护其不被修改、非授权访问或破坏，应维护某个指定度量的审计记录不受审计存储用尽、审计存储故障、非法攻击及其他任何非预期事件的影响。系统能够在审计存储即将用尽时和审计存储发生故障时采取相应的动作。"受保护的审计迹存储"组件要求审计迹避免未授权的删除或修改。"审计数据可用性保障"组件规定即使出现审计存储耗尽、审计存储失效、非法攻击等意外情况，安全审计仍能维护审计数据。设计该组件时，应规定审计迹必须确保关于存储审计记录的度量标准，该度量标准通过统计审计记录数据或记录维护的时间来防止数据的丢失，例如，度量值"100000"意味着能够存储 100000 条审计记录。"审计数据可能丢失时的动作"组件定义当审计迹超过预先定义的限度时应采取的相应动作，包括通知授权用户。对限度值的设置应由指定的授权用户执行。"审计数据丢失的防范"组件定义审计迹已满时的行为，例如忽略审计记录或冻结审计目标对象使得可审计事件不再发生（可能会导致授权用户无法重启系统）或覆盖最早的审计记录。

（3）通信抗抵赖

利用网络传递数据时，应考虑通信数据的保密性以防数据泄露、完整性以防数据篡改和不可否认性以防抵赖，尤其是在电子商务等交易场景中应抗抵赖。为了简化，此处仅考虑通信双方，而忽略通信中间环节与第三方的威胁。通信双方的抗抵赖主要包括：

① 发送抗抵赖，防止发送者否认其已经发送了消息，对应的抵赖行为形如"A 向 B 发送了消息 M，但 A 不承认曾经发送过"；

② 原发抗抵赖，防止消息的原发者否认其创建了消息的内容并且已经发送了该消息，对应的抵赖行为形如"A 向 B 发送了消息 M_0，但 A 只承认发送了 M_1"；

③ 接收抗抵赖，防止接收者否认其已经接收了消息，对应的抵赖行为形如"B 收到了 A 发送的消息 M，但 B 不承认收到了"；

④ 交付抗抵赖，防止接收者否认已经接收过消息并且认可消息内容，对应的抵赖行为形如"B 收到了 A 发送的信息 M_0，但 B 只承认收到的是 M_1"。

此处仅针对原发抗抵赖和交付抗抵赖。抗抵赖旨在生成、收集、维护、利用和验证有关已声称的事件或动作的证据，以解决关于此事件或动作的已发生或未发生的争议。通信抗抵赖功能结构如图 5.28 所示。

图 5.28 通信抗抵赖功能结构

① 原发抗抵赖

原发抗抵赖提供用于防止发送方否认其已发送消息和消息内容的功能，即要求原发者（发送者）提供其原发证据。原发证据在原发者和其发送的信息之间提供了证据绑定，通过这种绑定，原发者不能否认其已发送该消息，接收者或第三方仲裁者可以验证原发证据的有效性，且这种原发证据应具有不可伪造的安全属性。一般用如图 5.29 所示的基于数字签名的原发抗抵赖提供原发证据，原发者发送一条具有原发抗抵赖性的消息，接收者通过原发者发送的原发证据即可验证消息来源的有效性。

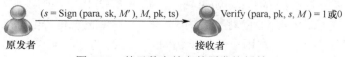

图 5.29 基于数字签名的原发抗抵赖

a）初始化数字签名算法，生成相关的密码学参数 para。

b）原发者调用签名算法，利用私钥 sk 对要发送的消息 M 的摘要值 M' 进行数字签名，生成关于该消息 M 的签名值 $s=\text{Sign}(para, sk, M')$，并将 s、M 和 sk 对应的数字证书中的公钥 pk 发送给接收者。私钥 sk 由原发者私有且秘密存储，签名值 s 具有不可伪造性。

c）接收者调用验证算法 $\text{Verify}(para, pk, s, M)$，利用原发者私钥 sk 对应的数字证书中的公钥 pk 对签名值 s 进行验证（此处 s 是对 M 摘要值的签名，故应包括完整性验证），如果输出 1 则表示验证通过，否则验证失败。其中，数字证书由可信第三方颁发，用于将私钥 sk 对应的公钥 pk 与原发者的身份信息进行绑定，具体请参考 PKI 相关文献。也可以利用 SM9 算法进行数字签名。SM9 算法是一种基于标识的密码算法，将用户的有效标识作为公钥，无须申请和交换证书。

对于原发者，在其所发送的四元组消息中，签名值 s 和数字证书中的公钥 pk 是原发证据，ts 是时间戳，用于表明消息的时间属性；对于接收者，利用具有原发者身份信息的数字证书中的公钥 pk 对签名值 s 进行验证，验证通过则说明该消息 M 确实是来自原发者。

"选择性原发抗抵赖"组件要求原发者具有生成原发证据的能力。"强制性原发抗抵赖"组件要求原发者总是为所发送的消息生成并发送原发证据。对于设计者，应将主体的身份信息（如电子证书）写入原发功能的证据中。在法律纠纷等情形下，可以指定第三方对原发证据进行验证。如果在设计中包含了"安全审计数据产生"，则应审计以下事件：

a）最小级：请求原发证据的用户的身份；抗抵赖服务的请求；

b）基本级：消息、目的地和提供证据复制的标识；

c）详细级：请求验证证据的用户身份。

② 交付抗抵赖

交付抗抵赖提供用于防止接收者否认其已接收消息和消息内容的功能，即要求接收者提供其接收证据。如图 5.29 所示的方案只能满足单边抗抵赖，按如图 5.30 所示的方法进行拓展，加入交付抗抵赖，则使原发者和接收者均满足抗抵赖性。

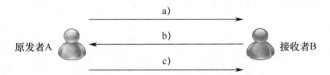

图 5.30　原发者和接收者双方抗抵赖

图 5.30 中 a）、b）、c）三次交互如下。

a）原发者 A 利用随机密钥 k 基于对称加密算法加密消息 M 得到密文 $c=\text{SymEnc}(k, M)$，并用自己的私钥 sk_A 对 c 的摘要值 c' 进行数字签名，记为 $s_1=\text{Sign}(para, sk_A, c')$，然后利用接收者 B 的公钥 pk_B 加密 $c+s_1$ 并发送给 B；B 用自己的私钥 sk_B 解密得到 c 和 s_1，利用原发者的私钥 sk_A 对应的公钥 pk_A 调用 $\text{Verify}(para, pk_A, s_1, c)$，完成原发抗抵赖。

b）B 利用自己的私钥 sk_B 对 c 进行加密，记为 $s_2=\text{Enc}(para, sk_B, c)$，然后利用 A 的公钥 pk_A 加密 s_2 并发送给 A；A 利用自己的私钥 sk_A 解密得到 s_2，然后再利用 B 的公钥 pk_B 解密 s_2，并比较最终解密结果是否等于 c，如果相等，则 A 确认 B 已正确收取消息。

c）A 利用自己的私钥 sk_A 加密对称密钥 k，记为 $k'=\text{Enc}(para, sk_A, k)$，然后利用 B 的公钥 pk_B 加密 k' 并发送给 B；B 利用自己的私钥 sk_B 解密得到 k'，再利用 A 的公钥 pk_A 解密 k'

得到 k，最后利用 k 解密 c 得到 M。

在上述过程中，通信双方都交换了数字签名（私钥加密、公钥解密即为数字签名），且用对称加密强制接收者需确认已收到消息，故满足原发抗抵赖和交付抗抵赖。

"选择性交付抗抵赖"组件要求接收者具有生成接收证据的能力。"强制性交付抗抵赖"组件要求接收者总是为所接收的消息生成并发送接收证据。对于设计者，应将主体的身份信息（如电子证书）写入接收功能的证据中。在法律纠纷等情形下，可以指定第三方对接收证据进行验证。如果在设计中包含了"安全审计数据产生"，则应审计以下事件：

a）最小级：请求接收证据的用户的身份；抗抵赖服务的请求；

b）基本级：消息、目的地和提供证据复制的标识；

c）详细级：请求验证证据的用户身份。

5.6　基于容错技术的功能安全设计

功能安全包括业务功能的安全和安全功能的安全，是采用一定的技术或措施避免功能存在安全缺陷、发现并抑制功能安全故障的发生、控制安全故障的影响与后果。

5.6.1　软件容错

容错（Fault Tolerance）技术是研究在系统存在故障的情况下，如何发现故障并纠正故障，使系统不受故障影响而继续正确运行，或将故障影响降到可接受范围，使系统能继续满足可用性。容错技术主要用于保障系统的可靠性，同时也提高系统的抗攻击能力，因为故障有可能是攻击行为引起的。软件容错是指对软件故障的容忍措施以及支持硬件容错的相应软件功能，是系统发生一个或多个局部故障时仍能继续维持运行的特性。

软件容错包括故障检测和故障处理两个基本环节。

（1）故障检测

软件系统故障分为内在故障和外在故障两类。内在故障是指在软件需求分析、设计、编程实现等过程中由于考虑不周等人为错误而导致软件失效的故障，此类故障具有永久性、重复性、不可恢复的特征。外在故障是指由于外界因素（包括硬件错误等环境因素和误用、滥用等人为因素）导致系统存在的故障，具有瞬态、偶发性、可恢复的特征。

故障检测原则包括相互怀疑原则和立即检测原则。相互怀疑原则是指在设计每个单元模块、组件时，假设其他单元模块、组件存在故障，当其每次接收数据时，无论该数据来自系统外的输入还是来自系统内其他单元模块、组件处理的结果，首先假设它是一个错误数据，并采取措施证实这个假设。立即检测原则是指当故障征兆出现后，立即查明，以限制故障的影响范围并降低排错的难度。故障检测方法包括功能检测法、合理性检测法、基于监视定时器或守护线程的检测法、软件自测法。

（2）故障处理

故障处理指当确定软件发生故障时，采用适当方法将其解决，使软件继续正常运行。故障处理的策略在很大程度上与软件的用途、功能、结构及算法、重要程度等因素紧密相关。对于每个可识别的故障，可以采用以下方式处理。

① 报告。故障处理的最简单的方式是向处理故障的模块报告问题，利用显示屏输出故障信息或将故障信息记录在一个外部文件中。

② 改正。程序运行过程中，经过故障检测发现故障时，人们自然期望软件具有能够自动改正故障的功能。改正故障的前提是已经准确地找出软件故障的起因和部位，且程序有能力修改、剔除导致故障的语句。

③ 重试。当检测到可恢复故障（如瞬时故障）时，可采用程序回滚的方法将系统恢复到先前的某一正确状态，然后从这个正确的状态开始继续系统的运行，也可以再次执行当前软件指令，尝试从故障中恢复。

④ 优雅降级。当检测到预设的故障类型时，系统仅执行预设须保持的功能，并以重试或回滚等方式确保这些功能的可用性，避免系统完全失效。

⑤ 立即停止运行。当检测到不可修复故障，系统无法继续运行或继续运行可能带来严重后果，系统立即停止运行，待故障修复后再重新运行。

容错的一个重要策略是冗余。根据所采用的冗余技术的不同，软件容错技术分为三类。

（1）信息容错

信息容错是利用信息冗余技术实现对传输过程、读写过程或运算处理过程中产生的信息偏差进行预防与处理，有以下三种方式或途径。

① 通过在数据的信息编码中额外增加一部分冗余信息码（如奇偶校验码、循环冗余码）以达到故障检测、故障屏蔽或容错的目的。

② 将重要数据存储在三个或三个以上不同的内存单元，通过表决判断的方式（一致表决或多数表决）来裁决访问这些数据，以防止因数据的偶然性故障造成不可挽回的损失。

③ 建立软件系统运行日志和数据副本，设计较完备的数据备份和系统重构机制，以便在修改或删除数据出现严重误操作、硬盘损坏、人为或计算机病毒破坏及遭遇自然灾害时能恢复或重构系统。

（2）时间容错

时间容错是利用时间冗余技术实现的，解决外界因素引起的外在故障，是以时间为代价（即降低系统运行速度）换取软件系统的高可靠性。时间容错基于"失败后重做（Retry on Failure）"的思想，重复执行相同的计算任务或指令以实现检错与容错。检错的基本原理是：对相同的计算任务重复执行多次，并比较每次运行的结果。若每次的结果相同，则认为无故障，否则表明检测到了故障。这种方法往往只能检测到瞬时性故障而不宜检测永久性故障。当软件系统检测出正在执行的指令出错后，让当前指令重复执行 n 次（$n \geqslant 3$），即指令复执，若故障是瞬时性的干扰，在指令重复执行时间内，故障有可能不再复现，此时程序即可继续正常运行。例如，在远程服务器中存储数据时发生网络中断，将尝试一定次数的重新连接远程服务器，连接成功后自动继续在远程服务器中存储数据，若未采用容错技术，软件可能异常终止数据存储。检测到故障时，也可以进行程序回滚，返回到起始点或离故障点最近的预设恢复点重试。如果是瞬时故障，经过一次或几次回滚重试后，系统必将恢复正常运行。程序回滚是一种后向恢复技术，是以发现故障前建立恢复点为基础的。

（3）结构容错

结构容错是基于软件相异性设计原理，利用结构冗余技术实现的，解决软件本身的设计错误引起的内在故障。软件的相异性设计是为了防止由于软件发生共性故障而采用的一种设计方法。软件设计时的共性越小，出现相同故障的概率越小，容错性能则越强。相异性设计要求不同的开发人员采用不同的设计方法、开发工具、编程语言、编译器、算法等独立实现同一软件功能的多个版本。结构冗余是通过余度配置模块单元或软件配置项实现冗余。

软件容错的基本结构有恢复块（Recovery Block，RB）和 N 版本编程设计（N Version Programming，NVP）两种。RB 是一种动态冗余方法，也称为主动冗余，通过故障检测、故障定位及故障恢复等手段达到容错的目的。在 RB 结构中，有基于相异性设计原理实现的主程序块和 N 个与其功能相同的备用程序块，主程序块可以用一个备用程序块替换。首先运行主程序块，然后进行接收测试，如果测试通过则将结果输出给后续程序，否则调用第一个备用程序块，依次类推，在 N 个备用程序块用完后仍没有通过测试时，则进行故障处理。NVP 的基本设计思想是用 N 个基于相异性设计原理实现的程序在 N 台设备中执行同一计算任务，其结果通过多数表决器输出。由于 NVP 无须对错误进行特别的测试，也不必进行模块的切换就能实现容错，故称为静态容错。

5.6.2　基于容错的抗攻击措施

上一节介绍了软件容错检测故障、抑制故障和降低故障的影响，保障软件的可靠性，尽管故障可能是人为攻击行为导致的，但为了简化对传统软件容错的介绍，没有明确将攻击检测和抗攻击融入其中。本节基于传统软件容错方案，介绍软件系统自身基于容错的攻击检测与抗攻击措施，部分场景说明安全功能与业务功能的交叉融合，而不是仅将安全功能作为运行业务功能的前置条件。

（1）面向攻击的信息容错

在传递、存储的重要信息中附加信息的哈希值以检查信息的完整性；在传递的重要信息中附加数字签名以验证发送者身份。除了此类基于信息容错对抗篡改攻击、假冒攻击，信息容错策略也可以用于保障代码完整性以对抗代码注入，利用控制流完整性（Control-Flow Integrity，CFI）插桩代码对抗软件篡改和控制流劫持攻击，例如面向返回的编程（Return-Oriented Programming，ROP）攻击。需留意的是，CPU 已在硬件层面实现对控制流完整性的检测及相关威胁防御，但与控制流劫持类似的攻击仍然存在。

（2）面向攻击的时间容错

面向攻击的时间容错，最经典的应用是发送短信验证码后倒计时 60 秒结束后才能再次发送短信验证码，既能解决短信误发或丢失等问题，也能缓解对短信网关的攻击或其他攻击行为。计算机网络流量控制的停止–等待（stop-and-wait）协议，有利于缓解网络拥塞，尽管其设计的初衷不是为了对抗 DoS 攻击。

（3）基于微服务架构的服务容错（抗 DoS 攻击）

可以将业务拆分为多个服务（微服务），并基于微服务架构部署这些服务。服务与服务之间可以相互调用，但由于网络原因、服务部署宿主设备原因或自身原因，服务一般无法保证绝对可用。如果一个服务出现问题，调用该服务就会出现线程阻塞，此时若有大量的请求涌入，就会出现大量线程阻塞等待，进而导致服务瘫痪。由于服务与服务之间的依赖性，故障会传播，最终导致调用链路上的所有服务都会变得不可用，这种扩散效应即为服务雪崩效应。服务雪崩效应本质上是一种服务依赖失败。服务依赖失败较之服务自身失败而言，影响更大。因此，服务依赖失败是设计微服务架构时需要重点考虑的服务可靠性因素。无法完全杜绝雪崩效应源头的发生，只有做好足够的容错，才能保证一个服务发生问题时不影响其他服务的正常运行，即避免服务依赖失败。

服务容错的常见模式包括集群容错、服务隔离、服务降级、服务熔断。

① 集群容错。一个集群中的服务是冗余的。根据调用服务异常后重试方式的不同，集群容错策略可以分为失败自动切换、失败自动恢复、失败安全、快速失败、并行调用多个服务提供者、广播逐一调用所有的服务提供者等策略。失败自动切换是指当服务调用发生异常时，自动重试其他服务提供者，即重新在集群中查找下一个可用的服务提供者实例，可限制失败重试最大次数和间隔时间。失败自动恢复是指在调用失败时记录日志和调用信息，并定时重试。失败安全是指调用出现异常时记录日志，但不抛出异常。快速失败是指只调用一次，失败后立即抛出异常。并行调用多个服务提供者，只要一个调用成功即返回。广播调用所有的服务提供者，通常用于服务状态更新后的广播，任意一个调用报错则在循环调用结束后抛出异常。

② 服务隔离。服务隔离是指将系统按照一定的规则划分为若干个服务模块，每个服务模块之间相对独立，且无强依赖。当发生故障时，能将问题和影响隔离在某个服务模块内部，而不扩散故障，不影响其他服务模块，不影响整体的系统服务。常见的隔离方式包括线程池隔离和信号量隔离。

③ 服务降级。当微服务架构整体的负载超出预设的上限阈值或即将到来的流量预计将会超过预设的阈值时，为了保证重要或基本的服务能正常运行，将不重要或不紧急的服务或任务进行服务的延迟使用或暂停使用。例如，在降级期间，照片共享应用软件的用户可能无法上传新照片，但仍可以浏览、编辑和共享其已上传的照片。

④ 服务熔断。服务熔断是指对目标服务的请求和调用量达到阈值时，暂时切断对该服务的后续调用请求，保护当前调用服务的正常运行，一般与服务降级一起使用，熔断低优先级的服务。

5.7 软件体系结构与安全设计分析

软件系统不会因为其实现了几种安全机制便可保障安全，还必须有合理的体系结构设计，否则安全机制很可能被绕过或不能正常发挥作用，甚至引入新的威胁。软件安全既要解决功能模块的安全问题，更要解决软件体系结构的安全问题，如同建筑物既要解决墙的安全问题，更要解决梁、柱组成的框架结构的安全问题。

软件总是有结构的，其体系结构必然遵循某种架构风格。体系结构在软件开发中为不同的人员提供交流的共同语言，体现系统的早期设计决策，并作为系统设计的抽象，为实现框架和组件的共享与复用、基于体系结构的软件开发提供支持。体系结构技术的研究，使软件复用从代码复用发展到设计复用和过程复用。复用经验证的、成熟的体系结构，有利于保障软件的安全。

5.7.1 软件体系结构

软件体系结构（Software Architecture，也称为软件架构）从高层抽象的角度规划组成目标软件系统的设计元素（包括子系统、组件和类）及设计元素之间的逻辑关联。体系结构设计的任务是建立满足软件需求的软件体系结构，既要明确定义软件各子系统、组件、关键类的职责划分、交互协作关系以及指导其设计的原理和规则，也要描述它们在物理运行环境下的部署模型，并针对软件系统全局性、基础性的技术问题给出解决方案，体现开发中具有重要影响的设计决策。

软件体系结构本质上是对软件需求的一种抽象解决方案，是以软件需求的实现为目标的软件设计蓝图。引入体系结构后，软件系统的构造过程变为"问题定义→软件需求→软件体系结构→软件设计→编码实现"，软件体系结构架起了软件需求与软件设计之间的一座桥梁，如图 5.31 所示。软件需求是体系结构设计的基础和驱动因素，软件需求（尤其是非功能需求）对软件体系结构具有关键性的塑形作用。软件体系结构为详细设计提供可操作的指导和充分的约束，详细设计是针对软件体系结构中某个未展开模块的局部设计，必须遵循体系结构中规定的原则、接口及约束，且详细设计只能实现、不能更改体系结构中规定的模块的对外接口和外部行为。

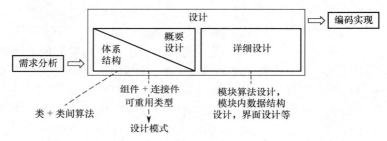

图 5.31　包含体系结构设计的软件构造过程

软件体系结构设计的关键问题是如何表示软件体系结构，即如何对软件体系结构进行建模。如图 5.32 所示，软件体系结构经典的"4+1"视图模型从五个不同视角的逻辑视图、运行视图、物理视图、开发视图和场景视图（即模型名称中的"+1"视图）描述软件体系结构，每个视图针对不同的目标和用途而只关注系统的一个侧面，五个视图结合在一起反映软件系统的体系结构全部内容。多视图体现了关注点分离的思想，能使系统更易于理解，方便系统相关人员之间进行交流，并且有利于系统的一致性检查以及系统质量特性的评估。

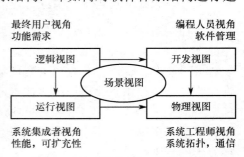

图 5.32　体系结构"4+1"视图模型

（1）逻辑视图

逻辑视图也称为逻辑架构，从最终用户的视角关注功能需求，即系统提供给最终用户的服务。在逻辑视图中，系统分解成一系列的主要来自问题领域的功能抽象，它们可能是逻辑层、功能模块、类等。这种分解不仅可以用来进行功能分析，而且可用于标识在整个系统的各个不同部分的通用机制和设计元素。在面向对象技术中，可以用对象模型代表逻辑视图，用类图描述逻辑视图。数据驱动的应用程序可以使用其他形式的逻辑视图，如 E-R 图。

（2）开发视图

开发视图也称为开发架构或模块视图，从编程人员视角关注在软件开发环境中软件模块的实际组织和管理。软件被打包成程序库或子系统,可以由单个或少量程序员开发。子系统被组织成层次化的体系结构,每一层为上一层提供一个完备的、明确定义的接口。设计时要充分考虑,对于各个层次,层次越低,通用性越强,从而可以保证软件需求变更时,所做的改动最小。开发视图利用体现系统输入/输出关系的模块和子系统图来描述。描述开发视图的原则是分割、编组、可视化。开发视图要考虑软件内部的需求,如软件开发的难度、软件的重用和软件的通用性,要充分考虑由于具体开发工具集、编程语言的不同而带来的局限性。开发视图和逻辑视图之间可能存在一定的映射关系,例如逻辑视图中的逻辑层一般会映射到开发视图中的多个程序包,再例如,开发视图中的源码文件可以包含逻辑视图中的一到多个类。

开发视图是需求分配的基础,是开发任务分配的基础,是成本评估和计划的基础,是监视项目进展的基础,是对软件重用、可移植性和安全性进行推理的基础。

（3）运行视图

运行视图也称为运行架构或进程视图,侧重于系统的运行特性,从系统集成人员视角关注性能和可用性等非功能性的需求。运行视图解决软件运行时进程、线程的划分、系统完整性和容错能力,进程、线程的并发与同步,软件运行过程中某个特定时刻活跃对象及其协作关系,以及它们与逻辑视图和开发视图之间的映射关系,例如逻辑视图中的每个类的操作具体是在哪一个线程中被执行的。开发视图偏重程序包在编译时期的静态依赖关系,而这些程序包加载运行之后会表现为对象、线程或进程,运行视图关注的是这些运行时单元的交互问题。

运行视图可以在几个抽象级别上进行描述,每个级别处理不同的关注点。在最高抽象级别,运行视图可以被视为一组独立运行的通信程序逻辑网络,分布在由局域网或广域网连接的一组硬件资源上。多个逻辑网络可以同时存在,共享相同的物理资源。例如,可以使用独立的逻辑网络支持在线运营系统与离线系统的分离,以及支持软件的模拟或测试版本的共存。在控制策略抽象级别,目标软件被划分为一系列单独的任务,即独立的控制线程,可以在处理节点上被单独调度,例如启动、恢复、重新配置和关闭,以及复制进程以分担处理的负载或提高可用性。任务分为主要任务和次要任务。主要任务是可以唯一处理的体系结构元素,次要任务是由于实现原因,在本地引入的附加任务,例如循环作业、缓冲、超时等。主要任务利用一组定义良好的任务间通信机制进行通信,包括同步和异步通信、远程过程调用、事件广播等。次要任务可以利用消息队列或共享内存进行通信。主要任务不能假设其搭档处于同一进程或节点中。

（4）物理视图

物理视图也称为物理架构,从系统工程师视角关注"目标软件及其依赖的运行库和数据库等系统软件"最终如何安装或部署到物理设备中,以及如何部署物理设备和网络,包括逻辑视图及开发视图中模块或程序包的物理部署位置,从而满足目标软件的非功能性,例如可用性、可靠性（容错）、性能（吞吐量）和可伸缩性。可能需要使用几种不同的物理配置,分别用于开发和测试,或用于不同的站点,或用于为不同的客户部署系统。相较于运行视图,物理视图主要关注目标软件的静态位置问题,而运行视图主要关注目标软件的动态执行情况,此外,物理视图同时还考虑软件系统和包括硬件在内的整个 IT 系统之间是如何相互影响的。

（5）场景视图

场景视图从前述四个视图的用户、评估人的角度关注系统一致性和验收。选择一些重要的用例或场景构成场景视图，对体系结构进行说明，进而将前述四个视图联系到一起。场景视图驱动发现架构设计过程中的架构元素，体系结构实际上是从这些场景演变而来的。场景视图也可以作为架构设计结束后的验证和功能说明。

并不是任何软件的体系结构都需要"4+1"视图模型的每个视图，可以根据具体软件系统的实际情况省略部分视图。例如，如果目标软件只运行于一个处理器，则省略物理视图；如果只有进程，则省略运行视图。对于非常小的系统，其逻辑视图和开发视图可能非常相似，可以不单独描述。

软件体系结构设计过程的输出是一个体系结构模型。体系结构的设计过程主要包括概念设计、体系结构精化和体系结构验证三个阶段。

（1）概念设计

在深入理解业务领域和软件需求的基础上辨识关键需求，研究采用何种体系结构雏形才能以合理的、充分优化的方式实现这些关键需求。关键需求是指对用户满意度及软件结构均有重要影响的需求。

（2）体系结构精化

对体系结构的概念雏形进行精化，分别从逻辑视图、开发视图、运行视图、物理视图、场景视图等多种视角设计软件的体系结构，丰富体系结构雏形的细节并且对其进行调优。在软件项目中，究竟选取哪些体系结构视图取决于项目的需要，但是逻辑视图对所有项目都是必需的。体系结构的精化过程也是需求为导向的，应考虑如何才能以合理的、充分优化的方式完整地实现软件需求。

（3）体系结构验证

由软件项目经理、需求工程师、软件架构师以及即将参与软件详细设计的设计师组成验证小组，基于精化后的软件体系结构，重新审视所有软件需求的实现方案，研究如何化解已标识出来的所有重要的全局风险，在此过程中验证体系结构的合理性和充分优化性。验证的主要关注点包括：

① 体系结构是否能够满足软件需求，以及怎样满足软件需求；

② 体系结构是否以充分优化的方式实现所有的软件需求，尤其是关键需求；

③ 当异常或者临界条件出现时，体系结构是否能够以令人满意的方式运作；

④ 体系结构的详略程度是否恰当，既不过于细化而束缚后续设计的自由度，也不过于粗放而放任后续设计背离软件需求，或者使后续设计无所适从；

⑤ 体系结构是否存在可行性方面的风险，若存在，如何化解。

大中型软件系统的体系结构设计过程常需要经过多次迭代。迭代的方式有两种：针对体系结构验证过程发现的问题返工至概念设计或体系结构精化阶段；分别针对不同的需求项依次进行概念设计、体系结构精化和验证，然后进行体系结构的集成，此时必须确保重要需求项优先。

综上可知，体系结构定义目标软件系统的结构、定义系统的行为和交互，只关注影响系统的重要元素。体系结构需要平衡干系人的需求。

5.7.2　软件体系结构复用

体系结构复用属于设计复用。软件体系结构的复用包括体系结构风格（Architectural Style）复用、面向领域的体系结构复用以及结合组件复用的体系结构复用，即软件框架（Software Framework）复用等多种复用方式。

体系结构定义系统的结构，遵循某种架构风格。设计目标软件体系结构时遵循已有架构风格，则相关人员更容易理解目标软件的体系结构，降低沟通成本，且有利于加快架构选型、快速达成共识。例如，系统架构师告诉客户目标软件系统将采用 B/S（Browser/Server）架构，客户即可大致了解目标软件系统将如何部署、如何使用。基于架构风格，开发人员可以快速明确目标软件系统中可以复用的组件以形成架构框架，也可以提升开发效率、规避风险。

架构风格复用、框架复用的前提是已熟悉相关架构风格、软件框架的机制策略、优缺点及其适用的场景。本节介绍几种经典的软件体系结构风格和软件框架的机制策略，读者可以进一步查阅资料了解其优缺点，了解更多的架构风格、软件框架。

（1）软件体系结构经典风格

软件体系结构风格描述一类软件系统共有的结构和语义特性，并指导如何将各个模块、组件和子系统有效地组织成一个完整的系统。与建筑风格类似，如图 5.33 所示，软件体系结构风格既定义了系统的整体结构特性，也定义了体现架构风格的关键要素的特征。徽派建筑不仅有粉墙黛瓦和马头翘角，门楼才是其精华。

　　（a）徽派建筑风格　　　　　　（b）伊斯兰建筑风格　　　　　　（c）欧式建筑风格

图 5.33　建筑风格示例

① 数据流架构风格

数据流架构风格中所有数据都以流的形式被多个数据处理模块按流水作业的形式进行处理，处理结果向后传输，最后输出。数据流架构风格包括批处理架构风格和管道-过滤器架构风格。

在批处理架构风格中，组件为一系列固定顺序的计算单元，组件间只通过数据传递进行交互，且每个处理步骤是一个独立的程序，每一步必须在前一步结束后才能开始，数据必须是完整的，以整体的方式传递。

在管道-过滤器架构风格中，组件被称为过滤器，每个过滤器都有一组输入和输出，过滤器在输入端读取输入的数据流，经过变换及增量计算等处理，在输入被完全消费之前，即在输出端产生输出数据流。数据类型转换器是传输数据流的管道，将一个过滤器的输出传到另一过滤器的输入端，在多个过滤器之间依次生成增量式的处理结果。每个过滤器都是独立的实体，不共享彼此之间的状态；每一个过滤器并不能识别它的数据流上游和下游的过滤器的身份。在过滤器的输入、输出端的管道必须保证输入数据和输出数据类型衔接的正确性。

　　② 调用–返回架构风格

　　调用–返回架构风格在系统中采用了调用与返回机制，采用分而治之的策略，将一个复杂的大系统分解为一系列子系统，以便降低复杂度，并且增加可修改性。组件从其执行起点开始执行其代码，组件执行结束时将控制返回给调用者。调用–返回架构风格包括主程序–子程序架构风格、面向对象架构风格和分层架构风格。

　　主程序–子程序架构风格是结构化开发时期的经典架构风格，一般采用单线程控制，把问题划分为若干处理步骤，组件即为主程序和子程序。子程序通常可合成为模块。过程调用作为交互机制，即充当连接件。调用关系具有层次性，其语义逻辑表现为主程序的正确性取决于它调用的子程序的正确性。

　　面向对象架构风格建立在数据抽象和面向对象的基础上，数据的表示方法和它们的相应操作封装在一个抽象数据类型或对象中。组件是对象，对象是抽象数据类型的实例。对象是一种被称为管理者的组件，因为它负责维护其表示的资源的完整性。对象通过函数和过程的调用进行交互。对象具有封装性，一个对象的改变不会影响其他对象。

　　分层架构风格将系统组织成一个层次结构，每层为上一层提供服务，使用下一层的服务，只能与各自的邻接层交互。利用层次结构，可以将大的问题分解为若干个渐进的小问题逐步解决，可以隐藏问题的复杂度。修改某一层，最多影响其相邻的两层（通常只能影响上层）。该风格最广泛的应用是分层通信协议，例如 OSI 体系结构、TCP/IP 体系结构。系统软件和应用软件也常采用分层架构风格，应用软件分层架构如图 5.34 所示。常见的 C/S（Client/Server）架构、B/S 架构均为分层架构。

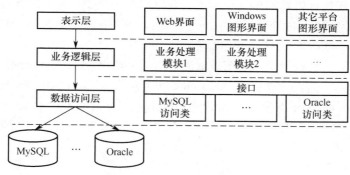

图 5.34　应用软件分层架构示意

　　层次划分的主要原则包括：易变化的部分，如用户界面、与业务逻辑紧密相关的部件，置于高层；稳定部分，如公共的技术服务部件，置于低层；每层都尽量访问紧邻的下层，避免越层访问，尤其应避免逆向访问，即避免上层模块为下层模块提供服务；将目标软件系统的外部接口置入较低层次，系统其余部分对外部系统的访问或操作通过这些外部接口提供的服务来完成。

　　分层架构的优点包括：支持基于抽象程度递增的系统设计，使设计者可以把一个复杂系统按递增的步骤进行分解；支持功能修改、增强，因为每一层至多和相邻的上下层交互，因此功能的改变最多影响相邻的上下层；支持重用，只要提供的服务接口定义不变，同一层的不同实现可以交换使用，从而可以定义一组标准接口，允许接口采用各种不同的实现方法。

　　分层架构也存在不足：并不是每个系统都可以很容易地划分层次，甚至即使一个系统的逻辑结构是层次化的，出于对系统性能的考虑，常将一些低级或高级的功能综合起来；若干层的转换导致效率降低；很难找到一个合适的、正确的层次抽象方法。

　　③ 独立组件架构风格

　　独立组件架构风格强调系统中的每个组件都是相对独立的，它们之间不存在显式的调用关系，而是通过事件触发的方式来执行，以降低耦合度、提升灵活性。独立组件架构风格包括进程通信架构风格和事件驱动架构风格。

　　进程通信架构风格中组件是独立的过程，组件之间通过消息传递进行交互。组件通常是命名过程，消息传递的方式可以是点到点、异步或同步方式及远程过程调用等。

　　事件驱动架构风格基于事件的隐式调用思想，组件利用过程之间的隐式调用来实现交互。该风格中的组件不直接调用一个过程，而是触发或广播一个或多个事件。系统中的其他组件中的过程在一个或多个事件中注册，当一个事件被触发时，系统自动调用在这个事件中注册的所有过程。一个事件的触发导致另一个组件中的过程的调用。事件的触发者并不知道哪些组件会被这些事件影响。

　　除了上述体系结构风格，常见架构风格还有虚拟机风格、数据共享风格（也称为仓库风格）和模型–视图–控制器（MVC）架构模式等。基于分层架构更容易实施安全设计原则中的纵深防御原则。

　　（2）软件框架

　　软件框架是指提取特定领域软件的共性部分形成的一种可复用的设计，规定了应用系统的总体结构，定义了一组相互协作的类以及控制流程。框架是能完成一定功能的半成品软件，需开发人员实现目标软件的个性化的更为复杂的业务逻辑。框架复用是架构和组件的复用。基于框架预定义的结构和类，开发者可以把精力集中在目标软件的个性化具体细节上，提高软件的质量，降低成本，缩短开发时间。

　　经典的安全框架包括用于操作系统领域的通用访问控制框架（Generalized Framework for Access Control，GFAC）、基于 FLASK 的 Linux 安全模块（Linux Security Module，LSM）框架以及用于应用软件的 Java 安全框架 Spring Security 和 Apache Shiro。这两种 Java 安全框架十分类似，下面仅介绍其中的 Shiro。5.7.3 节将以 FLASK 安全体系结构为例介绍安全体系结构建模，需了解 GFAC 框架和 LSM 框架的读者请查阅相关资料。

　　Shiro 是一个开源的安全框架，可以用于命令行应用软件、移动应用软件以及大型的 Web 系统和企业应用软件等各种应用软件的身份验证、授权、加密解密和会话管理。Shiro 架构图如图 5.35 所示。

　　① 主体即当前用户，不一定是自然人，有可能是另一个程序。

　　② 安全管理器是 Shiro 框架的核心，管理所有主体，负责进行认证、授权、会话及缓存的管理。

　　③ 认证器基于认证策略对主体进行认证，可以根据需要自定义认证器或认证策略。

　　④ 授权器用于决定主体是否有权限进行相应的操作。

　　⑤ 数据域（Realm）充当 Shiro 与目标软件安全数据间的"桥梁"，即对用户进行认证或授权验证时，Shiro 从配置的数据域中查找用户及其权限信息，可以有一个或多个用 JDBC 或其他技术实现的数据域。Shiro 不知道目标软件以何种格式将用户/权限存储在哪里，因此一般应实现目标软件自身的数据域。

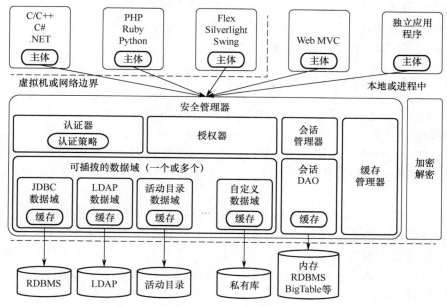

图 5.35　Shiro 架构图

⑥　会话管理器管理主体与软件交互的数据，可以在 Web 环境、Java SE 环境、EJB 等环境使用会话。

⑦　会话 DAO（数据访问对象）用于会话的增删改查。

⑧　缓存管理器管理用户、角色、权限等数据的缓存，提高数据访问效率。

⑨　加密解密是 Shiro 包含的易于使用和理解的加解密方法，简化了很多复杂的 API。

Shiro 应用流程如图 5.36 所示。

应用软件代码利用主体进行认证和授权，而主体又委托给安全管理器。需要给安全管理器注入数据域，从而让安全管理器能得到用户及其权限信息进行判断。

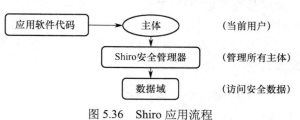

图 5.36　Shiro 应用流程

目前，已介绍了框架、架构风格、体系结构和设计模式，下面给出其主要区别。

①　框架与设计模式的区别。设计模式是对单一问题的设计思路和解决方法，一个设计模式可应用于不同的框架和被不同的程序语言所实现。设计模式是设计重用。框架是一个应用软件的体系结构，可以在框架设计中应用一个或多个设计模式的思想。框架是一种或多种设计模式和代码的混合体，框架是设计重用和代码重用。

②　体系结构与设计模式的区别。设计模式是对单一问题的设计思路和解决方法，范畴比较小。体系结构是高层次的、针对系统结构的一种设计思路，范畴比较大。一个体系结构中可能会出现多个设计模式的思想。

③　框架和体系结构的区别。体系结构比框架更抽象、更具通用性，呈现形式是一套设计规约，而框架往往是一个特定应用领域的"半成品"软件。体系结构是比框架小的结构要素，一个典型的框架可能包含若干种体系结构模型。体系结构的目的是指导软件系统的开

发，而框架的目的是为目标软件提供部分实现代码的设计复用。

④ 体系结构和架构风格的区别。架构风格描述一类软件系统共有的结构和语义特性，而体系结构相对而言具有较弱的共性。

5.7.3　安全体系结构

安全体系结构描述一个系统如何组织成一个整体以满足既定的安全需求，包括详细描述系统中安全相关的所有方面（例如系统可能提供的所有安全服务及保护系统自身安全的所有安全措施），在一定抽象层次上按满足安全需求的方式来描述系统关键元素之间的关系，根据系统设计的要求及工程设计的理论和方法，明确系统设计各方面的基本原则以指导系统设计。

安全体系结构的设计，从通用复用的角度，需避免与具体的业务需求相关，应独立于面向具体业务需求的体系结构。但在开发实践中，可以抽象本组织或本领域系列软件的共性，以安全框架设计的方式综合面向业务需求的体系结构和面向安全的体系结构，并在一定抽象层次上描述关键业务功能组件内部的安全保障逻辑，描述如何结合系统安全逻辑与业务逻辑以保障业务逻辑的安全实施，突出系统安全措施在系统架构中的位置、安全功能和业务功能之间的逻辑关系，即：安全框架=业务系统架构+安全架构。也可以采用"一事一议"的策略不考虑通用性，直接采用此安全框架设计方法，设计包含安全规划的目标软件体系结构。

可以基于可复用的架构风格设计目标软件的安全体系结构，例如，基于分层架构逐层规划目标软件的安全措施，也可以基于体系结构"4+1"视图模型在一个或多个视图中描述目标软件的安全规划，包括具有一定弹性和抗攻击能力的方法和结构、安全组件之间的关系、安全组件与其他组件的隔离，避免雪崩效应或阻断攻击链，形成兼具总体安全和局部安全的设计蓝图。

本节以 FLASK 安全体系结构示例安全运行架构建模，以 OSI 安全体系结构示例安全物理架构建模。

（1）FLASK 安全体系结构

FLASK（Flux Advanced Security Kernel，Flux 高级安全内核）安全体系结构是一种支持动态多安全策略的操作系统安全架构（如图 5.37 所示），其主要特点是将安全策略的实施与安全策略的决策划分为两个独立的组件：负责实施访问控制的客体管理器（Object Manager）和完成访问控制决策的安全服务器（Security Server）。安全服务器中安全模型的变更不影响客体管理器的实现，能够较好地支持动态安全模型。

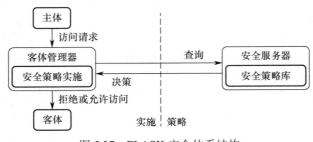

图 5.37　FLASK 安全体系结构

① 客体管理器与安全服务器

客体管理器作为安全策略的实施者，提供三个功能：（a）为主体提供访问决策、标识决策和多实例化决策的接口。访问决策确定一个访问是否被允许。标识决策确定应该授予客体何种安全属性（为客体绑定安全标识符）。多实例化决策确定当前多实例化资源中哪一个成员应该被访问。（b）提供一个访问向量缓冲器（Access Vector Cache，AVC），缓存最近访问请求的决策结果，以提高系统效率。（c）为安全服务器提供接口，提供接收和处理安全策略变动通知的能力。

安全服务器作为安全策略的决策者，提供安全策略决策，维护安全标识符（Security Identifier，SID）与安全上下文（Security Context，SC）的映射，为新创建的客体生成安全标识符，管理客体管理器的访问向量缓存，此外还提供安全策略的装载功能，并为客体管理器提供安全策略变更的接口。

② 客体标识决策

要控制对客体的访问，则必须对客体进行标识（即绑定安全标签），而安全标签的内容、形式取决于安全策略的需求；要支持多安全策略，则必须采用与策略无关的数据类型对客体进行标识。

在 FLASK 架构中定义了两个与策略无关的数据类型：安全标识符和安全上下文。安全标识符是一个具有固定长度的值，用于在操作系统内核标识客体，由安全服务器生成，但由客体管理器实现安全标识符与客体的绑定。为了支持安全策略的实施与安全策略决策的分离，只能由安全服务器对安全标识符进行解释并将其映射到一个特定的安全上下文。安全上下文是一个含主体标识、角色、类别等信息的变长字符串。安全服务器根据不同的安全策略，对当前安全标识符映射的安全上下文做出不同解释，从而支持多安全策略。

FLASK 中的客体标识决策如图 5.38 所示，为获得新建客体的 SID，客体管理器向安全服务器发送一个以主体 SID、相关客体 SID 及该客体类型为参数的请求；安全服务器引用策略逻辑中的标记规则，决定新客体的安全上下文，并返回与该安全上下文对应的 SID；客体管理器将新客体与返回的 SID 绑定。

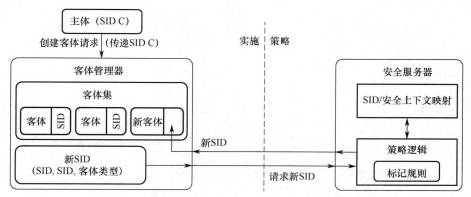

图 5.38　FLASK 中的客体标识决策

③ 请求和缓存安全决策

客体管理器可以在每次需要安全决策时向安全服务器发出查询请求。为了减少对安全服务器性能的影响，FLASK 体系结构在客体管理器中提供了 AVC。对于 FLASK 中典型的受控操作，客体管理器必须确定是否允许一个主体以某种权限或一组权限访问客体。为了最小化安全计算和请求的开销，安全服务器可以提供比请求更多的决策（例如查询某主体对文件的修改权限决策时，返回该主体对文件的全部权限决策），AVC 将存储这些决策以备将来使用。

FLASK 中请求和缓存安全决策如图 5.39 所示。主体向客体管理器发出修改请求，请求修改某个已存在的客体。客体管理器根据三元组"（主体 SID，客体 SID，请求的许可）"查询其 AVC 组件中的访问许可项，如果存在对应的有效项，则直接返回是否允许的决策，如果不存在，则 AVC 组件将向安全服务器发送访问查询。安全服务器查询策略逻辑中的访问规则来决定一个访问许可项，并将其返回给 AVC，更新客体管理器的 AVC。

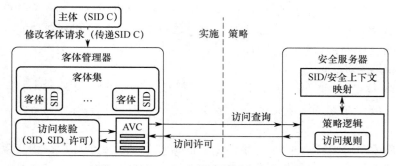

图 5.39　FLASK 中请求和缓存安全决策

在此省略 FLASK 支持多实例化、支持权限吊销机制等策略的运行架构建模。

（2）OSI 安全体系结构

国际标准化组织（International Organization for Standardization，ISO）于 1989 年在原有开放系统互联参考模型（Open System Interconnection Reference Model，OSI/RM，简称 OSI 模型）基础之上进行扩充，在国际标准 ISO 7498-2 中确立了 OSI 安全体系结构。OSI 安全体系结构包括 5 类安全服务和 8 类安全机制，如图 5.40 所示。

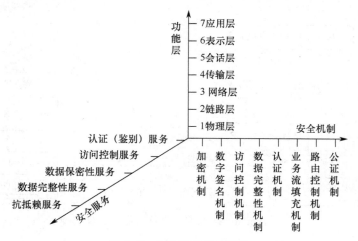

图 5.40　OSI 安全体系结构

OSI 安全体系结构给出了安全服务和安全机制的位置。OSI 参考模型各层提供的主要安全服务如表 5-11 所示，其中"√"表示该功能层提供该安全服务。

表 5-11   OSI 参考模型各层提供的主要安全服务

安 全 服 务		功能层（序号）						
		1	2	3	4	5	6	7
认证（鉴别）服务	对等实体鉴别			√	√			√
	数据原发鉴别			√	√			√
访问控制服务	访问控制			√	√			√
数据保密性服务	连接机密性	√	√	√	√		√	√
	无连接机密性		√	√	√		√	√
	选择字段机密性						√	√
	业务流机密性	√		√				√
数据完整性服务	可恢复的连接完整性				√			√
	不可恢复的连接完整性			√	√			√
	选择字段的连接完整性							√
	无连接完整性			√	√			√
	选择字段无连接完整性			√	√			√
抗抵赖服务	数据原发抗抵赖							√
	数据交付抗抵赖							√

每一种安全服务既可以由一种安全机制提供，也可以由几种安全机制联合提供，如表 5-12 所示。加密机制利用加密算法对数据进行加密，有效提高数据的保密性，能防止数据在传输过程中被窃取。数字签名机制利用数字签名技术可以实施用户身份认证和消息认证。访问控制机制利用预先设定的规则对用户的访问进行限制。数据完整性机制避免数据在传输过程中受到干扰，防止数据在传输过程中被篡改。认证机制验证接收方所接收到的数据是否来源于所期望的发送方，通常可以使用数字签名进行验证。业务流填充机制也称为传输填充机制，利用在数据传输过程中传输随机数的方式，混淆真实的数据，加大数据破解的难度，提高数据的保密性。路由控制机制为数据发送方选择安全网络通信路径，避免发送方使用不安全路径发送数据，提高数据的安全性。公证机制解决通信双方的纠纷问题，确保双方利益不受损害。

表 5-12   安全服务与安全机制的关系

安 全 服 务		安 全 机 制							
		加密	数字签名	访问控制	数据完整性	认证	业务流填充	路由控制	公证
认证（鉴别）服务	对等实体鉴别	√	√			√			
	数据原发鉴别	√	√						
访问控制服务	访问控制			√					
数据保密性服务	连接机密性	√					√	√	
	无连接机密性	√					√	√	
	选择字段机密性	√							
	业务流机密性						√	√	
数据完整性服务	可恢复的连接完整性	√			√				
	不可恢复的连接完整性	√			√				
	选择字段的连接完整性	√			√				
	无连接完整性	√	√		√				
	选择字段无连接完整性	√	√		√				
抗抵赖服务	数据原发抗抵赖	√	√		√				√
	数据交付抗抵赖	√	√		√				√

5.7.4 体系结构分析与安全设计分析

软件设计是开发人员对系统期望功能和功能实现方式的表示方法，但是沟通的一致性和设计的合理性通常会影响软件的安全完整性。体系结构设计给出的是目标软件的蓝图，类似于建筑设计给出的建筑物的框架结构。体系结构对目标软件包含安全的质量，具有关键性甚至决定性的作用。某个功能模块的安全缺陷可能是目标软件的"阿喀琉斯之踵"，在关注系统各组成部分的安全的同时，更需要关注系统整体的安全，发现并保障系统最脆弱环节，避免安全机制被绕过或不能正常发挥作用，甚至引入新的威胁。因此有必要对体系结构设计和详细设计进行安全分析评估，一方面确认软件安全需求是否在设计中得到体现，另一方面确认设计是否合理、是否存在漏洞。可以结合 3.2.3 节描述的风险分析内容分析评估软件安全设计，也可以基于脑力风暴、威胁建模、基于 STRIDE 方法利用检查清单方式或利用形式化方法对软件设计进行安全分析评估。软件体系结构的风险分析比软件开发实现结果的分析更重要，但也更抽象、更难理解。

（1）软件体系结构分析

5.7.1 节讨论的体系结构验证侧重于验证软件需求在设计中是否得到了体现，体系结构分析包含体系结构验证，但侧重于分析评估架构自身的质量和架构中的缺陷。通过分析体系结构设计所产生的模型，可以预测系统的质量特性并界定潜在的风险。体系结构分析方法可以分为两类：一类是基于形式化方法、数学模型和模拟技术，得出量化的分析结果；另一类是基于调查问卷、场景分析、检查表等手段，侧重分析关于体系结构可维护性、可演化性、可复用性等难以量化的质量特性。第一类方法包括基于有穷状态机等分析体系结构模型中是否包含死锁、基于排队论模型分析体系结构模型的性能、基于马尔科夫模型分析系统的有效性等。第二类方法更强调软件系统干系人的参与，一般是手工完成的，典型方法是基于场景分析方法的软件架构分析模型（Software Architecture Analysis Method，SAAM）及其演化派生方法。SAAM 适用于分析体系结构的可修改性、可拓展性以及功能覆盖等质量特性。

可以利用体系结构描述语言（Architecture Description Language，ADL）或架构分析与设计语言（Architecture Analysis and Design Language，AADL）对目标软件一系列的功能性或非功能性需求进行建模与分析。

（2）软件体系结构设计安全分析

从安全角度而言，软件体系结构设计制定软件基本安全策略，定义主要软件组件及其如何交互、如何获得所要求的属性，尤其是安全完整性，在体系结构层面体现软件安全需求。体系结构设计的主要内容包括系统体系结构及其安全设计、主要组件的结构与安全保障、各组件之间的关系与处理流程、组件之间的通信协议与安全等。因此，对体系结构设计进行安全分析，需要将全部软件安全需求综合到软件的体系结构设计中，确定体系结构中与安全相关的业务功能和安全功能，并评估体系结构设计的安全性，包括分析评估系统的结构性安全、组件安全、数据交换（通信）安全等方面的安全策略，例如，是否存在逻辑安全问题、攻击面是否过大、是否有权限管理机制及组件是否在过高权限级别上运行、是否有纵深防御（风险隔离）机制及机制是否安全、是否有失效处理机制及机制是否安全。体系结构风险分析的基本过程如图 5.41 所示，分为抗攻击性分析、歧义分析（Ambiguity Analysis）和弱点分析三个关键步骤，其中歧义分析是指让多位分析人员根据自己对需求和体系结构的理解，彼此独立地给出对体系结构设计的分析结果，最后再发现分析人员之间的分歧、消除歧义、达成一致。

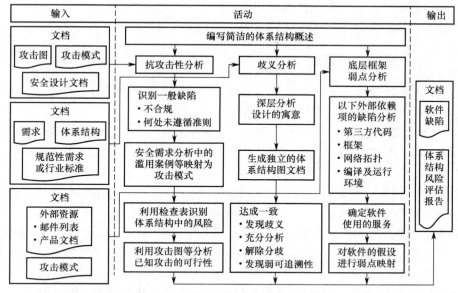

图 5.41　体系结构风险分析的基本过程

可以利用形式化方法对体系结构进行安全分析与安全验证，也可以结合威胁建模进行体系结构风险分析评估。若利用检查列表对体系结构进行安全分析，检查列表的内容可以包括以下几点。

① 在设计安全体系结构时，是否考虑了所有的安全设计原则？

② 是否复用了成熟的安全架构、安全框架、安全设计模式？是否尽可能多地使用了开发组织或第三方其他安全技术？

③ 所设计的安全体系结构是否尽量简单？安全体系结构是否达到了可接受的成本和风险之间的平衡？

④ 是否为安全解决方案创建了集成的总体设计？

⑤ 是否体现了全部安全需求？对威胁建模发现的威胁是否有合适的缓解措施？

⑥ 是否定义了如何识别违背安全机制及如何从中恢复？

⑦ 是否对所有影响到的视图都应用了安全视角？

⑧ 外部专家是否评审了安全设计？

（3）软件详细设计安全分析

软件详细设计进一步细化高层的体系结构设计，将软件体系结构中的主要部件划分为能独立编程、编译和测试的软件单元，并进行软件单元设计，包括对安全功能的编程进行有效的指导工作。对软件详细设计的安全分析，主要是评估设计实现是否符合安全要求。在进行详细设计的安全分析时，需要依据软件需求、体系结构设计模型、软件集成测试计划和此前所获得的软件安全分析的结果，对软件的设计和实现是否符合软件安全需求进行验证。

软件详细设计的目的是进一步对设计实现进行细化，便于编程，因此，针对详细设计的安全分析一般包含以下主要内容：

    ① 软件详细设计是否能追溯到软件需求；

    ② 软件详细设计是否已经覆盖软件安全需求；

    ③ 软件详细设计是否与软件体系结构设计保持了外部一致性；

    ④ 软件详细设计是否满足模块化、可验性、易安全修改等要求。

5.7.5 安全设计常见问题

安全设计常见问题有以下几类，更多的设计安全缺陷可以在 cwe.mitre.org 查阅 CWE-1008 和 CWE-699 两个视图。

① 密码技术使用的败笔。例如，创建自己的加解密算法、使用密码弱伪随机数发生器、将密钥硬编码在程序中、没有强制用户设置复杂密码且用未加盐的 MD5 值的形式传输、存储用户密码。

② 对用户及其许可权限进行跟踪存在不足。例如，会话管理薄弱或缺失、身份鉴别薄弱或缺失、授权管理薄弱或缺失。

③ 有缺陷的输入验证。例如，未在安全上下文环境中执行验证（例如在服务器端验证而在客户端未验证或未考虑客户端可能被绕过而让服务器端依赖客户端的验证，CWE 中类似漏洞编号 CWE-602）、利用正则表达式进行验证时未考虑转义编码输入。

④ 薄弱的结构性安全。例如，过大的攻击面、在过高权限级别上运行进程、没有纵深防御、软件失效时处理措施不安全。

⑤ 其他设计缺陷。例如，代码和数据混在一起（增加软件复杂度和不安全因素）、将安全完全依赖于软件运行环境、不安全的默认值、无审计日志。

实 践 任 务

任务 1：结构化设计与威胁建模

（1）任务内容

将第 4 章实践任务 1 "基于 Web 的大学生选课系统"的选课功能的数据流图映射为软件结构图；利用微软公司的威胁建模工具对选课功能进行威胁建模，并生成威胁建模分析报告。

（2）任务目的

熟悉结构化需求分析模型向结构化设计模型的映射转化方法；掌握威胁建模方法；熟悉常见威胁的缓解措施。

（3）参考方法

参见 5.1.2 节的相关内容，进行结构化设计；从微软公司官网 https://aka.ms/threatmodelingtool 下载并安装威胁建模工具软件；启动该工具软件后，在"创建模型（Create A Model）"栏的模型模板下拉列表中选择"SDL TM Knowledge Base（Core）"作为模板开始威胁建模，利用该工具软件绘制数据流图、绘制信任边界；然后在软件菜单中选择显示威胁分析视图，以填表的方式处理软件根据数据流图列举的各种威胁，并生成网页版威胁建模报告，最后参照 5.4 节整理生成最终报告。

（4）实践任务思考

在威胁建模软件的模型模板下拉列表中分别选择"Azure Threat Model Template"、"Medical Device Model"创建不同的威胁模型，体验并思考云计算、医疗器械控制软件所面临的威胁的异同。

任务 2：安全体系结构设计

（1）任务内容

基于体系结构"4+1"视图模型，针对包含安全的需求（参见第 4 章实践任务 1、2），设计"基于 Web 的大学生选课系统"的安全体系结构。

（2）任务目的

掌握软件系统结构设计基本方法；熟悉基于 Booch 标记法或基于 UML 的体系结构图形化表示方法。

（3）参考方法

体系结构"4+1"视图模型的每个视图都有相应的表示方法：逻辑视图的表示法包括 Booch 标记法，UML 类图、交互图、顺序图、状态图，E-R 图；运行视图的表示法包括 Booch 标记法，UML 活动图、对象图、交互图、状态图；开发视图的表示法包括 Booch 标记法、UML 包图；物理视图的表示法包括 UML 部署图；场景视图的表示法包括用例文本，UML 用例图。建议使用 UML。参考步骤如下：

① 查阅资料熟悉 UML 包图、对象图等图形的绘制方法；

② 面向关键功能需求和非功能需求，基于分层架构，建立系统的逻辑视图，每一层为一个包，每个包中包含相应的类和组件；基于 UML 包图建立系统的开发视图；基于 UML 活动图或对象图建立系统的运行视图；基于 UML 部署图建立系统的物理视图；

③ 根据安全需求，在第②步建立的各视图中纳入安全需求，尤其是在逻辑视图中添加安全组件、安全服务及相应接口；

④ 精化第③步融合安全需求后的各视图；

⑤ 审核并完善体系结构建模。

（4）实践任务思考

体系结构模型中，哪些内容可以抽象为设计模式？哪些组件可以针对复用进行设计？

任务 3：访问控制设计

（1）任务内容

基于 RBAC 模型的访问控制设计。

（2）任务目的

了解身份认证（验证）、授权、鉴权、权限控制（访问控制）的区别；熟悉用于角色和权限管理的数据库表的设计、相关规则的设计；掌握基于角色的细粒度访问控制。

（3）参考方法

设计分别存储用户信息、角色信息、资源信息的数据库表及用于存储权限配置信息的用户与角色的关联表、角色与资源的关联表；设计管理相关数据表的组件；参照 5.7.3 节介绍的 FLASK 模型设计访问控制决策组件作为安全服务器，并设计替代 FLASK 模型客体管理器的组件，利用访问前述数据库表获取的角色与权限配置信息作为访问请求信息，进而实现访问控制；或者利用 5.7.2 节介绍的 Apache Shiro 框架，通过自定义 Shiro 的数据域 Realm 获取前述数据库表中的用户、角色及权限配置，进而实现访问控制。

（4）实践任务思考

参考 5.5.3 节给出的身份认证设计方案，如何实现多策略访问控制及如何结合访问控制对用户进行审计？应如何安全存储、传输用于访问控制决策的信息？

思 考 题

1. 什么是软件的概要设计？概要设计的主要任务是什么？
2. 什么是软件的详细设计？详细设计的主要任务是什么？
3. 软件安全设计原则包含哪些内容？每条设计原则各针对什么问题？
4. 简述安全功能设计和功能安全设计的主要区别。
5. 与其他威胁建模方法相比较而言，基于 STRIDE 方法的威胁建模有哪些优缺点？
6. 软件复用为什么能缓解软件安全威胁？实施软件复用的途径或方法有哪些？
7. 如何保障数据库某数据表中某关键字段数据内容的完整性？如何保障某数据表中每条记录的完整性？如果数据表存在外键，如何保障每条记录所涉及的信息的完整性？
8. 基于 C/S 或 B/S 架构的软件系统（如"网络书店"）中，常将上传到服务器端的头像或文件存储在文件系统中，将含路径的文件名存储在数据库中。如何检测上传的头像或文件已被篡改？如何防范篡改？
9. 分层架构风格有什么优缺点？
10. 框架、架构风格、体系结构、设计模式彼此之间的主要区别是什么？
11. 在 CWE 官网 cwe.mitre.org 查阅编号为 CWE-1008 和 CWE-699 的两个视图，熟悉软件设计开发已知的安全缺陷类型及其成因，并思考在设计实践中如何缓解或避免已知的安全缺陷。
12. 针对"网银大盗"，在设计基于 Web 的银行储蓄系统软件（网银）时，网银后台及网银前端用户交互界面，各应采用哪些安全策略与安全措施？

第6章　安全编码与代码审核

本章要点：
- 安全编码规范；
- 源代码静态安全分析；
- 代码安全审核。

安全可靠的设计是必要的，根据设计规划安全地实现软件也是必要的，即使有十分优秀的安全架构或安全策略，若软件编码十分糟糕，软件的安全也难以保障。安全编码技术是指为了消除或降低软件的安全风险而在编写程序代码时所遵循的原则以及所采用的技术手段。软件开发的安全规范主要体现在代码的编写和审核阶段。代码级安全是软件安全的重要保障之一。实施安全编码规范与代码审核，是从代码级确保软件安全的主要措施，从主动防御的角度实现不含逻辑设计缺陷和技术漏洞的安全编程，检测和消除可能损害软件安全的代码缺陷。

6.1　软件编码概述

6.1.1　软件编码

软件编码是在正确理解用户需求和详细设计的基础上把详细设计的结果转换成用程序设计语言编写的程序代码（即源代码，也称为源程序），包括基于程序设计语言的程序设计和程序实现。作为软件开发过程的一个不可或缺的阶段，软件编码是一个复杂的动态过程，是对详细设计的进一步具体化，即根据详细设计规格说明书进行程序设计，是基于程序设计语言对软件的继续设计和实现，需正确而高效地进行代码编写和测试，同时尽可能提高代码的复用性。源代码是按照一定的程序设计语言规范书写的文本文件，是人类可读的一系列计算机语言指令。文本文件的扩展名因程序设计语言的不同而不同，例如，利用 C 语言编写的源代码文件（常简称为源文件）的扩展名一般是 ".c"，利用 Java 编写的源代码文件的扩展名一般是 ".java"。利用脚本语言编写的正确无误的源程序可以直接由脚本语言解释器解释运行，利用其他程序设计语言编写的源代码不能直接运行，需利用编译器软件将其编译生成计算机可执行的目标代码或进一步链接生成可执行的二进制指令文件。所选用的程序设计语言的特点、编码风格及编码质量将对软件质量产生影响。在软件编码过程中，通过编译、单元测试、排错等活动来保证软件功能实现的准确性。软件编码包含的活动如图 6.1 所示。

软件编码的主要活动包括以下几种。

① 程序设计。程序设计包括理解软件的需求说明和设计模型，补充遗漏的或剩余的详细设计，设计程序代码的结构，并进行设计审核，例如，检查设计结果，检查并记录发现的设计缺陷类型、来源、严重性。

② 编写代码。利用程序设计语言，基于编码规范进行代码编写，所编写代码应该是易

验证的。

③ 编译代码。利用编译器编译源代码，发现并修改代码的语法错误。

④ 单元测试。测试所写代码，检查和验证代码运行结果是否与预期的一致，调试代码、修改代码错误。

⑤ 代码检查。确认所写代码完成了所要求的工作，并记录发现的代码缺陷类型、来源、严重性。

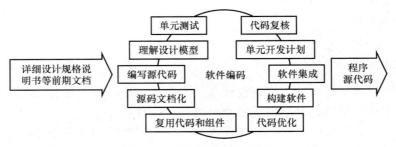

图 6.1　软件编码包含的活动

软件编码必须遵循一定的原则，包括以下几点。

① 使用指定的程序设计语言（可能多种语言混合编程，例如 C/C++嵌入汇编语言编写部分代码），使用指定的开发工具和开发环境，执行制定的软件编码规范，确保程序代码具有良好的编写风格和接口规范，提高程序代码的可读性、可维护性。

② 严格按照详细设计说明书完成软件的编码工作，通过编码完成系统分析和系统设计阶段制定的目标。

③ 对于开发过程中发生的需求变更及设计变更等问题，需要通过项目启动阶段确定的变更控制流程进行处理。

④ 注重软件阶段性成果及文档资料的管理工作，加强版本控制，加强软件供应链的管控。

⑤ 注重团队协作精神的培养和运用，善于总结、加强沟通，提高团队凝聚力。

⑥ 注重提炼公用代码、通用代码，加强公共模块的开发，形成公用编程知识库，以利于提高代码复用、提高开发效率。

6.1.2　编码规范

编码规范也称为编程规则或编码规约，主要用于统一源代码的风格、指导项目组成员的代码文件的规范化，使代码可复用、易维护、可扩展。

（1）编码规范涵盖的内容

软件开发组织都会执行一套编码规范，该规范可能是本组织制定的，也有可能参照其他组织发布的编码规范，或利用编辑器及其插件设置的侧重于排版风格的编码规范。一套编码规范一般包含以下几个方面的约定。

① 源文件相关的约定，包括源文件命名约定、源文件内容约定采用 UTF-8 编码或其他编码，以及源文件结构约定，例如文件内容可能包含许可证或版权信息、文件内容概述、导入语句、源码等。

② 标识符命名规范，包括类名、方法/函数名、参数名、变量名的命名规范。命名在满足编程语言语法规则、"顾名知意"的情况下应尽量简短，并采用统一的命名风格，以便使代码易读易理解。常见命名风格有驼峰风格（CamelCase）、内核风格（unix_like）和匈牙利风格。驼峰风格大小写字母混用，单词连接在一起，不同单词间通过单词首字母大写进行分隔。按单词连接后的首字母是否大写，驼峰风格分为大驼峰风格（形如 UperCamelCase）和小驼峰风格（形如 lowerCamelCase）。内核风格单词字母全小写，用下画线分隔，例如"user_name"。匈牙利风格在大驼峰风格的基础上，加上小写的、用于表达变量类型或作用域的前缀，例如无符号整型变量"uiVisitedCount"、类的成员变量"m_uiVisitedCnt"。若采用简写，则一般只用常用的或约定的简写，例如"temporary"简写为"tmp"、"message"简写为"msg"。方法/函数名一般采用动词、动词短语的形式，例如"getMsg"，其他标识符一般采用名词、名词短语的形式，例如"userName"。

③ 排版风格。排版风格的基本要求是使代码结构清晰，便于阅读和理解源码。使用不同程序设计语言编写的代码，其排版风格各有差异，但常包括：程序块应采用缩进风格编写，缩进的空格数一般为 4；只使用空格键对齐代码，不使用 Tab 键对齐，以避免不同编辑器设置的 Tab 键宽度不同而影响对齐效果；相对独立的程序块之间、变量声明之后一般应加空行；较长的语句分成多行书写，长表达式一般在低优先级操作符处划分新行，划分出的新行采用缩进对齐；一行只写一条语句；等等。

④ 注释风格。尽量用代码阐述其本身的功能与意义，只在必要时对代码给出合理的、正确无歧义的、言简意赅的注释，主要用于补充说明无法自解释的代码。一般情况下，注释仅描述代码要做什么和为什么要做，而具体利用什么方式或怎么实现应由代码本身展现。利用注释解释某个抽象方法的返回值，解释某段代码的用途或需注意的事项，利用 TODO 注释提示代码中遗留的问题及相关原因。注释应尽量少而精，而不是多而烦杂，杜绝为了所谓的详尽而增加注释。避免用注释记录代码修改日志和其他琐碎而无实际意义的内容，避免在源文件间复制版权信息之外的注释。约定源码文件注释、代码段注释、代码行注释在源码文件中的位置，并统一注释符号和注释排版风格，使注释清晰、易读，使注释有利于理解源码而不是干扰对源码的阅读。

⑤ 类和方法/函数设计原则。编码规范的重中之重是确保编写的代码可复用、易维护、可扩展。类和方法/函数设计的基本原则是"高内聚，低耦合"，可以参照面向对象设计模式的 SOLID 原则，即：单一职责原则，一个类或一个方法只完成一个功能；开放封闭原则，一个软件实体，如类、模块和函数，对扩展开放、对修改封闭；里氏替换原则，使用基类的所有地方都可以用派生类替换而不会导致程序产生错误；迪米特法则，如果两个软件实体无须直接通信，那么就不应该发生直接的相互调用，可以通过第三方转发该调用；接口隔离原则，类之间的依赖关系应建立在最小的接口上；依赖倒置原则，高层模块不应依赖底层模块，应依赖于抽象，而抽象不应依赖于具体实现，具体实现应依赖于抽象。在程序设计和编码中，尽量保持代码简约，避免不必要的复杂，把复杂的逻辑代码拆分为多个逻辑相对简单的小模块。重复的代码应尽量封装后复用。

⑥ 对语句的要求。除了排版风格，对语句的要求，主要是避免语句过于复杂、不便理解和维护。例如，if-else 语句的嵌套层数尽量少，try-catch 语句的 try 块尽量只包含可能抛出异常的代码。在确保程序正确性、稳定性、可读性及可测试性的前提下，尽量提高代码效率。

（2）编码规范的作用

实施良好的编码规范，有利于提高代码质量、保障软件质量。编码规范的具体作用，主要体现在以下几个方面。

① 有利于交流沟通及软件编码工作的衔接。代码交流是软件开发团队沟通方式之一。编码规范有利于约束团队成员以清晰一致的风格进行编码，使代码具有一定的描述性、易于理解，便于开发人员交流讨论，便于审核代码时集中精力关注代码的业务逻辑、代码实现与需求的契合度等问题。编码风格的一致性，有利于降低代码的陌生感，有利于开发人员更快速地理解他人编写的代码，有利于更快速、更顺利接手项目组其他成员的工作或中途融入已有项目组并承担软件编码工作。

② 有利于降低软件维护成本。利用良好的编码规范约束每个开发人员落实"高内聚，低耦合"等程序设计原则，有利于提高代码的可复用、易维护、可扩展，有利于减少源码中的缺陷，有利于降低维护成本。代码的可读性、可理解性，也有利于降低软件的维护成本，在软件的整个生命周期中，很少由最初的开发人员进行维护。

③ 有利于提高程序员个人能力。良好的编码规范有利于程序员养成良好的编码习惯，有利于程序员培养严谨的编程思维。

6.1.3　代码检查

软件编码是对软件详细设计的实现，因此，代码应体现软件详细设计所提出的设计要求，遵循设计过程中提出的各种约束以及编码标准。

代码检查是指不运行被检查代码，仅通过分析或检查源代码的语法、结构、过程、接口等检查代码和设计的一致性、代码的可读性及对标准的遵从性、代码逻辑表达的正确性、代码结构的合理性等，以期发现违背程序代码编写规范的问题，找出代码中不安全、不明确、不可移植的问题及隐藏的错误和缺陷，包括变量命名与类型检查、代码语法检查、代码逻辑检查和代码结构检查等内容。代码检查可以使用工具软件进行自动化检查，提高代码检查效率，降低劳动强度，也可以进行人工检查，充分发挥检查者的逻辑思维能力，常综合使用这两种检查手段。代码检查包括桌面检查、代码审查和走查等方式。

（1）桌面检查

桌面检查是一种传统的代码检查方法，由程序员检查自己编写的程序代码。程序员在源程序通过编译之后，对代码进行分析、检验，并补充相关的文档，目的是发现程序中的错误。由于程序员熟悉自己编写的代码及代码风格，由程序员检查自己编写的程序代码，可以节省检查时间，但应避免主观片面性和"自我欣赏"、"写完代码，如释重负"等心理因素的负面影响。

（2）代码审查

代码审查是由若干程序员和测试人员组成一个审查小组，通过阅读、讨论和协商，对程序代码进行静态分析的过程。代码审查的基本流程与需求审查的基本流程类似，如图 6.2 所示，审查过程由规划、准备、会议、返工、跟踪等一系列活动组成，输入是待审查的源程序，输出为审查核准后的源代码。

在正式的审查会议之前，审查小组负责人规划审查小组成员及代码审查事项，并利用简短的总体会议明确代码审查的主要内容、审查流程，提前把需求描述文档、设计规格说明书、编码规范、程序设计文档、程序源代码清单、代码缺陷检查表及相关要求等分发给小组成员（或提供

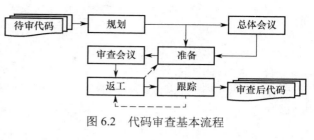

图 6.2　代码审查基本流程

在线查阅入口），作为审查的依据。小组成员在充分阅读这些材料后召开审查会议。在审查会议中，由程序员讲解自己所编写的程序代码的逻辑，审查小组成员提出问题，展开讨论，审查是否存在错误。相关讨论可能涉及模块的功能说明、模块间接口和系统总体结构的问题，甚至可能涉及是否需要对需求进行重新定义和重新设计。在正式的审查会议之前，应当给审查小组成员准备一份检查表，将程序中可能发生的各种错误进行分类，供与会者对照检查。

（3）走查

走查与代码审查基本相同，首先让小组成员提前阅读设计说明书和源代码等相关材料，然后再组织会议。会议中，不是简单地讲解程序代码逻辑和对照错误检查表进行检查，而是由测试组成员为待检查的程序准备一批有代表性的测试用例，让与会者集体扮演计算机角色，将测试用例沿程序的逻辑"模拟运行"一遍，随时记录程序的踪迹，供分析和讨论用。借助测试用例的媒介作用，对程序的逻辑和功能提出各种疑问，结合问题开展讨论，发现并解决逻辑设计缺陷和编码缺陷。

6.2　安全编码规范

编码规范侧重于保障代码的可复用、易维护、可扩展，安全编码规范侧重于建立编程人员的安全思维、积累安全编码经验、养成安全编码习惯，进而高效编写安全可靠的代码。遵从编码规范，避免由程序员的个人喜好、个人经验决定软件产品性能，有利于生成可靠的、健壮的和抗攻击的高质量软件产品。

代码缺陷是导致软件安全问题的主要因素之一。安全编码规范是在缓解各种安全威胁的实践中总结出来的防范代码缺陷的一组文档完备且可执行的编码规则和指南，需与时俱进、不断更新、不断演进，杜绝一成不变。在利用程序设计语言实现设计的功能（包含业务功能和安全功能）、满足设计约束条件（例如，基于多线程实现某功能以满足实时性要求）时，需遵从安全编码规范，防止、检测和消除可能损害软件安全的缺陷，安全地实现目标软件的功能，进而保障目标软件的整体安全。

安全编码标准既是编写安全代码、避免常见缺陷的指南，也是代码安全测评的依据，为代码审查提供基本规则。安全编码标准必然是针对具体编程语言或平台的。本节将介绍几种典型的安全编码标准。

6.2.1　安全编码建议

每种程序设计语言都有其优缺点和适用的场景，没有哪种程序设计语言能满足任何软件

的开发需求。使用不同的程序设计语言实现软件时需关注的主要安全威胁可能不一样，例如，利用 C/C++编程时，必须防范各种类型的缓冲区溢出，而利用 Java 编程时一般只考虑关键代码中的整数溢出。相对于 C/C++等未托管代码环境而言，在 C♯、VB.NET 或者 Java 等托管代码环境中进行软件开发，更容易避免某些安全缺陷，但也并非绝对安全。本节不针对特定程序设计语言，仅针对编码缺陷导致的典型漏洞，在第 5 章安全设计的基础上，从软件编码实现的角度给出防御性的编码策略以便缓解由于编码人员疏忽而导致的缺陷，以便安全地实现设计的业务功能和安全功能。特定于 Web 场景的安全开发指南，请参考 OWASP 发布的《OWSAP 安全编码规范快速参考指南》。

（1）实施保障软件质量的编码规范，保障程序代码的可读性、易维护性，便于查找、排除代码缺陷。采用安全的编码标准，为程序设计语言和开发平台制定并应用安全编码规范。

（2）验证来自所有不可信数据源的输入。不信任的外部数据源包括命令行参数、网络接口、环境变量和用户控制的文件，适当的输入验证可以消除绝大多数安全隐患。创建并使用独立的输入验证模块以完成对所有输入数据（尤其是用户输入数据）的有效性、安全性检查，形成统一的输入检测策略、统一的验证逻辑、统一的错误验证处理，降低软件升级和维护成本。被调用的子系统可能不理解调用者所在的上下文，因此，可以由调用者负责调用子系统之前的数据安全检查，被调用子系统也尽可能地进行安全检查，防范传输过程中的篡改攻击。根据应用场景及数据类型与用途，选择合适的数据检查验证方式以防范 SQL 注入、跨站脚本、路径遍历等攻击，可以采用的检查方法包括数据类型或格式检查、数据长度或数据范围检查、核实来自重定向的数据、特殊字符检查、元字符检查、利用正则表达式进行检查等。为所有的输入数据明确恰当的字符集，在进行检查前，一般先将数据规范化。

（3）使用安全的函数。避免使用弃用的函数；摒弃不安全的库函数，使用具有安全隐患的函数时须谨慎处理；尽量避免使用功能复杂、易用错的函数。分析将在软件开发中使用的所有函数和 API，将确定为不安全的函数和 API 分成禁用、危险、易误用等类别，形成安全关注列表，并提供替代这些函数的更安全的备选函数，利用编译器或代码扫描工具检查代码中是否存在已列入该列表的函数和 API。

（4）安全地调用函数。检查关键函数的返回值，包括检查被调用函数设置的错误码或状态码，避免函数未完全正确执行的情况下继续执行程序。在使用指针或对象之前，判断指针或对象是否为空（null），避免引用空指针或空对象而出现异常。应对函数实参进行有效性、安全性校验，否则可能导致安全漏洞，例如 Windows 操作系统 Print Spooler 远程执行代码漏洞 CVE-2021-1675。Print Spooler 是 Windows 操作系统中管理打印相关事务的服务，对应的进程以系统权限运行，其调用 YAddPrinterDriverEx 函数时，没有对参数 dwFileCopyFlags 进行校验，因而攻击者能够设置 APD_INSTALL_WARNED_DRIVER 标志，导致添加打印机驱动时对驱动合法性校验失效，从而可以加载并以系统权限运行任意 DLL（提权攻击）。若攻击者处于域环境中，则可连接到域控制器的 Print Spooler 服务并利用该漏洞执行恶意代码或安装恶意驱动，从而获得整个域的控制权。

（5）建立完善的异常和错误处理机制。使用结构化异常处理机制捕获并处理软件发生的任何异常，避免软件因异常而崩溃（拒绝服务攻击），或让操作系统处理软件未处理的异常而暴露软件异常内存地址等信息或发生提权攻击。正确处理错误，在便于解决错误的同时，避免在错误提示或日志中暴露敏感信息及过于详细的出错细节，包括函数名以及出问题的代码行的堆栈跟踪详细信息，避免被攻击者利用暴露的信息。在捕获到可疑攻击异常时避免试图继续执行程序。

（6）执行数值运算时，避免除法的分母为零，避免模运算的模数为零，避免关键整数发生整数溢出而影响依赖于该整数的后续操作，例如，基于该整数的循环控制判断失效而死循环、分配超大内存、索引越界而读取不确定的数据等。

（7）多线程编程时，确保共享变量的可见性，确保共享变量的操作是原子操作，确保执行阻塞操作的线程可以终止。多线程访问资源时，避免死锁和竞争条件漏洞。避免在大小有限的线程池中执行有相互依赖的任务，以防止死锁。针对可访问资源并行访问存在竞争等问题，设定不同操作对资源（尤其是安全功能控制下的资源）访问的优先级，确保关键操作为高优先级的活动，而不受低优先级活动造成的不当干扰或延迟影响。

（8）明确无误地授权执行，而非未出现特定错误时授权执行。示例代码如下：

```
DWORD dwRet = IsAccessAllowed(...);
if (dwRet == ERROR_ACCESS_DENIED) {
    //安全检查失败，通知用户访问被拒绝
} else {
    //安全检查无误，执行任务
}
```

这段代码看似没有任何问题，但如果函数 IsAccessAllowed( )因内存不足而失败，并返回 ERROR_NOT_ENOUGH_MEMORY 之类的错误，则将允许用户执行任务，而不是拒绝执行。如果攻击者知道如何使 IsAccessAllowed( )失败，则可以绕过代码所示安全检查。对这段代码进行如下修改，任何原因导致 IsAccessAllowed( )失败，都将拒绝执行任务。

```
DWORD dwRet = IsAccessAllowed(...);
if (dwRet == NO_ERROR) {
    //安全检查无误，执行任务
} else {
    //安全检查失败，通知用户访问被拒绝
}
```

（9）尽量减少代码的攻击面。利用面向对象编程封装技术或类似方法尽量避免将程序内部的数据处理过程暴露给外部环境，代码实现应尽量简单，避免与外部环境做多余的数据交互，过多的攻击面将增加被攻击的概率。可以利用动态菜单、动态按钮尽可能少的暴露访问入口，而不是禁用已显示的功能。对于 Web 系统，可以结合基于角色的访问控制，根据用户的不同权限显示不同的菜单和可操控的按钮，减小攻击面。界面加载前，先读取并分析登录用户的权限，然后仅动态生成、加载用户有权访问的菜单和可操作的功能，避免采用隐藏方式隐藏菜单项和按钮，避免用户能看到菜单项或按钮，但操作时提示无权操作。

（10）熟悉并避免已有的安全缺陷。熟悉常见攻击模式的机理，有针对性地、预防性地进行代码编写、编译和审核，是软件主动安全的基本策略之一。从以往的错误或安全事件中汲取经验，建立编程人员的安全思维和安全习惯，避免软件存在同样的安全缺陷。结合威胁建模结果，有针对性地进行安全编码。

（11）进行代码安全检查，并对新增和变更的代码给予更多的安全检查。进行传统的代码检查的同时，需对代码进行安全检查。开发团队定义并发布由安全顾问批准的最新版本工具及其关联的安全检查列表，如编译器/链接器选项和警告。使用编译器可用的最高警告级别编译代码，并通过完善代码消除警告。使用静态和动态分析工具检测和消除安全缺陷，但利用工具软件的代码分析通常不足以完全替代人工代码评析，应针对分析工具的优缺点辅以其他工具或人工分析。仅允许授权人员新增和变更代码，并评估新增或变更的代码对已有功能的影响。

（12）建立标准的、安全的、可重用的代码，重用已知安全的代码。编写可复用的代码，既是对代码质量的要求，也是对代码安全的要求，尤其是与安全相关的代码。识别并分离出可复用的代码，依据标准或规范，形成一系列通用组件或模块，在复用中验证其可靠性、安全性，并不断完善。

6.2.2　应用软件安全编程国家标准

应用软件编程安全框架如图 6.3 所示，国家标准《信息安全技术 应用软件安全编程指南》（GB/T 38674—2020）从程序安全和环境安全两个方面给出了提升基于客户端/服务器架构的应用软件的安全性的编程实践指南（包括 Java、C/C++示例代码），其中，程序安全部分描述软件在资源使用、代码实现、安全功能方面的安全技术规范，环境安全部分描述软件的安全管理配置规范。

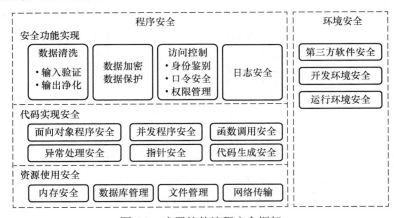

图 6.3　应用软件编程安全框架

（1）安全功能实现

安全功能实现包括：数据清洗；对敏感数据、重要数据实施数据加密与数据保护；利用身份鉴别、设置并保护高安全强度的口令、制定合理的权限管理策略等实现访问控制；安全地记录软件系统运行状况并确保日志文件的安全。其中，数据清洗包括输入验证和输出净化，即对所有输入到应用程序的数据进行验证，拒绝接受验证失败的数据，对所有输出到客户端的、来自应用程序信任边界之外的数据进行净化。

在标准的附录中给出了如表 6-1 所示的安全功能实现示例。

表 6-1　安全功能实现示例

类　别	示　例　内　容	示例语言
输入验证	预防 SQL 注入	Java
	从 ZipInputStream 安全解压文件	Java
	净化传递给 Runtime.exec()方法的非受信数据	Java
	不要信任隐藏字段的内容	Java
	预防 XML 注入	Java
	预防 XML 外部实体攻击	Java
	当比较 local 相关的数据时，指定恰当的 local	Java
	污点数据作为循环边界	C/C++
	从外部系统接收的数据应该转换为本地字节序	C/C++
	注意被污染的内存分配	C/C++
	禁止使用被污染的数据进行操纵设置	C/C++
	禁止使用被污染的数据进行路径遍历	C/C++
	禁止使用被污染的数据进行进程控制	C/C++
	禁止使用被污染的数据作为缓冲区长度	C/C++
	禁止使用被污染的数据作为缓冲区	C/C++
输出净化	预防反射型 XSS	Java
	预防基于 DOM 的 XSS	Java
	预防存储型 XSS	Java
	向外部系统传输数据前应转换为网络字节序	C/C++
数据加密	生成强随机数	Java
	避免使用不安全的哈希算法	Java
	密钥长度应该足够长	Java
	避免使用不安全的加密算法	Java
	避免使用不安全的操作模式	Java
	不要使用硬编码密匙	Java
	考虑对函数指针进行加密	C/C++
数据保护	避免在注释中保留密码	Java
	不要硬编码敏感信息	Java
身份鉴别	避免使用 DNS 名称作为安全性的依据	Java
	SSL 连接时要进行服务器身份验证	Java
	保证必要加密步骤	Java
口令安全	避免使用 null 密码	Java
	避免使用空密码	Java
	避免使用明文密码	Java
	避免使用弱加密算法保护密码	Java
权限管理	避免越权访问	Java
	注意权限提升操作	C/C++
	避免不当的 Windows API 权限参数配置	C/C++
日志安全	不要将未经验证的用户输入记录日志	Java

以预防 SQL 注入为例，给出的不规范用法（Java）示例如下，直接拼接未经验证或净化的参数字符串为 SQL 语句，可能导致 SQL 注入攻击。

```java
public void doPrivilegedAction(String username, char[] password) throws SQLException {
    Connection connection = getConnection();
    // ...
    try {
        String pwd = hashPassword(password);
        String sqlString = "SELECT * FROM db_user WHERE username = ' " + username +
                                        " ' AND password = ' " + pwd + " ' ";
        Statement stmt = connection.createStatement();
        ResultSet rs = stmt.executeQuery(sqlString);
        // ...
    } finally {
        try {
            connection.close();
        } catch (SQLException x) {
            // ...
        }
    }
}
```

给出的相应规范用法（Java）示例如下，利用参数化查询避免 SQL 注入攻击。

```java
public void doPrivilegedAction(String username, char[] password) throws SQLException {
    Connection connection = getConnection();
    // ...
    try {
        String pwd = hashPassword(password);
        if ((username.length() > 8) {
            // ...
        }
        String sqlString = "SELECT * FROM db_user WHERE username=? AND password=?";
        PreparedStatement stmt = connection.prepareStatement(sqlString);
        stmt.setString(1, username);
        stmt.setString(2, pwd);
        // ...
    } finally {
        try {
            connection.close();
        } catch (SQLException x) {
            // ...
```

```
        }
    }
}
```

（2）代码实现安全

代码实现安全包括面向对象程序安全、并发程序安全、函数调用安全、异常处理安全、指针安全及代码生成安全，从多个不同方面给出了提升程序安全性的规范性要求。

在标准的附录中给出了如表 6-2 所示的代码安全实现示例。

表 6-2　代码安全实现示例

类　别	示 例 内 容	示 例 语 言
面向对象程序安全	比较类而不是类名	Java
	确保可变对象的引用没有被泄露	Java
	构造方法中不要调用可覆写的方法	Java
	进行安全检测的方法应声明为 private 或 final	Java
	不要增加可被覆写方法和被隐藏方法的可访问性	Java
	不要定义方法来隐藏基类或基类接口中声明的方法	Java
并发程序安全	不要基于可被重用的对象进行同步	Java
	不要基于非 final 对象进行同步	Java
	不要基于通过 getClass()返回的类对象进行同步	Java
	不要基于高层并发对象的内置锁来实现同步	Java
	不要基于综合视图使用同步	Java
	不要使用实例锁来保护共享的静态数据	Java
	在异常时保证释放已持有的锁	Java
	通知所有等待中的线程而不是单一的线程	Java
	不要调用 ThreadGroup 方法	Java
	始终在循环中调 wait()和 await()方法	Java
	确保可以终止受阻线程	Java
	不要使用非线程安全方法来覆写线程安全方法	Java
	不要在初始化类的时候使用后台线程	Java
	不要在 servlet 中泄露会话信息	Java
	避免日期格式化缺陷	Java
	不要使用单例对象下的成员变量	Java
	getter 方法和 setter 方法应该成对同步	Java
	不要使用双重检查锁定	Java
	不要在临界区内调用阻塞函数	C/C++
	使用恰当的解锁顺序	C/C++
	使用恰当的锁销毁方法	C/C++
函数调用安全	从格式化字符串中排除用户输入	Java
	净化传递给正则表达式的非受信数据	Java
	函数应该验证它们的参数	C/C++

（续表）

类　　别	示 例 内 容	示 例 语 言
异常处理安全	不要消除或忽略可检查异常	Java
	不能允许异常泄露敏感信息	Java
	不要在 finally 块中非正常退出	Java
	不要在 finally 块中泄露可检测异常	Java
	不要抛出 RuntimeException、Exception、Throwable	Java
	不要忽略 SSL 异常	Java
	优先选择支持错误检测的函数	C
	带有静态或线程持久存储周期的对象的构造器不能抛出异常	C++
	抛出匿名的临时变量并通过引用捕获	C++
	catch 操作应对其参数依照最少派生到最多派生进行排序	C++
指针安全	不要产生或使用越界的指针或数组下标	C
	不要把一个指向非数组对象的指针加上或减去一个整数	C
	不要在一个指针上加上或减去一个缩放的整数	C
	不要对两个并不指向同一个数组的指针进行相减或比较	C
	不要依赖可能会被某操作无效化的环境指针	C
	确保正确地使用指针运算	C
	不对空指针进行解引用	C
	不要把指针转换为对齐要求更严格的指针类型	C
	不要通过类型不匹配的指针访问变量	C
	将指针转换为整型或整型转换为指针	C
	避免 void 指针的转换	C++
	不要通过错误类型的指针删除数组	C++
	不要将空指针传递给 char_traits::length	C++

以面向对象程序安全中的"比较类而不是类名"为例，不规范用法（Java）示例如下：

```
if(auth.getClass().getName().equals("com.application.auth.DefaultAuthenticationHandler")) {
    //访问受保护的资源
}
```

在 JVM 中，如果两个类可以被同一个类装载器装载，并且拥有相同的全名，那么这两个类被认为是相同的类（并且具有相同的类型）。如果需要授权访问一个受保护的资源，而该授权是基于类名的比较，如果攻击者提供一个完全与目标类全名相同的恶意类，那么攻击者就能访问到受保护的资源。仅使用类的名称来比较类，会允许恶意类绕过安全检查并获得受保护的资源。规范用法（Java）示例如下，使用 class 比较两个类是否相同。

```
//Determine whether object auth has required/expected class name
if(auth.getClass()==this.getClass().getClassLoader().loadClass("com.application.auth.DefaultAuthenticationHandler")) {
```

```
    //访问受保护的资源
}
```

（3）资源使用安全

资源使用安全包括内存、数据库、文件及网络等各种资源的安全管理规范性要求，用于提升应用软件内存管理、数据库管理、文件管理及网络传输的安全性。

在标准的附录中给出了如表 6-3 所示的资源使用安全实现示例。

表 6-3　资源使用安全实现示例

类　别	示 例 内 容	示 例 语 言
资源管理	需确保流得到释放	Java
	需确保 Sockets 得到释放	Java
	在动态链接库加载时明确细节	C
	不要使用释放后的资源	C/C++
	加载外部资源需要进行过滤	C/C++
内存管理	避免拒绝服务攻击	Java
	不要产生或使用越界的指针或数组下标	C
	不要对环境变量的长度进行假设	C
	在同一个模块、同一个抽象层中分配和释放内存	C/C++
	不要访问已经释放的内存	C
	及时释放动态分配的内存	C
	为对象分配足够的内存	C
	保证字符串的存储具有足够的空间容纳字符数据和 null 终结符	C
	为 new 分配操作提供正确的对齐空间	C++
	确保调用库函数时不会发生容器溢出	C++
	配对的分配和释放函数	C
	不要使用错误的内存释放方法	C/C++
	不要对分配的内存进行二次释放	C/C++
	不要对迭代器尾部进行解引用	C/C++
	禁止缓冲区上溢	C/C++
	禁止缓冲区下溢	C/C++
	不要使用不安全的字符串处理函数	C/C++
	避免 realloc 函数使用不当	C/C++
数据库管理	需确保数据库资源得到释放	Java
	避免数据库访问控制	Java
文件管理	需确保文件得到释放	Java
	在终止前移除临时文件	Java
	不要忽略方法返回值	Java
	避免路径遍历	Java
	使用 ferror() 而非 errno 来检测文件流错误	C/C++
	不要对 fopen() 和文件的创建做出假设	C/C++
	在打开的文件上调用 remove() 时应该小心	C/C++

（续表）

类　　别	示　例　内　容	示　例　语　言
文件管理	不要打开已经被打开的文件	C/C++
	保证当文件不再需要时及时将它们关闭	C
	处理文件时检查链接是否存在	C
	使用安全的临时文件创建策略	C/C++
网络传输	避免 Session 失效时间设置过长	Java
	避免使用不安全的 SSLSocket	Java

以资源管理中的"需确保 Sockets 得到释放"为例，不规范用法（Java）示例如下。

```java
public void getSocket(String host, int port) {
    try {
        Socket socket = new Socket(host, port) ;
        BufferedReader reader = new BufferedReader(new InputStreamReader (socket.getInputStream())) ;
        while(reader.readLine() != null) {
            // ...
        }
    } catch (UnknownHostException e) {
        e.printStackTrace() ;
    } catch(IOException e) {
        e.printStackTrace();
    }
}
```

程序创建或分配 Socket 后，不进行合理释放，将会降低系统性能。攻击者可能会使用耗尽资源池的方式发起拒绝服务攻击。程序不能依赖于 finalize()回收 Socket 资源，应在 finally 代码块中手动释放 Socket 资源。规范用法（Java）示例如下，在 finally 代码块中释放不再使用的 Socket 套接字资源。

```java
public void getSocket(String host, int port) {
    Socket socket = null;
    try {
        socket = new Socket(host, port) ;
        BufferedReader reader = new BufferedReader(new InputStreamReader (socket.getInputStream())) ;
        while(reader.readLine() != null) {
            // ...
        }
    } catch (UnknownHostException e) {
        e.printStackTrace() ;
    } catch(IOException e) {
        e.printStackTrace();
    } finally {
```

```
            if(socket ! = null) {
                try {
                    socket.close();
                } catch (IOException e) {
                    e.printStackTrace() ;
                }
            }
        }
    }
```

（4）环境安全

环境安全包括第三方软件安全、开发环境安全及运行环境安全，在应用软件的构建、运行等环节提升应用软件的安全性。

在标准的附录中给出了如表 6-4 所示的环境安全实现示例。

表 6-4　环境安全实现示例

类　　别	示 例 内 容	示 例 语 言
第三方软件安全	避免 Struts2 的 S2-048 漏洞	Java
开发环境安全	避免解析 Double 类型数据导致拒绝服务	Java
运行环境安全	移动 App 发布前应使用混淆、签名、加固等措施进行保护	Java

6.2.3　SEI CERT 安全编码系列标准

卡内基梅隆大学软件工程研究所（SEI）计算机应急响应小组（CERT）采纳软件开发和软件安全社区的贡献开发的 SEI CERT 安全编码系列标准，包括常用编程语言（例如 C、C++、Java 和 Perl）及安卓（Android）平台应用程序的安全编码标准，针对不安全编码实践和可能导致可利用漏洞的未定义行为，给出了安全编码规则和建议，用于开发功能安全和性能安全的可靠系统。SEI CERT 安全编码系列标准中每条规则由标题、规则的规范性要求简述、不符合安全编码规则的示例代码和符合安全规则的解决方案以及其他信息组成，不仅示例怎样写代码会使系统具有什么安全隐患，同时也示例缓解安全问题的编码方法。

SEI CERT 安全编码系列标准中的每条规则的详细描述和示例代码以及标准中的指导性建议，源自安全编码社区的研讨，成熟的规则和建议则以报告或书籍的形式正式发布。这些规则已成为静态分析工具对源代码进行安全分析的依据之一。可以查阅官网 wiki.sei.cmu.edu/confluence/display/seccode，或在 CWE 官网 cwe.mitre.org 查阅编号为 CWE-1133、CWE-1154、CWE-1178 的视图。本节内容整理自 SEI CERT 的维基网站。

（1）安卓安全编码标准

SEI CERT 的安卓安全编码标准为安卓平台的应用程序（App）的安全编码提供了规则和建议。安卓 App 可以用 Java、C/C++、HTML5 等多种程序设计语言编写。原生安卓 App 包括 Java 和.xml 清单文件，通常还包括.sqlite 文件。部分基于 Java 的 App 包含 C/C++代码（由本地开发工具包支持），还有基于 HTML5 的 App，即使用 HTML、CSS 和 JavaScript 构建的移动 App。正因安卓 App 开发语言的多样性，安卓安全编码标准分为：仅适用于安卓 App 的安全编码规则，C 语言安全编码规则和建议，Java 安全编码规则和 Java 安全编码建议。仅适用于安卓 App 的安全编码规则（不包含安全建议）如表 6-5 所示。

表 6-5　仅适用于安卓 App 的安全编码规则

规则类别与序号	规则标识	规则要求
规则 00：组件安全（CPS）	DRD01-X	限制 App 敏感内容提供者的可访问性
	DRD07-X	利用强权限控制保护导出的服务
	DRD08-J	始终规范化由内容提供者接收的 URL
	DRD09	限制访问敏感活动（Activity）组件
规则 01：文件 I/O 与日志安全（FIO）	DRD00	不要将未加密的敏感信息存储在外部存储（SD 卡）上
	DRD04-J	不在日志中记录敏感信息
	DRD11	确保敏感数据的安全
	DRD12	不相信任何人可写（World Writable）的数据
	DRD22	不缓存未加密的敏感信息
	DRD23	应用程序之间不共享任何人可读写的文件
	DRD25	使用恒定时间加密
	DRD27-J	对 OAuth 使用显式意图方法来传递访问令牌
规则 02：意图（ITT）	DRD03-J	不用隐式意图广播敏感信息
	DRD06	不响应恶意广播意图
	DRD21-J	只使用显式意图创建挂起的意图
规则 03：WebView（WBV）	DRD02-J	禁止 WebView 利用文件方案访问本地敏感资源
	DRD13	不使用 WebView 的 addJavascriptInterface 接口函数
规则 04：网络-SSL/TLS（NET）	DRD19	正确验证 SSL/TLS 协议的服务器证书
	DRD23-J	不使用回环（Loopback）接口处理敏感数据
规则 05：权限（PER）	DRD05-J	不在隐式意图上设置读写 URI 的权限
	DRD14-J	在响应之前，检查调用 App 是否具有适当的权限
	DRD16-X	显式定义私有组件的导出属性
	DRD20-C	利用 NDK 创建文件时指定文件的读写权限
规则 06：加密（CRP）	DRD17-J	不使用安卓 AES 加密算法默认的 ECB 块密码加密模式
	DRD18	如果加密算法库默认的运算模式不是推荐的安全模式，则不使用其默认模式
	DRD24	不将 OAuth 安全相关的协议逻辑或敏感数据捆绑到依赖方的 App 中
规则 07：杂项（MSC）	DRD10-X	不发布可调试的 App
	DRD15-J	在使用定位 API 时考虑隐私保护
	DRD25	向 OAuth 请求权限时，需确定用户身份及其权限范围
	DRD26-J	对 OAuth 使用安全的安卓方法来传递访问令牌

（2）C 安全编码标准

SEI CERT C 编码标准为 C 语言安全编码提供规则和建议，帮助程序员通过遵循安全编码最佳实践来确保其 C 代码减少安全漏洞。该标准是针对 C 11 开发的，但也适用于 C 99 等早期版本。SEI CERT C 编码标准给出的 C 安全编码规则（不包含安全编码建议）如表 6-6 所示。

表 6-6　C 安全编码规则

规则类别与序号	规则标识	规则要求
规则 01：预处理 （PRE）	PRE30-C	避免利用符号拼接来构造通用字符名
	PRE31-C	在不安全的宏函数中避免使用有副作用的参数
	PRE32-C	调用宏函数时参数中不能包含预处理指令
规则 02：声明和初始化 （DCL）	DCL30-C	用合适的存储期声明对象
	DCL31-C	在使用之前声明标识符
	DCL36-C	不声明链接类型冲突的标识符
	DCL37-C	不将保留字符用于声明或定义标识符
	DCL38-C	使用正确的语法声明灵活数组成员
	DCL39-C	跨信任边界传递结构体时避免信息泄露
	DCL40-C	不为同一函数或对象创建不兼容的多个声明
	DCL41-C	不在 switch 语句的第一个 case 标签之前声明变量
规则 03：表达式 （EXP）	EXP30-C	不依赖运算优先级、求值顺序，以避免副作用
	EXP32-C	不利用非易失性引用访问易失性对象
	EXP33-C	不读取未初始化的内存
	EXP34-C	不解引用空指针
	EXP35-C	不修改具有临时生存期的对象
	EXP36-C	不将指针强制转换为更严格对齐的指针类型
	EXP37-C	用数量和类型都正确的参数调用函数
	EXP39-C	不利用不兼容类型的指针访问变量
	EXP40-C	不修改常量对象
	EXP42-C	不比较填充数据
	EXP43-C	使用 restrict 限定的指针时避免未定义的行为
	EXP44-C	不向 sizeof、_Alignof 或者 _Generic 传递有副作用的操作数
	EXP45-C	不在选择判断语句中执行赋值，避免将关系运算误为赋值运算
	EXP46-C	不使用位运算符处理布尔型操作数
	EXP47-C	不用类型错误的参数调用 va_arg
规则 04：整数（INT）	INT30-C	确保无符号整数运算不产生回绕
	INT31-C	确保整数转换不会导致数据丢失或错误解释
	INT32-C	确保有符号整数的运算不会溢出
	INT33-C	确保除法和求余运算不会导致除以零错误
	INT34-C	避免用负数或者大于等于操作数位数的位数对表达式进行移位运算
	INT35-C	使用正确的整数精度
	INT36-C	将指针转换为整数或将整数转换为指针
规则 05：浮点（FLP）	FLP30-C	不使用浮点数类型的变量作为循环计数器
	FLP32-C	避免或检测数学函数实参不满足函数定义域和值域的错误
	FLP34-C	确保浮点数转换结果在目标类型的取值范围内
	FLP36-C	将整数转换为浮点类型时需确保精度
	FLP37-C	不直接使用浮点数的对象表示进行比较

（续表）

规则类别与序号	规则标识	规则要求
规则 06：数组（ARR）	ARR30-C	避免使用越界指针或数组下标
	ARR32-C	确保可变长度数组的数组大小参数在有效范围内
	ARR36-C	不指向同一个数组的两个指针不进行相减或比较
	ARR37-C	不对指向非数组对象的指针进行加减整数以试图遍历或访问数据
	ARR38-C	确保库函数不形成无效指针
	ARR39-C	不将指针加减已根据数组元素大小调整过的整数
规则 07：字符和字符串（STR）	STR30-C	不尝试修改字符串字面常量
	STR31-C	确保字符串的存储空间足够容纳字符数据和 null 结束符
	STR32-C	确保传递给库函数所需的字符串参数以 null 结束
	STR34-C	将字符转换为整数之前，先将其转换为 unsigned char 类型
	STR37-C	字符处理函数的实参必须可表示为 unsigned char
	STR38-C	不将窄字符串参数传递给宽字符串函数，反之亦然
规则 08：内存管理（MEM）	MEM30-C	不要访问已释放的内存
	MEM31-C	不再需要时释放动态分配的内存
	MEM33-C	动态分配和复制包含灵活数组成员的结构
	MEM34-C	只释放动态分配的内存
	MEM35-C	为对象分配足够的内存
	MEM36-C	不通过调用 realloc() 来修改对象的对齐方式
规则 09：输入输出（FIO）	FIO30-C	不将用户输入作为格式化字符串的组成部分，以避免格式化字符串漏洞
	FIO32-C	不对名义上是文件的设备进行只适用于普通文件的操作
	FIO34-C	采用正确的方式判断从文件读取的字符是否是 EOF 或 WEOF
	FIO37-C	不假设 fgets() 或 fgetws() 成功时返回一个非空字符串
	FIO38-C	不复制 FILE 对象
	FIO39-C	不在中间没有刷新或重定位的情况下在一个流中交替输入和输出
	FIO40-C	在 fgets() 或 fgetws() 失败时重置作为函数参数的字符串变量为已知值
	FIO41-C	避免用无效的文件流作为实参调用 getc()、putc()、getwc() 或者 putwc()
	FIO42-C	关闭不再需要的文件
	FIO44-C	只使用 fgetpos() 返回的值调用 fsetpos()
	FIO45-C	访问文件时避免出现 TOCTOU 竞争条件
	FIO46-C	不访问已关闭文件
	FIO47-C	使用有效的格式化字符串
规则 10：环境（ENV）	ENV30-C	不修改由某些函数的返回值引用的对象
	ENV31-C	在可能使某个环境指针无效的操作之后不要再依赖该指针
	ENV32-C	所有退出处置器必须正常返回
	ENV33-C	不调用 system()
	ENV34-C	不存储由某些函数返回的指针
规则 11：信号（SIG）	SIG30-C	在信号处理器中只调用异步安全的函数
	SIG31-C	不在信号处理器中访问共享对象
	SIG34-C	不在可中断信号处理器中调用 signal()
	SIG35-C	不从处理计算异常的信号处理器返回值

（续表）

规 则 类 别 与 序 号	规 则 标 识	规 则 要 求
规则 12：错误处理 （ERR）	ERR30-C	使用 errno 检测错误时需谨慎
	ERR32-C	不依赖于 errno 的不确定值
	ERR33-C	检测和处理标准库函数调用错误
	ERR34-C	将字符串转换为数字时检测错误
规则 14：并发（CON）	CON30-C	清理为特定线程分配的内存
	CON31-C	不销毁已加锁的互斥量
	CON32-C	多个线程访问位域时要避免数据竞争
	CON33-C	使用库函数时要避免竞争条件
	CON34-C	声明具有适当生存期的线程之间共享的对象
	CON35-C	按预定义的顺序锁定互斥量以避免死锁
	CON36-C	在线程的循环体中调用阻塞线程的条件变量函数
	CON37-C	不在多线程程序中调用 signal()
	CON38-C	使用条件变量时保持线程的安全性和活性
	CON39-C	不连接或分离已连接或已分离的线程
	CON40-C	不在表达式中重复引用原子变量
	CON41-C	可能虚假失败的函数应包裹在循环中
	CON43-C	多线程代码中不允许数据竞争
规则 48：杂项（MSC）	MSC30-C	不使用 rand() 函数生成伪随机数
	MSC32-C	使用正确种子的伪随机数生成器
	MSC33-C	不将无效数据传递给 asctime() 函数
	MSC37-C	确保非 void 函数任何情况下都有返回值
	MSC38- C	如果预定义的标识符只能作为宏实现，则不将其视为对象
	MSC39-C	不在 va_list 具有不确定值时调用 va_arg()
	MSC40-C	不违反约束
	MSC41-C	禁止对敏感信息进行硬编码
规则 50：POSIX（POS）	POS30-C	正确使用 readlink() 函数
	POS34-C	不使用指向自动变量的指针作为参数调用 putenv()
	POS35-C	检查符号链接是否存在时避免竞争条件
	POS36-C	撤销特权时应遵守正确的撤销顺序
	POS37-C	确保成功地撤销特权
	POS38-C	父子进程共享文件描述符时应注意竞争条件
	POS39-C	在系统之间使用正确的字节顺序传输数据
	POS44-C	不使用信号来终止线程
	POS47-C	不使用可以异步取消的线程
	POS48-C	不解锁或销毁另一个 POSIX 线程的互斥量
	POS49-C	当数据必须由多个线程访问时，提供互斥量并保证相邻的数据不会被访问
	POS50-C	声明 POSIX 线程之间共享的对象具有适当存储持续时间
	POS51-C	按照预定义的顺序锁定以避免 POSIX 线程死锁
	POS52-C	持有 POSIX 锁时不执行可能阻塞的操作
	POS53-C	对一个条件变量的并发等待操作不使用多个互斥量
	POS54-C	检测和处理 POSIX 库错误
规则 51：微软 Windows （WIN）	WIN30-C	正确配对的内存分配和释放函数

（3）C++安全编码标准

　　SEI CERT C++编码标准参考并依赖于 SEI CERT C 编码标准，关注 C++编程语言中没有完全被 SEI CERT C 编码标准覆盖的部分，为 C++安全编码提供规则和建议，帮助程序员通过遵循安全编码最佳实践来确保其 C++代码减少安全漏洞。该标准是针对 C++ 14 开发的，但也适用于 C++ 11 等早期版本。SEI CERT C++编码标准给出的 C++安全编码规则（不包含安全编码建议）如表 6-7 所示。

表 6-7　C++安全编码规则

规则类别与序号	规则标识	规则要求
规则 1：声明和初始化（DCL）	DCL50-CPP	不定义 C 语言风格的可变参数函数
	DCL51-CPP	不声明或定义保留标识符，包括以下画线开始的标识符
	DCL52-CPP	不用 const 或 volatile 限定引用类型
	DCL53-CPP	不编写语法不明确的声明
	DCL54-CPP	在同一作用域中成对重载内存分配和释放函数
	DCL55-CPP	跨信任边界传递类对象时避免信息泄漏
	DCL56-CPP	避免循环初始化静态对象
	DCL57-CPP	不在析构函数或释放函数中抛出异常
	DCL58-CPP	不修改标准命名空间
	DCL59-CPP	不在头文件中定义未命名的命名空间
	DCL60-CPP	遵守单一定义规则
规则 02：表达式（EXP）	EXP50-CPP	不依赖于求值计算的顺序
	EXP51-CPP	不利用错误类型的指针删除数组
	EXP52-CPP	不依赖于未求值操作数的副作用
	EXP53-CPP	不读取未初始化的内存
	EXP54-CPP	不访问超出其生命周期的对象
	EXP55-CPP	不利用非 CV 限定类型访问 CV 限定对象
	EXP56-CPP	不调用语言链接不匹配的函数
	EXP57-CPP	不强制转换或删除指向不完整类的指针
	EXP58-CPP	将正确类型的对象传递给 va_start
	EXP59-CPP	用有效类型和成员调用 offsetof()
	EXP60-CPP	不跨执行边界传递非标准布局类型对象
	EXP61-CPP	lambda 对象的寿命不能超过它所捕获的任何引用对象
	EXP62-CPP	不访问对象表示中不属于对象值表示的比特位
	EXP63-CPP	不依赖于移出（moved-from）对象的值
规则 03：整数（INT）	INT50-CPP	不强制转换为超出范围的枚举值
规则 04：容器（CTR）	CTR50-CPP	确保容器索引和迭代器在有效范围内
	CTR51-CPP	使用有效的引用、指针和迭代器引用容器的元素
	CTR52-CPP	确保库函数操作时目标容器不溢出
	CTR53-CPP	使用有效的迭代器范围
	CTR54-CPP	指向同一个容器的两个迭代器方可相减
	CTR55-CPP	如果结果溢出，则不在迭代器上进行加性操作

（续表）

规则类别与序号	规则标识	规则要求
规则 04：容器（CTR）	CTR56-CPP	不在多态对象上使用指针运算
	CTR57-CPP	提供有效的排序谓词
	CT R58-CPP	谓词函数对象不应是可变的
规则 05：字符和字符串（STR）	STR50-CPP	确保字符串的存储空间足够容纳字符数据和 null 结束符
	STR51-CPP	不尝试用空指针创建 std::string
	STR52-CPP	使用有效的引用、指针和迭代器引用 basic_string 的元素
	STR53-CPP	基于范围检查进行元素访问
规则 06：内存管理（MEM）	MEM50-CPP	不访问已释放的内存
	MEM51-CPP	正确释放动态分配的资源
	MEM52-CPP	检测并处理内存分配错误
	MEM53-CPP	手动管理对象生命周期时显式地构造和析构对象
	MEM54-CPP	将存储容量足够的恰当对齐的指针传递给定位 new 操作符
	MEM55-CPP	替换动态内存分配或释放函数须满足指定的要求
	MEM56-CPP	不将已拥有的指针值存储在不相关的智能指针中
	MEM57-CPP	避免对过度对齐的类型使用默认 new 操作符
规则 07：输入输出（FIO）	FIO50-CPP	不在没有中间定位调用的情况下交替地从文件流输入和输出
	FIO51-CPP	关闭不再需要的文件
规则 08：异常和错误处理（ERR）	ERR50-CPP	不要突然终止程序
	ERR51-CPP	处理所有异常
	ERR52-CPP	不使用 setjmp()或 longjmp()
	ERR53-CPP	不在构造函数或析构函数的 try-block 处理器中引用基类或类数据成员
	ERR54-CPP	catch 处理器应将其参数类型从最多派生到最少派生排序
	ERR55-CPP	重视异常规范
	ERR56-CPP	确保异常安全
	ERR57-CPP	处理异常时不泄露资源
	ERR58-CPP	处理 main()开始执行前抛出的所有异常
	ERR59-CPP	不跨执行边界抛出异常
	ERR60-CPP	异常对象的复制构造函数必须声明为 noexcept
	ERR61-CPP	通过左值引用捕获异常
	ERR62-CPP	检测将字符串转换为数值时的错误
规则 09：面向对象编程（OOP）	OOP50-CPP	不在构造函数或析构函数中调用虚函数
	OOP51-CPP	避免对象切片
	OOP52-CPP	不删除基类没有虚析构函数的多态对象
	OOP53-CPP	按规范顺序编写构造函数成员初始化器
	OOP54-CPP	优雅地处理自复制赋值
	OOP55-CPP	不使用成员指针运算符访问不存在的成员
	OOP56-CPP	替换处理器函数需满足被替换函数的要求
	OOP57-CPP	用特殊的成员函数和重载操作符等效替换 C 标准库函数
	OOP58-CPP	复制操作不能改变源对象

（续表）

规则类别与序号	规则标识	规则要求
规则 10：并发性（CON）	CON50-CPP	不销毁锁定的互斥量
	CON51-CPP	确保在异常情况下释放持有的锁
	CON52-CPP	从多个线程访问位域时应避免数据竞争
	CON53-CPP	按照预定义的顺序锁定以避免死锁
	CON54-CPP	将可能虚假唤醒的函数包裹在循环中
	CON55-CPP	使用条件变量时保持线程的安全性和活性
	CON56-CPP	不尝试锁定调用线程已锁定的非递归互斥量
规则 49：杂项（MSC）	MSC50-CPP	不使用 std::rand()生成伪随机数
	MSC51-CPP	使用正确种子的随机数生成器
	MSC52-CPP	带返回值的函数必须在任何退出路径都返回值
	MSC53-CPP	不从声明为[[noreturn]]的函数返回
	MSC54-CPP	信号处理器必须是具有 C 语言链接的函数

（4）Oracle Java 安全编码标准

SEI CERT Oracle Java 编码标准专注于 Java SE 6 环境，包括使用 Java 编程语言和库进行安全编码的规则，并涉及 Java SE 7 平台的新特性，为 Java SE 6 和 Java SE 7 平台中存在的安全编码问题提供可选的兼容解决方案，以缓解不安全编码实践可能导致的可利用漏洞。

Java 语言、核心和扩展 API 以及 JVM 提供了安全管理器、访问控制器、加密、自动内存管理、强类型检查和字节码验证等安全特性，这些特性为大多数应用程序提供了足够的安全性，但正确使用它们至关重要。SEI CERT Oracle Java 编码标准解决主要适用于 lang 和 util 库以及集合、并发实用程序、日志、管理、反射、正则表达式、Zip、I/O、JMX、JNI、Math、序列化和 XML JAXP 库的安全问题。该标准并不限于特定核心 API 的安全问题，还包括与标准扩展 API（javax 包）相关的重要安全问题。该标准强调与安全体系结构相关的缺陷和警告，并强调安全体系结构的正确实现。可以依据该标准定义细粒度的安全策略，并在不受信任的系统上安全地执行受信任的移动代码，或在受信任的系统上安全地执行不受信任的移动代码。

SEI CERT Oracle Java 编码标准给出的 Oracle Java 安全编码规则（不包含安全编码建议）如表 6-8 所示。

表 6-8　Oracle Java 安全编码规则

规则类别与序号	规则标识	规则要求
规则 00：输入验证和数据净化（IDS）	IDS00-J	防止 SQL 注入
	IDS01-J	在验证字符串之前对其进行规范化处理
	IDS02-J	在验证路径名之前对其进行规范化处理
	IDS03-J	日志中不记录未净化处理的用户输入
	IDS04-J	从 ZipInputStream 安全解压文件
	IDS06-J	从格式化字符串中排除未净化处理的用户输入
	IDS07-J	净化传递给 Runtime.exec()方法的不可信的数据
	IDS08-J	净化正则表达式中包含的不可信的数据
	IDS11-J	在验证之后不要修改字符串

（续表）

规则类别与序号	规则标识	规则要求
规则 00：输入验证和数据净化（IDS）	IDS14-J	不信任隐藏表单字段的内容
	IDS15-J	不允许敏感信息泄露到信任边界之外
	IDS16-J	防止 XML 注入
	IDS17-J	防止 XML 外部实体攻击
规则 1：声明和初始化（DCL）	DCL00-J	防止类的循环初始化
	DCL01-J	不重用 Java 标准库已公开的标识
	DCL02-J	不在增强 for 语句中修改集合的元素
规则 02：表达式（EXP）	EXP00-J	不忽略方法返回的值
	EXP01-J	需要使用对象时应避免对象为 null
	EXP02-J	不使用 Object.equals()方法比较两数组
	EXP03-J	不使用相等运算符比较盒装原语的值
	EXP04-J	传递给特定 Java 集合框架方法的参数与相应类实例的参数化类型相同
	EXP05-J	不在一个表达式中写操作对象之后再对其进行读写
	EXP06-J	不在断言中使用有副作用的表达式
	EXP07-J	防止因弱引用而丢失有用数据
规则 03：数字类型和操作（NUM）	NUM00-J	检测或防止整数溢出
	NUM01-J	不对同一数据进行位运算和算术运算
	NUM02-J	确保除法和余数操作不会导致除以零错误
	NUM03-J	使用可容纳无符号数据合法取值范围的整数类型
	NUM04-J	不使用浮点数进行精确计算
	NUM07-J	不要尝试与 NaN 进行比较
	NUM08-J	检查浮点输入是否有特殊值
	NUM09-J	不使用浮点变量作为循环计数器
	NUM10-J	不用浮点型字面常量构造 BigDecimal 对象
	NUM11-J	不比较或检查以字符串形式表示的浮点值
	NUM12-J	确保数值转换成较小类型时不会导致数据丢失或曲解
	NUM13-J	将基本整数类型转换为浮点类型时应避免精度损失
	NUM14-J	正确使用移位运算符
规则 04：字符和字符串（STR）	STR00-J	不用包含可变宽度编码字符数据的部分字符形成字符串
	STR01-J	不要假设 Java 的 char 完全表示了 Unicode 代码点
	STR02-J	比较依赖于区域设置的数据时指定适当的区域设置
	STR03-J	不将非字符数据转换为字符串
	STR04-J	在 JVM 之间使用兼容的字符编码进行字符串数据通信
规则 05：对象定位（OBJ）	OBJ01-J	限制字段的可访问性
	OBJ02-J	更改父类时应保持子类中的依赖关系
	OBJ03-J	防止堆污染
	OBJ04-J	为可变类提供复制功能，以安全地允许将实例传递给不可信的代码
	OBJ05-J	不返回可变类私有成员的引用
	OBJ06-J	对可变输入和可变内部组件创建防御性复制
	OBJ07-J	敏感类一定不能让自己被复制

（续表）

规则类别与序号	规则标识	规则要求
规则 05：对象定位（OBJ）	OBJ08-J	不要在嵌套类中暴露外部类的私有成员
	OBJ09-J	比较类而不是类名
	OBJ10-J	不要使用公有静态的非 final 字段
	OBJ11-J	小心处理构造函数抛出异常的情况
	OBJ13-J	确保不暴露可变对象的引用
规则 06：方法（MET）	MET00-J	验证方法参数
	MET01-J	不使用断言验证方法参数
	MET02-J	不使用弃用或过时的类和方法
	MET03-J	执行安全检测的方法必须声明为 private 或 final
	MET04-J	不增加覆写方法和隐藏方法的可访问性
	MET05-J	确保构造函数不调用可覆写的方法
	MET06-J	不在 clone() 中调用可覆写的方法
	MET07-J	不要定义类方法来隐藏超类或超接口中声明的方法
	MET08-J	覆写 equals() 方法时应遵循通用规范
	MET09-J	定义 equals() 方法的类必须定义 hashCode() 方法
	MET10-J	实现 compareTo() 方法时应遵循通用规范
	MET11-J	确保比较操作中使用的键是不可变的
	MET12-J	不使用终结器
规则 07：异常行为（ERR）	ERR00-J	不抑制或忽略检查过的异常
	ERR01-J	禁止异常暴露敏感信息
	ERR02-J	进行日志记录时应防止异常终止记录
	ERR03-J	方法失败时恢复对象先前的状态
	ERR04-J	不在 finally 程序段突然退出
	ERR05-J	不在 finally 程序段中遗漏可检查异常
	ERR06-J	不抛出未声明的已检查的异常
	ERR07-J	不要抛出 RuntimeException、Exception 或 Throwable
	ERR08-J	不捕捉 NullPointerException 或它的任何基类
	ERR09-J	禁止不可信的代码终止 JVM
规则 08：可见性和原子性（VNA）	VNA00-J	访问共享的基本变量时应确保其可见性
	VNA01-J	保证对不可变对象的共享引用的可见性
	VNA02-J	确保对共享变量的组合操作是原子操作
	VNA03-J	不要假设对独立原子方法的一组调用是原子操作
	VNA04-J	确保对方法链的调用是原子操作
	VNA05-J	确保读写 64 位值时的原子性
规则 09：锁（LCK）	LCK00-J	使用私有 final 锁对象同步可能与不可信的代码交互的类
	LCK01-J	不加锁可能被重用的对象进行同步
	LCK02-J	不加锁 getClass() 返回的类对象进行同步
	LCK03-J	不利用高层次并发对象的内置锁进行同步
	LCK04-J	如果后备集合是可访问的，则不在集合视图上进行同步
	LCK05-J	对可以被非受信代码修改的静态字段，需要同步访问

（续表）

规则类别与序号	规则标识	规 则 要 求
规则 09：锁（LCK）	LCK06-J	不使用实例锁保护共享的静态数据
	LCK07-J	使用相同的顺序请求和释放锁来避免死锁
	LCK08-J	确保在异常情况下释放已持有的锁
	LCK09-J	持有锁时不执行可能阻塞的操作
	LCK10-J	使用正确形式的双重检查锁定习惯用法
	LCK11-J	当使用不提交其锁定策略的类时，避免使用客户端锁定
规则 10：线程 API（THI）	THI00-J	不调用 Thread.run()
	THI01-J	不调用 ThreadGroup 方法
	THI02-J	通知所有等待中的线程而不是单个线程
	THI03-J	只在循环中调用 wait() 和 await() 方法
	THI04-J	确保可以终止执行阻塞操作的线程
	THI05-J	不使用 Thread.stop() 终止线程
规则 11：线程池（TPS）	TPS00-J	使用线程池确保在流量突发期间服务的优雅降级
	TPS01-J	不使用有限的线程池执行相互依赖的任务
	TPS02-J	确保提交给线程池的任务是可中断的
	TPS03-J	确保线程池中执行的任务不会静默失败
	TPS04-J	确保使用线程池时重新初始化 ThreadLocal 变量
规则 12：线程安全杂项（TSM）	TSM00-J	不用非线程安全的方法覆写线程安全的方法
	TSM01-J	对象构造期间不要让 this 引用逃逸
	TSM02-J	类初始化期间不使用后台线程
	TSM03-J	不发布部分初始化的对象
规则 13：输入输出（FIO）	FIO00-J	不要操作共享目录中的文件
	FIO01-J	创建具有合适的访问权限的文件
	FIO02-J	检测并处理与文件相关的错误
	FIO03-J	在终止前删除临时文件
	FIO04-J	释放不再需要的资源
	FIO05-J	不将缓冲区或其后备数组方法暴露给不可信的代码
	FIO06-J	不在单个字节或字符流上创建多个缓冲包装器
	FIO07-J	避免外部进程耗尽 IO 缓冲区而阻塞输入和输出流
	FIO08-J	区分从流中读取的字符或字节与 −1
	FIO09-J	不使用 write() 方法输出超过 0～255 的整数
	FIO10-J	使用 read() 填充数组时确保填充了整个数组
	FIO12-J	提供读写小端数据的方法
	FIO13-J	不在信任边界之外记录敏感信息
	FIO14-J	程序终止时执行适当的清理
	FIO15-J	提交后不重置 servlet 的输出流
	FIO16-J	在验证路径名之前对其进行规范化
规则 14：序列化（SER）	SER00-J	在类的演化过程中使能其序列化的兼容性
	SER01-J	不要偏离序列化方法的正确签名
	SER02-J	将对象发送到信任边界之外之前对其进行签名和密封

（续表）

规则类别与序号	规则标识	规则要求
规则 14：序列化（SER）	SER03-J	不序列化未加密的敏感数据
	SER04-J	禁止序列化和反序列化绕过安全管理器
	SER05-J	不序列化内部类的实例
	SER06-J	在反序列化时创建私有可变组件的防御性副本
	SER07-J	不要对实现定义的不变量类使用默认的序列化形式
	SER08-J	在从特权上下文反序列化之前最小化特权
	SER09-J	不在 readObject()方法中调用可覆写的方法
	SER10-J	序列化时应避免内存和资源泄露
	SER11-J	防止覆盖可外部化的对象
	SER12-J	防止反序列化不可信数据
规则 15：平台安全（SEC）	SEC00-J	禁止特权代码块跨信任边界泄露敏感信息
	SEC01-J	禁止在特权代码块中使用被污染的变量
	SEC02-J	不基于不可信来源进行安全检查
	SEC03-J	不在允许不受信任的代码加载任意类之后加载受信任的类
	SEC04-J	使用安全管理器检查来保护敏感操作
	SEC05-J	不使用反射来增加类、方法或字段的可访问性
	SEC06-J	不依赖于默认由 URLClassLoader 和 java.util.jar 提供的自动签名验证
	SEC07-J	编写自定义类加载器时调用超类的 getPermissions()方法
规则 16：运行环境（ENV）	ENV00-J	不签名只执行非特权操作的代码
	ENV01-J	将所有安全敏感的代码置于一个 JAR 包中，并对其签名和密封
	ENV02-J	不信任环境变量的值
	ENV03-J	不授予危险的权限组合
	ENV04-J	不禁用字节码验证
	ENV05-J	不部署可以被远程监控的应用程序
	ENV06-J	生产代码不能包含调试入口点
规则 17：Java 本机接口（JNI）	JNI00-J	围绕 native 方法定义包装器
	JNI01-J	安全地调用使用直接调用者的类加载器实例执行任务的标准 API（loadLibrary）
	JNI02-J	不假设对象引用是常量或唯一的
	JNI03-J	在 JNI 代码中不使用直接指向 Java 对象的指针
	JNI04-J	不假设 Java 字符串是用 null 终止的
规则 49：杂项（MSC）	MSC00-J	使用 SSLSocket 而不是 Socket 进行安全数据交换
	MSC01-J	不使用空的无限循环
	MSC02-J	生成强随机数
	MSC03-J	杜绝硬编码敏感信息
	MSC04-J	不泄露内存
	MSC05-J	不耗尽堆空间
	MSC06-J	迭代过程中不修改底层集合
	MSC07-J	实现单例设计模式的类必须防止多实例化
	MSC09-J	对于 OAuth，确保在最后一步中接收用户 ID 的依赖方与被授予访问令牌的依赖方相同
	MSC10-J	不使用 OAuth 2.0 隐式授权进行身份验证
	MSC11-J	避免在 servlet 中泄露会话信息

（5）Perl 安全编码标准

SEI CERT Perl 编码标准为 Perl 编程语言的安全编码提供了规则和建议。该标准是专门为 Perl 编程语言的 5.12 版及更高版本开发的，但包含的大部分内容也可以应用于 Perl 编程语言的早期版本。SEI CERT Perl 编码标准给出的 Perl 安全编码规则（不包含安全编码建议）如表 6-9 所示。

表 6-9　Perl 安全编码规则

规则类别与序号	规则标识	规则要求
规则 1：输入验证和数据净化（IDS）	IDS30-PL	从格式化字符串中排除用户输入
	IDS31-PL	不使用 open() 的双参数形式
	IDS32-PL	验证用作数组索引的任何整数
	IDS33-PL	净化跨信任边界传递的不可信数据
	IDS34-PL	不将不可信的、未净化的数据传递给命令解释器
	IDS35-PL	不用字符串参数调用 eval
规则 02：声明和初始化（DCL）	DCL30-PL	不导入废弃的模块
	DCL31-PL	不重载保留的关键字或子程序
	DCL33-PL	使用标识符之前先声明
规则 03：表达式（EXP）	EXP30-PL	不使用废弃的或过时的函数或模块
	EXP31-PL	不要抑制或忽略异常
	EXP32-PL	不要忽略函数的返回值
	EXP33-PL	不要在没有定义的上下文中调用函数
	EXP34-PL	不要在列表或排序函数中修改 $_
	EXP35-PL	使用正确的运算符类型进行值比较
	EXP37-PL	不使用 select() 的单参数形式
规则 05：字符串（STR）	STR30-PL	捕获变量应只在正则表达式匹配成功后立即读取
	STR31-PL	不将不明确是正则表达式模式的字符串传递给接受正则表达式的函数
规则 06：面向对象程序设计（OOP）	OOP31-PL	不访问其他包中的私有变量或子程序
	OOP32-PL	禁止间接对象调用语法
规则 07：文件输入输出（FIO）	FIO30-PL	执行网络或文件 I/O 时使用兼容的字符编码
规则 50：杂项（MSC）	MSC30-PL	不用逗号分隔语句
	MSC31-PL	不嵌入全局语句
	MSC32-PL	不从模块外部提供模块的版本值

6.2.4　ISO/IEC C 安全编码规则

国际标准《信息技术—程序设计语言及其环境和系统软件接口—C 安全编码规则》（ISO/IEC TS 17961：2013）的目的是为静态分析工具、C 语言编译器等代码静态分析器建立一组基线要求，以便不同分析器实现代码静态分析时对代码安全缺陷具有统一的覆盖程度。该标准面向代码分析器而不是应用软件开发人员，如表 6-10 所示。SEI CERT C 编码标准已参照该标准进行了更新，故本节不赘述 ISO/IEC TS 17961 的安全编码规则清单。

表 6-10   ISO/IEC TS 17961 安全编码规则示例

5.9 比较填充数据[padcomp]	
规　　则	需要诊断对填充数据的比较
论　　据	填充位的值未指定，可能包含初始时由攻击者提供的数据

示　　例	在这个不合规的示例中，需要对代码进行诊断，因为 C 标准库函数 memcmp() 用于比较包括填充数据的结构 s1 和 s2。
	
	struct my_buf {
	　　char buff_type;
	　　size_t size;
	　　char buffer[50] ;
	};
	
	unsigned int buf_compare(const struct my_buf *s1, const struct my_buf *s2) {
	　　if (! memcmp(s1, s2, sizeof(struct my_buf))) { // diagnostic required
	　　　　/* . . . */
	　　}
	
	　　return 0;
	}

ISO/IEC TS 17961 规定的 C 语言安全编码规则均基于 C 标准中定义的未定义行为，旨在提供针对一组代码缺陷的检查，实际经验已证实这些缺陷会导致漏洞。每条规则均附有示例代码，用于解释规则详述部分描述的需求。示例代码包括违规示例、合规示例两种。违规示例展示的语言结构具有潜在可利用安全隐患，期望静态分析器可以分析诊断出类似情况；合规示例期望不会被静态分析器误报。部分规则给出了例外。所有安全编码规则都意味着可以通过静态分析强制执行。鉴于不断增加的程序复杂性，建议使用静态分析工具分析诊断违反安全编码规则的情况。选择这些规则的标准是实现这些规则的分析器必须能够有效地发现安全编码错误，而不会产生过多的误报。符合要求的分析器在检测到违反该标准不同规则时必须能生成与规则对应的诊断结果；如果某源文件中的代码同时违反多个规则，则符合要求的分析器可能会聚合诊断结果，但必须至少生成一条诊断信息。

6.2.5　面向特定行业领域的安全编码规则

不同领域的软件系统，对"安全"的界定或要求是不同的（详见本书 2.3.6 节的相关描述）。与信息数据处理软件类似，器械设备控制软件的任何错误均有可能导致严重后果，在实践中，两类软件对代码的安全需求相同。ISO/IEC TS 17961 中的类似结论是"In practice，then，security-critical and safety-critical code have the same requirements"（在实践中，两类安全关键代码具有相同的需求）。只是器械设备控制软件实现代码安全的方式更严苛，例如，不允许动态分配内存，要求静态分配所有内存，而信息数据处理软件只需"小心谨慎"地管理和利用动态分配内存，并不禁止动态分配和使用分配的内存。遵循行业特定的标准，更容易写出符合产品预期的代码，更容易编写满足终端用户和业务需求的代码。

（1）MISRA C 编码指南

MISRA C 是由汽车工业软件可靠性协会（Motor Industry Software Reliability Association，MISRA）提出的 C 语言开发指南，解决可能不安全的 C 语言特性，并提供编程规则以避免这些隐患，用于增强嵌入式系统软件的安全性及可移植性。针对 C++有对应的标准 MISRA C++。MISRA C 最初主要针对汽车行业，涉及嵌入式系统软件的其他行业，例如铁路、航空航天、国防、医疗设备等行业，都已有厂商使用 MISRA C。

MISRA C 的第一版《Guidelines for the Use of the C Language in Vehicle Based Software（汽车专用软件的 C 语言编程指南）》是在 1998 年发行的，称为“MISRA C：1998”或“MC1”。2004 年发行的第二版《Guidelines for the Use of the C Language in Critical Systems（关键系统 C 语言编程指南）》，称为“MISRA C：2004”或“MC2”。2013 年发布的第三版称为“MISRA C：2012”或“MC3”。MC1、MC2 将编码规则分为必要性规则（Required Rule）和建议性规则（Advisory Rule）两类，声称符合 MISRA C 编码规则的代码须遵从所有必要性规则。对于建议性规则，程序员则拥有更多的灵活性。MC3 新增一个类别——强制性规则（Mandatory Rules），在任何情况下，程序员都不可以违反强制性规则。MC3 包含 9 条必要性指令和 7 条建议性指令共 16 条指令以及 10 条强制性规则、32 条建议性规则和 101 条必要性规则共 143 条规则。指令是一种无法提供执行合规检查所需信息完整描述的指导方针，指令需要额外的设计文档、需求规范等辅助信息和静态分析等工具才能完成代码的合规性检查。MC3 对指令的描述如表 6-11 所示。规则是已提供执行合规检查所需信息完整描述的指导方针，可以不需要其他任何信息即可检查源代码是否符合规则。MC3 对规则的描述如表 6-12 所示。

表 6-11　MISRA C：2012 指令示例

指令 2.1	所有源文件都应在没有任何编译错误的情况下进行编译
类　别	必要性指令
适 用 于	C90、C99

表 6-12　MISRA C：2012 规则示例

规则 2.3	不应包含被声明但未使用的类型
类　别	建议性规则
分　析	可判定的，系统范围内分析
适 用 于	C90、C99

每一个规则被分类为可判定的或不可判定的。这种分类描述了静态分析工具在理论上回答“此代码是否符合此规则”这个问题的能力。而指令没有以这种方式分类（表 6-11 中没有“分析”这一行），因为不可能设计出一种仅依靠源代码就能判定其是否合乎指令要求的算法。如果程序在每种情况下都能以“是”或“否”回答是否合规，则该规则是可判定的，否则，规则是不可判定的。在系统范围内分析所有源代码以判断当前代码是否合乎本规则，或在单个编译单元中分析当前代码是否合乎本规则。

按 C 语言中的不同主题对指令和规则进行分组，即：各种指导方针被放置在最相关的主题下。MC3 中主题分为标准 C 环境、未使用的代码、注释、字符集与词汇约定、标识符、类型、字面常量与常量、声明与定义、初始化、基本数据类型、指针类型转换、表达式、副作用、控制语句表达式、控制流、switch 语句、函数、指针与数组、重叠存储、预处理指令、标准库、资源等 22 个主题，其中"未使用的代码"主题下的规则如表 6-13 所示。

表 6-13　MISRA C：2012 规则分组示例

主　题	规则序号	规则类别	规　则　要　求
2：未使用的代码	2.1	必需	不应包含无法访问的代码
	2.2	必需	不应有死代码
	2.3	建议	不应包含被声明但未使用的类型
	2.4	建议	不应包含未使用的标签声明
	2.5	建议	不应包含未使用的宏定义
	2.6	建议	函数中不应包含未使用的语句标号
	2.7	建议	不应有未使用的函数参数

随着 C 语言标准新版本的发布，也在不断发布 MC3 的修订补充之处，例如 2023 年发布了支持 C11 和 C18 新功能的修订补充之处（修正案 4），与 MC3 一起使用。

（2）AUTOSAR C++编码指南

在 2003 年，由全球汽车制造商、零部件供应商及其他电子、半导体和软件系统公司联合建立汽车开放系统架构（AUTomotive Open System ARchitecture，AUTOSAR）联盟，并联合推出开放的、标准化的汽车嵌入式系统软件分层架构——AUTOSAR 规范，降低汽车嵌入式系统软硬件耦合度，有利于提高软件复用度，尤其是跨平台的复用度，便于软件的交换与更新。

早期的车载软件编程指南主要聚焦于 C 语言，为了保证 AUTOSAR 自适应平台应用程序的可靠性与稳定性，AUTOSAR 联盟于 2017 年发布了车载软件领域的 C++编程指南《Guidelines for the Use of the C++14 Language in Critical and Safety-Related Systems（关键及安全相关系统 C++ 14 语言编程指南）》，是 MISRA C++：2008 的更新和改进，在规则内容方面继承了 MISRA C++：2008 的范围、分类方式、规则描述方式以及大部分规则。

AUTOSAR C++与 MISRA C++：2008 的最大区别是增加了对 C++11 和 C++14 的支持，并基于最新的 C++编程实践，改进 MISRA C++：2008 中不合适的规则。为了保证在安全关键系统中使用 C++的可靠性，AUTOSAR C++编程指南对 C++的特性进行了限制，禁止一些可能会引入安全问题的特性。随着 C++标准和相关编程规则标准的更新发展，AUTOSAR C++编程指南也在不断更新，在支持 C++新特性的同时，借鉴联合攻击战斗机飞行器 C++（JSF AV C++）、高完整性 C++（HIC++）、SEI CERT C++和 C++核心准则等编程指南或标准，增加针对《道路车辆功能安全》（ISO 26262：2011）相关内容的映射，更新或增加新的规则。AUTOSAR C++是汽车工业领域的安全编程指南，也可以应用于其他嵌入式系统。

（3）JSF AV C++编码标准

2005 年美国洛克希德•马丁公司发布《Joint Strike Fighter Air Vehicle C++ Coding Standards for the System Development and Demonstration Program（联合攻击战斗机飞行器系统研制与验证项目 C++编码标准）》，简称 JSF AV C++编码标准。该标准借鉴 MISRA C 编码指南的相关内容，并在其之上增加针对继承、模板和命名空间等 C++特性的编程规则，旨在为使用 C++的程序员提供指导，使其能够采用良好的编程风格和经过验证的编程实践，编写安全、可靠、可测试和可维护的代码，从而减少系统隐患，提高系统稳定性。洛克希德·马丁公司要求相关飞行器系统代码强制遵循该标准，并推荐其他非飞行器系统代码参照执行。

每条 JSF AV C++编码规则包含描述、依据、示例和备注四个部分。"描述"用于说明规则要求，比较简略，有时会省略为参见其他规范、标准等文献，尤其是 JSF 项目文档及《机载软件适航标准》等其他航空标准。"依据"用于阐述设定该规则的原因，根据该内容，程序员可以"知其所以然"。"示例"为遵守或违反该规则的代码，该部分内容较少，且仅有少量规则有相应示例，但在标准文档的附录中有大量针对具体规则的示例。"备注"涉及范围比较广，包括遵守的规则、编译选项等。

JSF AV C++编码规则分为"should"、"will"和"shall"三个遵守级别。"should"级规则属于较为强烈的建议性规则；"will"级规则属于强制性规则，但是此类规则不要求验证，此类规则仅限于非安全关键的规则，例如命名约定等；"shall"级规则也属于强制性规则，但必须由工具软件或人工确认应用程序代码是否遵从此类规则。与其他编程指南不同的是，JSF AV C++明确说明在编程过程中确实需要违反相关规则时需办理的相关手续，体现了该编码标准的实际可操作性：当违反"should"级规则时，需经软件开发负责人批准；当违反"will"级和"shall"级规则时，需经软件开发负责人和产品经理批准；所有对"shall"级规则的违背，都应有相应文档记录。

6.3　安全编码过程管理与代码安全审核

6.3.1　安全编码过程管理

为了确保安全地编写软件代码，从而减少软件中潜在的安全漏洞，软件开发组织应制定并落实安全编码规范，建立并应用最低限度的安全基线，建立整个组织范围适用的安全编码过程管理，为代码安全提供良好的管理，且将其扩展到来自第三方的软件组件和开源代码。软件开发组织应关注安全形势和安全技术的发展，搜集整理关于软件漏洞的最新建议和信息，持续更新安全编码规范，确保实施有效的安全编码实践，以应对不断变化的安全威胁形势。

国际标准《信息安全、网络安全与隐私保护——信息安全控制》（ISO/IEC 27002：2022）作为组织根据信息安全管理体系认证标准定制和实施信息安全控制措施的指南，从信息安全控制的角度给出了安全编码过程管理。以该标准中安全编码相关要求为基础，结合软件安全构建成熟度模型 BSIMM（详见 3.4.3 节）的相关内容，建议安全编码过程管理包含的相关事项如下。

（1）安全编码前的规划和准备

安全编码前的规划和准备事项包括以下几点。

① 软件开发组织针对拟开发软件的期望和批准的安全编码规范。

② 熟悉导致安全漏洞的不良编码实践和常见缺陷，制定常见缺陷检查列表。

③ 统一配置集成开发环境（包括编译器安全相关编译参数选项设置）、代码静态分析工具等开发工具，以帮助程序员强制创建安全代码。

④ 遵循开发工具和执行环境提供商发布的适用指南。

⑤ 维护和使用更新的开发工具（如编译器）。

⑥ 培训开发人员并确认编写安全代码的开发人员的资格。

⑦ 安全设计和架构，包括威胁建模。

⑧ 制定并使用安全编码标准。软件开发组织成立安全团队和标准审核委员会，制定包含安全编码标准的系列安全标准，以解释并指导如何遵守安全策略及开展具体的安全实践。为技术栈制定标准，为每个技术栈创建一套安全的基本配置，使每个团队不必为每个新项目探索新技术风险。一套清晰的安全编码标准有助于指导手动及自动代码审核，同时也有助于通过相关示例来加强安全培训。

⑨ 使用受控环境进行软件开发。

（2）编码期间的安全管理

编码期间的考虑因素应包括：

① 特定于正在使用的编程语言和技术的安全编码实践；

② 使用安全编程技术，如结对编程、重构、同行评审、安全迭代和测试驱动开发；

③ 使用结构化编程技术；

④ 记录代码并消除可能导致安全漏洞被利用的编程缺陷；

⑤ 禁止使用不安全的程序设计技术（例如，使用硬编码密码、未经批准的代码样本和未经认证的 Web 服务）；

⑥ 使用源码管理工具，确定可以签入新代码的人员，跟踪文件变更；

⑦ 制订适当的代码精简计划，逐步去除不使用和不安全的特性进而简化旧代码。

应在开发期间和之后进行测试。静态应用程序安全测试 SAST 可以识别出软件中的常见安全漏洞。在软件投入运行之前，应评估以下内容：

① 攻击面和最小特权原则；

② 对最常见的编程错误进行分析，并记录这些错误已得到缓解；

③ 识别并审核集成在软件中的开源组件，控制开源组件带来的安全风险。

（3）生成发行版时的代码处理

生成程序的发行版时，重点关注以下事项。

① 检查并清除调试代码、调试接口。调试代码可以用于提权或绕过身份验证。例如"CWE-489：Active Debug Code"描述的绕过身份验证：假设应用程序有一个接收用户名和密码的登录脚本，且假设第三个可选参数"debug"被脚本解释为请求切换到调试模式，当给出这个参数时，不检查用户名和密码。在这种情况下，很容易绕过身份验证过程。

② 以 Java Script 等源码方式发行的程序，须利用 Grunt 等工具软件去除源码中的注释，并进行代码混淆处理，增加攻击者分析源码的难度。

③ 无论编译结果是否为字节码，编译时进行代码混淆处理，增加逆向分析的难度。

6.3.2　源代码静态安全分析

源代码安全分析主要采用代码静态分析技术，也可以在源码中插入检查代码，并在程序运行时检查程序是否符合安全需求。本节仅概述源代码静态安全分析。

代码静态分析是指在不运行程序代码的情况下，对程序源代码的语义、结构和行为进行分析，找出程序中由于编码错误导致的不规范、不合理的或者可能导致程序运行异常的代码。静态分析方法包括以下几种。

① 词法分析：按给定顺序读入程序源代码，利用作为词法规范的正则表达式，将源代码字符流转换为等价的词法单元（token）流。词法分析可以发现非法字符等不满足词法规范的错误。

② 语法分析：读入词法单元流，判断输入程序源代码是否符合程序设计语言的语法规范，并在符合规范的情况下通过使用上下文无关文法将相关词法单元整理为语法树。

③ 抽象语法树分析：以树状的形式抽象描述程序源代码语法结构，源代码中的每个结构都表征为树上的节点。抽象语法树不依赖于具体的文法，也不依赖于源代码语言的细节，能有效保存源代码的语法结构和语义信息。

④ 语义分析：审查结构上正确的程序源代码有无语义错误。源程序中有些语法成分，按照语法规则判断，是正确的，但其不符合语义规则。例如，给一个过程名赋值，或者调用函数的实参类型不合适。

⑤ 控制流分析：生成有向控制流图，用节点表示基本代码块（没有任何跳转的顺序语句代码），节点间的有向边代表控制流路径（代码中的跳转），反向边表示存在的循环。还可以生成函数调用关系图（简称函数调用图或调用图），表示函数间的调用关系。

⑥ 数据流分析：对控制流图进行遍历，在程序代码经过的路径上检查变量的使用情况，以期发现资源泄露、空指针异常等潜在的运行时错误。

⑦ 污点分析：将待分析的数据（通常是外部输入的不可信数据）标记为污点数据，然后通过跟踪与污点数据相关的信息流，分析污点数据是否会影响某些关键操作，进而判断是否存在安全隐患。污点分析包括污点识别、污点传播分析、污点影响分析，根据待分析的软件系统的不同，使用定制的识别策略识别污点数据在程序中的发源点并对污点数据进行标记，利用特定的规则跟踪分析污点数据在程序中的传播过程，在某些关键的程序点检测关键操作是否受污点数据的影响，并进行净化处理。污点分析的详细介绍，参见 7.3.2 节。

⑧ 程序切片：是一种分解程序的程序分析技术，用于降低程序规模、复杂性等导致的程序分析难度。程序切片概念的提出者 Mark Weise 博士给出的程序切片定义是：给定一个切片准则 $C=(N,V)$，其中 N 表示程序 P 中的指令，V 表示变量集，程序 P 关于 C 的映射即为程序切片。可以简单理解为：将程序中分析人员感兴趣的代码抽取出来组成的能重现源程序部分行为的语句集合即是程序切片。根据不同切片规则生成的切片各不相同。程序切片计算方案包括数据流方程切片方案、基于依赖图的图可达性切片方案、基于波动图的切片方案和基于信息流关系的切片方案。

可以将代码静态安全分析作为软件编译过程的扩展，也可以进行独立的代码安全分析。代码静态安全分析的基本流程如图 6.4 所示，首先对待检测源代码进行抽象与建模，利用解析器执行词法分析和语法分析，生成特定类型的源代码中间表示；然后基于该中间表示，采用预设的安全分析规则（如污点分析规则），结合数据流分析和基于数据流的污点分析、基于依赖关系的污点分析，收集源代码中与安全相关的信息；最后，对收集的信息进行分析，给出检测结果：未发现缺陷或已发现的缺陷。

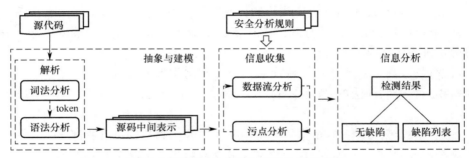

图 6.4　源代码静态安全分析的基本流程

　　抽象语法树是由代码解析器对源代码进行词法分析和语法分析后生成的最基本的源代码中间表示，能够清晰反映源代码的结构信息。根据抽象语法树可以进一步生成控制流图、数据流图、调用图、程序依赖图、系统依赖图和代码属性图等源代码中间表示，如图 6.5 所示，其中代码属性图由抽象语法树、控制流图和程序依赖图合并而成，能够很好地反映源代码的结构、语句执行顺序、控制依赖和数据依赖等信息，基于源代码的该中间表示，更有利于进行安全检测分析。

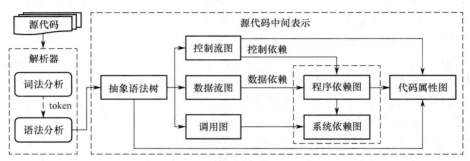

图 6.5　源代码中间表示方法的生成流程

　　确保代码安全的最佳方法是使用代码静态分析工具进行代码分析，并修复发现的缺陷。某些集成开发环境（IDE）已集成了源代码安全分析功能（例如微软 Visual Studio 从 2005 团队版开始集成静态代码分析工具 PREfast），也有代码静态分析工具提供 IDE 插件或仅发布 IDE 插件，支持结合编译过程对代码进行安全分析。根据被审核代码的编程语言，代码安全分析工具分为专用于某编程语言的代码安全分析工具和面向多种编程语言的综合性代码安全分析工具，也可以根据软件的授权及开源情况对代码安全分析工具进行分类，如表 6-14 所示。

表 6-14　常见的源代码安全分析工具

软 件 名 称	支持的编程语言	授　权
奇安信代码卫士	C++、C#、Java、Python、Go 等主流编程语言	商业
Fortify SCA	C/C++、C#、Java 等 30 种以上语言和框架	商业
PREfast	C/C++	商业
PVS-Studio	C/C++、C#、Java	商业
Checkmarx CxSuite	C++、C#、Java、Python、Go 等 20 种语言	商业
Axivion Suite	C/C++	商业
VisualCodeGrepper	C/C++、Java、C#、VB、PL/SQL、PHP、COBOL	开源
SpotBugs	Java	开源

（续表）

软 件 名 称	支持的编程语言	授 权
security-code-scan	C#、VB.NET	开源
CppCheck	C/C++	开源
FlawFinder	C/C++	开源
NodeJsScan	JavaScript	开源
gosec	Go	开源
Brakeman	Ruby	开源

利用静态分析工具进行源代码安全分析的过程总体上分为确定代码检测分析目标、运行代码静态分析工具、报告检测分析结果和修复发现的漏洞四个阶段，如图 6.6 所示。首先确定本次代码安全缺陷检测的目标、检测的内容以及检测前的准备工作，然后运行代码静态分析工具。静态分析工具利用词法分析、语法分析、语义分析、控制流分析、数据流分析或污点分析等方法对程序代码进行扫描、分析，找出代码中的安全缺陷或违反代码安全规范之处，描述产生缺陷的根本原因，并以详细报告的形式给出检测分析结果，分析人员对检查结果进行确认，去除其中的误报。开发人员修复检测分析人员提交的漏洞，并核实漏洞已修复，避免出现可利用的漏洞没有被修复的情况。经过多轮代码静态分析，直至检测分析结果表明代码满足规范性、安全性等指标，已达到预期安全目的。

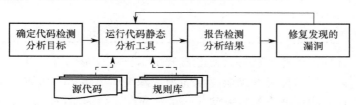

图 6.6 基于静态分析工具的代码安全分析基本流程

除了使用静态分析工具，也可以对源代码进行人工分析或工具辅助下的人工分析，分析方法主要是控制流分析和数据流分析。以表 6-15 所示的 C/C++源代码为分析对象，示例基于控制流分析的安全缺陷分析。

表 6-15 静态分析示例代码 1

行 号	源 代 码
1	while ((node = *ref) != NULL) { //遍历并清理链表
2	*ref = node->next;
3	free(node);
4	if (!unchain(ref)) {
5	break;
6	}
7	}
8	if (node != NULL) {
9	free(node);
10	return UNCHAIN_FAIL;
11	}

表 6-15 所列源代码的控制流图如图 6.7 所示，控制流图中独立路径 1—(2,3)—4—5—8—(9,10)—11 包含源代码行号分别为 3 和 9 的语句"free(node);"，即存在重复释放同一内存空间的问题。

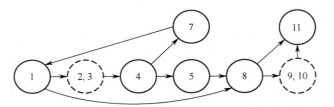

图 6.7　静态分析示例代码 1 的控制流图

表 6-16 所列的 Python 源代码，示意从网络读取代表指令或表达式的字符串，复制转存该字符串后，传递给 exec()函数执行该指令或表达式。示例代码没有对传递给 exec()函数的参数进行安全检查，容易被攻击者利用，例如传入删除系统文件的指令。多数主流编程语言都提供类似 exec()的函数，应在确保安全的前提下调用这些函数。

表 6-16　静态分析示例代码 2

行　　号	源　代　码
1	buf = getInputFromNetwork();
2	copyBuffer(newBuf, buf);
3	exec(newBuf);

随着开源软件社区的流行，软件开发者常复用第三方开源代码，以节省人力物力，缩短开发周期，但复用的代码可能存在漏洞，从而导致漏洞广泛传播。如果发现某源代码存在漏洞，则可以利用源代码相似性检测其他源代码是否存在相同的漏洞。如图 6.8 所示，假设源代码 A 是已知包含漏洞的源代码，源代码 B 是待检测的源代码，进行源代码相似性检测时，无论源代码 A、源代码 B 是否以同种编程语言完成，通常不会直接对源代码进行比对，而是首先对输入的两段源代码进行处理，将其转换为某种源代码中间表示，该中间表示可以抽象出代码的某种特征，例如语法特征或语义特征，然后根据不同中间表示的特点采用不同的方法进行处理，将其转化为可以进行相似性比对的形式，最后度量两段代码间的相似度，根据相似度判断源代码 B 是否也存在安全漏洞，形成相似性分析报告。

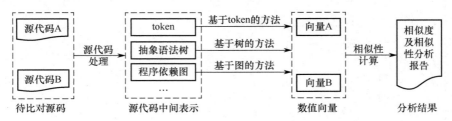

图 6.8　源代码相似性比对流程

6.3.3　代码安全审核

代码安全审核是对代码进行安全分析，以发现代码中的安全缺陷或违反代码安全规范之处，以及产生缺陷的根本原因，利用审核报告的形式列出代码中针对检查列表的符合性/违规性条目，提出代码修订的措施和建议，进而提高软件系统安全性，降低安全风险。代码安全审核并非"很多人参与安全审核都没发现问题"则确定其安全。在确定代码是否有缺陷之前，审核代码的人员需熟知导致安全漏洞的常见编码错误，掌握识别安全漏洞的方法，能够像攻击者一样思考，能够质疑代码中的假设条件。鉴于安全漏洞形成的综合性和复杂性，代码安全审核主要针对代码层面的安全风险、代码质量，以及形成漏洞的各种脆弱性因素。

代码安全审核包括基于源代码的安全审核和基于二进制代码的安全审核。在没有源代码的情况下，对第三方软件进行安全审核的一个基本方法是采用逆向工程的方法，即分析第三方程序中若干使用较为频繁的库程序，对程序中涉及数据输入、字符串处理等逻辑功能的若干代码片段实施逆向工程，然后基于逆向工程结果进行安全漏洞分析和安全编码评估。本节仅介绍基于源代码的代码安全审核，基于二进制代码的代码安全分析，将在 7.3 节结合软件测试进行介绍。

代码安全审核工作可以安排在代码编写完成之后、系统集成测试之前，在进行传统的代码检查的同时，对代码进行安全审核。最佳安全实践将代码安全审核整合到软件开发生命周期中（详见 2.4 节），可以在代码即将被检入时（预提交，将代码提交给源代码存储库之前）、代码刚被检入源代码存储库时（提交后）或在规划的代码检查与安全审核环节进行代码安全审核。

（1）代码安全审核方法

代码安全审核常用的方法是将代码安全缺陷形成检查列表，对照代码逐一检查。检查列表应根据被审核的对象和应用场景进行调整。也常采用源码静态扫描结合故障树分析的方法进行代码安全审核，即：基于源码扫描，生成故障树，进而进行安全分析，如图 6.9 所示。代码安全审核可以结合风险分析（详见 3.2 节）评估代码的安全程度、确定需重点审核的代码、确定所需的审核强度，也可以基于安全设计环节威胁建模（详见 5.4 节）结果优先审核被列为高风险组件的代码，也可以结合软件安全测试环节的二进制程序安全分析（详见 7.3 节）进行代码安全审核。需注意的是，代码安全审核是一种能实现安全的软件的必要而不充分的方法，将代码安全审核与软件体系结构分析进行有机结合，有利于发现更深层次的安全缺陷。

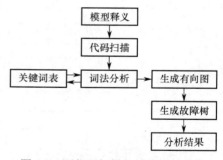

图 6.9　源代码扫描与故障树的结合

鉴于安全漏洞形成的综合性和复杂性以及代码审核内容的庞杂性，代码审核方法可以采用自动化工具软件审核和人工审核相结合、多种手段综合运用的方式。采用专业代码审计工具软件对代码进行审核，生成审核报告，并对审核结果（尤其是发现的问题）与安全检查列表逐一人工核对。对于使用外部开源代码较多的系统，在审核时可先检测开源代码的使用率，开源代码的安全缺陷可从已知漏洞角度检查。由于自动化工具软件的局限性，不可避免存在误报和漏报，可以采用人工对比审核的方式核对或排除误报，采用多个工具软件交叉审核的方式减少漏报。工具软件主要检测常见安全缺陷，利用工具软件的代码审核通常不足以完全替代人工审核，人工审核是工具软件审核的必要补充。人工审核主要解决工具软件的误报和漏报问题。在进行人工审核时，审核人员可借助工具软件对代码模块、数据流、控制流等逻辑结构进行分析提取，并逐条比对，充分考虑攻击者可能采取的各种方法。

在代码审核过程中，可根据审核工作的需要划分工作阶段，如按进度或里程碑划分，按周、月、季度划分，按功能模块实施单元划分，按人员分工交叉审核划分等。对审核发现的缺陷，可根据缺陷的可利用性、影响程度、修复的代价等因素进行分级排序。

（2）代码安全审核流程

国家标准《信息安全技术 代码安全审计规范》（GB/T 39412—2020）将代码安全审核（Review）称为代码安全审计（Audit），规定了代码安全的审计过程以及安全功能缺陷、代码实现安全缺陷、资源使用安全缺陷、环境安全缺陷等典型审计指标及对应的证实方法。考虑到编程语言的多样性，该标准以典型的结构化语言（C）和面向对象语言（Java）为示例目标进行描述，针对软件系统的代码制定 97 条安全缺陷审计条款，其中安全措施审计条款 37 条、代码实现审计条款 25 条、资源使用审计条款 32 条、环境安全审计条款 3 条，审计时可根据被审计的具体对象及应用场景对相关条款进行调整。

GB/T 39412 给出的代码安全审核流程如图 6.10 所示，包括审计准备、审计实施、审计报告、改进跟踪四个阶段。在审计准备阶段，主要进行基本情况调研、签署保密协议、准备检查清单等工作；在审计实施阶段，主要开展资料检查、代码审核、结果分析等工作；报告阶段包括审计结果的总结、陈述等工作，例如进行相关问题的澄清和相关资料的说明；改进跟踪工作由代码开发团队进行，主要对审计发现的问题进行修复。对安全缺陷代码进行修改后，需再次进行审计。

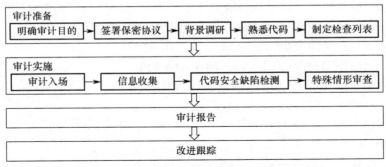

图 6.10　GB/T 39412 给出的代码安全审核流程

代码安全审计准备阶段的工作包括以下几点。

① 明确审计目的。代码安全审计的目的包括软件采购或外包测试、软件产品的认证测试、软件开发组织代码安全性自查等。

② 签署保密协议。为避免被审计单位的代码被审计方用于非代码审计用途，双方应签署代码审计保密协议，明确双方的权利和义务。

③ 背景调研。了解代码的应用场景、目标客户、开发内容、开发过程遵循的标准和流程等。不同行业客户对软件的安全需求不同。软件开发遵循的标准与规范是代码安全审核合规性判断的重要依据。

④ 熟悉代码。通过阅读代码，了解程序代码结构、主要功能模块以及采用的编程语言、技术架构，识别程序使用或包含的开源代码。

⑤ 制定检查列表。通过明确审计目的、背景调研、熟悉代码等工作，形成代码安全审计要点，制定代码安全的检查列表。检查列表包括检查项和问题列表。

代码安全审计实施阶段的工作包括以下几点。

① 审计入场。入场实施环节中,审计人员和项目成员(关键代码开发人员等)均应参与。审计人员介绍审计的主要目标、访谈对象和检查的资料等。项目人员介绍项目进展、项目关键成员、项目背景、实现功能以及项目的当前状态等。

② 信息收集。信息收集环节通过访谈等方式获得代码以及相应需求分析文档、设计文档、测试文档等资料。通过文档资料了解代码的业务逻辑等信息。在了解代码基本信息的基础上,通过深入分析设计文档、访谈关键开发人员等方式,区分核心代码和一般性代码,其中,核心代码一般为涉及核心业务功能和核心软件功能的代码,一般性代码为非核心业务功能和非核心软件功能的代码。

③ 代码安全缺陷检测。代码安全缺陷检测环节是根据制定的代码安全的检查项,采用工具软件审计、人工审计、人工结合工具软件审计方式检查是否存在安全缺陷,检测完成后进行安全分析,形成安全审计结果。

④ 特殊情形审查。在有软件外包或采用开源软件或合作开发情形下,对开源软件或外包部分进行代码安全审计。对核心代码进行重点审计,对一般性代码进行一般性审计。根据实际使用的编程语言的特性,对相应易产生漏洞的不安全因素进行重点审核;参照不同编程语言的编码标准、安全编码规则对代码进行分析,排查对不安全语法的使用,审核代码的遵从性。

代码安全审计实施阶段结束之后,组织召开评审会,将初始审计结果提供给被审计项目成员,并提供澄清误解的机会,允许项目组成员提供其他需要补充的信息。评审会结束后,根据评审意见,调整审计结果,形成审计报告。审计报告包括审计的总体描述、审计结论等内容,并对可能产生的安全风险进行高、中、低分类描述。审计结论给出每条审计条款的符合或不符合的描述。软件开发组织对审计中发现的问题进行修改,对未修改的问题也应提供理由予以响应;对代码的有效变更进行记录存档。对于修复安全缺陷后的代码,可通过再次审计来确认问题是否已解决。

代码安全审核发现的安全缺陷,不一定能被攻击者直接利用或被渗透测试验证,不能据此认为是误报。发现的安全缺陷可能只与不安全的编程习惯相关,只是一个安全隐患。评审会上可以对此进行讨论、论证,并给出可接受的缓解措施。

实 践 任 务

任务 1:安全登录模块的实现

(1)任务内容

根据第 4 章实践任务 1 和实践任务 2 针对"基于 Web 的大学生选课系统"撰写的需求分析及安全需求分析,编程实现选课系统的安全登录功能及至少一个业务功能,登录功能应能对抗暴力破解登录,并实现会话管理(避免绕过登录,直接访问业务功能)。

(2)任务目的

熟悉 Web 安全编程;掌握防范 SQL 注入攻击、跨站脚本攻击、暴力破解等常见攻击的基本方法;掌握会话管理。

（3）参考方法

前端基于 VUE，后端基于 SpringBoot + MyBatis + Shiro；利用 Shiro 实现会话管理，利用 MyBatis 的预编译对抗 SQL 注入攻击，利用验证码或多因素认证对抗暴力破解。

（4）实践任务思考

会话有效时间设置多长比较合适？服务器端能否强制结束会话，若可以，如何实现？如何防范登录账号密码被网络窃听、键盘记录？如何防范 Web 系统被假冒（用户被钓鱼攻击）？

任务 2：代码安全分析

（1）任务内容

利用源代码静态分析工具进行代码安全分析。

（2）任务目的

了解不同编程语言常用的静态分析工具；结合工具软件的分析结果，熟悉常见的代码安全缺陷。

（3）参考方法

利用表 6-14 所列的工具之一或其他静态分析工具，分析自己编写的代码，或分析开源代码，查看分析结果，并对照源代码分析结果，思考消除相应缺陷的方法。

任务 3：ASLR、DEP 与栈保护

（1）任务内容

① 查阅资料，了解地址空间布局随机化（Address Space Layout Randomization，ASLR）的原理和作用。

② 在 Windows 操作系统中，基于 VC 6 编写、编译包含调用自定义简单函数 func( )的控制台小程序，利用反编译结果或调试跟踪分析 func( )的调用与内存地址；基于 VS C++编译上述同一代码，并分析 func( )的调用与内存地址变化。也可以只基于 VS C++，开启编译器的 ASLR、DEP 相关设置或关闭相关设置时分别进行编译与分析。

③ 在 Linux 操作系统中，查看、开启、关闭 ASLR（Windows 操作系统中也可以进行相关操作，但不建议在 Windows 操作系统中进行）。

④ 基于 gcc 编译器，开启、关闭数据执行保护（Data Execution Prevention，DEP）和栈保护，利用反编译结果或调试跟踪，分析开启和关闭编译选项前后编译结果的差异。

（2）任务目的

了解内存安全，了解基于内存破坏的缓冲区溢出等攻击的防范方法。

（3）参考方法

在 Linux 操作系统中查看 ASLR 是否打开，输出 2 表示打开：

```
cat /proc/sys/kernel/randomize_va_space
```

关闭 ASLR，切换至 root 用户，输入命令：

```
echo 0 > /proc/sys/kernel/randomize_va_space
```

开启 ASLR，切换至 root 用户，输入命令：

```
echo 2 > /proc/sys/kernel/randomize_va_space
```

利用 gcc 编译源码时，使用参数-fno-stack-protector 和-z execstack 分别关闭栈保护和 DEP，例如：

```
gcc -fno-stack-protector -z execstack -o hello hello.c
```

注意：GCC4.1 中有三个与堆栈保护相关的编译选项：

-fstack-protector：启用堆栈保护，只为局部变量中含有 char 数组的函数插入保护代码；

-fstack-protector-all：启用堆栈保护，为所有函数插入保护代码；

-fno-stack-protector：禁用堆栈保护。

思　考　题

1．查阅资料了解 Go 语言（也称为 Golang）、Rust 语言的特点及其安全性。

2．代码安全审核与传统的代码检查的主要区别是什么？

3．什么是托管代码？查阅资料了解其运行机制。

4．什么是源代码管理？查阅资料熟悉常见的源代码管理工具和代码托管平台。

5．什么是编码规范？编码过程中，为什么要遵守编码规范？

6．什么是安全编码规范？不同安全编码规范之间有何关系？

7．代码检查有哪几种方式？

8．源代码静态分析有哪些常见方法？

9．什么是程序切片？查阅资料深入了解基于程序切片的软件缺陷预测模型。

10．简述源代码静态安全分析的基本流程。

11．简述代码安全审核的基本流程。

第 7 章　软件测试与安全分析

本章要点：
- 软件测试过程；
- 安全测试基本流程；
- 二进制代码相似性分析；
- 模糊测试与渗透测试。

软件测试是软件开发的重要环节之一，是保障软件质量的重要手段。传统软件测试的任务是发现软件中可能存在的缺陷并修复缺陷，保证软件满足最终用户的需求，考虑的是用户的基本行为。导致软件出现安全问题的主要原因或根源是软件的安全缺陷。软件安全测试是软件测试的活动之一，是保障软件安全的重要手段，其任务是发现软件中可能存在的安全缺陷并修复安全缺陷，保证软件满足最终用户的安全需求，考虑的是具有攻击性的行为。

二进制代码安全分析常用于检测程序的恶意行为或用于生成高覆盖率的测试用例，既可以用于独立分析软件是否存在安全缺陷，也可以与安全测试一起检测软件是否安全。

7.1　软件测试

7.1.1　软件测试及其目标

软件测试（Software Testing）是在规定的条件下使用人工或自动的手段对程序进行操作，审核或比较实际输出与预期输出之间的差异，以发现程序错误、衡量软件质量，并对其是否能满足用户要求进行评估的过程，即对软件进行验证（Verification）和确认（Validation），是保障软件质量的重要手段（软件质量详见 2.3 节）。广义的软件测试并不等同于程序测试，软件测试应贯穿整个软件生命周期，以确保软件开发各环节的正确性。软件包含程序、数据和文档，因此，需求分析、概要设计、详细设计以及软件编码等各阶段所产生的文档，包括需求规格说明、概要设计规格说明、详细设计规格说明以及源程序，都应成为软件测试的对象。换言之，软件测试包括程序测试和各类相关文档的审核。在软件测试中不仅要检查程序是否出错、程序是否和软件产品的设计规格说明书一致，而且还要检验实现的功能是否是用户所需要的功能。狭义的软件测试是程序测试，即为了发现程序中的缺陷而执行程序的过程。在其他章节，若无特殊说明，软件测试均指程序测试。

软件测试的目标是以最少的资源和时间开销尽可能多地发现程序中隐藏的缺陷，降低软件的产品风险和应用风险，但测试并不能发现全部缺陷，也不能证明程序无缺陷。如果为了证明程序没有缺陷而进行测试，则会设计一些不易暴露缺陷的测试方案。由于测试的目标是发现程序中的缺陷，从心理学角度，由程序的编写者自己进行测试是不恰当的。因此，在综合测试阶段通常由其他人员组成测试小组来完成测试工作。软件测试的目的是确保软件的功能符合用户的需求，尽可能在发布或交付软件产品前发现并修复缺陷，同时为软件质量评估提供依据，为软件质量改进和管理提供帮助，进而增强用户对软件的信心，规避或降低软件缺陷导致的各种风险。

与软件测试密切相关的几个基本概念是验证、确认、测试（Testing）和排错（Debugging，即调试）。

（1）验证

验证是指经过测试、检验来证实软件是否已正确实现产品规格书所定义的功能和特性，试图证明在软件生命周期各个阶段以及阶段间的逻辑协调性、完备性和正确性。验证用于回答"是否正确地构造了软件"。

（2）确认

确认也称为有效性确认，表明软件是否满足用户需求。确认一般包括需求规约的确认和程序的确认，程序的确认进一步分为静态确认和动态确认。静态确认不运行程序，通过人工分析或程序正确性证明来证实程序的正确性。动态确认主要通过动态执行程序来进行程序分析，或测试程序来检查其动态行为，以证实程序是否存在问题，即进行确认测试。验证通过的软件，不一定能通过确认，因需求不一定准确，根据需求实现的功能可能无法满足用户特定应用场景的要求。确认用于回答"是否构造了正确的软件"。

（3）测试

测试是由人工或自动化方法来执行或评价软件系统或软件子系统的过程，以验证是否满足规定的需求，或识别出期望的结果和实际结果之间有无差别。测试的任务是尽可能多地发现软件中的缺陷。

（4）排错

排错是查找、分析和纠正程序错误的过程。一般来说，排错有两类活动：其一是确定程序中可疑错误的确切性质和位置；其二是对程序设计或编码进行修改，从而排除该错误。排错的任务是诊断和改正程序中潜在的错误。

7.1.2 软件测试基本原则

为了能实现软件测试的目标和目的，须制定有效的测试方案，因此，软件工程师须深入理解并正确运用指导软件测试的基本原则。软件测试基本原则包括以下几点。

（1）所有测试都应能追溯到用户需求。所有测试工作都应建立在确保被测试软件满足用户需求的基础上。从用户角度，最严重的错误是那些导致程序不能满足用户需求的错误。应根据用户的需求配置测试环境，按照用户的使用习惯进行测试并评价结果。

（2）尽早制订并严格执行测试计划，避免测试的随意性。软件测试是有组织、有计划、有步骤的活动。应在需求分析阶段制订测试计划，在系统设计阶段设计详细的测试方案和测试用例（Test Case，为特定目的设计的一组测试输入、执行条件和预期结果的文档，主要用于检验是否满足某特定需求），即在编码之前对所有测试工作进行规划设计。软件生命周期的每个阶段均有可能引入软件缺陷，软件测试应贯穿整个软件生命周期。应尽早地、持续地进行软件测试，早测试则早发现并早解决问题，有利于降低修复缺陷的成本、提高软件质量。

（3）在软件测试中应用"八二法则"。根据"八二法则"，80%的错误集中在 20%的程序模块中，即大部分缺陷存在于少数程序模块中，因此，可以利用经验知识确定需重点测试的程序模块，以节省测试时间和精力。当发现被测试模块的一个缺陷时，可以检查该模块是否存在其他缺陷。经验表明，在所测试程序模块中，若发现的缺陷多，则残存的缺陷也较多。

（4）应当从"小规模"测试开始，并逐步开展"大规模"测试。首先重点测试单个程序模块，然后把测试重点转向在集成的模块中寻找缺陷，最后在整个系统中寻找缺陷。

（5）穷举测试是不可能的，应选择最优的测试量。穷举测试是将程序所有可能的执行路径均检查一遍的测试。程序执行路径的排列组合数量通常十分庞大，由于受时间、人力以及其他资源的限制，在测试过程中不可能检查被测试程序的每个可能的路径。可以根据测试的风险和优先级等确定测试的关注点，平衡测试成本、风险和收益，精心设计测试方案，尽可能充分覆盖被测试程序的逻辑并使程序达到所要求的可靠性，使测试投入与产出达到一个足够好的状态。

（6）由独立的第三方或专业的测试小组进行独立测试。在系统测试和验收测试中，应避免程序员检查自己编写的程序。人们常常由于各种原因，具有一种不愿否定自己工作的心理，认为揭露自己编写的程序中的缺陷不是一件令人愉快的事，这一心理状态成为测试自己的程序的障碍。另一方面，由于思维定势，人们难于发现自己的错误，程序员对规约理解错误而引入的缺陷更难被程序员自己发现。由独立的第三方或专业的测试小组进行独立测试，则更客观、更有效、更容易取得成功。需注意的是，本原则不能与程序的排错（调试）相混淆。程序员对自己编写的程序进行排错，可能更有效。

（7）避免缺陷免疫。缺陷免疫也称为"杀虫剂悖论"。反复使用同一种杀虫剂时，害虫会产生抗药性，使得杀虫剂失去药效。在软件测试中，缺陷也会产生免疫。如果测试人员长期反复使用相同的测试方法和测试用例，则发现缺陷的能力会越来越差。软件测试中出现这种"杀虫剂"现象的主要原因是测试人员没有及时更新测试用例，同时对测试用例和测试对象过于熟悉，形成了思维定势。为克服这种现象，需对测试方法和测试用例进行不定期修改和评审，针对被测试软件系统的不同部分，增加不同的测试方法或测试用例，同时，测试人员要具有发散思维、探索性思维和逆向思维，不能只是为了完成测试任务而只做输出与期望结果的比较，以便能够发现更多的缺陷。

（8）测试是上下文相关的。应充分了解软件需求、用户群体的行业背景及其关注点，对不同的软件系统采用不同的测试策略，针对不同的测试背景实施不同的测试活动。例如，银行系统更关注安全，美颜软件更关注美颜效果，美妆类软件更关注特效或动画的美观与流畅，电商平台类软件对性能、大并发量访问承压能力有更高的要求。用户群体的关注点，决定了软件测试的重点；根据不同的测试场景规划设计测试活动。

7.1.3　软件测试分类

软件测试技术及其应用都处于不断发展中。根据软件测试技术，可以将软件测试分为白盒测试、灰盒测试和黑盒测试；根据测试方法，可以将软件测试分为静态测试与动态测试。根据不同的分类依据，软件测试可以分为不同类别（如图 7.1 所示），不同的分类结果之间可能存在交叉重叠。

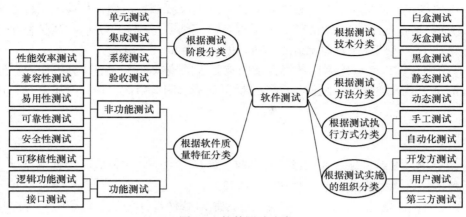

图 7.1　软件测试分类

（1）根据测试技术分类

根据软件测试过程中是否查看被测试程序的源代码等开发文档而采用不同的测试技术，将软件测试分为白盒测试、灰盒测试和黑盒测试。

① 白盒测试。白盒测试也称为结构性测试、透明盒测试、逻辑驱动测试或基于代码的测试，通过对被测试程序内部结构的分析、检测来寻找问题。白盒测试将被测试程序视为一个透明盒子，即测试人员清楚了解被测试程序结构和处理过程，检查所有的结构及路径是否正确，检查软件内部动作是否按照设计说明的规定正常进行。

② 黑盒测试。黑盒测试即功能测试，测试过程中将被测试的程序视为一个黑盒子，完全不考虑程序的内部结构，只依据程序的需求分析和规格说明来设计测试用例，在程序界面处进行测试，只关心程序的输入和输出，通过程序的外部表现来发现错误。

③ 灰盒测试。灰盒测试是介于白盒测试和黑盒测试之间的一种测试，不仅关注被测试程序输出对于输入的正确性，同时也关注被测试程序内部数据的流转以及代码逻辑，但这种关注没有白盒测试那样详细、完整，只是通过一些表征性的现象、事件、标志来判断被测试程序的内部运行状态。

（2）根据测试方法分类

根据进行软件测试时是否需要运行被测试程序，将软件测试分为静态测试和动态测试。

① 静态测试。静态测试是指不运行被测试程序，仅通过分析或检查被测试源程序的语法、结构、过程、接口等来检查程序的正确性，基于需求规格说明书、软件设计说明书、源程序进行结构分析、流程图分析、符号执行来发现错误。静态测试一定是白盒测试，但白盒测试不一定是静态测试。

② 动态测试。动态测试是指通过运行被测试程序，检查运行结果与预期结果的差异来发现错误，并分析被测试程序的运行效率、正确性、健壮性等性能。

（3）根据测试执行方式分类

根据软件测试过程是否使用自动化测试工具，将软件测试分为手工测试和自动化测试。自动化测试可以进一步细分为完全自动化测试和结合了手工测试部分环节的半自动化测试。

① 手工测试。手工测试是测试人员按照为覆盖被测试软件需求而编写测试用例，根据

测试大纲中所描述的测试步骤和方法，手工逐个输入执行测试用例，与被测试程序进行交互（如输入测试数据、记录测试结果等），然后观察测试结果，检查、分析被测试程序是否存在错误或异常。手工测试是比较原始但必须执行的一种测试。

② 自动化测试。自动化测试是将大量的重复性的测试工作交给计算机完成，通常是使用自动化测试工具来模拟手工测试步骤，包括自动输入测试用例、选择测试路径、评估测试结果。

（4）根据测试阶段分类

与需求分析、概要设计、详细设计和编码等软件开发阶段相对应，软件测试划分为验收测试、系统测试、集成测试和单元测试四个阶段。

① 单元测试。单元测试也称为模块测试，是对软件设计的最小单位——程序模块进行正确性检验的测试，其目的是检查每个程序单元能否正确实现详细设计说明中的模块功能、性能、接口和设计约束等要求，发现、修复各模块内部可能存在的各种错误。单元测试需要从程序的内部结构出发设计测试用例，一般由编程人员和测试人员实施单元测试。多个模块可以平行地独立进行单元测试。单元测试主要采用白盒测试，先静态检查代码是否符合规范，然后动态运行代码，检查其实际运行结果是否正确，同时关注容错处理、程序的边界值处理等。

② 集成测试。集成测试也称为联合测试（联调）、组装测试，通常在单元测试的基础上，将程序模块采用适当的集成策略组装起来，对系统的接口及集成后的功能进行正确性检测测试。集成测试主要目的是检查程序模块之间的接口是否正确。

③ 系统测试。系统测试是指将已集成的整个软件系统作为一个整体进行测试，包括对软件功能、性能以及软件运行所依托的软硬件环境进行测试。

④ 验收测试。验收测试是指按照项目任务书或合同、供需双方约定的验收依据文档进行的对整个系统的测试与评审，决定是否接收软件系统。验收测试处于系统测试的后期，是以用户测试为主或有测试人员等质量保证人员共同参与的测试。

单元测试、集成测试、系统测试及验收测试的比较如表 7-1 所示。

表 7-1　单元测试、集成测试、系统测试及验收测试的比较

测试名称	测试对象	测试依据	测试人员	测试方法
单元测试	程序模块，如函数、类	详细设计说明书	白盒测试工程师或开发人员	主要采用白盒测试
集成测试	模块间的接口，如参数传递	概要设计说明书	白盒测试工程师或开发人员	近似灰盒测试
系统测试	整个系统，包括软硬件	需求规格说明书	黑盒测试工程师	黑盒测试
验收测试	整个系统，包括软硬件	需求规格说明书，验收标准	主要为用户，可能有测试工程师等	黑盒测试

软件开发过程各阶段采用的软件测试还有回归测试。只要对源代码进行了修改，无论是修订错误，还是增加功能或提高性能，原则上都要进行回归测试，即重复修改代码之前已进行的全部或部分相关功能测试，确认代码修改没有引入新的错误或导致其他代码产生错误，以确保代码修改的正确性。

（5）根据软件质量特征分类

将用户需求或软件质量特性作为测试对象时，软件测试可以分为功能测试和非功能测试。

① 功能测试。功能测试也称为黑盒测试，是指根据需求规格说明书和需求列表，检查被测试程序是否有不正确或者遗漏的功能、功能实现是否满足用户需求和系统设计的隐含需求。功能测试包括逻辑功能测试和接口测试。逻辑功能测试是指测试人员将系统模块串接起来运行，模拟用户实际工作流程，检查被测试程序是否满足用户业务逻辑需求。

② 非功能测试。非功能测试是指根据被测试软件的非功能需求，评测被测试软件的非功能性质量特性，包括检查软件是否满足需求规格说明书中规定的稳定性、响应时间等性能的性能测试（包括压力测试）以及兼容性测试、易用性测试（用户体验测试）、可靠性测试、安全性测试、可移植性测试。与易用性测试相关的测试包括界面测试，即检查用户界面功能布局是否合理、导航是否简单易懂、各个控件的布局是否符合用户使用习惯、界面操作是否便捷、页面元素是否可用，检查整体风格是否一致、界面中文字是否正确、命名是否标准/统一、页面是否美观、文字和图片组合是否完美等。

（6）根据测试实施的组织分类

根据软件测试实施的组织，软件测试可以分为开发方测试、用户测试和第三方测试。

① 开发方测试。开发方测试也称为"验证测试"或"Alpha 测试（α 测试）"。验证测试是指在软件开发完成以后，由开发方组织用户、测试人员和开发人员等共同参与的在软件开发环境下（或模拟用户实际环境下）进行的内部测试，对要提交的软件进行全面的自我检查与验证，确认实现的软件是否满足规定的要求，可以与软件的系统测试一起进行。

② 用户测试。用户测试也称为"Beta 测试（β 测试）"，是内部测试之后的公测。Beta 测试主要是将软件产品有计划地免费分发到目标市场，让大量用户使用、检查并评价软件，通过用户各种方式的大量使用，发现软件存在的缺陷，并反馈给开发者修改。

③ 第三方测试。第三方测试是介于软件开发方和用户之间的测试组织实施的测试，是由在技术、管理和财务上与开发方和用户方相对独立的软件测试组织实施的独立测试，目的是保障测试活动的客观性。一般情况下，第三方测试是在模拟用户真实应用环境下，进行软件确认测试。

Alpha 测试先于 Beta 测试执行；通用的软件产品需要较大规模的 Beta 测试。Alpha 测试的环境是受开发方控制的，用户数量相对比较少，测试时间比较集中。Beta 测试的环境是不受开发方控制的，用户数量相对较多，测试时间不集中，测试周期较长。

7.1.4　软件测试过程

软件测试过程可以划分为测试需求分析及策划、测试设计与准备、测试执行、测试总结四个主要步骤，如图 7.2 所示。软件测试主要活动和步骤如下。

（1）测试需求分析及策划

根据软件测评任务书、合同或其他等效文件，测试依据的标准，以及被测试软件的需求文档或设计说明文档，进行软件测试需求分析和策划，形成软件测试计划、软件测试需求规格说明或软件测评大纲。

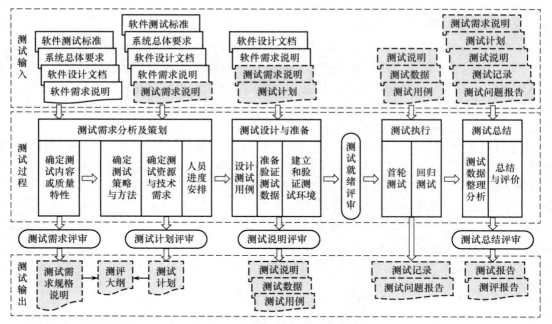

图 7.2　软件测试过程及其输入、输出

　　软件测试需求分析的目的是明确测试的目的和范围，明确被测试软件所涉及的技术，获取测试点，定义测试对象。测试需求从软件测试角度出发，有别于软件需求，其内容项源于软件需求并在其基础上分析整理而成。软件测试需求依据可测试的原始需求进行细化分解，因此需要对被测软件进行深入了解，对被测内容进行清晰理解，才能详细精准地形成可测试的分层描述的测试点，从而保证测试的质量与进度。准确找到测试点，才能将软件测试工作做得尽善尽美。

　　为了能准确理解软件需求并使软件测试全面覆盖软件需求，可以结合质量模型分析、功能交互分析、用户场景分析等分析方法进行测试需求分析。

　　① 质量模型分析。软件质量模型（详见 2.3 节）是进行测试分析的依据之一，通过分析原始测试需求，确立质量测试类型，确保测试能覆盖原始测试需求的每个质量特性。

　　② 功能交互分析。软件功能不是独立的，功能间存在交互、顺序执行等影响因素。功能交互分析是功能测试方面的分析，分析被测试功能及与该功能相关的功能或特性的关系，避免遗漏有交互作用的功能。功能交互分析与质量模型分析形成互补。

　　③ 用户场景分析。用户场景分析是从用户角度关注、分析每个用户如何使用和影响被测试对象功能特性，可以对质量模型分析、功能交互分析的结果进行补充。

　　测试需求分析形成的测试计划是对软件产品，或是对软件每个开发阶段的产品进行测试的策略。制订测试计划的目的是识别测试任务、分析风险、规划资源和确定测试进度。完整的测试计划一般包含界定测试范围（即测试活动需要覆盖的范围）、确定测试风险、规划测试资源和制定测试时间表，需明确测试人员及其角色与任务、测试的时间、测试所使用的测试工具、测试环境的准备情况等内容。

（2）测试设计与准备

　　测试设计的主要工作是根据测试需求分析的结果设计完全覆盖测试需求的测试用例和测

试过程，形成软件测试说明、测试数据、测试用例等文档。其中，测试用例是指对某个特定测试项进行的测试任务描述，体现测试方案、方法、技术和策略，其内容包括用例编号、用例标题（测试目标）、预置条件（包括合理的与不合理的条件）、优先级、测试数据、测试步骤、预期结果等，用于核实测试项是否满足特定的软件需求。测试设计包括以下步骤。

① 针对测试项逐一设计测试用例，测试用例是测试执行过程的主要依据。

② 确定测试用例的执行顺序。

③ 准备测试数据，针对测试输入要求，从数据类型、输入方法等方面设计测试用的数据；数据准备来源主要包括：分析被测系统需求，构建正常业务、异常情况、边界情况等状态条件下的数据；从试验环境得到的数据；自动化的测试数据生产工具产生的数据；客户提供的真实数据。

④ 获取测试资源，例如测试环境所必需的软、硬件资源。

⑤ 根据需要编写测试执行的辅助程序，例如测试的驱动程序、桩程序等。

⑥ 建立和验证测试环境，对测试记录结果进行验证，分析测试环境的差异是否影响测试结果。

测试设计最关键的活动之一是测试用例设计，测试效果和结果的好坏主要取决于测试用例设计。在设计与准备测试用例、准备验证测试数据的同时，根据测试需要建立并验证测试环境。

（3）测试执行

软件测试执行的主要工作是根据测试需求规格说明、测试计划或测试大纲和测试说明，对其中分析得到的测试内容按要求进行测试。在测试执行过程中，如实记录测试结果，准确记录实际测量值。比较实际测试结果与期望的测试结果，结合评估准则，综合判定测试用例执行结果通过与否。当实际测试结果与预期结果不一致或违背评估准则时，判定测试用例不通过并记录缺陷。

（4）测试总结

软件测试总结的主要工作是根据测试任务书、合同或其他等效文件，以及被测试软件的测试需求规格说明、测试说明及测试用例、测试执行结果记录和缺陷跟踪表等相关文档，对测试结果和缺陷进行分类，对测试工作和被测试软件进行分析和评价，编制测试报告，进行测试总结评审。

7.1.5　软件测试过程模型

软件测试过程模型简称软件测试模型，是一种抽象模型，描述软件测试过程所包含的重要活动以及这些活动之间的联系，同时也描述软件测试各项活动与软件开发过程中测试活动之外的其他各项活动之间的相互关系，用于规范和指导软件测试流程和测试方法。软件测试模型的内容一般包括：在测试过程中应考虑哪些问题，测试要达到什么目标，如何设计测试计划，何时开始和结束测试，在测试中要做什么工作、要用到哪些资源。与软件开发模型匹配的测试模型能使测试活动在软件开发中变得更有效。

随着软件开发技术、方法的不断发展，随着对软件质量问题关注度的提升，研究人员和软件测试专家在软件开发模型的基础上提出了许多测试模型或测试模型的改进模型。经典的软件测试模型有 V 模型、W 模型、H 模型、X 模型等。这些测试模型对软件测试活动进行抽象，并与软件开发活动有机结合，是测试过程管理的重要参考依据。本节仅简单介绍经典的 V 模型、W 模型和 H 模型。

（1）V 模型

V 模型是基于瀑布模型提出的测试模型，清晰描述测试过程存在的不同阶段及测试阶段与开发阶段的对应关系（如图 7.3 所示），旨在改进软件开发的效率和效果。模型整体上是一个 V 字形结构，以"编码"为分割点，"V"的左边为瀑布模型描述的开发过程，"V"的右边为相应的测试阶段：开发过程从定义用户需求开始，然后将需求转换为系统设计，最后成为实现系统的程序代码；测试过程从单元测试开始，然后是集成测试、系统测试和验收测试。

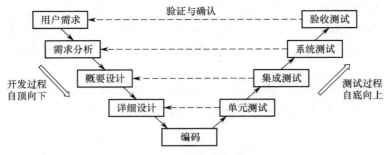

图 7.3　软件测试 V 模型

V 模型在开发过程每个阶段同步给出相应的测试设计，强调单元测试和集成测试应检查被测试程序是否满足软件设计要求、系统测试应检查系统功能和性能是否达到系统要求的指标、验收测试应确定软件的实现是否满足用户需要或合同的要求，在一定程度上纠正了瀑布模型不重视测试阶段重要性的错误认识，在软件规模普遍较小的情况下取得了良好的效果，但随着软件规模及复杂度的增加，V 模型在测试效率和错误检测等方面显露出其不足。V 模型呈线性发展趋势，在编码完成之后才开始进行测试，不满足尽早启动测试的原则，一直要到后期的验收测试才能验证软件对需求的满足情况，此外，测试的对象只有程序本身，仅要求程序符合需求与设计，没有明确指出对需求、设计的测试，且 V 模型不能描述实际测试中发现缺陷时的迭代开发和回归测试的流程。

（2）W 模型

W 模型是基于 V 模型提出的测试模型，由分别代表测试过程与开发过程的两个"V"叠加而成（如图 7.4 所示），描述了测试与开发的并行且相对独立的关系。相对于 V 模型，W 模型增加了软件开发各阶段应同步进行的验证和确认活动。

W 模型强调测试应贯穿整个软件生命周期，软件测试中的各项活动与开发过程各个阶段的活动相对应，软件开发过程中各阶段可交付的产品（文档、代码和可执行程序等）都是测试对象，即测试与开发是同步进行的，有利于尽早地、全面地发现问题。例如，需求分析完成后，测试人员应参与对需求的验证和确认活动，以便尽可能在早期找出需求方面的缺陷。同时，对需求的测试也有利于及时了解开发难度和测试风险，及早制定应对措施，从而显著减少总体测试时间，加快开发进度。但 W 模型也存在局限性，在 W 模型中，需求描述与分析、系统设计、编码等活动被视为串行的，同时，测试和开发活动也保持着一种线性的前后关系，上一阶段完全结束，才可正式开始下一个阶段工作，无法支持迭代的开发模型。

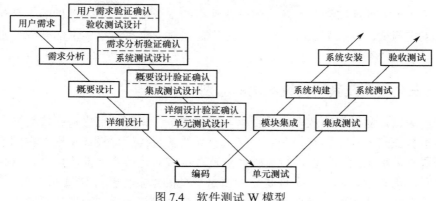

图 7.4　软件测试 W 模型

（3）H 模型

V 模型和 W 模型均存在一些不足之处，例如二者都把软件开发视为需求描述与分析、系统设计、编码等一系列串行活动，而事实上，这些活动在大部分时间内是可以交叉进行的，相应的测试之间也不存在严格的次序关系，同时，各层次的测试（单元测试、集成测试、系统测试等）也存在反复触发、迭代的关系。H 模型的提出，正是为了解决所述问题。如图 7.5 所示，H 模型将测试过程从开发过程中完全独立出来，形成一个完全独立的流程，清晰体现测试准备活动和测试执行活动，贯穿整个软件生命周期的测试流程与其他流程并发进行。H 模型只体现了测试过程，未体现开发过程，表明测试是一个独立的过程。H 模型有一个测试就绪点，即达到准入条件才能执行测试。通常情况下，判断测试是否达到准入条件，应检查：测试策略、测试方案、测试用例是否已完成，测试环境是否已搭建完毕，输入输出项是否已明确。

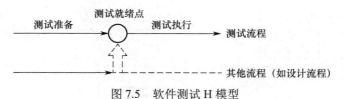

图 7.5　软件测试 H 模型

图 7.5 仅描述了整个软件生命周期中某个层次的测试的一次测试活动，从测试流程角度来看，只要测试准备就绪并且相应的流程到达测试点，测试活动即可开始。测试活动不仅指测试的执行，还包括测试计划、测试需求分析、测试用例设计、测试环境搭建、提交缺陷报告、评估总结等其他活动。H 模型中还有一个"其他流程"的测试，表明 H 模型支持将软件开发过程中各阶段文档等可交付的产品作为测试对象。H 模型强调在开发和测试过程中，并不存在严格的先后次序，每个过程都是独立的，相对应的活动也是独立的。H 模型也表达了一种思想，即测试应早准备和尽早执行，不同的测试活动可以按照某个顺序先后执行，同一个测试活动也可以多次反复执行。

7.2　软件安全测试

软件安全测试是软件测试的活动之一，是从攻击者的角度进行的软件测试，在缺陷被攻击者利用之前，预防性地识别并缓解被测试软件中的安全缺陷。常规软件的安全测试可以与单元测试、集成测试、系统测试综合在一起进行，但对安全有较高需求的软件，则必须进行独立的、专门的安全测试。

7.2.1　安全测试及其与传统测试的区别

软件安全测试是验证和确认软件是否满足安全需求、识别软件中潜在安全缺陷的过程。安全测试并不能证明软件是绝对安全的，其主要目的是查找软件设计实现存在的安全隐患，评判软件内置安全机制的有效性，检查软件防范攻击或对抗攻击的能力，评估软件达到的安全程度及安全可信程度。信息安全性是软件质量模型的重要特性（详见 2.3 节），软件测试是保障软件质量的重要手段，软件安全测试是保障软件安全的重要手段，是软件测试的活动之一，贯穿整个软件生命周期（软件安全过程模型详见 2.4 节），结合软件安全风险评估（详见 3.2 节），对软件开发各阶段同步进行相应的安全验证与确认活动，如图 7.6 所示。软件安全测试是在软件生命周期中采取的一系列措施，防止出现违反安全策略的情况，防止在软件设计、开发、部署、升级及维护过程中产生安全缺陷。软件安全测试既可以作为单元测试、集成测试、系统测试、验收测试的测试活动，也可以作为独立的安全测评活动，以便在软件正式发布之前发现安全缺陷，或在软件发布之后、安全缺陷被恶意利用之前采取缓解措施，规避安全风险，确保软件安全、可靠地运行。

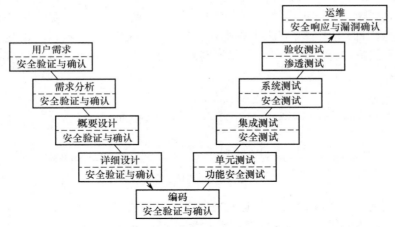

图 7.6　软件生命周期中的安全测试

与狭义的软件测试类似，若无特殊说明，软件安全测试一般指狭义的软件安全测试，即程序的安全测试。软件安全测试内容应全面覆盖软件需求规格说明书，通常包括安全功能验证、安全策略验证、威胁建模中发现的威胁而提出的缓解措施的验证和系统实现安全验证，即：全面检验被测试软件中软件需求规格说明书规定的安全措施的有效性、安全性能的满足程度，以及软件在每一个危险状态下的反应；有针对性地测试软件设计中用于提高软件安全性的结构、算法、容错、冗余、中断处理等方案；在异常条件下测试软件，验证软件不会因可能的错误输入或非法输入而导致不安全状态；用错误的或违规操作方式对安全关键操作进行测试，检验软件对这些操作的反应；针对安全关键的软件单元和软件部件，进行加强的测试，确认其是否满足安全需求。

传统的软件测试主要是从最终用户的角度出发，发现并修复缺陷，保证软件满足最终用户的需求，考虑的是用户的基本行为。软件安全测试是从攻击者的角度出发，发现并修复漏洞，保证软件满足最终用户的安全需求，确保软件不被恶意攻击者破坏，考虑的是具有攻击性的行为。软件安全测试与传统软件测试的区别主要体现在以下几个方面。

① 测试目标不同。安全测试以发现安全隐患、安全缺陷为目标，主要用于评估软件的安全性、抗攻击能力。传统测试以发现缺陷为目标，主要用于评估软件的功能性、可靠性、易用性。

② 测试依据不同。安全测试的依据包括软件安全需求、软件安全设计原则及软件安全测评标准等，安全指标不同，测试策略也不同，针对基于威胁建模分析阶段确定的安全问题缓解措施，制定验证缓解措施有效性的测试策略。传统测试的依据包括软件需求、软件设计原则及软件测评标准等。传统测试用例是根据功能需求、性能需求和其他开发文档等设计的。安全测试用例则是根据安全需求、攻击模式归纳，以及已公布的漏洞等从攻击者的角度设计的。

③ 思考域不同。安全测试的思考域不仅包括软件的功能与性能，还包括软件的体系结构与机制安全、运行环境安全及数据安全等，强调软件不应做什么；传统测试以软件系统所具有的功能及性能为思考域，强调软件要做什么。传统测试重点测试软件实现是否符合功能规范，而安全测试不仅测试软件是否符合功能规范，还要测试软件是否符合安全规范。例如，测试数据库管理系统软件的访问控制功能不仅要验证指定的行为（对特定用户是否正确拒绝访问或许可访问），而且还要验证是否符合自主访问控制模型或强制访问控制模型，即是否符合根据用户某些属性和状态拒绝访问或许可访问的逻辑。传统测试使用满足某种统计覆盖度量的测试用例进行验证，而在安全测试中，由于模糊的缺陷可能被单独或共同用于破坏其他正确实现的功能，因此安全测试需要尽可能完整的测试覆盖，导致安全测试用例的数量远超传统测试用例数量。

④ 假设条件不同。安全测试假设导致问题的数据和操作是攻击者处心积虑构造的，需要考虑所有可能的攻击途径。传统测试假设导致问题的数据和操作是用户失误造成的，接口一般只考虑用户界面。

⑤ 缺陷判据不同。安全测试以违反权限与能力的约束为判断依据，传统测试以违反功能定义为判断依据。传统测试强调软件应该做什么，安全测试强调软件不应该做什么。

包含安全测试的软件测试，才能更全面地保障软件质量。但必须注意，与所有的测试技术一样，安全测试只能证明目标程序存在安全缺陷，不能证明目标程序不存在安全缺陷。

7.2.2　软件安全测试分类

（1）基于安全测试内容的分类

根据被测试软件的安全需求分类（详见 4.2.2 节）划分的安全测试基本内容，软件安全测试可以分为安全功能测试和功能安全测试。

① **安全功能测试**

器械设备控制软件的安全功能包括用于避免故障或失效的功能、用于降低故障或失效影响的功能；信息数据处理软件的安全功能包括身份认证、权限管理、密钥管理、日志记录与审计、安全协议与安全通信等与软件信息安全性密切相关的功能。软件安全功能测试用于确认软件的安全属性和安全策略、安全机制、威胁缓解措施等安全需求是否得到满足、是否正确实现。例如，验证非特权用户是否能访问管理功能，或验证用户账户是否会在若干次身份验证失败后被锁定。对安全功能的验证包括三个方面：功能实现验证、功能实现强度验证和功能实现完备性验证。功能实现验证是指验证定义的安全功能是否实现且有效；功能实现强度验证是指证实安全功能，特别是加密算法、协议、口令策略的强度，是否达到定义的要求；功能实现完备性验证测试是否存在降低安全实现的强度或绕过安全实现的功能区域的其他方式。

② 功能安全测试

功能安全测试也称为安全漏洞测试，旨在发现软件中的技术实现缺陷，一般不考虑软件设计需求。功能安全测试是从攻击者的角度，以发现软件的安全漏洞为目的，通常采用模糊测试或渗透测试等方法检查设计实现的功能（业务功能和安全功能等）是否存在安全缺陷，分析安全缺陷的可利用性及危害程度，并给出缓解安全缺陷的建议措施。可以利用漏洞扫描工具通过匹配已知的漏洞模式来发现被测试软件中的漏洞，但无法识别未知漏洞，也难以发现与漏洞聚合相关的风险。功能安全测试包括检查程序设计实现安全缺陷和实现数据传输、存储、使用等数据全生命周期的安全缺陷或数据安全是否合规，例如检测移动 App 是否存在私自收集个人信息、超范围收集个人信息、私自共享给第三方、强制用户使用定向推送功能、不授权则不允许使用、频繁申请权限、过度索取权限、账号注销难等违规问题。

（2）基于安全测试方法的分类

根据安全测试是否需要运行程序代码，软件安全测试可以分为静态安全测试、动态安全测试及动静结合的安全测试。

① 静态安全测试

应用程序的静态安全测试也称为静态应用程序安全测试（Static Application Security Testing，SAST），是一种白盒测试，通过分析被测试软件的源代码、字节码或二进制文件的语法、结构、过程、接口等来发现程序代码存在的安全缺陷。SAST 常用于编码阶段的代码安全审核，也称为代码静态安全分析（参见 6.3.2 节），通过词法分析、语法分析、语义分析、控制流分析、污点分析等技术对程序代码进行扫描，验证代码是否满足规范性、安全性等指标。静态漏洞检测存在误报，对目标程序进行抽象，会引入实际不可行路径和不可达状态。

② 动态安全测试

应用程序的动态安全测试也称为动态应用程序安全测试（Dynamic Application Security Testing，DAST），是一种黑盒测试，通过模拟黑客行为对应用程序进行动态攻击，分析应用程序的反应，从而确定该应用程序是否易受攻击，常用于测试或运维阶段分析应用程序的动态运行状态。动态漏洞检测存在漏报，执行目标程序，但不能保证遍历目标程序的所有可行路径。

③ 动静结合的安全测试

动静结合的安全测试充分发挥静态测试和动态测试的优点，离线静态模式下分析目标程序的控制流图以及关键信息流等信息，在线动态模式下实时监测、跟踪离线分析发现的目标程序可能含有安全缺陷的部分，以此降低插桩范围，降低测试开销，提升更准确的漏洞查找能力。若动静结合且并行处理，将进一步提高测试效率。

交互式应用程序安全测试（Interactive Application Security Testing，IAST）相当于是 DAST 与 SAST 相结合的一种运行时灰盒测试技术，通过代理、VPN 或在服务端部署 Agent

程序，监控 Web 应用程序运行时函数执行、数据传输，并与扫描器实时交互，高效、准确识别安全缺陷，可以准确确定漏洞所在的代码文件、行数、函数及参数。

SAST、DAST、IAST 应用场景对比分析如表 7-2 所示，其中"CI/CD"即"持续集成（Continuous Integration）/持续交付和持续部署（Continuous Delivery & Continuous Deployment）"。可以利用微软公司的"应用程序验证器（AppVerifier）"等工具软件对非托管代码进行运行时测试验证，监视应用程序的操作，并生成有关应用程序执行或设计中潜在错误的报告。

表 7-2　SAST、DAST、IAST 应用场景对比分析

对 比 项	SAST	DAST	IAST
测试对象	Web 应用程序，App	Web 应用程序	Web 应用程序，App
测试方法	白盒测试	黑盒测试	灰盒测试
开发流程集成	编码阶段	测试/线上运营阶段	测试阶段
CI/CD 集成	支持	不支持	支持
与开发语言关系	有关	无关	有关
支持框架	区分框架，不同工具支持的框架不同	不区分框架	区分框架，不同工具支持的框架不同
测试覆盖率	高	低	高
检测速度	随代码量呈指数增长	随测试用例数量稳定增加	实时检测
误报率与测试成本	高，需人工排除误报	较低，无须人工验证漏洞	低，基本没有误报
逻辑漏洞检测	不支持	支持部分	不支持
漏洞检出率	高	中	较高
漏洞检出率因素	与检测策略相关	与测试 payload 覆盖率相关	与检测策略相关
第三方组件漏洞检测	不支持	支持	支持
侵入性	低	较高，脏数据	低
风险程度	低	较高，挂挂/脏数据	低
漏洞详情	较高，数据流+代码行数	中，请求	高，请求+数据流|代码行数
工具集成	IDE 集成、构建工具、问题跟踪工具	无	构建工具、自动化测试、API

（3）基于安全测试技术的分类

根据安全测试技术，软件安全测试可以分为形式化安全测试、基于模型的安全功能测试、基于故障注入的安全测试、基于语法的安全测试、模糊测试、渗透测试（将在 7.4 节介绍），等等。

① 形式化安全测试

形式化安全测试是通过建立软件的数学模型，在形式规格说明语言（参见 3.2.6 节）的支持下提供软件的形式化规格说明。形式化安全测试方法主要分为定理证明和模型检测两类。基于定理证明的软件安全测试方法将软件转换为逻辑公式，然后使用公理和规则证明软件是一个合理的定理，即证明软件的合法性、安全性。定理证明过程非常耗时费力，一般用于验证设计阶段的软件规范而不是实际的目标软件代码。基于模型检测的软件安全测试方法用状态迁移系统 S 描述软件的行为，用时序逻辑、计算树逻辑或 μ 演算公式 F 表示软件执行必须满足的性质，通过自动搜索 S 中不满足公式 F 的状态来发现软件中的安全漏洞。例如，

建立软件安全需求的形式化模型——状态机模型，输入输出序列决定安全状态转换，安全测试即搜索状态空间，寻找路径使其达到违反规约的不安全状态。由于需要穷举程序的所有实际执行状态，基于模型检测的软件安全测试方法效率较低，且很难检验无穷状态系统。形式化安全测试可以为被测试软件提供高安全性保证，但开发成本高、维护困难。

② **基于模型的安全功能测试**

基于模型的软件测试是对软件行为和软件结构进行建模，生成相应的测试模型，由测试模型自动生成测试用例，以驱动软件测试。典型的软件测试模型包括 UML 模型、有限状态机模型、马尔可夫链模型等模型。基于模型的安全功能测试的一种基本策略是利用降低软件代价（Software Cost Reduction，SCR）建模工具对软件的安全功能需求进行建模，使用表单方式设计软件的安全功能行为模型，并将安全功能行为模型转换为测试向量（Test Vector，T-VEC）测试规格说明模型，利用 T-VEC 工具生成由一组输入变量和期望输出变量构成的测试向量，为目标测试环境开发测试驱动模式和提供软件产品接口描述的对象映射，然后将安全功能行为模型和测试向量与对象映射信息相结合，依据测试驱动模式自动生成测试驱动程序（测试执行代码），将测试向量输入测试驱动程序执行测试并生成测试报告，如图 7.7 所示。图中测试驱动模式描述用于加载、执行和接收测试数据以及与目标测试环境相关的其他环境信息的简单算法模式。该测试方法基于形式化模型和接口信息自动生成测试代码，以提高软件产品安全功能测试的经济性，其适用范围取决于安全功能的建模能力，特别适用于安全需求建模用与或子句表达逻辑关系的安全测试，例如对授权、访问控制等安全功能进行的测试。

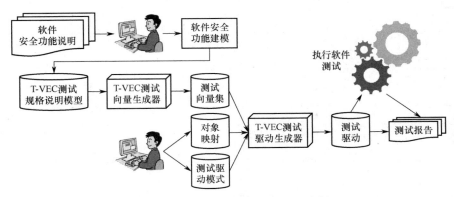

图 7.7　自动化安全功能测试处理流程

③ **基于故障注入的安全测试**

故障注入（Fault Injection）测试是一种非常规的测试方法，根据特定的故障模型，用人为制造故障的方式对正常运行的系统进行干扰，加速系统失效，使系统产生故障，或强制执行被测分支以提高测试覆盖率、强制系统进入某些特定状态（通常是常规测试难以达到的状态），观测系统运行状态，并根据系统注入故障后的表现来分析评估系统的容错能力、可靠性、安全性。故障注入技术早期用于硬件设备测试，现广泛用于器械设备控制软件等高可靠性软件及安全关键（Safety Critical）软件领域，尤其是对安全性、可靠性有较高要求的各类容错系统的测试，例如航空、航天软件的测试，可以有效地发现被测试系统中的潜在故障。按照故障类型，故障注入可以分为基于硬件的故障注入、基于软件的故障注入、基于仿真的故障注入，以及综合应用这几种故障注入的混合故障注入（如图 7.8 所示）。基于硬件的故

障注入可以根据故障注入器是否与系统设备接触，分成接触式故障注入（如改变芯片逻辑）
和非接触式故障注入（如电磁干扰）；基于软件的故障注入根据故障注入的时间分为编译时
注入和运行时注入；基于仿真的故障注入是对目标系统的仿真模型进行故障注入，通过分析
仿真系统在故障情况下的性能表现，从而对目标系统的容错能力等进行评价，常用于系统设
计阶段，以便为系统开发人员及时提供反馈信息。使用何种方式的故障注入主要取决于需要
测试的故障点的故障类型，如执行固定故障，可以使用硬件注入器，因为可以精确控制故障
的位置；如果希望造成数据损坏故障，则可以使用软件故障注入。某些特殊的故障，如造成
存储单元中的位翻转，软硬件故障注入皆可实现。运行时注入常利用系统与环境的交互点，
包括利用用户输入、文件系统、网络接口、环境变量等引起故障。

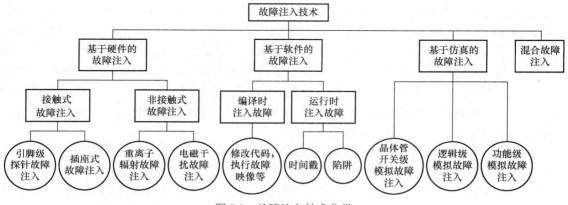

图 7.8　故障注入技术分类

　　基于故障注入的安全测试基本流程如图 7.9 所示，首先对系统进行安全分析，找出系统
的故障模式，并对系统的故障模式进行建模，然后根据建立的故障模型生成安全测试用例，
再将测试用例利用合适的故障注入技术注入被测试系统，从而测试其安全性。

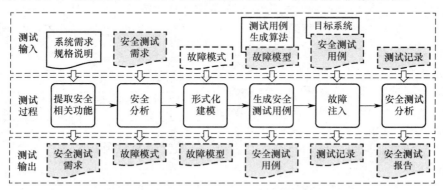

图 7.9　基于故障注入的安全测试基本流程

④ 基于语法的安全测试

　　基于语法的安全测试简称语法测试，是根据被测试软件的功能接口的语法生成测试输
入，检测被测试软件对各种输入的响应，确定被测试软件是否存在安全缺陷。软件接口可以
有多种类型，包括命令行、文件、环境变量、套接字等。语法测试的理论依据是软件的接口
明确或隐含规定了输入的语法，而语法定义了软件合法输入数据的类型、格式。语法定义可
采用巴克斯–诺尔范式（Backus-Naur Form，BNF）或正则表达式。语法测试的步骤是识别被

测试软件接口的语言，定义语言的语法，然后根据语法生成测试用例并执行测试。生成的测试输入包含符合语法的正确输入、不符合语法的畸形输入以及包含各类语法错误的输入。通过查看被测试软件对各类输入的处理情况，确定被测试软件是否存在安全缺陷。语法测试适用于被测试软件有较明确的接口语法、易于表达语法并生成测试输入的情况。语法测试结合故障注入技术可得到更好的测试效果。

7.2.3　软件安全测试基本流程

实施软件安全测试需具备进行有效的软件安全测试的相关条件，包括：①充分了解目标软件的功能、设计、部署和运行环境，若能获得目标软件源代码和相关文档，则更深层次地分析其安全需求及其实现是如何满足安全需求的；②充分了解常见软件安全漏洞，评估安全风险，充分了解目标软件安全风险点；③具备安全测试知识和经验，能够制订安全测试计划和方案，并以此指导测试人员进行安全测试；④拥有高效的软件安全测试技术和工具，如漏洞扫描工具、渗透测试工具等；⑤具备安全测试环境或实验环境，包括模拟真实环境的测试服务器或虚拟机；⑥获得软件开发组织的安全测试授权，能够进行安全测试并反馈测试结果，从而能够发现和修复潜在的安全问题，提高软件的安全性和可靠性；⑦安全测试人员需具备良好的沟通能力，密切合作，能有效解决问题。

在统一软件开发过程（Rational Unified Process，RUP）、极限编程与敏捷开发或传统瀑布式开发方法等不同软件开发方法中融入广义的软件安全测试，在软件全生命周期中确保软件安全是一种趋势。本节仅从狭义软件安全测试的角度描述软件安全测试基本流程。为了便于改进安全测试流程，提高安全测试效率，可以将安全测试与 PDCA 循环进行结合，如图 7.10 所示。PDCA 循环是一种广泛使用的产品质量管理方法，将质量管理分为计划（Plan）、执行（Do）、检查（Check）和处置（Action）四个阶段，要求确定每项管理活动的方针、目标和活动计划，实施计划并检查实施效果，总结执行计划的结果，找出问题，进而对总结检查的结果进行处理：成功的经验加以肯定并适当推广、标准化；失败的教训加以总结，避免重现；未解决的问题置于下一个 PDCA 循环。将安全测试与 PDCA 循环进行结合，有利于持续完善和优化安全测试过程。

与传统软件测试类似，软件安全测试流程可以分为安全测试需求分析及策划、安全测试设计、安全测试执行和安全测试总结等阶段。软件测试中每一项测试活动都会产生测试结果，利用测试结果评估目标软件的质量，体现测试的目的和价值。而利用测试结果评估测试工作本身的质量也非常重要，有利于及时反馈测试中存在的问题并及时完善，是持续改进测试工作的基础。软件安全测试尤其如此。在安全测试总结阶段检查、分析、评估安全测试结果和安全测试工作本身，提出完善、优化安全测试的措施，推动安全测试进入新的一轮PDCA 循环。

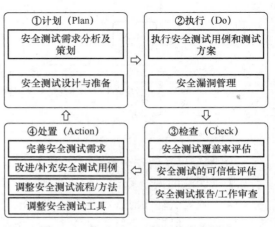

图 7.10　基于 PDCA 循环的安全测试

（1）安全测试需求分析及策划

对安全测试需求进行分析，明确安全测试的目的和范围，明确被测试软件涉及的技术，以及安全测试依据的标准。安全需求分析涉及安全测评任务书或其等效文件，在白盒测试或灰盒测试时，还涉及软件安全需求文档、安全设计文档（含滥用案例、误用案例及遵循的安全设计原则）。在测试需求分析过程中，安全测试人员需收集整理与被测试软件相关的、安全测试所需的目标软件运行环境等各种信息，细化分解安全测试需求，对被测试内容进行清晰理解，基于威胁建模和风险分析，形成可测试的分层描述的安全测试点（如表 7-3 所示），进而从点到面，设置安全基线，利用安全矩阵标识所有安全活动发生概率，从而标识出发生概率最大的安全活动，以便制订安全测试计划，并优先测试高风险模块。

表 7-3　安全测试点示例

测　试　内　容		测　试　点
安全功能	身份认证	多因素身份认证，密码强度，等等
	权限管理	权限管理模型，会话管理，最小权限原则，审计，等等
	数据保护	加密算法与加密通信、加密存储，隐私保护，完整性检查，数据备份与恢复，数据/参数交换保护，等等
	抗抵赖	证据归档，证据链完整性、有效性，等等
	抗拒绝服务	典型功能的请求频率限制（包括利用倒计时或强制鉴别人工操作阻滞当前操作），登录验证码复杂性，资源分配限制，等等
功能安全	输入验证	输入数据有效性、合法性验证，参数验证，等等
	容错处理	数据边界性测试，校验性测试，非法调用函数或接口，违规操作，并发容错，环境容错，等等
	异常处理	异常处理结构静态分析，异常处理机制动态检测
	常见漏洞防范	预防整数溢出，预防竞争条件，预防控制流劫持，等等
	配置管理	软件配置，硬件配置
	日志管理	合法访问的日志，错误异常的日志
	资源管理	资源申请规则，资源安全使用，资源安全释放

软件开发常存在偏离或变更软件需求和设计规范的情况，完成软件编码后重新分析其威胁模型和攻击面是非常必要的，以便确保安全测试覆盖对系统设计或实现所做的全部更改，并确保因更改而形成的新威胁已得到适当缓解。

（2）安全测试设计与准备

根据上一阶段获取的包含安全矩阵的安全测试需求，设计安全测试用例，建立安全测试需求跟踪矩阵，将安全测试需求映射为安全测试用例，或将安全测试用例映射到安全测试需求，并制定安全测试路径和安全测试过程，形成软件安全测试说明、安全测试数据、安全测试用例等文档。针对测试需求分析获取的安全测试点及常见安全隐患、安全漏洞、攻击模式，有针对性地设计安全测试用例，侧重针对威胁建模和风险分析发现的高风险模块，制定详细的安全测试过程。

根据安全测试需求，建立并验证实时可控可管、便于安全测试评估的安全测试环境，做好系统备份、恢复措施和风险规避等方面的充分准备。安全测试环境的搭建包括安全测试环境配置、安全测试系统和测试工具的安装、测试数据的准备等。为了避免对安全测试环境的影响，可以在测试环境独立的测试设备或虚拟机靶场中进行安全测试。

与传统软件测试类似，软件安全测试采用的安全测试方法和安全测试技术在一定程度上决定了安全测试结果的准确性和安全测试的有效性，也影响软件的后续变更。在执行安全测试之前，需对本阶段的工作成果进行分析、审核，以保障安全测试顺利、有效地执行。

（3）安全测试执行

安全测试执行阶段的主要工作是执行上一个阶段设计的安全测试用例和安全测试方案。测试人员根据制订的安全测试计划和测试过程，使用合适的安全测试技术和测试工具，利用安全测试用例检查目标软件是否存在安全缺陷。安全测试应在可接受的测试成本范围内尽可能地提高测试覆盖率。在安全测试过程中，要合理使用工具，但不能依赖工具而忽略手工测试的重要性。

（4）安全测试总结

执行完毕安全测试，收集并整理安全测试报告、安全缺陷/安全漏洞报告等安全测试结果数据，根据安全测试需求和安全测试计划，对安全测试工作和被测试软件进行总结评审，并给出安全整改意见与建议。安全测试报告的内容包括安全测试对象及相关信息、安全测试步骤、安全测试用例、安全测试环境与安全测试工具、安全测试人员与职责、安全测试时间、安全测试结果及其评估等内容，以及安全测试过程中遇到的各种问题，以供后续检查和改进，其中，分析、评估安全测试结果和优化安全测试流程与方法，是安全测试总结阶段最重要的事项。

① 分析安全测试结果

分析安全测试结果是找出潜在问题的关键步骤。通过统计和分析目标软件安全缺陷的类型与数量，总结目标软件安全缺陷的变化趋势；通过分析安全缺陷所属的模块和文档，总结目标软件哪些部分存在安全风险或确定安全缺陷的主要来源；通过分析安全缺陷发现率，即测试中发现的安全缺陷数量与测试执行的安全测试用例总数的比率，在评估安全测试效率的基础上总结影响安全测试效率的原因；通过分析安全缺陷解决率，即测试中发现的安全缺陷数量与已解决的安全缺陷数量的比率，在评估软件开发团队的响应时间和效率的基础上总结影响响应时间和效率的原因。

② 评估安全测试结果

评估安全测试结果是得到安全测试结论的关键，需评估软件是否满足预期的安全需求或是否能达到预期的安全程度。

根据安全测试计划和安全测试目标，逐一比对安全测试结果和预期结果，评估目标软件是否满足预期的安全需求。建立安全缺陷、安全漏洞管理机制，统计测试过程中已修复和未修复的所有漏洞及潜在安全风险的类型、数量，详细描述发现的漏洞，评估漏洞的严重程度、影响范围和危害，确定漏洞修复的优先级和建议的修复方式，并给出对修复后的漏洞进行验证、进行追踪的建议，修复后再次执行安全测试并评估修复的效果。经过多轮安全测试与修复，评估软件最终是否满足预期的安全需求。

评估软件能否达到预期的安全程度，则相对比较复杂，可以结合安全测试结果和 3.2 节介绍的安全威胁评级、安全漏洞等级划分等风险评估方法，综合评估目标软件能否达到预期的安全程度。此外，还需对安全测试的有效性、充分性、可信性进行评估，一般从两个方面进行评估。（a）安全缺陷数据评估。安全测试发现的安全缺陷和漏洞越多，目标软件可能遗留的缺陷也越多。参照"安全测试需求分析及策划"阶段建立的目标软件安全基线，根据安全测试已经发现的安全缺陷和漏洞的类别与数量、安全测试统计的漏洞密度（每千行代码中的漏洞数量），综合评估目标软件是否满足安全基线要求，结合安全测试覆盖率评估，综合评估安全测试的有效性和充分性。（b）采用漏洞植入法进行评估。与可靠性测试的故障注入测试类似，漏洞植入法是非安全测试人员在软件中预先植入一定数量的漏洞，然后根据安全测试发现的植入的漏洞数量来评估安全测试的充分性和可信性。

③ 优化安全测试流程与方法

在分析评估安全测试结果、对本轮安全测试具有较深入了解之后，可以针对安全测试工作本身存在的问题，调整、优化安全测试流程与方法：（a）完善安全测试需求，尤其是完善与防范业务流程绕过、流程回退攻击等业务安全相关的安全测试需求；（b）根据安全测试结果，改进/补充安全测试用例，提高安全测试的效率和覆盖率；（c）完善自主开发的测试工具或选用更合适的自动化测试系列工具，减少手动测试的工作量，提高安全测试效率；（d）完善安全测试环境，保证安全测试环境与生产环境的一致性，提高安全测试的可重复性和准确性；（e）优化安全测试流程，提高安全测试效率和质量；（f）加强团队协作，提高对安全缺陷、安全漏洞的响应时间和效率；（g）建立持续优化机制，持续进行安全测试结果的评估和优化，不断改进安全测试过程和方法，以达到最佳的安全测试效果和质量。

总之，软件安全测试是提高软件安全性的重要手段，测试过程也是一个不断调整和优化的动态过程。通过持续改进安全测试过程，提高安全测试效率、降低安全测试成本、增强软件的安全可靠性。

7.3　二进制程序安全分析

软件测试需要开发大量的测试用例，测试用例主要是根据软件的设计需求编写的，用于检测实现的软件是否符合软件需求。由于测试用例和代码实现并行地来自软件的需求分析，测试用例与软件实现的具体逻辑相对独立，且测试用例的数量有限，不可能覆盖被测试软件的所有执行路径，因此，脱离代码的实际实现逻辑的测试用例在保障软件安全方面存在一定的局限性，需以软件代码为分析对象，分析软件是否存在安全缺陷或基于代码分析结果指导测试用例设计。

代码分析根据分析对象类型的不同，分为源代码分析、字节码分析和二进制代码分析；根据分析内容信息的不同，分为基于语法和基于语义的代码分析；根据分析过程是否需要运行代码，代码分析分为静态分析、动态分析、动静结合分析。常采用代码相似性比对技术查找已知漏洞；常使用数据流分析、符号执行等方法寻找代码中可能存在的安全缺陷，尤其是未知漏洞。例如，使用符号执行分析程序中的数据流，检测存在整数溢出漏洞的代码段。再如，使用符号执行分析程序中申请权限的敏感控制流，检查获取高级权限或绕过权限的控制流路径。随着深度学习神经网络等算法技术的发展，神经网络算法也常用于代码分析，精确查找代码中的安全缺陷。

本书主要从源代码和二进制代码两个层面进行软件安全分析。第 6 章从代码审核的角度阐述了基于源代码的安全分析，本节主要从安全测试的角度概述二进制代码分析。

（1）源代码分析

源代码分析以程序源代码为分析对象，与编译过程紧密相关，一般基于编译过程获取的数据流图、控制流图等源代码中间表示进行代码分析（参见 6.3.2 节），常用格理论或模型检测等理论进行数据流、控制流分析，也可以结合符号执行与约束求解进行分析。源代码分析的优点是程序的全局信息比较完整，分析的难度较低，分析精度较好。源代码分析的缺点是很多软件的源代码难以获得，例如，绝大多数商业软件不公开源代码，某些已经长期部署并广泛应用的软件已经找不到相应的源代码，这限制了源代码分析的可行性。源代码安全分析的技术和方法比较成熟，很多技术经过改进后已用于二进制代码安全分析。

（2）字节码分析

C#、Java 等程序设计语言源代码编译生成的是只能解释执行的字节码，而不是可以直接执行的机器码。如果没有对字节码进行过混淆技术处理，则可以将字节码反编译为有比较好的结构信息和类型信息的源代码，分析难度较低，分析精度较好，但是这种方法仅适用于分析 C#、Java 等程序设计语言源代码编译生成的字节码。

（3）二进制代码分析

C/C++等程序设计语言源代码编译生成的机器码也称为二进制代码。大量软件因未开源等原因而呈现给用户的只有可执行的二进制程序（二进制代码文件）形式，此时的安全分析只能基于二进制代码。二进制代码安全分析常用于检测程序的恶意行为或用于生成高覆盖率的测试用例，其常见的应用场景包括漏洞检测、恶意软件分类、逆向工程以及符号执行、模糊测试等。

二进制程序安全分析的主要评价指标是覆盖率和精确度。覆盖率是指程序分析的完整性，覆盖率越高，则缺陷检测过程中缺陷发现的漏报率越低，但测试代价更高。精确度是指分析结果的正确性，精确度越高，则缺陷检测过程中缺陷发现的误报率越低，但排除缺陷误报的开销更大。不同于动态分析监控程序具体执行动作，静态分析全面检查程序的所有可能行为，能够有效提高程序分析的覆盖率，降低缺陷检测的漏报率，但随着覆盖率提高，静态分析方法带来了精确度降低等问题，因此需权衡精确度与覆盖率、漏报率与误报率及能够承受的风险，使分析方法在缺陷检测过程中达到最优效果。

7.3.1　语法语义与二进制程序分析

程序设计语言的描述包括语法和语义两部分，语法代表程序设计语言的结构形式，语义代表程序设计语言的具体意义。语法定义程序设计语言的关键字、运算符、标点符号和其他语法元素的使用方式，定义程序员应如何使用程序设计语言编写程序，包括如何组织代码、如何定义变量和函数、如何控制程序流程等。语义定义程序设计语言中各种变量、数据类型、表达式、语句等元素的含义，定义程序员应如何使用程序设计语言来表达程序的意图，即定义程序的含义和行为。语法和语义都包含丰富的程序内容信息，是程序特征的重要体现，广泛应用于程序分析领域，在二进制代码层面也是如此。因此，二进制程序分析方法可以分为基于语法的分析和基于语义的分析。但要从二进制代码还原得到程序的变量类型信息、控制流和数据流信息等语法语义信息是十分复杂且困难的，这是由编译生成二进制代码的复杂过程决定的。

二进制程序是源代码经过编译、优化等处理生成的可被 CPU 加载执行的二进制代码文件。如图 7.11 所示，将源代码作为输入，选定编译器、优化参数和 CPU 架构类型等进行编译，生成目标文件再链接成二进制程序。可以在编译过程中进行安全处理，例如进行代码混淆（源代码转换或加壳等二进制代码转换，图 7.11 中虚线部分所示）。当使用不同的编译器、不同的优化参数以及选择不同的 CPU 架构和目标操作系统时，生成的二进制代码均可能发生显著变化。更换编译器或修改编译器的优化参数可以将同一源代码生成语义等效的不同二进制代码；为不同 CPU 架构编译同一源代码，由于不同架构使用不同的指令集，生成的二进制代码可能完全不同。基于源代码的安全分析除了需要依赖源码，还存在WYSINWYX（What You See Is Not What You eXecute，所见非所执行）现象，源代码语义和编译优化后的可执行语义之间存在差异，基于源代码的安全分析并不能保证程序的安全性，因此，对程序进行二进制代码安全分析是非常有意义的。

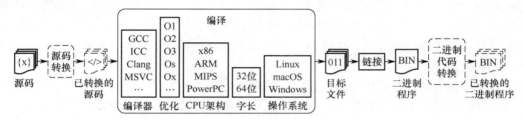

图 7.11 编译过程示意图

正因为编译生成二进制程序的过程存在多种可组合的处理，导致二进制程序分析存在诸多挑战。首先，在编译时丢弃了源程序中的函数名、变量名、类型和数据结构等信息，导致二进制代码可读性差、分析难度大。其次，在对二进制程序进行分析时，常用的方法之一是通过分析程序的执行流或调用流来发现可能存在安全缺陷的区域，因此需要获取程序的执行流或调用流，而二进制代码存在的直接跳转和间接跳转增加了获取程序执行流的难度，不同CPU 架构遵循不同的调用约定也增加了获取程序调用流的难度。此外，许多软件开发者在发行其软件时，通常会对程序进行安全处理，例如，使用内存地址随机化技术或对代码进行混淆等处理，从而干扰或阻碍二进制程序分析。二进制代码分析的难度大，分析结果相较于源代码分析和字节码分析不够精确。

根据分析时是否需要运行程序，二进制程序安全分析分为静态分析、动态分析及动静结合分析。静态分析一般先反汇编二进制程序，恢复程序在编译时丢弃的高级语法语义信息，构建与源代码中间表示类似的控制流图或数据流图并进行安全缺陷检测分析，如图 7.12 所示。动态分析利用插桩技术（参见 7.3.2 节）实现指令级别的分析，一般在 Call/Ret 指令、系统调用、库函数等处插桩以获得细粒度的程序运行时信息。动静结合分析则结合静态分析和动态分析的特点，一般先用静态分析获取二进制代码的关键结构信息，再结合动态分析对关键路径进行分析，有效减少动态分析产生的开销。静态分析支持对目标程序的二进制代码进行全面分析，在二进制代码中快速找出已知漏洞，可以利用深度学习算法显著提升检测漏洞的精确度，但无法获得程序运行时的动态信息（如指令间接跳转地址）、不支持细粒度分析系统级行为，且可能会分析到不会执行的代码。动态分析利用插桩可以获取程序在执行过程中的上下文信息，结合动态污点分析（参见 7.3.2 节）等技术，分析关键数据流以及利用输入分析程序的执行流，能够更直接地找到程序漏洞。动态分析进行细粒度的指令基本行为

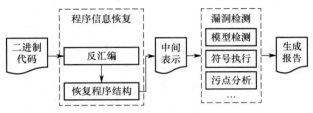

图7.12　二进制程序静态安全分析过程示意

分析，可以用于分析应用程序或操作系统在运行时的指令、数据、控制流，但其缺点是插桩导致程序执行耗时且效率较低，且受输入的影响而难以覆盖全路径的代码，需尽可能多地考虑程序输入并确保程序输入的质量，以便提高覆盖率。动静结合分析是一种提高动态数据流跟踪性能的技术：首先使用静态分析器和动态分析器分别对目标二进制程序进行分析以获取基本块信息、内存信息、控制流信息及操作系统事件等；然后将获取的信息传输到分析器中，分析器从中获取数据依赖关系，并使用一系列特定的优化策略（例如死代码消除和复制传播）减少冗余跟踪操作；最后分析器利用特定的动态插桩工具将优化后的分析代码插入目标程序中，以进行数据跟踪操作。可以将分析过程和执行过程解耦以便支持并行运行被检测的目标程序和监测工具，提高执行效率。动静结合分析充分利用静态分析和动态分析的优点，利用静态分析查找目标程序的敏感点，进而利用动态分析排除或验证敏感点，在可接受的开销范围内具有良好的漏洞查找性能。将在7.4.2节介绍基于动静结合分析的典型安全测试——模糊测试。

程序的语法信息包含程序设计语言的编写规则，在二进制代码层面表现为指令的组成结构。指令由操作码和操作数两部分组成，分别代表指令的功能及指令操作的对象。基于语法的二进制程序分析是对地址空间中连续的指令序列进行分析和识别，通过对特定指令序列的比对和搜索来实现对二进制程序关键代码的检测。基于语法的二进制程序分析方法包括基于散列值的分析方法、基于滑动窗口的分析方法和基于序列对齐的分析方法，将在7.3.2节结合语法相似分析进行介绍，本节只介绍基于语义的二进制程序分析方法，且将与语义相似性分析相关的内容也集中在7.3.2节介绍。

与基于语法的二进制程序分析不同，基于语义的二进制程序分析须反汇编还原二进制程序的高级语义并进行分析。例如，还原变量类型信息进行基于数据结构的语义分析，还原控制流和数据流信息进行基于图结构的语义分析，还原程序功能信息进行基于程序行为的语义分析。相对于基于语法的二进制程序分析，基于语义的二进制程序分析可以较好地应对编译器优化、代码混淆等编译过程、编译参数的影响，在二进制代码层面还原语义信息并进行语义分析，支撑对二进制程序的高效分析，为理解二进制程序提供更有价值的信息。

（1）基于数据结构的语义分析

程序在实际执行过程中是围绕数据类型、数据结构进行操作的，但编译生成二进制程序时丢弃了数据类型、数据结构等高级语义信息，一般基于逆向推理的方式获取二进制代码中的数据结构。例如，通过分析内存访问的方式识别所有变量的位置，通过抽象解释找到可能的值集，进而使用值集分析对数据结构进行还原，也可以利用反汇编工具IDA Pro的Hex-rays Decompiler插件等工具将二进制代码反编译成高级语言。基于获取的数据结构进一步分析程序的行为来发现可能存在的缓冲区溢出、敏感信息泄露等安全缺陷。二进制程序中大量指针和别名的存在、内存使用模式的不确定等问题，使得逆向推理得到的数据结构并不完全精确，并且可能遗漏部分自定义的数据结构，进而导致基于数据结构的语义分析的异常检测的误报和漏报。

（2）基于图结构的语义分析

利用控制流图、数据流图、函数调用图等图结构直观描述二进制程序内部的各种逻辑结构，通过追踪程序内部控制信息和数据信息的流向，还原程序在控制逻辑和数据逻辑层面的语义信息。可以基于图结构进行程序完整性分析检测，例如，利用控制流完整性检查和阻止控制流劫持，利用数据流完整性检查和防止破坏程序内存，对抗基于内存破坏的提权攻击。也可以基于图结构相似性进行二进制程序相似性分析，参见 7.3.3 节中结构相似性分析。

（3）基于程序行为的语义分析

程序行为是指程序的外部表现或动作，反映程序对外部数据的操作方式，其中包含丰富的程序功能信息。由于程序的功能是特定的，程序行为也随之具有固定的特征，因此，基于程序行为的语义分析能够很好地消除代码混淆对二进制程序分析的影响，被广泛应用于恶意代码识别、代码相似性检测等领域。但程序行为是一个比较抽象的概念，须采用模型或方法具象地描述程序行为并进行分析，例如，获取程序的操作系统 API 调用序列并提取程序的行为特征，进而生成恶意软件行为规则；跟踪系统调用之间的依赖关系，利用模型描述系统调用之间的信息流，从而检测软件的恶意行为。利用程序的操作系统 API 调用序列、系统调用序列描述程序行为是一种简单高效的方法，但粒度较粗，且只能反映程序的部分特定行为，因此很难做到对程序行为的完整还原。尽管这些方法能够更加真实地反映程序的行为，但它们大多存在粒度过粗或粒度过细（动态内存访问的粒度过细）的问题，难以同时做到为二进制程序提供丰富的语义信息和精确的分析结果。为了提高程序行为分析的准确性，可以基于二进制程序的执行轨迹进行程序行为相似性分析，或基于人工智能技术进行函数的相似度计算，参见 7.3.3 节中语义相似性分析。

7.3.2　二进制代码分析常用技术

在软件测试或代码分析中常用的二进制代码分析技术包括插桩、符号执行、污点分析等技术。

（1）插桩

插桩是指在保证原程序逻辑完整性的基础上，通过在目标程序代码的合适位置添加预设代码以获取目标程序的静态或动态执行信息，例如获取目标程序的抽象语法树、覆盖率（包括语句块覆盖率、程序边覆盖率和程序路径覆盖率）以及函数参数、局部变量取值等。插桩分为静态插桩和动态插桩。静态插桩也称为静态代码插桩，即在未加载运行的源代码、中间码或二进制代码中添加特定代码。静态插桩包括简单的手动插桩、基于编译器/汇编器的插桩，以及链接时或链接后的可执行文件编辑。动态插桩也称为二进制代码动态插桩，是在不影响目标程序动态执行结果的前提下，根据程序分析的需求，在目标程序运行过程中插入特定代码，获取目标程序运行时信息。动态插桩的实现比静态的更复杂，但可以跟踪动态链接的库和间接分支，而这是静态插桩难以实现的。

根据是否要对内核代码进行插桩，将动态插桩分为应用级动态插桩和系统级动态插桩。应用级动态插桩只对运行在用户空间的指令进行插桩分析，而无法进入系统调用等处于系统态的代码空间。经典的应用级动态插桩工具包括 PIN、DynamoRIO、Valgrind、DynInst 和

Libdetox 等。为了能对系统调用等内核级的代码进行检测，业界开发出系统级动态插桩分析工具。由于系统级动态插桩工具一般先要仿真整个虚拟机环境，因此这些工具常基于 QEMU、BOCHS、GEM5 等模拟整个计算机（包括处理器、内存和设备）的系统模拟器，例如，基于通用的开源计算机仿真器和虚拟器 QEMU 实现系统级动态插桩的工具包括 QTrace、PANDA、PEMU、TEMU 等。

（2）符号执行

符号执行使用符号变量代替具体值作为程序或函数的输入，并模拟执行程序中的指令；各指令的操作都是基于符号变量进行的，其中操作数的值由符号和常量组成的表达式表示。任意程序的执行流程由指令序列的执行语义控制。符号执行是路径敏感的，程序模拟执行过程中计算程序变量的符号值，收集相关约束，在执行路径交叉点更新记录路径条件约束，调用约束求解器检测路径是否可达，在软件潜在缺陷可能出现的点调用约束求解器求解是否存在具体值使得程序能够触发该缺陷。换言之，符号执行可以通过分析程序获取让特定代码区域执行的测试输入，即：提供某个输入，并确保目标程序可以执行某条没有执行的路径。符号执行分为静态符号执行和动态符号执行。静态符号执行常因程序中存在的循环和递归而陷入路径爆炸，也会因为路径约束中包含诸如取散列值等操作而导致约束求解失败。因此，常使用动态符号执行。动态符号执行通过对程序进行实际执行与符号化执行，维护程序的实际状态和符号化状态，通过将难以求解的约束替换为实际值，缓解部分静态符号执行无法绕过某些约束的问题，并按照深度优先的搜索策略探索目标程序执行路径。

（3）污点分析

污点分析可以抽象成三元组［sources，sinks，sanitizers］的形式，其中，sources 为污点源，代表直接引入不受信任的数据或机密数据到软件系统中；sinks 为污点汇聚点，代表直接产生安全敏感操作（违反数据完整性）或泄露隐私数据到外界（违反数据保密性）；sanitizers 为净化处理，代表利用数据加密或移除危害操作等手段使数据传播不再对软件系统的信息安全产生危害。污点分析是跟踪并分析程序中由污点源引入的数据是否能够不经净化处理而直接传播到污点汇聚点，如果不能，说明系统是信息流安全的，否则，说明系统产生了隐私数据泄露或危险数据操作等安全问题。污点分析是分析代码漏洞、检测攻击方式的一种重要手段，其处理过程分为识别污点源与汇聚点、污点传播分析、净化处理三个阶段，如图 7.13 所示。识别污点源和污点汇聚点是污点分析的前提，有三种识别方法：①使用启发式的策略进行标记，例如将来自程序外部输入的数据统称为"污点"数据，保守地认为这些数据有可能包含恶意的攻击数据；②根据目标程序调用的 API 或重要的数据类型，手工标记污点源和汇聚点；③使用统计或机器学习技术自动识别并标记污点源和汇聚点。污点传播分析是分析污点标记数据在程序中的传播途径，根据分析过程关注的程序变量之间依赖关系的不同，将污点传播分析分为显式流分析和隐式流分析。显式流分析是分析污点标记如何随变量之间的数据依赖关系传播，即数据流传播；隐式流分析是分析污点标记如何随变量之间的控制依赖关系传播，即分析污点标记如何从条件指令传播到其所控制的语句，也就是变量之间没有直接的数据依赖关系，但通过污点数据影响控制流而使污点数据得以传播。污点数据在传播的过程中可能会经过净化处理。污点数据经过净化处理后，数据本身不再携带敏感信息或针对该数据的操作不会再对软件系统产生危害，可以移除相应的污点标记。正确使用净化处理可以降低软件系统中污点标记的数量，提高污点分析的效率，并避免由于污点扩散导致的分析结果不精确的问题。

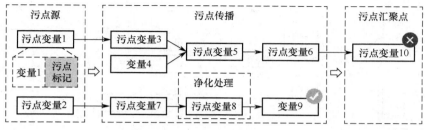

图 7.13　污点分析过程示意图

污点分析分为静态污点分析和动态污点分析。静态污点分析不需要实际运行目标程序，通过对目标程序进行静态分析，获取目标程序的控制流图、抽象语法树等信息，根据数据流以及依赖关系进行污点分析。动态污点分析是在目标程序实际运行的过程中，利用目标程序的动态执行信息进行污点分析，通过跟踪、分析运行时程序的敏感数据传播路径来确保程序的安全性。动态污点分析常利用插桩跟踪污点源的传播路径，检测的可信度更高，但其检测结果是否全面，取决于动态污点分析对目标程序的覆盖率，而且动态污点分析会消耗更多的资源。静态污点分析与符号执行一样，可能会陷入路径爆炸，而简化的静态污点分析又存在严重的过度污染问题。可以尝试通过减少污点分析跟踪的对象，降低污点分析的开销，提高模糊测试等动态测试的检测效率。

7.3.3　二进制代码相似性分析

代码相似性分析分为源代码相似性分析（参见 6.3.2 节）、二进制代码相似性分析以及将二进制代码与源代码进行比较的跨类代码相似性分析，应用于漏洞检测、逆向分析、版权分析（代码克隆）、编译器安全分析等场景。二进制代码的相似性是指由同一或相似的源代码编译得到的不同二进制代码是相似的（如果两个二进制代码完全相同或功能等效，则二者是相似的；如果两个二进制代码具有相同的语义，即如果它们提供完全相同的功能，则它们是等效的）。由于代码复用，同样的代码会出现在多个程序中，甚至出现在同一个程序的多个部分。复用的代码可能存在漏洞。二进制代码相似性分析将已知漏洞的二进制代码片段与目标程序进行比对，如果目标程序中包含与漏洞二进制代码片段高度相似的部分，则可以利用相似性决策算法（例如相同功能占比）判断目标程序是否包含该漏洞。相似的源代码因在编译过程中使用不同的工具链、编译器优化等导致编译生成的二进制代码存在差异，但这些二进制代码仍是相似的，因此二进制代码相似性分析一般需要解决编译过程导致的差异。

二进制代码相似性分析比源代码相似性分析更复杂，与源代码相似性分析类似，也需利用二进制代码的语法语义信息，利用提取的二进制程序静态特征、动态特征或动静混合特征定义相似性表示，采用相应的静态分析、动态分析或二者结合的方式进行二进制代码相似性分析，其中动态分析主要用于软件脱壳、执行轨迹跟踪以及收集语义相似性的运行时值。静态二进制代码相似性比对流程如图 7.14 所示。由于二进制代码无法直接进行比较，需利用 IDA Pro 或 objdump 等反汇编工具对二进制代码进行反汇编和去除噪声等预处理，得到汇编代码，然后根据代码相似性分析模型提取一组代码特征（包括常量、字符串、导入 API 等代码字面量以及函数调用图、控制流图等语义结构信息）并转换成相应的高维向量，最后通过比较向量间的相似度确定二进制代码间的相似度，判断二进制代码的相似性。

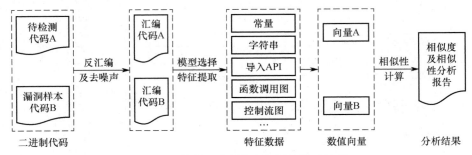

图 7.14　静态二进制代码相似性比对流程

二进制代码相似性比对的粒度可以是指令、指令集合、基本块、基本块集合、函数、函数集合、执行轨迹等，最常用的比对粒度是函数和基本块。二进制代码相似性比对可以从语法相似、语义相似、结构相似或特征相似进行相似性判断。

（1）语法相似

程序的语法信息包含程序设计语言的编写规则，在二进制代码层面表现为指令的组成结构。指令由操作码和操作数两部分组成，分别代表指令的功能及指令操作的对象。语法相似性比对是比较代码表示，通过比对地址空间中连续的且属于同一个函数的指令序列来判断相似性。为了尽量减少语法上的差异，比对指令序列之前一般先规范化序列中的指令，例如，移除操作数（仅保留操作码）、规范化操作数、归一化助记符。指令序列可以是固定长度或可变长度的。比对指令序列的三种主要方法分别是基于散列值的比对、基于滑动窗口的比对和基于序列对齐的比对。

① 基于散列值的比对

由于二进制程序的指令规模过于庞大，直接对其进行比对搜索会严重影响分析效率，计算经过规范化处理的目标指令序列的散列值，并利用散列值进行精确匹配，可以有效减少指令搜索的时间开销和指令存储的空间开销。散列值相同则对应的二进制代码相同。也可以计算二进制程序中每个函数的散列值（例如计算函数的语法和结构信息的散列值）及存在漏洞的函数的散列值用于比对。由于指令序列的散列值具有唯一性，基于散列值的比对方法对二进制代码的差异十分敏感，具有很高的精确度，但其鲁棒性较差，容易受代码混淆和编译器优化的干扰，从而导致较高的漏报率。

② 基于滑动窗口的比对

二进制程序的指令是连续的，在比对之前可以使用滑动窗口实现变长的指令序列分割，将指令序列分割为小的片段。指令序列的滑动窗口由两个部分组成：滑动窗口中的指令数量和每次向前滑动的指令数量。N-Gram 是一种经典的基于滑动窗口的语言模型，可以提取指令序列的片段，广泛应用于二进制程序的语法分析。可以使用 N-Gram 对滑动窗口中指令的操作码进行统计，提取指令序列的语法特征进行漏洞代码的识别和匹配。也可以在 N-Gram 的基础上进一步结合 N-Perm 模型，不将滑动窗口中的指令视为一个序列，而是将其视为一个不考虑指令顺序的指令集合，从而生成更少的指令片段，有效提高分析效率。基于滑动窗口的比对方法具有易于实现、效率较高的特点，但对二进制代码的线性布局比较敏感，导致比对结果的精确度不够稳定，一定程度上取决于模型参数的选择。

③ 基于序列对齐的比对

当二进制程序发生程序版本更新、应用安全补丁或代码重用等代码改动时，经常会改变一些与代码改动无关的指令的顺序，从而对代码的线性布局产生影响，导致基于滑动窗口的比对方法出现误报。为了解决这个问题，可以使用最长公共子序列算法进行指令序列的对齐，再进行代码相似性比对。也可以将函数分解为执行轨迹的片段，并在其基础上设计指令重写规则，利用重写的次数度量代码之间的相似性，或者将指令序列的相似性比对转化为执行路径的相似性比对。基于序列对齐的比对可以较好地应对代码微小改动导致的影响，但仍然是在指令层面进行识别和比对。在恶意软件克隆、代码重用等安全领域，随着现有技术的不断发展，待检测的目标程序通常不再具有相同的指令特征，而是通过生成语义相同或相似的代码来复制程序的功能。在这种情况下，基于语法的分析方法已经难以满足二进制程序分析的准确性要求。

总之，语法相似性比对通过对特定指令序列的比对和搜索来实现对二进制程序关键代码的检测，具有分析方式简单、效率较高的特点，但鲁棒性差，难以正确处理寄存器重新分配、指令序列重排、等效指令替换等情况。

（2）语义相似

程序的语义信息主要包括变量类型信息、控制流和数据流信息、程序功能信息等。语义相似性比对是比较代码功能，比较代码是否具有类似的效果。语义相似性比对主要是在基本块的粒度上捕获语义，捕获语义的三种基本方法是：指令分类、输入-输出对、符号公式。语义相似性比对的一种简单方法是从执行轨迹中提取符号公式以捕获程序中的系统调用，对系统调用切片段进行等价性检查来判断程序的相似性。具有相似系统调用的两个程序可以实现显著不同的功能，因此，提取二进制程序的动态特征定义的这种相似性表示的粒度较粗，不足以准确识别二进制代码差异。提高分析准确性的一种途径是基于二进制程序的执行轨迹进行相似性分析，例如，记录两个二进制程序的特定函数执行过程中的内存读/写操作、库函数调用、系统调用、函数返回值等所有特征（函数的动态特征），组合成特征向量并进行程序行为相似性分析，或者从操作系统对象、对这些对象执行的操作、对象之间的依赖关系三个方面对程序行为进行建模，在更高的抽象层面捕获程序的操作，生成行为摘要并进行分析。

随着技术的发展，自然语言处理、深度学习等技术已应用于程序行为学习，实现程序行为语义的嵌入。对二进制程序进行函数边界检测和特征提取，生成学习样本，然后使用长短期记忆（Long Short-Term Memory，LSTM）神经网络对函数表示进行学习，计算函数相似的置信度得分。为汇编指令生成 Word2Vec 词向量，利用神经网络的自注意力机制将函数的语义嵌入模型，从而实现函数的相似度计算。或者采用无监督的二进制程序代码中间表示学习技术，利用代码的控制流等语义信息生成基本块的嵌入向量，基于匹配算法寻找二进制程序比对的最优结果。深度学习在语义分析方面的优势在于能够自动学习二进制程序的功能信息，并且可以通过调整不同特征的比重来获得更准确的分析结果，但目前仍存在对细微的语义信息不敏感的问题，而这些细微的语义信息很有可能是完成二进制程序分析的关键所在。

③ 结构相似

结构相似性比对是比较二进制代码的控制流图或函数调用图等图形表示，利用图结构判断代码结构相似性。例如，基于函数调用图的恶意软件检测方法是将每个恶意软件表示为一个函数调用图，通过对图数据库的最近邻搜索来寻找与给定样本最相似的恶意软件。结构相似性位于语法相似性和语义相似性之间，因为图可以捕获同一代码的多个语法表示，并可以用语义信息注释。结构相似性比对能够适应语法变换，但无法适应代码结构的变换，例如内联函数或删除未使用的函数参数导致的变换。图中的节点和边都包含程序的部分语义信息，因此对图结构进行相似性比对可以在一定程度上实现语义层面的比对，减轻代码混淆造成的影响。判断图相似的子图同构是一个 NP（Non-deterministic Polynomial，多项式复杂程度的非确定性）完全问题，其他方法，如最大公共子图同构，也是一个 NP 完全问题，比对时需要减少比对的图的数量和大小才能提高效率。

④ 特征相似

基于特征的相似性比对将二进制代码表示为一个向量或一组特征，使得类似的二进制代码具有相似的特征向量或特征集，特征可以是布尔型、数值型或类别型。常使用 Jaccard 系数、位向量的点积以及数字向量的欧几里得距离或余弦距离衡量特征相似性。

二进制代码比对常用工具（IDA Pro 插件）包括 BinDiff、Diaphora、DarunGrim、Karta（源代码辅助二进制代码对比插件），使用基于控制流图/函数调用图图结构、基本块和指令的启发式算法提取相似性特征并进行相似性比对，所使用的相似性特征既包含程序的语法信息，又包含部分语义信息，具有较高的分析效率，但得到的分析结果并不一定是准确的，主要原因有两点：一是只引入微小的代码改动（例如修改数据结构的类型和大小、修改函数参数）时，在指令层面没有任何区别；二是当涉及大量的代码更改（例如重写函数功能）时，将产生大量的低级指令差异。为了提高二进制代码比对的精度、降低误报率，可以将二进制代码片段转换成一组能够捕获程序语法和语义信息的特征向量，然后利用机器学习算法进行相似度计算。

7.4　典型的软件安全测试技术

7.4.1　典型安全测试技术概述

相对于传统软件测试，软件安全测试更具有挑战性，除了渗透测试的渗透攻击过程以手工方式为主，其他安全测试常采用自动化或半自动化方式。模糊测试和渗透测试是两种常用的软件安全动态测试技术。模糊测试是一种基于缺陷注入的自动化或半自动化软件安全测试技术，利用大量测试数据发现缺陷，包括未知漏洞，常用于二进制代码漏洞挖掘。渗透测试是一种使用自动化工具辅助手工模拟攻击的评估计算机系统、网络或应用程序的安全性的安全测试技术。本书将渗透测试的测试目标定位为应用程序，计算机系统和网络仅作为目标应用程序的运行环境。渗透测试一般只能到达有限的测试点，覆盖率较低。相较于渗透测试，模糊测试更易于实施。简便易行的基于漏洞库的漏洞扫描工具可以快速发现被测试软件中的已知漏洞。基于漏洞扫描的安全检测一般根据目标软件类型选用具有针对性的漏洞扫描工具或通用的、综合性的漏洞扫描工具进行安全检测。

漏洞扫描、模糊测试及渗透测试的对比分析，如表 7-4 所示。

表 7-4　漏洞扫描、模糊测试及渗透测试的对比分析

测试技术 对比项	漏洞扫描	模糊测试	渗透测试
测试时机	上线运营后	测试阶段或上线运营后	上线运营后
自动化程度	完全自动化	自动化或半自动化	手工测试
漏洞利用	仅发现漏洞，不利用漏洞	仅发现漏洞，不利用漏洞	发现并尝试利用漏洞以验证漏洞是否存在；利用漏洞模拟攻击
侵入性	低	较高	高
漏洞检测能力	基于已知漏洞库发现已知漏洞	可检测已知漏洞和未知漏洞	可检测已知漏洞和未知漏洞
误报率	高	低，几乎没有误报	低
测试成本	较高，主要源于人工排查误报	低	高，依赖于测试人员经验能力
测试耗时	少	与测试深度相关	多，人工介入较多
支持测试类别	安全测试	支持安全与可靠性测试	安全测试

本节仅概述模糊测试和渗透测试。

7.4.2　模糊测试

模糊测试（Fuzz Testing）是一种在程序中插入异常的、非预期的或随机的数据触发新的或不可预见的代码执行路径或缺陷并监测异常结果来发现程序中潜在安全缺陷的动态安全测试技术。模糊测试也应用于测试需要接收某种形式输入的接口。模糊测试的"模糊"主要体现在自动生成具有随机性的、可能导致目标程序进入随机状态的测试数据。

下面用一个与网络通信协议相关的简单例子说明模糊测试的主要特点。

假设被测试程序是基于 C/S 架构的应用程序的服务端程序 xServer，客户端和 xServer 之间使用基于 TCP 的自定义协议进行信息交互。若有 xServer 的源代码，可以利用静态代码分析查找漏洞；即使没有源代码，利用逆向工程结合代码安全审查也可以查找漏洞，但这种测试方法要求测试人员具有一定的安全测试经验和较高的测试技能，而且 xServer 的规模越大，付出的测试代价也越高。除了静态代码分析，可以采用的第二种测试方法是抓取客户端与 xServer 之间的通信数据，分析并获取客户端与 xServer 之间的通信协议，然后根据协议规则，手工编造测试数据进行安全测试。这种利用通信协议进行的安全测试的效率更高、成本更低，但完整的协议分析难度大、手工编造测试数据的成本很高。使用 Autodafe、SPIKE 等通用的模糊测试器（Fuzzer），基于模板描述通信协议，利用模糊测试器自动填充通信协议可变字段的内容，生成大量的测试数据并发送给 xServer，同时利用模糊测试器提供的功能监视 xServer，当检测到 xServer 出现性能下降、返回异常数据等异常时，根据记录的日志找到导致异常的请求，进而确认是否存在安全缺陷。

模糊测试大量测试数据的生成、使用及目标程序运行状态的监测，须采用自动化或半自动化方式实现，因此，模糊测试的关键是针对特定类别的测试目标设计或选用有效的模糊测试引擎或模糊测试器（通称模糊测试工具），将积累的安全测试经验集成到测试工具中，提升安全测试的效率。如图 7.15 所示，模糊测试工具一般由预处理器、调度器、输入生成器、测试执行器、输入评价器、更新器等关键组件组成，协同执行每个测试步骤。在模糊测

试过程中，由输入生成器根据调度器指派的模糊测试配置和数据样本（种子）或数据生成模型，按数据生成规则或种子变异算法生成新的测试输入（测试数据），由测试执行器控制被测试程序，并监测、捕捉、记录测试数据触发的异常，即潜在的安全缺陷。根据输入是否触发异常以及覆盖率等因素，在更新器和调度器的配合下，调整或优化测试输入，经过持续的测试迭代，直至满足测试终止条件。

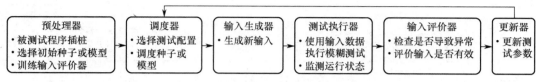

图 7.15　模糊测试工具工作原理示意图

（1）识别、分析目标程序与预处理

在选择模糊技术或设计模糊测试工具之前，须先确定被测试对象、了解被测试对象的类型，例如被测试目标是客户端程序还是服务端程序、是二进制代码还是源代码。准确识别目标程序之后才能有针对性地搜集目标程序的输入数据格式、内部结构等相关信息，制定行之有效的模糊测试策略，并为监控目标程序在测试中的运行状态变化做必要的准备，例如对目标程序进行静态插桩预处理或制定动态插桩方案、利用符号执行或污点分析等应用程序分析技术获取目标程序执行路径及执行路径对测试输入的约束等信息。根据模糊测试对目标程序内部信息了解、分析的详细程度，模糊测试分为黑盒模糊测试、灰盒模糊测试和白盒模糊测试。

① 代码分析及插桩等预处理

预处理器对目标程序进行插桩时，需根据目标程序有无源代码等实际情况选择静态插桩（例如 AFL、AFLGo、AFLFast 使用编译插桩）或动态插桩（例如 WinAFL 使用 DynamoRIO 动态插桩）以及在何处进行代码插桩。定向模糊测试针对目标程序指定关键信息进行插桩。覆盖率引导的模糊测试针对目标程序的路径、分支进行插桩，记录其覆盖信息。若需记录更精确的覆盖信息，则需更复杂的程序插桩，并且程序执行时的额外开销也越大。

② 确定输入向量

在识别并确定测试目标的基础上，分析待测试目标的输入类型，针对不同的输入类型确定不同的输入向量。几乎所有可以被攻击者利用的安全漏洞都是因为应用程序没有对用户输入进行安全的边界校验，或者对非法输入有过滤但并不完备造成的。能否有效实施模糊测试，关键在于能否准确找到所有的输入向量。确定输入向量的基本原则是：提供给目标程序的任何输入数据，例如文件名、环境变量、注册表键、函数实参以及其他信息，都可能是潜在的模糊测试输入向量的构成元素。

③ 构造测试数据的策略与初始种子或模型的选择

识别所有的输入向量之后，则可以根据输入向量与测试对象的特征，按照一定的规则自动或半自动生成大量畸形随机数据（模糊测试数据）作为测试输入。构造模糊测试数据的方式主要有两类。

第一类是基于已有的数据样本（种子）应用变异算法构造新的测试数据，采用该方式的模糊测试器称为基于变异的模糊测试器（例如 AFL、AFLGo、AFLFast）。伪代码描述的灰盒模糊测试一般流程如表 7-5 所示，基于变异的模糊测试器常具有一个种子集，种子是可以触发异常的测试数据。利用种子的变异构造新的测试数据，类似水稻种子的基因变异将产生不同性状的水稻。测试执行器将新产生的测试数据作为输入应用于动态运行的被测试目标，如果触发异常，则记录异常及对应的测试数据，否则根据测试数据的"育种价值"（例如是否覆盖新的程序分支）决定是否将其加入种子集以便再次利用，通过持续的测试迭代，筛选、优化种子，从而更有效地发现安全缺陷。预处理时初始种子的选择方法包括：随机生成、从历史测试数据中选择、从回归测试用例中选择、通过预先模糊测试生成等。

表 7-5 基于覆盖率的灰盒模糊测试一般流程（源自 AFLGo）

灰盒模糊测试
Input: Seed Inputs S // 输入初始种子集
1   **repeat**
2   s = ChooseNext(S)   // 调度种子
3   p = AssignEnergy(s)   // 定向测试点赋予更高能量
4   **for** i from 1 to p **do**
5   s' = MutateInput(s) // 变异产生新的测试数据
6   **if** t' crashes **then** // 测试目标出现异常
7   add s' to S_x // 添加到导致异常的测试数据集
8   **else if** IsInteresting(s') **then**
9   add s' to S // 添加到种子集
10   **end if**
11   **end for**
12   **until** timeout reached or abort-signal
Output: Crashing Inputs S_x

第二类是基于模型从零数据构造新的测试数据，采用该方式的模糊测试器称为基于生成的模糊测试器（例如 Peach、Sulley）。通过分析被测试程序及其使用的数据格式或接口规范、对目标协议或文件格式进行建模，根据语法或有效语料库从零数据生成测试数据，类似生物从基因到个体的成长过程。基于生成的模糊测试侧重于从初始模型确定的规则构造测试数据，一般适用于 PDF 解析器等具有复杂输入格式的应用程序。

（2）调度器

在模糊测试中，调度指根据已发现的缺陷、程序覆盖率、已执行的测试时间等因素选择一组合适的模糊测试配置（Fuzzing Configuration）用于开展下一轮测试迭代。

基于变异的模糊测试器需要给定一个种子集（测试数据集），调度器根据调度算法从中获取一个种子供输入生成器结合测试配置生成大量的测试数据。不同调度算法对种子的选择与调度策略不同。AFL 的调度算法利用遗传算法维护一组种子，每个种子都有一个相应的适应度值（Fitness Value），利用变异或者重新组合来生成新的种子。对 AFL 进行改进的AFLFast 的调度策略是优先选择执行稀有路径的种子、优先选择被执行次数少的种子，或利用马尔可夫链对种子与不同路径执行概率之间的关联进行建模，等等。为了提高种子在下一轮测试迭代中触发新异常的可能性，可以利用目标程序污点信息记录种子对程序分支的影响并排序，优先选择并优先变异影响更多未被执行程序分支的种子，优先探索依赖更多优先排序种子的程序分支。

基于生成的模糊测试器不进行比特位调度或变异算法调度，而是根据用户提供的数据模型规定每个特定数据元素的属性,并将所有元素组合在一起构成完整的测试数据。基于生成的模糊测试器侧重于从初始数据模型确定的规则构造符合数据格式要求的、可以绕过目标程序格式检查的测试数据,并采用输入数据结构化分析(例如对网络数据包或文件格式的结构进行分析)等方法,识别可能引起目标程序解析错误的字段(例如表示长度的字段、表示偏移的字段、可能引起目标程序执行不同逻辑的字段、可变长度的数据等),并将其作为生成畸形测试数据的因素,也可以将数据块之间的依赖关系作为生成畸形测试数据的因素。

(3)输入生成器

输入生成器自动生成大量的模糊测试数据。输入生成器的类型主要包括基于随机数的生成器、基于变异的生成器和基于模型的生成器。基于随机数的生成器随机生成整数、字符串作为测试数据。基于变异的生成器利用调度器选择的测试配置及调度的种子,基于变异算法产生测试数据。变异算法策略包括比特翻转(直接翻转固定数量的比特,例如 AFL、HongGFuzz、SymFuzz)、算数变异(将选定的字节序列视为整数,然后对该值执行简单的算术运算)、基于字典的变异(定义一组可能具有语义意义的预定义值用于变异,例如 LibFuzzer)。基于模型的生成器包括基于语法的生成器(例如 Zest,生成满足语法语义的 JavaScript/XML)、基于协议的生成器(例如 T-Fuzz,生成满足网络协议的输入)、基于预定义模型的生成器(例如内核模糊测试,利用真实运行的系统调用序列数据训练 N-Gram 模型,挖掘系统调用关系,并利用该信息指导生成系统调用序列)。如何使自动生成的测试数据既满足模型规则又具有多样性,是基于模型的生成器面临的关键问题之一,可以在生成器中通过添加语法分析环节与语义分析环节保障生成的测试数据的语法正确性与语义多样性,也可以利用强化学习生成合乎程序语法且具有多样性的测试数据,对 JavaScript 引擎的模糊测试,还可以利用神经网络的语言模型学习导致漏洞的 JavaScript 代码,进而自动生成模糊测试数据。

生成模糊测试数据的其他经典方法,包括以下几种。

① **基于覆盖率引导的模糊测试数据生成方法**

覆盖率引导的模糊测试利用插桩的方式记录代码覆盖率,并使用有利于最大化代码覆盖率的算法生成测试数据,使测试趋向于发现新路径。

② **基于符号执行的模糊测试数据生成方法**

该方法的核心思想是以测试数据为符号值,在符号执行的分析过程中搜索测试路径上对测试输入的核心约束,通过约束求解生成一个新的测试数据(即构造满足测试路径限制条件的程序输入作为测试数据),以覆盖不同的程序执行路径。在模拟程序执行并收集路径条件的过程中,如果同时收集可引起程序异常的符号取值的限制条件,并将异常条件和路径条件一起考虑,精心构造满足条件的测试数据作为程序的输入,那么在使用这样的输入的情况下,程序很可能在运行时出现异常。基于符号执行的模糊测试数据生成方法适用于结构简单、执行路径少的被测试程序。程序的复杂性随着功能的多样化而增加,导致路径数量爆炸式增长。由于复杂的约束求解问题,符号执行很难应用于构建复杂程序的测试数据。

③ **基于污点分析的模糊测试数据生成方法**

该方法的核心思想是利用动态污点分析技术标记测试输入(污染源),关注污点的传播过程,从中提取关键污点信息,并利用污点信息指导生成种子变异和相关测试数据,主要用于为程序中的关键执行路径构建测试数据,具有较好的代码覆盖率。随着遗传算法和神经网络在模糊测试中的应用，污点分析技术逐渐显露出低效的弱点。

④ 基于遗传变异的模糊测试数据生成方法

遗传变异算法利用生物进化的某些核心规则指导模糊测试数据的生成，其核心思想是对测试数据进行多轮迭代变异，剔除不符合要求的测试数据或从中选出性能最好的样本作为下一轮变异的种子。遗传算法不仅可以生成新的测试数据，还可以简化样本集，从而进一步提高模糊测试的效率。

⑤ 基于语法树变异的模糊测试数据生成方法

语法树是源代码语法结构的一种表示，用树状的形式表现编程语言的语法结构，树上的每个节点都表示源代码中的一种结构。语法树变异是基于变异生成种子文件相应的语法树，然后以其子树为对象进行替换操作。替换的材料可能由用户指定，也可能由软件按照一定规则自动生成。

（4）测试执行器

根据测试目标的不同选择不同的模糊测试方法，将生成的测试数据作为输入应用于动态运行的被测试目标。执行过程一般会向被测试目标发送数据包、利用被测试程序打开包含测试数据的文件或发起一个目标进程等。

在模糊测试过程中，须实时检测和记录由输入导致的故障或异常现象，以便及时发现问题，并找出触发异常的样本及相关信息。模糊测试的目的不只是希望确定被测试程序是否存在安全漏洞，更重要的是确定程序为何会产生异常，以及产生异常后对缺陷进行重现，从而使安全人员可以针对缺陷编写测试代码以确定漏洞是否存在，开发人员也可以及时修复发现的漏洞。由于模糊测试测试数据量大、测试过程周期较长，需采用高效的自动化方式监测异常现象。常用的异常监测方法分为基于调试的异常监测和基于插桩的异常监测两种。基于调试的异常监测方法利用操作系统提供的调试 API 开发具有针对性的异常监测模块，并在调试模式下启动目标程序，虽然实现异常监测的难度较大，但效率更高。基于插桩的异常监测方法在程序中特定位置插入代码段收集程序运行时的动态上下文信息，相较于基于调试的异常监测方法，虽然性能有所降低，但监测功能强大。

（5）输入评价器

输入评价器的主要功能包括：根据模糊测试过程记录的测试日志，判断输入的测试数据是否触发了资源泄露、竞争死锁或程序崩溃等异常，根据被测试目标的状态变化判断是否存在安全漏洞，评价输入的测试数据是否有效，将有利于触发新异常的测试数据添加到种子集；识别检出相同漏洞的测试数据并在种子集中去除重复的种子，或基于安全测试需求集、定向测试需求集精简种子集；在能触发异常的情况下，利用 Delta Debugging 等技术精简测试数据。通过评价输入的测试数据，及时发现并完善测试数据存在的问题，便于优化种子集和种子调度算法，有利于后续测试迭代生成更有效的测试数据，进而提高模糊测试的效率和覆盖率。可以利用评价模糊测试的覆盖率和暴露漏洞平均时间评价模糊测试输入。暴露漏洞平均时间指生成测试输入暴露特定漏洞的模糊测试平均时间，用于衡量发现安全缺陷的效率。覆盖率指在测试过程中对象被覆盖到的数目占总数的比例，高覆盖率表明更有可能发现更多的安全缺陷。白盒和灰盒模糊测试主要基于代码结构和逻辑进行评估，通过分析代码覆盖率或路径覆盖率等指标评价测试用例的覆盖率和有效性。不同的模糊测试工具常采用不同的覆盖率作为评价指标，例如 AFL 使用上下文无关的边覆盖率，Angora 使用上下文敏感的分支覆盖率，VUzzer 使用块覆盖率。

（6）更新器

更新器的主要功能是在最大化覆盖率等目标的情况下维护最少数量的测试参数和更新种子集。种子集的更新算法策略包括：①基于遗传算法的更新和启发式方法，模仿生物进化机制，对种子进行变异、重组和选择；②基于统计模型的更新，从历史数据中学习有效模型，指导种子集的更新；③基于复杂程序语义的更新，根据是否覆盖了复杂分支，采用定向模糊测试策略更新种子集以覆盖特定分支。

根据测试目标的不同，模糊测试工具可以划分为文件格式类模糊测试工具、网络协议类模糊测试工具、操作系统类模糊测试工具、Web 服务类模糊测试工具、专注于特定编程语言的模糊测试工具等不同类别，针对特定类型测试目标，探索和发现目标程序中的安全缺陷。开源的模糊测试工具包括 BFuzz、OSS-Fuzz、libFuzzer、ClusterFuzz 以及基于覆盖率引导的模糊测试工具 AFL（American Fuzzy Lop）、AFL 的 Windows 版 WinAFL、AFL 的加速版 AFLFast 等。常用的开源模糊测试工具如表 7-6 所示。

表 7-6　常用的开源模糊测试工具

工 具 名 称	编 程 语 言	测 试 范 围	结构敏感性	覆盖率引导	输 入 类 型
SPIKE	C++	TCP 各种协议	N/A	否	自定义测试脚本
Sulley	Python	TCP 各种协议	N/A	否	自定义测试脚本
BooFuzz	Python	TCP 各种协议	N/A	否	自定义测试脚本
BED	Perl	TCP 各种协议	N/A	否	无输入
Doona	Perl	TCP 各种协议	N/A	否	无输入
WiFuzz	Python	802.11 协议	内置语法	否	无输入
BlueFuzz	Python	蓝牙协议	N/A	否	无输入
Frankenstein	C, JavaScript	蓝牙协议	N/A	否	设备快照等
TLS-Attacker	Java	TLS（可扩展）	内置语法	否	自定义协议流
DTLS-Fuzzer	Java	DTLS	内置语法	否	自定义协议流
Domato	Python	DOM	内置语法	否	无输入
Wfuzz	Python	Web 应用	N/A	否	无输入
FunFuzz	Python, JavaScript	JavaScript	学习语法	否	无输入
AFL	C	C/C++	N/A	是	无输入
AFLGo	C	C/C++	N/A	是	无输入
Angora	C++, Rust	C/C++	N/A	是	无输入
Go-Fuzz	Go	Go	N/A	是	无输入
libFuzzer	C/C++	链接库	N/A	是	无输入
Syzkaller	Go	Linux 内核	N/A	是	无输入
Driller	Python	bin	N/A	否	无输入

模糊测试利用自动生成的大量测试用例查找可以导致程序运行异常的缺陷，这些缺陷往往是测试人员不太可能手工构建的输入触发的，但模糊测试不同于猴子测试（Monkey Testing）等随机测试，模糊测试构造的测试用例的针对性、有效性更强，测试效率更高。

模糊测试易于实现自动化，使安全测试更易于进行，适用于发掘软件安全漏洞，尤其适用于发现未知的、隐蔽性较强的深层次的易导致程序崩溃的安全缺陷（例如竞争死锁、资源泄露/短缺、断言失败等），目前广泛应用于对文件格式、通信协议、API 接口、源代码等的安全测试。但模糊测试也存在局限性。

① 访问控制漏洞的识别能力有限。模糊测试工具的逻辑感知能力有限，对后门、绕过认证等违反权限控制的安全漏洞的识别能力有限。

② 设计逻辑缺陷的识别能力有限。糟糕的逻辑往往并不会导致应用程序崩溃，而模糊测试发现漏洞的一个最重要依据是监测目标程序的崩溃，因此，模糊测试不能识别此类设计逻辑缺陷。

③ 多阶段安全漏洞的识别能力有限。模糊测试识别单独的漏洞的能力较强，但对小的漏洞序列（漏洞链）构成的高危漏洞的发现能力有限。

④ 多点触发漏洞的识别能力有限。模糊测试不能准确识别多条件触发的漏洞。

⑤ 模糊测试不能保证畸形输入数据能够覆盖目标程序所有的分支代码，因此，经过模糊测试检验的软件仍可能存在未被发现的漏洞。此外，模糊测试通常只能判断出目标程序中存在何种漏洞，但并不能在程序源代码中准确定位漏洞的位置。

⑥ SIGSEGV 信号会导致模糊测试不能识别是否触发内存破坏。

7.4.3　渗透测试

渗透测试（Penetration Testing）是一种应用于安全开发流程后期的安全测试和安全评估技术，在书面授权的前提下，依据已知漏洞，通过模拟真实的、非破坏性的攻击行为，检测应用程序、网络或系统的安全弱点，发现潜在的安全漏洞，旨在对测试目标的安全性进行评估，以便根据测试报告有针对性地提高其安全性。渗透测试可以是内部渗透测试或外部渗透测试。内部渗透测试假定攻击行为是从测试目标所属组织内部发起的，侧重于发现物理接触目标系统以及社会工程可能导致的潜在安全风险。外部渗透测试则侧重于外部网络连接可能导致的安全风险。基于对被测试目标的了解程度，渗透测试可分为白盒渗透测试、灰盒渗透测试、黑盒渗透测试。根据渗透测试过程中人工参与程度的不同，渗透测试可以分为传统渗透测试和自动化渗透测试。相较于传统渗透测试，自动化渗透测试能够自动分析目标系统所在网络环境，发现并验证目标系统潜在漏洞点和脆弱性，降低渗透测试的技术难度和成本，提升渗透测试的效果和效率。在进行渗透测试时，测试人员将使用漏洞扫描、漏洞利用、社会工程学等多种技术模拟攻击，需遵循最小影响原则、非破坏性原则、全面深入原则和保密性原则等原则。

渗透测试的主要目的是发现由于编码错误、系统配置错误或其他运行部署弱点导致的潜在安全隐患。渗透测试过程分为以下几个步骤。

① 明确目标。渗透测试人员通过与客户组织进行交流讨论，确定渗透测试的目标、范围、限制条件以及测试服务合同细节。首先收集、确定渗透测试需求，确定测试是针对业务逻辑漏洞，还是针对人员管理权限漏洞等。其次，确定需进行渗透测试的资产范围、目标范围。最后，制订渗透测试计划，确定渗透测试规则，例如：能渗透到什么程度，是确定漏洞为止还是继续利用漏洞进行更进一步的测试；允许测试的时间段和周期；是否可以实施修改上传、提权、查看数据等敏感操作。在启动渗透测试之前，必须获取客户组织的书面授权，并根据渗透测试目标，准备必要的渗透测试工具和环境。

② 收集信息。信息收集对于渗透测试至关重要，只有掌握目标程序足够多的信息，才能更好地进行渗透测试。利用主动收集、被动收集两种方式的各种方法获取关于测试目标的尽可能详尽的基础信息（IP 地址、网段、域名、端口等）、系统信息（操作系统类型和对应版本等）、应用信息（与开放端口绑定的应用服务）、版本信息（探测到的所有中间件、系统的版本）、服务信息（各种服务开放情况，是否有高危服务等）、人员信息（域名注册人员信息，用户和管理员信息等）以及相关防火墙、安全狗等安全防御措施的信息与系统配置。对于拟进行渗透测试的 Web 应用程序，需收集 Web 应用程序所使用的脚本语言类型、服务器类型、数据库类型以及 Web 应用程序用到的框架、开源软件，扫描搜索获取后台管理页面、未授权页面、敏感 URL 等。一般采用手工结合 Nmap 等辅助工具的方法收集信息，或使用公开来源信息查询或开源情报（Open Source Intelligence，OSINT）、Google Hacking、资产测绘平台（例如 SuMap、Shodan、FOFA 等）、社会工程学等进行信息收集。信息收集完成时，需对收集的信息进行整理和分析，基于威胁建模等方法制定渗透测试方案，确定可行的渗透攻击路径。

③ 漏洞探测。综合分析上一步骤收集的信息，借助 Nessus、OpenVAS、AWVS、AppScan 或 xray 等漏洞扫描工具对目标程序可能存在的已知安全漏洞进行逐项检测，查找存在的安全漏洞。既可以对运行中的目标软件系统进行漏洞扫描，也可以进行源代码扫描、二进制代码分析扫描或基于威胁树采用手工分析以识别目标软件系统的漏洞。

④ 漏洞验证。在漏洞探测阶段发现的关于目标程序的安全漏洞，可能存在误报，需测试人员结合实际情况，采用手工验证、工具验证或实验验证等方式验证漏洞是否确实存在，并确认其是否可被利用，经验证确实存在的安全漏洞才能被应用于目标程序。漏洞验证是针对探测到的漏洞，通过构造特定的测试用例或攻击载荷，进行试探性攻击或概念验证（Proof of Concept，PoC），检查系统是否受漏洞的影响，并验证漏洞是否可以被成功利用。可以基于 Metasploit Framework 进行自动化漏洞验证或使用 APT2、NIG-AP、AutoPentest-DRL、DeepExploit、AutoSploit 等自动化渗透工具和框架利用漏洞，也可以搭建模拟测试环境对漏洞进行验证。

⑤ 漏洞分析。结合渗透测试方案及前几个阶段获取并汇总的信息，进行漏洞分析，确定当前渗透测试可以利用的漏洞及漏洞利用方法，开发渗透代码，确定最可行的攻击路径，分析如何获取测试目标的访问控制权。根据需要补充探测以发现新的漏洞，用于达成本次渗透测试目的。经过验证的安全漏洞可以用于对测试目标进行渗透攻击，但不同的安全漏洞，攻击机制不同，需针对不同的安全漏洞进行深入分析，制定有针对性的详细的攻击计划，包括如何绕过测试目标及其所处运行环境的安全防御机制，以保障渗透测试的顺利执行。

⑥ 渗透攻击。渗透攻击（Exploitation）是利用漏洞分析结果对测试目标进行的实际攻击，通过渗透攻击获取系统访问控制权限，并开展提升权限、维持权限（例如植入后门程序、修改访问控制等）、达成渗透攻击目的、清除渗透攻击痕迹等操作。在渗透攻击过程中，在满足约定的渗透测试限制条件下，可以根据测试目标的安全防御特点、业务运营模式、资产保护流程等寻找、识别测试目标的核心资产，并规划采取能够对客户组织造成最大化影响的攻击途径及攻击方式。

⑦ 撰写报告。完成渗透攻击后，根据与客户组织确定的渗透测试范围与需求，整理渗透测试结果，形成测试报告。测试报告体现整个渗透测试过程及其涉及的所有信息，主要包括：本次渗透测试的目标、信息收集方式、渗透测试人员获取的测试目标关键信息、漏洞扫

描工具、渗透测试出的漏洞详情（漏洞描述、漏洞成因、漏洞危害等）、成功渗透的攻击过程、造成业务影响的攻击途径，并从安全防御的角度分析测试目标的安全薄弱环节、存在的安全问题及修补与改善建议。渗透测试报告的内容应简洁、明晰，便于第三方根据测试报告成功复现渗透测试过程。

7.5　软件安全合规性审核

基于软件安全风险评估（详见第 3 章）及软件安全测试的软件安全评审，侧重于从软件安全缺陷评估的角度分析和保障软件安全。本节侧重于从软件安全合规性评审的角度分析和保障软件安全。

软件合规性是指在开发、使用和管理软件时，遵守相关政策、标准和规定的程度。合规性包括对软件许可、知识产权、保密合约以及数据安全等方面的合规性。法律风险是指在软件开发、使用过程中可能面临的违反法律法规以及合同约定的可能性，如侵犯他人知识产权、滥用软件收集的个人信息等。软件安全测评主要是评估软件系统的安全等级、排除安全隐患、降低安全风险，但常忽略软件系统的合规风险、法律风险。软件安全合规性审核是指基于软件物料清单（Software Bill Of Materials，SBOM）、软件安全需求、软件合规要求、安全测试报告等对软件的安全性、合规性进行评审，检查软件产品是否满足安全需求、安全设计原则，是否符合相关的法律法规或标准规范，尤其是安全需求分析、安全设计存在不足或存在变更时的安全性、合规性，确保软件不存在安全风险、合规风险、法律风险。

软件开发常常会使用开源代码、开源框架及其他第三方组件，在排除由此引入的安全风险的同时，也应评审是否存在侵犯知识产权、是否存在违规或超越许可范围收集和使用隐私数据等合规风险、法律风险，检查软件开发过程中使用的工具软件（含编译工具、发布工具或相关插件）是否安全、是否合规。因此，识别出软件中所使用的开源代码、开源框架及其他第三方组件，是软件安全合规性审核的基础工作之一。SBOM 是软件采用的所有组件、许可协议、组件依赖关系和层次关系的清单，可以使用 SBOM 进行安全漏洞或许可证分析，评估软件产品中的风险。构建 SBOM 有利于提升软件供应链透明度，有利于全面洞察每个应用软件的组件情况，从而更高效地定位并响应漏洞问题、处理合规性问题，降低整个软件供应链的总体安全成本。

实施软件安全合规性审核有利于促进软件开发组织强化软件合规性和法律风险管理，建立合规性管理体系，规范软件供应链，加强人员培训，遵守相关法律法规和合同约定，及时发现和修复潜在的合规问题，减少侵权风险，有效降低法律风险，避免因侵权行为带来的法律纠纷和经济损失，保护软件开发组织的声誉和商誉。

实 践 任 务

任务 1：基于 AWVS 的 Web 漏洞扫描

（1）任务内容

AWVS（Acunetix Web Vulnerability Scanner）是一款自动化检测 Web 应用程序安全漏洞的工具，通过检查 SQL 注入攻击漏洞、跨站点脚本（XSS）攻击漏洞、文件上传漏洞、目录遍历漏洞等常见的 Web 漏洞来审核 Web 应用程序的安全性。任务内容是：搭建一套简单的 Web 系统，利用 AWVS 扫描该 Web 系统，分析发现的安全漏洞，完善 Web 系统后继续扫描分析，直至未发现安全漏洞。

（2）任务目的

熟悉常用漏洞扫描工具的使用方法；熟悉常见漏洞的特征与形成原理；掌握常见漏洞的修复方法。

（3）参考方法

提前开发、部署 Web 系统（可以利用第 6 章实践任务 1 实现的 Web 系统）；下载安装 AWVS，参照其使用说明，在试用期内使用 AWVS，经过多轮安全测试、系统修复至系统达到安全要求。

（4）实践任务思考

如何采用手工方式进行 SQL 注入、XSS 攻击等安全测试？

任务 2：基于 AFL 的模糊测试

（1）任务内容

AFL（American Fuzzy Lop）是一款开源的、基于覆盖率引导的模糊测试工具，通过记录测试数据的代码覆盖率，调整测试数据以提高覆盖率，增加发现漏洞的概率。任务内容是：体验基于 AFL 的模糊测试过程。

（2）任务目的

熟悉 AFL 模糊测试策略及其基本流程；深入理解模糊测试的基本原理。

（3）参考方法

实验环境准备：
① 在 Linux 环境中下载安装 AFL（网址：https://github.com/google/AFL）；
② 不输入任何参数，验证并确保指令 afl-gcc 和 afl-fuzz 可正常运行；
③ 进入 qemu_mode 目录，使用 build_qemu_support.sh 脚本构建 FL-Qemu；
④ 下载含安全缺陷的目标程序集（例如 coreutils-9.1.tar.gz，网址：https://ftp.gnu.org/gnu/coreutils/）。

实验内容 1——基于编译器的目标程序插桩模糊测试：
① 使用 afl-gcc 生成目标程序集 coreutils 的每个二进制程序；
② 为 coreutils 的特定程序确定输入种子；
③ 在 coreutils-9.1/src 目录下，使用 afl-fuzz -i input -o output ./[程序名] @@进行模糊测试，一段时间后终止模糊测试，并在 coreutils-9.1/src/output 目录下查看测试结果。

实验内容 2——基于 AFL-Qemu 的目标程序动态插桩模糊测试：
① 重新生成 coreutils 的每个二进制程序（不使用 afl-gcc，而是用 gcc 进行 configure/make）。

② 使用 afl-fuzz 的-Q 选项，对三个 coreutils 程序进行模糊测试。

（4）实践任务思考

针对实验内容 1 的基于编译插桩的模糊测试与实验内容 2 的基于 AFL-Qemu 动态插桩模糊测试，从基本原理和实验效果两方面分析、思考其差异。

思　考　题

1. 什么是软件测试？软件测试的目标是什么？
2. 软件测试的对象包括哪些开发成果？
3. 一个完整的测试活动由哪三种过程构成？
4. 查阅资料了解有哪些白盒测试/黑盒测试工具，并熟悉常用白盒测试/黑盒测试工具的使用方法。
5. 为什么说二进制程序分析存在诸多挑战？
6. 简述插桩、符号执行、污点分析的基本原理。
7. 什么是二进制代码相似性分析？二进制代码相似性比对有哪些常用方法？
8. 什么是模糊测试？简述模糊测试的基本流程。
9. 什么是渗透测试？简述渗透测试的基本流程。
10. 什么是软件合规性？

第8章　软件部署运维与软件保护

本章要点：
- 软件安全配置；
- 常见的软件保护技术。

软件安全可以由软件本身的安全和软件使用的安全两部分组成，其中软件本身的安全主要是基于软件工程的思想和安全威胁缓解措施构建安全的软件，软件使用的安全主要是指在软件开发完成后，须对软件的使用及合法性进行保护。软件部署与系统运维是软件开发过程的重要环节，其主要任务是将软件系统的发行版部署到实际生产环境中，并确保系统稳定、可靠、安全运行和高效维护。发布的软件系统面临软件盗版、逆向工程、恶意篡改等问题，既威胁软件开发者的利益，也威胁软件的安全。利用逆向工程、数据分析，攻击者不仅能够窃取用户的重要信息，还有可能知悉软件的逻辑流程，从而破译软件的核心技术和算法，或洞悉软件的脆弱性。需构建软件保护体系，在软件发布前进行代码混淆，在制作发布包时嵌入防篡改代码或融合软件版权保护技术，在部署运维中利用安全配置管理、系统加固等安全措施，确保软件安全运行。

8.1　软件部署与安全配置

8.1.1　软件部署

软件部署是指将软件系统的发行版安装到目标生产环境中，并进行配置和调整，以确保软件系统能够正常运行。软件部署是软件开发的一个重要环节，是将软件系统交付用户使用的关键步骤之一。软件部署流程包括以下环节。

（1）确定部署目标和环境。明确软件部署的目标和目标环境，包括部署的软件系统版本、目标硬件性能和操作系统环境、数据库和服务，部署在本地服务器、云服务器或混合部署，并根据需要准备软件部署所需环境，包括配置服务器、配置网络环境、安装必要的依赖组件或库文件、配置环境变量等。

（2）确定部署策略和流程。根据目标环境的特点和部署需求，制定软件部署策略和流程，包括软件部署的步骤、任务分配、时间安排、风险控制等。如果目标环境是高并发的互联网，则需要考虑负载均衡、高可用性和容灾等相关问题；如果目标环境是企业内部网络，则需要考虑数据安全性和权限控制等相关问题。软件部署还需要考虑软件的版本管理和更新，确保每个部署的版本都是可追踪和可复现的。随着软件的不断迭代和升级，需要及时将新版本的软件部署到目标环境中，从而需要保证旧版本的软件能够平稳过渡到新版本，同时确保软件系统的稳定运行。典型部署策略包括以下几种。

① 重建部署或大爆炸（Big Bang）部署。软件的首次部署或卸载正在使用的旧版本后部署新版本。该部署策略便于配置软件，软件状态完整更新，但对用户影响很大，预期的宕

机时间取决于卸载时间和安装重启耗时，如果出现问题，整个软件系统将受到影响。

② 滚动部署（滚动更新或增量发布）。逐步将新版本部署到生产环境中，同时保留正在使用的旧版本的部分或全部功能，通过逐步替换原有版本，滚动部署可以减小风险，并允许逐步调整和修复问题。

③ 蓝绿部署。生产环境中同时部署并维护两个完全独立的软件系统：蓝色系统和绿色系统，蓝色系统是当前正在使用的稳定版本，而绿色系统是新版本。在部署新版本之前，可以先在绿色系统上进行测试和验证，确保其稳定性和功能正常。一旦验证通过，则将流量切换到绿色系统，并逐步停用蓝色系统。

④ 金丝雀部署或灰度部署。在保留旧版本的同时部署新版本，并向部分用户发布，在小范围内验证新版本，收集反馈意见和性能数据，确认新版本无异常则完全放开、完全取代旧版本。

（3）准备软件部署所需的资源和工具。准备软件部署所需的资源和工具，包括软件安装包、部署脚本、配置文件、系统管理员权限等。可以使用 Ansible、Jenkins、Docker 等自动化工具或支持持续交付、持续部署的工具进行软件部署，从而提高效率、降低错误。

（4）进行软件部署和配置。根据部署策略和流程，进行软件部署和配置（Configuration），包括软件安装、初始化配置、配置软件的网络相关设置、数据库配置与连接、服务启动等。

（5）进行软件测试和验证。对部署的软件进行测试和验证，包括功能测试、性能测试、安全测试等，确保软件系统能够正常运行。

（6）进行软件系统优化和调整。根据测试和验证结果，对软件系统进行优化和调整，包括性能优化、安全加固、配置优化等。软件部署方案应根据具体的软件系统和部署环境进行调整和优化。同时，部署人员应具备丰富的部署经验和技能，以确保部署的有效性和准确性。

（7）编写软件部署文档和操作手册。编写软件部署文档和操作手册，包括部署步骤、配置说明、操作指南、故障处理等。记录的详细部署步骤和配置信息等内容，有助于后续维护和升级。

（8）进行软件系统备份和恢复测试。进行软件系统备份和恢复测试，确保软件系统数据和配置可以有效地备份和恢复，以备将来根据需要进行恢复或回滚操作。

（9）进行软件系统培训和交付。对用户进行软件操作使用培训和交付，包括操作指导、故障处理、系统维护等。

8.1.2　安全配置

为了满足不同用户及目标平台的不同需求，可配置性已成为软件的重要特征之一。软件即服务（Software as a Service，SaaS）更强调应用系统的可自定义，通过自定义用户界面、自定义表单、自定义数据结构、自定义报表、自定义业务流程以满足不同用户的个性需求、增强用户体验、适合更广泛的用户。随着软件规模的不断扩大，软件配置项越来越多，且软件配置须满足特定的约束条件，致使软件配置变得越来越复杂，容易出现配置故障或引入基于配置的故障注入攻击。配置故障已成为导致软件失效的主要原因之一。配置错误也有可能导致数据泄露等安全事件，例如，2022 年 10 月，微软公司管理的大型公共存储桶（Bucket），由于公有云服务器端点配置错误，导致允许未经身份认证的访问，并泄露微软和客户之间的某些业务交易数据以及客户个人信息。

　　安全配置是指通过设置合适的软件配置参数，避免因为不恰当或错误的配置导致软件系统不安全，从而使软件系统更安全、稳定、高效运行。安全配置并非一成不变，在运维阶段需根据软件系统实际使用情况定期维护管理，并确保配置存储的安全。安全配置的基本指导思想是减小软件系统的攻击面、遵循最小权限原则和默认安全原则，主要包括软件系统及其依赖项或运行环境的安全配置，下文为便于理解相关配置项而给出的示例主要针对广为人知的依赖项或运行环境，也可以针对软件系统本身进行同类型的配置（需其支持）。

　　（1）禁止不需要的功能或服务，默认不启动非常用功能，停止不再使用或未用的服务，关闭不必要的端口。例如，SQL Server 使用 sp_configure 禁用 "xp_cmdshell" 等具有高权限的扩展存储过程，MySQL 中通过删除存储过程或修改存储过程状态来停止存储过程，Apache 服务器通过在配置文件中用注释符 "#" 将某模块的内容变为注释即可禁用该模块。自主开发的软件系统或第三方开源系统若没有提供类似的配置管理工具，则需配置源代码以去除或禁止相关功能后重新编译并部署。

　　（2）基于最小权限原则配置服务或功能模块的运行权限、配置用户角色与权限。例如，将部署的微软公司 Internet Information Services（IIS）Web 服务器对某些文件夹和文件的访问权限设置为 "只读"。

　　（3）禁止高权限角色用户远程登录或利用操作系统认证（绕过本系统认证）登录，以降低安全风险。例如，针对 Oracle 数据库管理系统具有数据库超级管理员（SYSDBA）权限的用户，在 spfile 中设置 "REMOTE_LOGIN_PASSWORDFILE=NONE" 来禁止 SYSDBA 用户远程登录，在 sqlnet.ora 中设置 "SQLNET.AUTHENTICATION_SERVICES=NONE" 来禁止 SYSDBA 用户本地操作系统认证登录。

　　（4）对应用服务器、数据库服务器等服务器设置合适的会话请求时长、会话保持时长/会话空闲超时时长，减少不必要的长连接，避免资源浪费，缓解 DoS 攻击。

　　（5）配置数据库连接、管理等相关密码时，设置具有足够复杂度的密码及合适的有效期，杜绝空密码、弱密码。例如，在 MySQL 中启用密码复杂度设置（需插件 validate_password 的支持），将密码策略设置为 "MEDIUM（中等）" 或 "STRONG（强）"，并设置密码长度、大小写字母及特殊字符等条件。设置 SQL Server 登录密码时，可以在密码策略的三个选项中选一种：强制实施密码策略，强制密码过期，用户在下次登录时必须更改密码。小型应用软件一般在代码中实现不可变的用户密码复杂度规则，可配置性较差。

　　（6）为网络连接配置 SSL 证书并启用 SSL 连接，防止传输信息被窃取。例如，为 Web 服务器配置 SSL，为与应用服务器不在同一主机中的 MySQL 配置 SSL。

8.1.3　应用程序的容器化部署

　　传统的软件部署方式存在配置复杂、依赖关系管理困难、环境配置不一致等问题。容器（Container）技术为软件部署提供了更加简化和标准化的解决方案。

　　容器技术是一种轻量级的虚拟化技术，允许将应用程序及其所有依赖项打包成一个可移植的镜像文件，从而可以在不同的环境中运行。容器与虚拟机（Virtual Machine，VM）的主要区别在于其虚拟化层次的不同。虚拟机是在物理主机上利用软件模拟的具有完整硬件系统功能的、运行在一个完全隔离环境中的完整计算机系统。每个虚拟机都有自己的操作系统，可以独立运行，形成完全隔离的环境。容器技术则是在操作系统级别上虚拟化，不需要模拟整个操作系统，运行在同一个内核上的多个容器之间共享操作系统资源。在容器内部，应用程序可以独立运行，并且不会干涉其他容器或底层操作系统。最常见的容器技术是 Docker。

使用 Docker 进行容器化部署的关键步骤是利用容器引擎创建容器镜像及创建和管理容器。

（1）编写 Dockerfile。Dockerfile 是一个文本文件，用于定义如何构建容器镜像。在 Dockerfile 中，可以指定基础镜像、安装软件依赖、复制文件、设置环境变量等。

（2）创建容器镜像。利用编写的 Dockerfile，使用 docker build 命令创建容器镜像。

（3）创建和管理容器。可以使用 docker run 命令创建并启动一个容器。在 docker run 命令中指定利用的容器镜像及容器的名称、端口映射、环境变量等。可以使用 docker ps 命令查看正在运行的容器列表，可以使用 docker stop 命令停止指定的容器。

（4）构建容器集群。当需要在多台主机上运行容器时，可以使用 Docker Swarm 或 Kubernetes 等容器集群管理工具自动化管理容器的扩展、负载均衡和故障恢复等。

应用程序容器化部署与传统部署方式相比，具有以下优点。

（1）简化部署流程，便于快速部署。使用 Docker 等容器化工具快速构建和部署应用程序，不需要每次部署都重新配置应用程序和安装依赖项，简化部署流程，缩短部署周期，提高效率，节省时间和人力资源。

（2）环境隔离，易于管理和维护。传统部署方式是在目标环境中直接安装软件及其依赖项，可能会导致不同应用程序之间的冲突或依赖项版本冲突。容器化部署使用容器技术将应用程序及其依赖项打包在一个镜像中，利用隔离机制确保每个容器拥有自己独立的运行环境，避免不同应用程序之间的相互干扰，从而保护应用程序的安全性和稳定性。由于每个容器之间彼此隔离，可以更加方便地进行监控、管理和维护。

（3）可移植性强。传统部署方式通常是在特定目标环境中安装应用程序及其依赖项，导致应用程序很难在不同的环境中进行移植。容器化部署通过将应用程序及其依赖项打包为容器镜像，可以在不同的环境中由容器引擎加载运行。

（4）灵活性强。传统部署方式通常需要手动配置，且在某些情况下可能需要重新配置，导致部署变得很繁琐。容器化部署可以随时添加或删除容器，动态调整容器的大小和配置，更加灵活。

（5）支持持续交付与持续部署。采用持续集成及持续交付、持续部署（CI/CD）方法，可以实现软件系统的快速迭代和交付部署，减少部署错误和风险，提高开发和部署效率。容器技术可以与 CI/CD 工具有机结合，实现自动化软件发布流程。通过构建和推送容器镜像，可以快速将新的代码部署到生产环境中。

此外，在云环境中，常采用容器化和微服务架构，将软件系统拆分成多个独立的服务单元，实现快速部署、弹性伸缩和故障隔离。

8.2　系统运维与应急响应

8.2.1　系统运维

系统运维是指对已完成部署的软件系统进行运行和维护的过程。在进行系统运维时，需要对系统进行监控和性能调优，定期进行系统备份、安全加固、软件更新，及时处理异常情况，确保系统稳定、安全和高效运行。系统运维主要包括以下几个方面的内容。

（1）系统监控与维保。利用监控工具对软件系统进行实时异常监测、性能监控及自动告警，包括监控系统的运行状态、资源利用情况、网络连接与网络流量、日志记录等，及时发现问题并进行处理。维保工作还包括故障排除、日志管理、备份与恢复等，通过建立完善的备份和恢复机制、灾难恢复策略，定期备份数据和系统配置，确保出现系统故障或数据丢失、数据损坏等突发情况时能够快速将系统恢复到正常运行状态，保障软件系统的稳定性和可靠性，减少系统故障和宕机时间，确保用户正常使用软件系统，提升用户体验。

（2）系统优化与性能调优。通过软件系统实际运行情况监控、分析和性能测试，找出系统的性能瓶颈或与实际运行需求不匹配的地方，并对系统进行持续改进、优化和调整，包括算法优化、并发控制优化，以及优化数据库查询、优化缓存机制、优化硬件配置或网络环境设置等，实现性能调优，提高系统的响应速度、吞吐量及稳定性，提高用户满意度，支撑用户业务发展。

（3）安全管理与权限管理。制定和实施安全运维策略，确保软件系统的安全，包括定期对系统进行漏洞扫描和漏洞修复、查看系统日志或进行安全审计，查看防火墙日志并调整防火墙设置、配置安全策略等，记录错误和可疑攻击，以便在必要时对程序代码进行调整。此外，还需要根据人员变动情况及时设置或调整用户权限，清理不再需要的用户账号，强化访问控制，保障数据安全。确保软件系统运行环境安全、供应链安全。

（4）版本控制与系统更新。利用版本管理工具对软件的相关版本进行管理，包括依赖项及软件供应链管理，并在需要时按规定的流程更新软件或安装补丁，包括更新依赖项或安装依赖项的补丁，确保升级变更操作有明确的操作记录。若软件系统是基于容器部署的，则还需要管理软件系统的容器镜像及其基础镜像（包括安全更新）。通过记录和跟踪系统变化的历史，以便在出现问题时，可以根据需要回滚到某一个特定版本。

总之，系统运维的目标是确保软件系统在高可用、高性能和安全的状态下稳定运行，同时持续进行优化和改进，提升用户体验和满足用户业务需求。可以采用自动化运维技术提高运维效率。

8.2.2　应急响应

应急响应也称为事件响应，指一个组织为预防网络攻击、数据泄露、软件故障和服务器宕机等各种意外事件的发生所做的准备，以及在事件发生时或发生后为恢复和维持软件系统正常运行所采取的一系列措施。软件系统运维可以参考美国国家标准与技术研究所（NIST）发布的《计算机安全事件处理指南》制定适合本组织实际情况的应急响应流程，减少意外事件造成的损失。应急响应过程可以分为如图 8.1 所示的应急准备、事件识别、事件处置、事后处理四个阶段，并细化为八个步骤。在应急准备阶段，组建应急响应团队并提升其应急响应能力，根据风险评估结果，选择并实施一组安全控制措施将事件数量控制在合理范围内以保护用户业务的正常开展。但实施控制后，仍不可避免地存在残留风险。因此，必须在事件发生时及时发出警报，应急响应团队及时分析、确认事件，采取遏制措施控

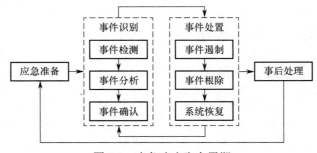

图 8.1　应急响应生命周期

制事件的影响，最终消除事件并将软件系统恢复到正常状态。在此过程中，常常需要对事件进行反复检测、分析，经过多轮事件处置。在事件得到妥善处理后，撰写、提交此次应急响应的报告，详细说明事件的起因、事件的影响、处理方法和处理过程、经验总结以及响应未来事件的建议。

（1）应急准备阶段

在准备阶段，首先应建立事件预防能力，制定定期漏洞扫描、进行安全测试与评估、系统加固等安全计划，确保软件系统及其运行环境（包括主机环境和网络环境）足够安全以预防事件的发生。基于风险评估结果的预防性措施可以减少事件数量，但并非所有事件都能预防。因此，还必须建立应急响应能力，确保能够第一时间发现事件并及时响应、快速处置，最大限度减少损失：确定软件产品负责人、软件开发人员、系统运维人员及软件用户之间的沟通协调机制和沟通渠道；基于风险评估，制定针对可能发生的不同性质事件的处理机制和响应策略，明确描述当事件发生时应遵循的政策、程序、准则及应优先考虑的事项（例如，优先考虑遏制事件还是保存证据）；建立和培训应急响应团队；准备必要的工具和资源。

（2）事件识别阶段

在事件识别阶段检测、分析、确认事件，确认事件类型，明确事件等级。事件可能以无数种方式发生。应急响应最具挑战性的活动是准确检测和评估可能的事件，这也是采取进一步措施的基础。事件检测主要依赖于监控报警工具，利用监控软件报警信息、软件系统日志、公开可用的漏洞公告或情报信息及用户或运维人员反馈等，多途径及时感知事件，并按照预先制定的流程迅速筛选、综合分析监控警报、日志记录等信息，确定事件是否已发生，排除误报警。确定事件已发生时，应急响应团队应收集并记录与事件相关的所有事实、证据，并迅速判断事件源于软件系统还是其运行环境及起因，初步分析确定事件的范围，确定事件的类型、程度和严重性，确定事件优先级，拟定解决方案，通知相关人员以便其履行自己的职责。

（3）事件处置阶段

在事件处置阶段遏制、根除事件，并恢复软件系统的正常运行。根据制定的遏制策略，在事件发生时根据事件的类型选择合适的策略遏制事件，控制事件蔓延（例如，屏蔽计算机病毒的触发条件而避免激活该病毒，或阻断攻击者的通信隧道以防止攻击者进一步实施攻击），为制定针对本事件的补救策略或恢复计划提供时间。遏制是走向恢复的第一步。应急响应团队快速遏制威胁行为，能降低遭受更大风险的可能性。遏制事件后，根据需要清除软件系统被破坏的部分（例如，清除程序中的计算机病毒代码，或删除攻击者添加的后门账号），修复软件系统或其运行环境的漏洞，使系统恢复到正常的运行状态并验证系统已恢复正常。在事件处置过程中，有时需要根据应急准备阶段与法律人员讨论制定的适用于法律法规的程序收集证据，以便在法庭上提供有效证据。

（4）事后处理阶段

事后处理阶段的主要任务是回顾并整理本次应急响应过程的相关信息，进行事后分析总结，形成事件处理的最终报告，详细说明事件的起因、损失、影响等情况，以及在事件响应过程中采取的所有步骤和事件的处置情况；检查应急响应过程中存在的问题，重新评估和修订事件响应过程，改进事件响应中使用的技术；评估应急响应人员相互沟通在事件处理上存在的缺陷，以促进事后进行有针对性的培训。将相关总结、经验和修订内容反馈到应急响应流程的准备阶段，进一步强化事件预防能力和事件响应能力。如果在应急响应过程中收集了相关证据，应根据相关规定或政策决定是否保留收集的证据，如果保留证据，则需确保以安全的方式保存证据，并有完善的保管链记录。

8.3　软件保护与软件加固

　　软件面临软件盗版、逆向工程和恶意篡改等威胁。破解或恶意篡改商业软件时常在其中植入广告和木马，不仅损害软件开发者的权益（包括商誉），也使用户的数据、隐私信息得不到安全保障，隐藏其中的木马甚至可能攻击运行该软件的主机或计算机网络。利用逆向工程、数据分析，攻击者不仅能够窃取用户的重要信息，还有可能知悉软件的逻辑流程，从而破译软件的核心技术和算法，或洞悉软件的脆弱性。

　　对软件进行的保护可以分为两个方面，一是利用法律手段进行保护，通过制定一系列法律法规加大对软件盗版者、软件攻击者的惩罚力度，通过申请专利保护软件开发者的合法权益等；二是借助相应的技术对软件进行保护。仅依靠法律规范和道德约束不足以保护软件，须采用必要的技术手段阻止非法调试、分析、篡改软件。软件保护技术集程序分析、软件工程、密码学和算法设计等学科于一体，主要是通过设计相应的保护措施对软件及其核心技术、私密信息进行保护，防止软件破解者或攻击者利用逆向工程获取软件的使用权、核心算法或脆弱点，并阻止其对软件的完整性、安全性进行破坏。

8.3.1　软件反逆向分析

　　软件逆向工程（Reverse Engineering）是软件开发过程的逆向过程，即从可执行的目标程序出发，利用反汇编、跟踪调试、程序理解等技术，获取对应的源程序、系统结构及相关设计原理和算法思想等，应用于代码恢复、算法识别、软件破解、恶意代码分析、漏洞挖掘与利用等领域。攻击者常借助逆向工程对软件实施攻击。从软件保护的角度，须干扰、阻止逆向分析。

（1）代码混淆

　　代码混淆（Code Obfuscation）是指对程序的源代码、字节码或机器码进行混淆变换，生成功能等价但难于被人阅读、理解的代码，增加逆向分析的难度。代码混淆的基本原理如图 8.2 所示。评价代码混淆算法优劣的指标主要是混淆强度、抗逆力和性能开销。

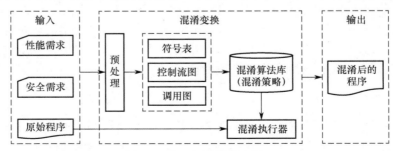

图 8.2　代码混淆的基本原理

混淆方法包括布局混淆、数据混淆、控制流混淆和针对特定反混淆器的预防性混淆。

① 布局混淆。布局混淆是在不影响程序原有功能的前提下，对字节代码或源代码中可供逆向分析者理解程序使用的信息进行变换，例如，删除代码中的调试代码等无效代码或将代码中有明确含义的类名、方法名、属性名、变量名等转换为符合语法规则但无明确含义的随机符号，降低代码可读性。利用更短的名称重命名标识符，删除代码中不影响程序功能的注释、空格、回车换行等内容，降低代码提供的信息量和可读性，并减小代码体积，提高程序执行效率。布局混淆只是简单删除程序中的信息或对变量名等进行替换，决定了其安全性不高，抵抗攻击的能力较低，但容易实现，且也不会给程序带来多余的开销，因此得到了广泛应用。

② 数据混淆。数据混淆是对程序中的核心数据进行混淆，通过修改数据的编码、存储形式或访问方式，例如，对程序中的重要数据进行重组或分割，或者将程序中的静态数据转换成动态数据，使数据更难以理解，避免被直接分析获取。根据混淆对数据的存储、编码、聚合和排序的影响，将数据混淆分为变量编码、变量分割与聚合、数组转换三类。例如，将一个有 20 个成员的数组拆分为 20 个随机命名的变量，将一个二维数组转化为一个一维数组。再如，通过重定向内存访问，可以周期性地打乱内存中的数据顺序，使数据识别和分析更加困难。可以同时实施混淆数据存储和混淆数据访问方式，使程序的语义变复杂，从而增加逆向分析的难度。

③ 控制流混淆。程序的控制流图在程序逆向分析中可以直观体现程序的结构、执行逻辑等。控制流混淆对程序的控制流进行隐藏或修改，增加对程序控制流的理解难度。控制流混淆方法包括隐藏真实执行路径的计算混淆（Computation Transformation）、打乱某段代码本身逻辑关系的聚合混淆（Aggregation Transformation）和将相关语句分散到程序不同位置并实现某项功能的排序混淆（Ordering Transformation），如图 8.3 所示。

以计算混淆中插入不透明谓词的混淆方法为例。如果混淆器在混淆时知道谓词（布尔值函数）的结果，但在反混淆器中很难确定其结果，则该谓词是不透明的。可以通过添加依赖于不透明谓词结果的条件跳转分支来混淆程序的控制流。利用不透明谓词引入一个在不运行程序的情况下很难解决的分析问题，从而使静态分析变得更加复杂。为了防止分析人员通过分析程序执行的大量静态行为识别不透明谓词，可以采用动态不透明谓词混淆控制流。基于不透明谓词的控制流混淆典型算法之一是控制流扁平化算法，即：将程序的条件分支和循环语句组成的控制分支结构转化为单一的分发器结构（由一个 switch 语句组成或由一个中央调度函数构成），从而增加控制流的复杂度，如图 8.4 所示。控制流扁平化使攻击者在阅读代码时无法线性地理解整个代码的运行逻辑和流程，必须按照分发器的逻辑模拟代码运行的轨迹。

不同于数据混淆只是在形式上对代码有所更改，控制流混淆会对代码的结构产生一定影响，因此存在一定的技术风险，但混淆结果安全性较高。

④ 预防性混淆。预防性混淆是在已知攻击者对要保护的软件可能使用的逆向分析工具集的情况下，针对这些分析工具进行提前预防。与前述三种混淆方法不同，预防性混淆不是通过改变自身来增加逆向分析的难度，而是基于对现有逆向分析工具的分析，设计针对性的算法实现对已知分析工具的抵御，甚至利用分析工具存在的缺陷或漏洞破坏逆向分析工具。

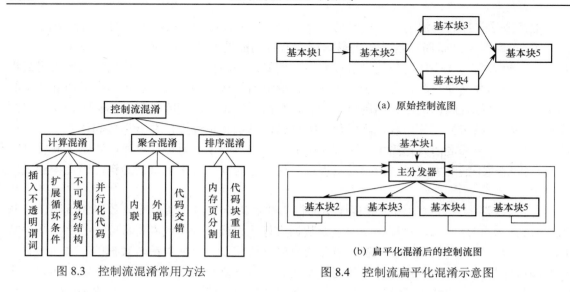

图 8.3　控制流混淆常用方法　　　　　　图 8.4　控制流扁平化混淆示意图

（2）反静态分析

反静态分析是指干扰或阻止静态分析目标程序的源代码、字节码或二进制代码。反静态分析的常用方法包括以下几种。

① 花指令。花指令是根据反汇编工具的反汇编算法精心构造的干扰反汇编工具、使其错误地确定指令的起始位置的代码或数据。在原始程序中添加一些不影响其正常功能的花指令，对于程序而言，花指令是可有可无的无用的汇编代码，但花指令能使反汇编工具出现反汇编错误，从而阻碍对程序进行反汇编分析。

② 自修改代码。自修改代码（Self-Modifying Code，SMC）是程序运行期间自主修改或产生代码的一种机制，是有效抵御静态逆向分析的代码保护技术之一。代码加密使用了SMC 可以在一段代码执行前对它进行修改（解密）这一技术，计算机病毒也常利用该技术实现代码加密或变形。

③ 代码加密。代码以加密的形式存储在程序文件中，程序运行的时候动态解密并执行被解密的程序块。静态分析无法分析加密的程序块，从而阻断静态分析。

④ 加壳。加壳源于代码加密技术，但由于其使用的广泛性而独立发展，且综合使用反脱壳、防篡改、反跟踪调试等技术。壳是软件中专门负责保护软件不被非法修改或反编译的程序，先于原程序运行并拿到控制权，进行一定处理后再将控制权转交给原程序。加壳后的程序能够防范静态分析和增加动态分析的难度。壳分为压缩保护壳（例如 ASPack 壳）和加密保护壳（例如 ASProtect 壳）两类。

⑤ 代码混淆。代码混淆是代码加密技术的补充和发展。可以利用代码混淆技术增加静态分析已部署的 Java Script 代码等源代码或反编译获取目标程序代码的难度。

⑥ 基于虚拟机的软件保护。基于虚拟机的软件保护也是一种 SMC，已独立发展为一种软件保护方法。基于虚拟机的软件保护是将某段程序编译成具有特定意义的一段代码（虚拟机代码），该代码不能在目标机器上直接执行，需利用虚拟机解释器模拟执行。虚拟机代码在可执行文件中只是一个数据块，现有工具无法反编译虚拟机代码，因为虚拟机代码是在运行过程中解释执行的。基于虚拟机的软件保护方法的局限性在于其设计机制复杂，开发成本较高，而且用此方法保护的程序容量会显著增加，造成时间和空间开销都很大。

⑦ 隐藏关键函数名和敏感字符串。通过静态分析目标程序调用了哪些 API 函数，尤其是根据是否调用了某些敏感函数，即可初步了解该程序的功能。例如，Windows 平台的 API 函数 URLDownloadToFile 是网络攻击软件常用的 API 函数之一，而间谍软件或键盘记录器常利用 API 函数 GetWindowDC 实现屏幕截取。Windows 下 API 函数的静态导入是由 PE 文件中的导入地址表（IAT）确定的，动态导入是程序自己将 URLDownloadToFile、GetWindowDC 的函数名及其所在动态库以字符串形式作为 API 函数 LoadLibrary、GetProcAddress 的调用参数进行导入的。"隐藏关键函数名和敏感字符串"是指将动态加载的关键 API 函数名字符串的散列值映射为函数地址，从而隐藏对敏感函数的加载运行；加密代码中涉及敏感信息的常量字符串，避免代码泄露敏感信息。利用隐藏函数名、函数地址映射跳转，干扰静态分析；利用字符串加密，避免静态分析时利用字符串明文直接搜索定位到特定分析点。

（3）反动态跟踪调试

动态跟踪调试一般是基于插桩（参见 7.3.2 节）或操作系统的中断机制实现的。基于中断机制时，程序在运行过程触发设置的中断而暂停，以便分析程序在断点处的状态及内存数据等。针对动态跟踪调试所采用的技术，反动态跟踪调试的方法包括以下几种。

① 禁止与跟踪相关的中断。中断机制是操作系统的基本机制之一。针对调试分析工具调用的操作系统单步中断、断点中断服务程序，修改中断服务程序的入口地址，从而禁止被跟踪。

② 检测跟踪。在程序中加入对各种调试器和虚拟机的探测器，一旦发现程序自己被调试或在虚拟机中运行，则立即采取退出或自毁等自我保护措施，避免程序被跟踪调试分析。也可以检测关键指令或模块之间的运行时间间隔是否异常来判断是否被跟踪调试，因指令或模块之间的插桩或中断会使时间间隔变长。

③ 其他反跟踪技术，例如指令流队列预取法、逆指令流法。在 CPU 中，取指令与执行指令是分开的。为了提高计算机的运行速度，CPU 设有专用指令流队列，当正在执行一条指令时，即可取出后续指令存放到指令流队列，以减少 CPU 等待取后续指令的时间。由于存在指令流队列，当某一条指令的执行而修改了后续指令时，将存在两种可能的结果：一是被修改的指令尚未被取到指令流队列中，指令的修改是有意义的；二是被修改的后续指令在修改之前已被取到指令流队列中，这种修改是没有意义的，即修改后的指令不可能被执行，也不影响原来程序的执行顺序和结果。存在这两种结果是基于程序被连续执行的假设的，如果程序被单步跟踪，即一次只执行一条指令，则被修改的后续指令总是被执行。指令流队列预取法正是利用这一原理进行反跟踪的，例如，构造包含跳转指令的特殊代码片段，当程序被连续运行时，该跳转指令不满足跳转条件而允许程序顺利执行，但当程序被单步调试时，该跳转指令将始终被执行，从而让程序进入死循环。逆指令流是完全按指令的逆序来执行程序，从而给程序的阅读、理解造成极大的困难，不仅能有效防止动态跟踪程序，同时还起到密纹作用，也能有效防止静态分析程序。逆指令流是指令层面的，不是编程语句层面的，用转移语句、循环语句改变程序的执行顺序不属逆指令流。

8.3.2　软件防篡改

软件防篡改是指利用软件或硬件措施防止程序被非法修改。软件防篡改技术分为两大类：一是基于代码混淆的静态防篡改技术，利用代码混淆技术降低程序代码可理解性，增加被篡改或非法复用的难度，阻止程序中的关键信息被非法修改或使用；二是基于"检测–响应"机制的动态防篡改技术，利用软件或硬件措施检测程序是否被修改，并在检测到程序被非法修改时做出响应。本节仅介绍与硬件无关的几种经典的动态防篡改技术。

动态防篡改技术包括完整性检测和响应两部分，主要通过在被保护的程序中嵌入程序完整性检测模块和对篡改行为实施反制措施的响应模块实现软件防篡改，其中检测模块根据检测结果触发执行响应模块。通常从程序的整体或部分中提取某些特征作为程序的完整性表示，例如将程序的校验和、程序代码片段或运行时中间值的散列值、关键代码块的数字签名等作为程序完整性表示。完整性检测是通过验证程序的控制流、数据流等关键信息以及代码的完整性来验证程序是否被非法修改。启动程序完整性检测的方式有两种：一是程序仅在启动时执行一次程序完整性检测（例如校验和验证）；二是在运行过程中反复检测程序完整性（例如控制流完整性检测），动态监视代码和指令等程序运行相关信息的变化，利用相关的验证机制检测程序是否被非法修改。在检测到篡改后应做出相应的响应。如果只验证程序的完整性而不对篡改做出响应，则这种机制是不完整的防篡改机制。完整的防篡改机制应该能对篡改行为做出响应，例如终止程序运行、删除程序（自毁）或输出无效结果，以此类反制措施防止程序被非法修改。

常用的完整性检测机制包括多块加密完整性检测、隐式散列值完整性检测、软件哨兵（含响应）、控制流完整性检测等。

（1）多块加密完整性检测

基于多块加密思想的防篡改方案在被保护程序中嵌入具有自我修改和自我解密功能的结构体作为完整性验证核（Integrity Verification Kernel，IVK），如图 8.5 所示。IVK 既要验证程序的完整性，即验证代码块的数字签名与预存值是否一致，还要与其他IVK 通信，共同完成相关功能以加强防篡改机制的保护力度。

IVK 由多个大小相等的代码单元组成，且在程序运行之前，除了第一个单元，其他单元均处于加密状态。每个单元均包含一个"解密/跳转"模块，实现解密跳转功能。在整个 IVK 的运行过程中，同一时刻有且仅有一个单元处于解密状态。IVK 的入口位于第一个单元。IVK 执行过程如下：

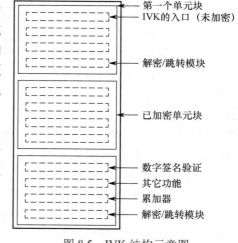

图 8.5　IVK 结构示意图

①　IVK 在第一个单元收到相关参数后开始执行；

②　第一个单元利用输入参数设置 IVK 初始状态；

③　执行第一个单元的解密功能，然后跳转到已解密的单元 C_i；

④　C_i 执行完自身功能后，执行自己的"解密/跳转"模块，解密并跳转至本次解密的单元 C_j；

⑤　令 $i=j$，重复④直至所有单元均被执行。

（2）隐式散列值完整性检测

隐式散列值（Oblivious Hashing）完整性验证将计算散列值的指令插入待验证的程序代

码中，在程序运行过程中计算其执行轨迹的散列值或栈顶元素等其他特性的散列值，并与预先存储在程序中的原始散列值进行比较来判断程序是否被篡改。与传统散列值及校验和相比，隐式散列值的隐秘性主要体现在两个方面：一是其获取途径具有隐蔽性，利用程序的运行状态而非静态特征计算程序代码的散列值；二是其操作具有隐秘性，获取散列值的指令与程序指令相似，能与待验证的程序无缝融合，不易被攻击者定位为特殊指令。如果预存散列值的设置及存储机制不合理，则易被攻击者定位攻击，攻击者可以通过替换预存的原始散列值而成功通过完整性验证。

（3）软件哨兵

软件哨兵由一段代码组成，嵌入被保护程序后并不影响程序的功能。根据功能不同，哨兵可以分为两类：检验和哨兵，主要用于计算被保护代码块的校验和，利用计算得到的校验和来检测程序是否被篡改，使程序具有"自我感知"的能力；修复哨兵，用于修复被篡改的代码至初始状态，使程序就像未被篡改一样正常运行，从而使程序具有"自我修复"的能力。将若干哨兵嵌入被保护的程序中，组成一个哨兵网络，对程序的不同代码段分别执行篡改检测和修复，增强保护力度，而且哨兵之间互相保护彼此的完整性，增强抗攻击能力，攻击者必须绕过或移除所有哨兵才能顺利实施攻击。若修复哨兵用于修复的代码也被篡改，则被篡改的程序将不能正常执行。

（4）控制流完整性检测

控制流完整性检测是一种针对控制流劫持攻击的防御方法，其核心思想是限制程序运行过程中的控制转移，使之始终处于原有的控制流图所限定的范围内。控制流完整性检测的基本策略是通过分析程序的控制流图，获取间接转移指令（包括间接跳转、间接调用和函数返回指令）的目标地址白名单，并在程序运行过程中核对间接转移指令的目标地址是否在白名单中。控制流劫持攻击利用缓冲区溢出等漏洞非法篡改进程中的控制数据，从而改变进程的控制流程并执行特定恶意代码，或执行利用被攻击程序中的代码片段拼接形成攻击逻辑，因此其往往会违背原有的控制流图，控制流完整性检测使得这种攻击行为难以实现，从而保障软件系统的安全。

前述防篡改方法均在被保护程序中嵌入代码而将程序"改造"为防篡改的主体，也可以利用被保护程序本身之外的其他软硬件（例如加壳软件）作为实现防篡改技术的主体，被保护程序本身不实现防篡改功能。不同软件之间或软件与其依赖项之间，可以利用数字签名验证软件来源和完整性，并根据验证结果决定是否进行调用或彼此之间的交互。在软件发布过程中，签名是用于验证软件来源和完整性的重要步骤。通过签名，开发者可以确保其软件被正确地打包和签署，而用户则可以验证软件的来源和完整性，防止被恶意软件攻击。

8.3.3　软件版权保护

在法律手段上，主要是用著作权法保护软件版权。常见的软件侵权行为包括：

① 未经软件著作权人许可，发表、登记、修改、翻译其软件；

② 将他人软件作为自己的软件发表或者登记，在他人软件上署名或更改他人软件上的署名；

③ 未经合作者许可，将与他人合作开发的软件作为自己单独完成的软件发表或登记；

336 软件安全理论与实践

④ 复制或部分复制著作权人的软件；

⑤ 向公众发行、出租、通过信息网络传播著作权人的软件；

⑥ 故意避开或破坏著作权人为保护其软件著作权而采取的技术措施；

⑦ 故意删除或改变软件权利管理电子信息；

⑧ 转让或许可他人行使著作权人的软件著作权。

对于侵权主体比较明确的软件侵权行为，一般利用法律手段予以解决，但对于一些侵权主体比较隐蔽或分散的软件侵权行为，政府管理部门受时间、人力和财力等诸多因素的制约，难以进行全面管制，仅依靠法律规范和道德约束不足以保护软件版权，因此有必要采用技术手段保护软件版权，在增加盗版者的法律风险的基础上，增加非法复制软件和破解软件的技术难度，进而增加侵权代价、遏阻侵权行为。

早期的软件供应商通过发放序列号、产品密钥、许可证等方式以期达到保护软件版权的目的，本质上都是以程序为载体的静态预授权，不能有效控制用户在获得静态授权后的非法复制、扩散、安装。将软件许可证与运行环境绑定，则软件只能在一台授权的设备上使用，有效防止软件非法扩散，但存在硬件适应性问题，也无法实现软件运行环境的迁移。加密狗、USB Key 便于单一用户在多台设备上使用软件，但加密狗、USB Key 增加了软件开销，还会与其他软件发生冲突而带来不便。联网在线授权或在线激活软件、网络验证，需架设专用服务器。无论采用哪种方式防止软件非法扩散、非法运行，软件都有可能被破解而绕过检查或限制，甚至授权方式也有可能被破解。利用前文所述反逆向分析技术、防篡改技术可以增加软件破解的代价，当破解软件的代价超过购买正版软件的代价时，则实际上起到了保护的效果。

作为数字水印技术的一个分支，软件水印技术和常见的软件版权保护方式有所不同。软件水印是在软件中嵌入的秘密信息，可以用于标识作者、发行商、所有者、使用者等信息，并携带版权保护信息和身份认证信息，可以鉴别出非法复制和盗用的软件产品。软件水印技术虽然无法阻止软件破解、非法拷贝，但它隐藏嵌入的版权信息可用于追踪盗版源头，并作为发生版权纠纷时证明开发者所有权的重要依据，形成一种事后保护的机制。因此，软件水印也是一种增加软件侵权的法律风险及犯罪成本的法律方法。

8.3.4 软件加固

软件加固用于有效防止程序被破解、动态注入、调试监测及篡改，防止程序被非法植入恶意代码，保护软件的关键信息，提高软件的安全性，使软件面临的威胁最小化。针对软件自身特点及其面临的威胁，选择合适的加固方案。软件要实现安全加固，需要分析不同软件的软件生命周期每个阶段需要的安全加固需求，并以有效的方式设计和实现软件所需要的安全加固需求。软件安全加固模型如图 8.6 所示。

（1）规划设计阶段

在软件规划设计阶段，软件的需求分析文档需体现安全加固需求，软件的设计文档需体现安全加固功能设计，软件测试文档需体现如何对安全加固功能进行测试。软件安全加固功能主要包括：防反汇编/反编译、防动态跟踪调试、防篡改、防盗版、防内存攻击、防 API 违规调用、防拒绝服务、程序可追踪测试等功能。

（2）编码实现阶段

在软件编码实现阶段，需要考虑的安全加固需求主要包括：防 API 违规调用、防内存攻击、防动态跟踪调试、防篡改等，并利用 API 保护技术、内存保护技术、防跟踪调试技术、防篡改技术等软件保护技术实现相应的安全加固需求。

（3）部署运维阶段

在软件部署运维阶段，需要考虑的安全加固需求主要包括：防逆向分析、防盗版等，并利用代码混淆技术、软件水印技术、软件加壳技术等软件保护技术实现相应的安全加固需求。

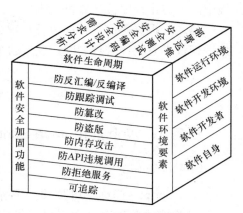

图 8.6　软件安全加固模型

在软件环境要素方面，主要考虑软件自身、软件开发者、软件开发环境和软件运行环境等要素，每个软件环境要素都有各自的安全加固需求。

（1）软件自身

由于软件类型、用途不同，软件的安全等级要求也不同，因此需要根据软件自身的特点、性质等不同情况采用不同的安全加固方案、使用不同的软件保护技术。例如手机银行 App 需防止逆向分析、防篡改、防内存攻击等攻击行为，则需采用相应的软件保护技术进行加固；手机中的美颜修图 App 则需采用版权保护技术进行加固。

（2）软件开发者

不同的软件开发者理解、获取的安全需求不尽相同，程序员的编程经验、编程习惯、安全意识等也直接影响软件产品的安全性能，因此，需要使用的软件安全加固技术也不相同。例如，软件开发团队没有安全工程师，则需根据软件产品的性质、特点等对软件进行尽可能全面的安全加固。

（3）软件开发环境

软件开发环境是指软件开发人员用于创建、测试和部署软件的工作环境和工具集合，包括硬件、系统软件（操作系统、数据库管理系统等）、编程语言和框架、开发工具及相应的设置。软件开发环境因软件项目和开发团队的需求不同而有所不同。使用不同的开发环境生成的软件对安全加固的需求不同，需采用相应的软件保护技术进行软件加固。例如，动态编译 C/C++代码生成的程序在运行时依赖外部 DLL，则需要利用控制流完整性检测实现防篡改，静态编译生成的程序则可以利用隐式散列值完整性检测实现防篡改。未使用编译器支持的数据执行防护（DEP）、地址空间布局随机化（ASLR）、安全结构化错误处理（SafeSEH）等功能编译生成的软件，在禁用操作系统相应安全功能的配置下运行时，一般需进行防内存攻击的安全加固，例如内存加密、验证。利用 Java、Python 及 Java Script 等语言开发的程序，需利用代码混淆技术进行加固。

（4）软件运行环境

不同的软件运行环境对软件的安全加固需求也不同。例如，在缺乏计算机病毒防护的环境中，为防止程序被计算机病毒感染，一般需利用防篡改技术或加壳技术进行软件加固。

总之，根据不同软件的具体情况或安全需求，针对软件面临的威胁，采用一种或多种软件保护技术对软件进行加固，使威胁最小化。

实 践 任 务

任务 1：Web 应用 Java Script 代码安全发布

（1）任务内容

Java Script（简称"JS"）是一种解释型脚本语言，广泛用于 Web 应用开发，常用于为网页添加各种动态功能，为用户提供更流畅、美观的浏览效果，通过在 HTML 页面中嵌入 Java Script 代码实现相关功能。任务内容是利用基于代码混淆等技术的工具软件，安全打包发布 Web 应用采用外链方式嵌入 HTML 页面的 Java Script 代码文件（JS 文件）。

（2）任务目的

熟悉利用 Java Script 编写的代码面临的安全威胁；深入理解代码混淆技术；掌握常用代码混淆工具的使用方法。

（3）参考方法

下载安装工具软件 grunt，该工具软件支持对 CSS、JS 等文件进行打包、压缩、合并、简单语法检查等操作。针对拟打包的 Web 应用，利用 grunt 创建一个项目，在项目根目录下创建一个名为 Gruntfile.js 的文件，该文件用于描述 grunt 的具体配置，可参照相关手册或资料撰写其内容。在项目根目录下运行 grunt 以执行 Gruntfile.js 文件中定义的任务，执行完毕后，指定的 JS 文件被压缩（混淆）后输出到指定的文件中。

（4）实践任务思考

根据实践结果或根据需要补充实践内容后思考：

① 查看工具软件打包生成的 JS 文件内容，对比打包前后 JS 文件大小，结合代码混淆原理，思考相关变化的原因；

② 针对多个 JS 文件分别独立打包、所有 JS 文件打包为一个 JS 文件两种情况，对比外链这些 JS 文件的网页的加载速度，结合实验测试，分析存在速度差异的原因；

③ 了解 VUE 脚手架（vue-cli）如何打包发布 JS 文件，并思考其工作机制。

任务 2：Apache HTTP 服务器安全配置

（1）任务内容

Apache HTTP 服务器（简称 Apache）是 Apache 软件基金会的一个免费、开源、跨平台 Web 服务器，长期以来一直是互联网上最受欢迎的网络服务器之一，也是黑客攻击的目标之一。Apache HTTP 服务器的配置项近 200 项，合理配置其中与安全相关的项，有利于加固 Web 服务器。任务内容如下：

① 禁用不常用的 userdir、autoindex、status、env、cgi、actions、negotiation、include、filter、version 等模块；

② 创建并配置最小权限运行 Web 服务器的专用账户；

③ 配置 Apache 以使用 SSL；

④ 限制访问根目录；

⑤ 为 conf 和 bin 文件夹设置合适的查看/修改权限；

⑥ 禁止目录浏览；

⑦ 禁止.htaccess；

⑧ 禁止显示或发送 Apache 版本信息。

（2）任务目的

熟悉 Apache HTTP 服务器与安全相关的常用配置项及其配置方法。

（3）参考方法

用文本编辑工具打开 Apache HTTP 服务器配置文件 httpd.conf，找到需修改的配置项，用"#"注释掉配置项的内容即禁用该配置项对应的功能，删除配置项前面的"#"即启用该配置项对应的功能。修改、保存配置文件后，重启 Apache 服务器才能使更新的配置生效。也可以利用专用工具软件修改 Apache HTTP 服务器的配置。

提示：

① 安装 Apache 后，可以利用指令"httpd -l"查看已安装的模块，然后编辑配置文件实现指定模块的禁用或启用；

② 在操作系统中创建具有有限权限的非特权账户，然后编辑配置文件，利用该账户运行 Web 服务器；

③ 为 Apache 配置 SSL，需先生成 SSL 证书和密钥，然后再编辑配置文件。

（4）实践任务思考

如何重新编译 Apache HTTP 服务器源代码后再部署，彻底禁用（杜绝配置启用）不需要的功能模块？

思 考 题

1. 如何理解"软件安全由软件本身的安全和软件使用的安全两部分组成"？如何确保其中的"软件本身的安全"和"软件使用的安全"？

2. 查阅资料了解 DevOps、DevSecOps，熟悉其中的 CI/CD 机制。

3. 系统运维与系统持续改进、更新升级的关系是什么？

4. 如何结合应急响应环节完善漏洞管理？

5. 什么是代码混淆？代码混淆技术能用于软件版权保护吗？为什么？

6. 软件反逆向分析的方法有哪些？

7. 软件加固是软件开发后期的"安全弥补"吗？为什么？

参 考 文 献

[1] 全国信息安全标准化技术委员会. 信息安全技术 术语：GB/T 25069—2010[S]. 北京：中国标准出版社，2010.

[2] 全国信息安全标准化技术委员会. 信息安全技术 网络安全漏洞分类分级指南：GB/T 30279—2020[S]. 北京：中国标准出版社，2020.

[3] 全国信息安全标准化技术委员会. 信息安全技术 信息系统安全保障评估框架：简介和一般模型：GB/T 20274.1—2006[S]. 北京：中国标准出版社，2006.

[4] 全国信息安全标准化技术委员会. 信息安全技术 信息安全风险评估规范：GB/T 20984—2007[S]. 北京：中国标准出版社，2007.

[5] 全国信息安全标准化技术委员会. 信息安全技术 信息安全风险评估方法：GB/T 20984—2022[S]. 北京：中国标准出版社，2022.

[6] 全国信息安全标准化技术委员会. 信息安全技术 信息安全风险管理指南：GB/Z 24364—2009[S]. 北京：中国标准出版社，2009.

[7] 全国信息安全标准化技术委员会. 信息安全技术 信息安全风险评估实施指南：GB/T 31509-2015[S]. 北京：中国标准出版社，2015.

[8] 全国信息安全标准化技术委员会. 信息安全技术 个人信息安全规范：GB/T 35273—2020[S]. 北京：中国标准出版社，2020.

[9] 全国信息安全标准化技术委员会. 信息技术 安全技术 信息技术安全评估准则 第 1 部分：简介和一般模型：GB/T 18336.1—2015[S]. 北京：中国标准出版社，2015.

[10] 全国信息安全标准化技术委员会. 信息技术 安全技术 信息技术安全评估准则 第 2 部分：安全功能组件：GB/T 18336.2—2015[S]. 北京：中国标准出版社，2015.

[11] 全国信息安全标准化技术委员会. 信息技术 安全技术 信息技术安全评估准则 第 3 部分：安全保障组件：GB/T 18336.3—2015[S]. 北京：中国标准出版社，2015.

[12] 全国信息安全标准化技术委员会. 信息技术 安全技术 抗抵赖 第 1 部分：概述：GB/T 17903.1—2008[S]. 北京：中国标准出版社，2008.

[13] 全国信息安全标准化技术委员会. 信息技术 安全技术 抗抵赖 第 2 部分：采用对称技术的机制：GB/T 17903.2—2021[S]. 北京：中国标准出版社，2021.

[14] 全国信息安全标准化技术委员会. 信息技术 安全技术 抗抵赖 第 3 部分：采用非对称技术的机制：GB/T 17903.3—2008[S]. 北京：中国标准出版社，2008.

[15] 全国信息安全标准化技术委员会. 信息安全技术 数据安全能力成熟度模型：GB/T 37988—2019[S]. 北京：中国标准出版社，2019.

[16] 全国信息安全标准化技术委员会.系统与软件工程 系统与软件质量要求和评价(SQuaRE) 第 10 部分：系统与软件质量模型：GB/T 25000.10—2016[S]. 北京：中国标准出版社，2016.

[17] 全国信息安全标准化技术委员会.系统与软件工程 系统与软件质量要求和评价(SQuaRE) 第 51 部分：就绪可用软件产品(RUSP)的质量要求和测试细则：GB/T 25000.51—2016[S]. 北京：中国标准出版社，

2016.

[18] 信息产业部电子工业标准化研究. 计算机软件产品开发文件编制指南：GB/T 8567—2006[S]. 北京：中国标准出版社，2006.

[19] 中国机械工业联合会. 电气/电子/可编程电子安全相关系统的功能安全 第 3 部分：软件要求：GB/T 20438.3—2017[S]. 北京：中国标准出版社，2017.

[20] 中国机械工业联合会. 电气/电子/可编程电子安全相关系统的功能安全 第 7 部分：技术和措施概述：GB/T 20438.7—2017[S]. 北京：中国标准出版社，2017.

[21] 中国机械工业联合会. 功能安全应用指南 第 2 部分：设计和实现：GB/T 41295.2—2022[S]. 北京：中国标准出版社，2022.

[22] 全国信息安全标准化技术委员会. 信息安全技术 网络安全等级保护基本要求：GB/T 22239—2019[S]. 北京：中国标准出版社，2019.

[23] 全国信息安全标准化技术委员会. 信息安全技术 网络安全等级保护安全设计技术要求：GB/T 25070—2019[S]. 北京：中国标准出版社，2019.

[24] FIRST. Common Vulnerability Scoring System version 3.1: Specification Document[EB/OL]. (2022-05-07). https://www.first.org/cvss/specification-document.

[25] 鲁伊莎，曾庆凯. 软件脆弱性分类方法研究[J]. 计算机应用，2008, 28(9):2244-2248.

[26] 张海藩. 软件工程导论：第 5 版[M]. 北京：清华大学出版社，2008.

[27] 毋国庆，梁正平，袁梦霆，等著. 软件需求工程：第 2 版[M]. 北京：机械工业出版社，2013.

[28] （英）伊恩·萨默维尔. 软件工程：第 9 版[M]. 程成，等译. 北京：机械工业出版社，2011.

[29] （美）Wiegers J, Beatty J. 软件需求：第 3 版[M]. 李忠利，李淳，霍金健，等，译. 北京：清华大学出版社，2016.

[30] （美）Wiegers K E. 软件同级评审[M]. 沈备军，宿为民，译. 北京：机械工业出版社，2003.

[31] 陈波，于泠. 软件安全技术[M]. 北京：机械工业出版社，2018.

[32] 张剑，丁峰，周福才，于春刚. 软件安全开发[M]. 成都：电子科技大学出版社，2015.

[33] 彭国军，傅建明，梁玉. 软件安全[M]. 武汉：武汉大学出版社，2015.

[34] 徐国胜，张淼，徐国爱. 软件安全[M]. 北京：北京邮电大学出版社，2020.

[35] （美）Gary McGraw. 软件安全——使安全成为软件开发必需的部分[M]. 周长发，马颖华，译. 北京：电子工业出版社，2008.

[36] （美）Robert C. Seacord. C 和 C++安全编码[M]. 荣耀，罗翼，译. 北京：机械工业出版社，2010.

[37] Software Engineering Institute of Carnegie Mellon University. SEI CERT Coding Standards[EB/OL]. (2020.11.18). https://wiki.sei.cmu.edu/confluence/display/seccode

[38] （美）Chess B, West J. 安全编程：代码静态分析[M]. 董启雄，韩平，程永敬，等译. 北京：机械工业出版社，2008.

[39] （美）Michael S, Adam G, Pedram A. 模糊测试：强制发掘安全漏洞的利器[M]. 黄陇，于莉莉，李虎，译. 北京：电子工业出版社，2013.

[40] Böhme M, Pham V T, Nguyen M D, et al. Directed Greybox Fuzzing[C]//Proceedings of the 2017 ACM SIGSAC Conference on Computer and Communications Security. 2017: 2329-2344.

[41] Valentin J M M, HyungSeok H, Choongwoo H, et al. The Art, Science, and Engineering of Fuzzing: A Survey[EB/OL]. (2019-04-08). http://arxiv.org/abs/1812.00140v4.

[42] Wang P, Zhou X, Lu K, et al. The Progress, Challenges, and Perspectives of Directed Greybox Fuzzing[J]. arXiv preprint arXiv:2005.11907, 2020.

[43] Lee G, Shim W, Lee B. Constraint-guided Directed Greybox Fuzzing[C]//30th {USENIX} Security Symposium ({USENIX} Security 21). 2021.

[44] 全国信息安全标准化技术委员会. 信息安全技术 应用软件安全编程指南：GB/T 38674—2020[S]. 北京：中国标准出版社，2020.

[45] 全国信息安全标准化技术委员会. 信息安全技术 代码安全审计规范：GB/T 39412—2020[S]. 北京：中国标准出版社，2020.

[46] OWASP. OWASP Code Review Guide[EB/OL]. (2017-07-01). https://owasp.org/www-project-code-review-guide/.

[47] 刘嘉勇，韩家璇，黄诚. 源代码漏洞静态分析技术[J]. 信息安全学报，2022，7(04):100-113.

[48] PTES. PTES Technical Guidelines[EB/OL]. (2012-04-30). http://www.pentest-standard.org/index.php/PTES_Technical_Guidelines.

[49] 王戟，詹乃军，冯新宇，刘志明. 形式化方法概貌[J]. 软件学报，2019，30(1):33-61.

[50] 闫靖晨，程京德. 基于 CC 的安全性规格形式化描述及验证方法[J]. 信息安全研究，2017，3(7):7.

[51] Morimoto S, Shigematsu S, Goto Y, et al. Formal Verification of Security Specifications with Common Criteria[C]// Acm Symposium on Applied Computing. DBLP, 2007:1506

[52] 金英，刘鑫，张晶. 软件安全需求获取方法的研究[J]. 计算机科学，2011，38(5):14-19.

[53] Software Engineering Institute of Carnegie Mellon University. SQUARE Process[EB/OL]. (2013-07-05). https://resources.sei.cmu.edu/library/asset-view.cfm?assetid=297331.

[54] Boström G, Wäyrynen J, Bodén M, et al. Extending XP practices to support security requirements engineering[C]. Workshop on Software Engineering for Secure Systems, ACM Press, 2006, 11-8.

[55] Romero-Mariona J, Ziv H, Richardson D J. Security Requirements Engineering: A Survey[R/OL]. Institute for Software Research, University of California, 2008. http://isr.uci.edu/sites/isr.uci.edu/files/techreports/UCI-ISR-08-2.pdf

[56] Kabir M A, Rahman M M. A Survey on Security Requirements Elicitation and Presentation in Requirements Engineering Phase[J]. American Journal of Engineering Research, 2013, 2(12):360-366.

[57] Ramesh M R, Reddy C S. A survery on security requirment elicitation methods: classification, merits and demerits [J]. International Journal of Applied Engineering Research, 2016, 11 (1): 64–70.

[58] Peeters J. Agile Security Requirements Engineering[C]. Symposium on Requirements Engineering for Information Security, 2005.

[59] Hatebur D, Heisel M, Schmidt H. A Security Engineering Process based on Patterns[C]. DEXA Workshops. 2007.

[60] Yu E. Modelling Strategic Relationships for Process Reengineering[D]. Canada: University of Toronto, 1995.

[61] Liu L, Yu E, Mylopoulos J. Security and Privacy Requirements Analysis within a Social Setting[C]. 11th IEEE International Requirements Engineering Conferenc. 2003, 151-161.

[62] Bresciani P, Perini A, Giorgini P. et al. Tropos: An Agent-Oriented Software Development Methodology[J]. Autonomous Agents and Multi-Agent Systems, 2004, 8:203-236.

[63] Mouratidis H, Giorgini P. Enhancing Secure Tropos to Effectively Deal with Security Requirements in the Development of Multiagent Systems[C]. Safety and Security in Multiagent Systems. LNCS, Springer-Verlag, 2009.

[64] （德）Jürjens J. UML 安全系统开发[M]. 沈晴霓，季庆光，等，译. 北京：清华大学出版社，2009.

[65] （美）Fernandez E B. 安全模式最佳实践[M]. 董国伟，张普含，宋晓龙，等，译. 北京：机械工业出版

社，2015.

[66] McDermott J, Fox C. Using Abuse Case Models for Security Requirements Analysis[C]. Proc. of ACSAC 1999, IEEE Press, 1999, 55-64.

[67] Firesmith D. Security Use Cases[J]. Journal of Object Technology, 2003, 2(3):53-64.

[68] Sindre G, Opdahl A L. Eliciting Security Requirements with Misuse Cases[J]. Requirements Engineering, 2005, 10(1):34-44.

[69] Sindre G, Opdahl A L. Eliciting Security Requirements by Misuse Cases[C]. Proceedings of TOOLS-Pacific 2000, 2000, 120-131.

[70] Tenday K J M. Using Special Use Cases for Security in the Software Development Life Cycle[C]. Information Security Applications. LNCS, Springer, 2011, 6513:122-134.

[71] Sindre G, Firesmith D G, Opdahl A L. A Reuse-Based Approach to Determining Security Requirements[C]. Proceedings of the 9th International Workshop on Requirements Engineering: Foundation for Software Quality, 2003 16-17.

[72] Yuan X, Nuakoh E B, Williams I, et al. Developing Abuse Cases Based on Threat Modeling and Attack Patterns[J]. Journal of Software, 2015, 10(4):491-498.

[73] Lamsweerde A V. Elaborating Security Requirements by Construction of Intentional Anti-models[C]. Proceedings of the 26th International Conference on Software Engineering, 2004: 148-157.

[74] Haley C B, Laney R C, Nuseibeh B. Deriving Security Requirements from Crosscutting Threat Descriptions[C]. Proceedings of the 3rd international conference on Aspect-oriented software development, 2004, 112–121.

[75] Sandhu R S, Coyne E J, Feinstein H L, Youman C E. Role-based Access Control Models[J]. IEEE Computer, 1996, 29(2):38-47.

[76] D. Kurilova et al, Wyvern: Impacting Software Security via Programming Language Design, PLATEAU 2014, ACM.

[77] Howard M, LeBlanc D. Writing Secure Code, 2nd Edition[M]. Washington: Microsoft Press, 2003.

[78] Graff M G, Van Wyk KR. Secure Coding: Principles and Practices[M]. California: O'Reilly & Associates, Inc., 2003.

[79] Sultana K Z, Anu V, Chong T Y. Using software metrics for predicting vulnerable classes and methods in Java projects: A machine learning approach[J]. Journal of Software: Evolution and Process, 2020, 33(3).

[80] Shin Y, Meneely A, Williams L, Osborne J. Evaluating Complexity, Code Churn, and Developer Activity Metrics as Indicators of Software Vulnerabilities[J]. IEEE Transactions on Software Engineering, 2011, 37(6):772-787.

[81] Shostack A. Threat Modeling: Designing for Security[M]. Indiana: John Wiley & Sons, Inc., 2014.

[82] （美）Howard M, Lipner S.软件安全开发生命周期[M]. 李兆星，原浩，张钺，译. 北京：电子工业出版社，2008.

[83] Deng M, Wuyts K, Scandariato R. et al. A privacy threat analysis framework: supporting the elicitation and fulfillment of privacy requirements[J]. Requirements Engineering, 2011, 16:3–32.

[84] Schneier B . Attack trees: modeling security threats[J]. Dr. Dobb's Journal, 1999, 24(12):21-29.

[85] Jhawar R, Kordy B, Mauw S, et al. Attack Trees with Sequential Conjunction[EB/OL]. (2015-05-08)[2022-10-03]. arXiv:1503.02261.

[86] Microsoft. Microsoft 威胁建模工具. [EB/OL]. (2022-05-06) .https://docs.microsoft.com/zh-cn/azure/security/develop/threat-modeling-tool,

[87] Microsoft.威胁建模安全基础知识. [EB/OL]. (2022-05-06). https://docs.microsoft.com/zh-cn/learn/paths/tm-threat-modeling-fundamentals/.

[88] Hernan S, Lambert S, Ostwald T, Shostack A. Uncover Security Design Flaws Using The STRIDE Approach[EB/OL]. [2022-10-03]. https://learn.microsoft.com/en-us/archive/msdn-magazine/2006/november/uncover-security-design-flaws-using-the-stride-approach.

[89] Meier J D, Mackman A, Dunner M, et al. Threat Modeling[EB/OL]. (2003-06)[2022-10-03]. https://learn.microsoft.com/zh-tw/previous-versions/msp-n-p/ff648644(v=pandp.10).

[90] Hernan S, Lambert S, Ostwald T, Shostack A. Threat Modeling: Uncover Security Design Flaws Using The STRIDE Approach[EB/OL]. (2019-10-07)[2022-03-27]. https://learn.microsoft.com/en-us/archive/msdn-magazine/2006/november/uncover-security-design-flaws-using-the-stride-approach.

[91] Shevchenko N, Chick T A, O'Riordan P, et al. Threat Modeling: A Summary of Available Methods[R/OL]. (2018-08)[2022-10-03]. https://resources.sei.cmu.edu/asset_files/WhitePaper/2018_019_001_524597.pdf

[92] Kruchten P. Architectural Blueprints—The "4+1" View Model of Software Architecture[J]. IEEE Software, 1995, 12(6):42-50.

[93] Spencer R, Smalley S, Loscocco P, et al. The Flask Security Architecture: System Support for Diverse Security Policies[C]. In Proc. 8th USENIX Security Symposium , 1999.

[94] Chandramouli R, Blackburn M. Automated Testing of Security Functions Using a Combined Model & Interface-Driven Approach[C]. In Proc. 37th Hawaii International Conference on System Sciences, 2004.

[95] 施寅生, 邓世伟, 谷天阳. 软件安全性测试方法与工具[J]. 计算机工程与设计, 2008, 29(1):27-30.

[96] 田硕, 梁洪亮. 二进制程序安全缺陷静态分析方法的研究综述[J]. 计算机科学, 2009, 36(7):8-14.

[97] 周忠君, 董荣朝, 蒋金虎, 张为华. 二进制代码安全分析综述[J]. 计算机系统应用, 2023, 32(1): 1-11.

[98] 孙祥杰, 魏强, 王奕森, 杜江. 代码相似性检测技术综述[J/OL]. 计算机应用. https://link.cnki.net/urlid/51.1307.TP.20230911.1520.016.

[99] Haq I U, Caballero J. A Survey of Binary Code Similarity[J]. ACM Computing Surveys. 2021, 54(3) No.51:1-38.

[100] 王蕾, 李丰, 李炼, 冯晓兵. 污点分析技术的原理和实践应用[J]. 软件学报, 2017, 28(4):860-882.

[101] Cichonski P, Millar T, Tim Grance T, et al. Computer Security Incident Handling Guide[R/OL]. 2012. http://dx.doi.org/10.6028/NIST.SP.800-61r2.

[102] Abadi M, Budiu M, Erlingsson U, Ligatti J. Control-Flow Integrity Principles, Implementations, and Applications[J]. ACM Transactions on Information and System Security, 2009, 13(1):1-40.

[103] Burow N, Carr S A, Nash J, et al. Control-flow integrity: Precision, security, and performance[J]. ACM Computing Surveys (CSUR), 2017, 50(1): 16.

[104] 魏国斌. 安卓应用加固评估系统的研究与实现[D]. 北京：北京邮电大学，2018.

[105] 吴迪. 开源软件安全现状分析报告[EB/OL]. (2017-9-29) https://www.anquanke.com/post/id/86954,

[106] Snyk. The State of Open Source Security 2020[EB/OL]. (2020-06-24) https://snyk.io/open-source-security/,

[107] 吴翰清. 白帽子讲 web 安全[M]. 北京：电子工业出版社, 2012. p374-375.

[108] M.U.A. Khan and M. Zulkernine, Quantifying Security in Secure Software Development Phases, In Proc. of the 2nd IEEE International Workshop on Secure Software Engineering (IWSSE'08), Turku, Finland, 2008, IEEE CS Press, pp. 955-960, 2008.

[109] M. U. A. Khan and M. Zulkernine, A Survey on Requirements and Design Methods for Secure Software Development, Technical Report No. 2009–562 , School of Computing, Queen's University, Kingston, Ontario, Canada, August 2009.

[110] S. Lipner and M. Howard, "The Trustworthy Computing Security Development Lifecycle," 2005. https://docs.microsoft.com/en-us/previous-versions/ms995349(v=msdn.10). Last Accessed March 2020.

[111] Microsoft. Microsoft SDL 的简化实施. [EB/OL], [2022-10-11]. https://www.microsoft.com/zh-CN/download/details.aspx?id=12379.

[112] Microsoft. 威胁建模: 使用 STRIDE 方法发现安全设计缺陷 Threat Modeling: Uncover Security Design Flaws Using The STRIDE Approach. [EB/OL]. [2022-10-15]. https://docs.microsoft.com/zh-cn/archive/msdn-magazine/2006/november/uncover-security-design-flaws-using-the-stride-approach.

[113] Microsoft. 安全开发文档[EB/OL]. [2022-10-15]. https://docs.microsoft.com/zh-cn/azure/security/develop/.

[114] 全国信息安全标准化技术委员会. 信息安全技术 信息安全风险评估规范：GB/T 20984—2007[S]. 北京：中国标准出版社，2007.

[115] CNNVD. CNNVD 漏洞分类指南. [EB/OL]. [2022-10-20]. http://www.cnnvd.org.cn/web/wz/bzxqById.tag?id=3&mkid=3.

[116] CNNVD. CNNVD 漏洞分级规范. [EB/OL]. [2022-10-20].http://www.cnnvd.org.cn/web/wz/bzxqById.tag?id=2&mkid=2.

[117] OWASP. OWASP 风险评级方法. [EB/OL]. [2022-10-20].http://www.owasp.org.cn/owasp-project/fengxian.

[118] OWASP. OWASP 应用程序安全设计项目. [EB/OL]. [2022-10-20].http://www.owasp.org.cn/owasp-project/design-project.

[119] CMMI Product Development Team. CMMI for Development, Version 1.2. Pittsburgh, PA: Software Engineering Institute, Carnegie Mellon University, August 2006.

[120] Australian Department of Defence. +SAFE, V1.2: A Safety Extension to CMMI-DEV, V1.2. Pittsburgh, PA: Software Engineering Institute, Carnegie Mellon University, March 2007.

[121] 张卫民, 贾山刚. 产品开发安全性能力成熟度模型[J]. 载人航天, 2011, (3):48-53.

[122] OWASP. Software Assurance Maturity Model[EB/OL]. [2022-06-30]. https://owaspsamm.org/model/.

[123] Information technology—Security techniques—Systems Security Engineering—Capability Maturity Model (SSE-CMM)：ISO/IEC 21827:2008[S].

[124] 全国信息安全标准化技术委员会. 信息安全技术 系统安全工程 能力成熟度模型：GB/T 20261—2020[S]. 北京：中国标准出版社, 2020.

[125] BSIMM. BSIMM 框架. [EB/OL]. [2022-06-25]. https://www.bsimm.com/zh-cn/framework.html.

[126] DevSecOps 联盟. 软件安全能力成熟度评估实践[EB/OL]. (2021-02-20). https://www.secrss.com/articles/29376.